University Physics
Study Guide

大学物理学（第二版）学习指导

主　编　沈黄晋

副主编　祁宁　程莉　王平

高等教育出版社·北京

内容简介

　　本书是一本独立的大学物理学学习指导书,不依赖于某一本特定的主教材,仅在各章内容顺序的安排上与沈黄晋主编的《大学物理学》(第二版)(高等教育出版社出版)一致。为便于学生自学,快速掌握各章的知识结构、基本内容和解题技巧,每章内容包含五部分:知识点网络框图、基本要求、主要内容、典型例题解法指导、自我测试题。此外,每个自我测试题都给出了详细的解题过程或解题提要,读者通过扫描相应的二维码,即可在手机上获得详细解答。

　　本书可作为高等学校理科非物理学类专业、工科和医科各专业学生学习大学物理课程的参考书,特别适合作为学生期末考试的复习资料。此外,本书对教师的教学也具有一定的参考价值。

图书在版编目(CIP)数据

大学物理学(第二版)学习指导 / 沈黄晋主编. --
北京：高等教育出版社,2021.12
　　ISBN 978-7-04-057177-6

　　Ⅰ.①大… Ⅱ.①沈… Ⅲ.①物理学-高等学校-教学参考资料 Ⅳ.①O4

　　中国版本图书馆 CIP 数据核字(2021)第 207523 号

DAXUE WULIXUE(DI ER BAN)XUEXI ZHIDAO

策划编辑	汤雪杰	责任编辑	张琦玮	封面设计	张志奇	版式设计	杜微言
插图绘制	于　博	责任校对	张　薇	责任印制	刁　毅		

出版发行	高等教育出版社	网　　址	http://www.hep.edu.cn	
社　　址	北京市西城区德外大街4号		http://www.hep.com.cn	
邮政编码	100120	网上订购	http://www.hepmall.com.cn	
印　　刷	山东韵杰文化科技有限公司		http://www.hepmall.com	
开　　本	787mm × 1092mm　1/16		http://www.hepmall.cn	
印　　张	22.25			
字　　数	470 千字	版　　次	2021年12月第1版	
购书热线	010-58581118	印　　次	2021年12月第1次印刷	
咨询电话	400-810-0598	定　　价	45.40 元	

本书如有缺页、倒页、脱页等质量问题,请到所购图书销售部门联系调换
版权所有　侵权必究
物 料 号　57177-00

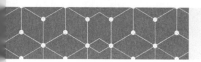

大学物理学(第二版)学习指导

主　编　沈黄晋

副主编　祁宁　程莉　王平

1 计算机访问http://abook.hep.com.cn/12517526，或手机扫描二维码、下载并安装Abook应用。

2 注册并登录，进入"我的课程"。

3 输入封底数字课程账号（20位密码，刮开涂层可见），或通过Abook应用扫描封底数字课程账号二维码，完成课程绑定。

4 单击"进入课程"按钮，开始本数字课程的学习。

课程绑定后一年为数字课程使用有效期。受硬件限制，部分内容无法在手机端显示，请按提示通过计算机访问学习。

如有使用问题，请发邮件至abook@hep.com.cn。

扫描二维码
下载Abook应用

http://abook.hep.com.cn/12517526

前　言

　　《大学物理学学习指导书》自 2018 年出版发行以来已经历了三年多的时间,在此期间,本书和主教材《大学物理学(第二版)》(上、下册)(沈黄晋主编,高等教育出版社出版)已经入选 2019 年度武汉大学规划核心教材,并获评 2021 年度武汉大学优秀教材。

　　在本书的使用过程中,我们广泛听取了学生和老师们提出的各种修改意见和建议。本次修订贯彻了价值塑造、知识传授和能力培养"三位一体"的新工科建设要求,在保持本书原有框架和风格的同时,充分吸收了我们收集到的各种修改意见和建议,特别强调以学生为中心,注重概念表述的科学性和可接受性,对大部分内容进行了更新、补充和提升。同时,我们将近年来许多具有代表性的期末考题补充到各章的自我测试题中。此外,编者还更正了第一版中的一些笔误和不妥之处。希望本书能够具有更大的针对性,能够真正成为读者学习大学物理的好助手、学生考前复习的好帮手。

　　参与本次修订的人员仍然是第一版中的全体成员。由于编者水平有限,疏漏之处在所难免,诚望读者包涵与指正。

沈黄晋

2021 年 7 月 27 日

目　录

>>> 第1章

… 质点运动学

一、知识点网络框图

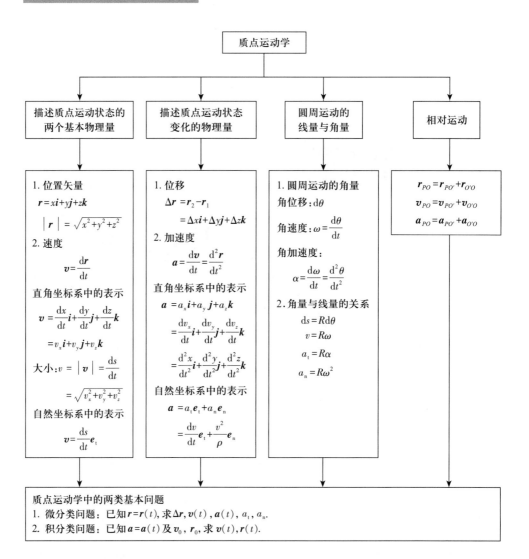

二、基本要求

1. 熟练掌握描述质点运动的物理量:位置矢量、位移、速度和速率以及加速度;理解它们的矢量性、瞬时性和相对性.

2. 学习并掌握矢量运算、微积分运算在大学物理中的应用,熟练掌握质点运动学中的两类基本问题(微分类问题和积分类问题)的求解方法.

3. 理解运动的相对性,掌握相对运动问题的处理方法.

三、主要内容

（一）描述质点运动的物理量

1. 位置矢量和运动学方程

从坐标原点指向质点所在位置的有向线段称为**位置矢量**，如图 1.1 所示，用 $\boldsymbol{r}$ 表示，在直角坐标系中

$$\boldsymbol{r}=\overrightarrow{OP}=x\boldsymbol{i}+y\boldsymbol{j}+z\boldsymbol{k}$$

其大小和方向余弦分别为

$$r=\left|\boldsymbol{r}\right|=\sqrt{x^2+y^2+z^2}$$

$$\cos\alpha=\frac{x}{r}, \quad \cos\beta=\frac{y}{r}, \quad \cos\gamma=\frac{z}{r}$$

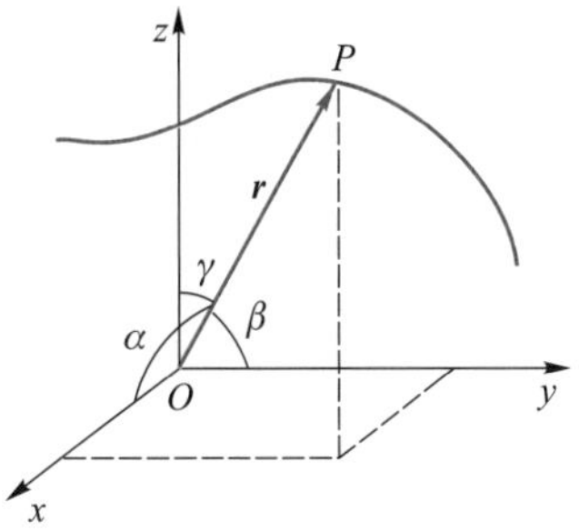

质点运动时，位置矢量随时间变化的函数关系称为质点的**运动学方程**，其矢量式为

$$\boldsymbol{r}(t)=x(t)\boldsymbol{i}+y(t)\boldsymbol{j}+z(t)\boldsymbol{k}$$

运动学方程在直角坐标系中的分量式为

$$x=x(t), \qquad y=y(t), \qquad z=z(t)$$

若将分量式中的参量 t 消去，即可得质点运动的轨迹方程

$$F(x,y,z)=0$$

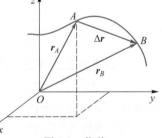

图 1.1　位置矢量

2. 位移和路程

设在 t 时刻质点位于位置 A，在 $t+\Delta t$ 时刻位于 B，则从 A 指向 B 的有向线段称为质点在 Δt 时间内的位移，用 $\Delta\boldsymbol{r}$ 表示，即

$$\Delta\boldsymbol{r}=\overrightarrow{AB}=\boldsymbol{r}_B-\boldsymbol{r}_A=\Delta x\boldsymbol{i}+\Delta y\boldsymbol{j}+\Delta z\boldsymbol{k}$$

显然位移在数值上等于位置矢量的增量.

质点从 A 到 B 轨迹的实际长度 $\Delta s=\overset{\frown}{AB}$ 称为质点在 Δt 时间内所经历的路程. 一般情况下 $\left|\Delta\boldsymbol{r}\right|\neq\Delta s$，且 $\left|\Delta\boldsymbol{r}\right|\neq\Delta r$. 这是因为 $\left|\Delta\boldsymbol{r}\right|$ 是图 1.2 中 A、B 两点之间的直线距离，Δr 是 $\overrightarrow{OB}$ 与 $\overrightarrow{OA}$ 的长度之差.

图 1.2　位移

3. 速度和速率

平均速度：$\overline{\boldsymbol{v}}=\dfrac{\Delta\boldsymbol{r}}{\Delta t}$ 　　　　平均速率：$\overline{v}=\dfrac{\Delta s}{\Delta t}\neq\left|\overline{\boldsymbol{v}}\right|$

瞬时速度：$\boldsymbol{v}=\lim\limits_{\Delta t\to0}\dfrac{\Delta\boldsymbol{r}}{\Delta t}=\dfrac{\mathrm{d}\boldsymbol{r}}{\mathrm{d}t}$ 　　瞬时速率：$v=\lim\limits_{\Delta t\to0}\dfrac{\Delta s}{\Delta t}=\dfrac{\mathrm{d}s}{\mathrm{d}t}=\left|\boldsymbol{v}\right|$

速度在直角坐标系中的表示为

$$v = v_x \boldsymbol{i} + v_y \boldsymbol{j} + v_z \boldsymbol{k} = \frac{\mathrm{d}x}{\mathrm{d}t}\boldsymbol{i} + \frac{\mathrm{d}y}{\mathrm{d}t}\boldsymbol{j} + \frac{\mathrm{d}z}{\mathrm{d}t}\boldsymbol{k}$$

这表明瞬时速度是位置矢量对时间的一阶导数.

瞬时速度的大小就是瞬时速率,即

$$v = |\boldsymbol{v}| = \sqrt{v_x^2 + v_y^2 + v_z^2}$$

4. 加速度及其在直角坐标系中的表示

加速度是描述速度变化快慢的物理量,其定义为

$$\boldsymbol{a} = \lim_{\Delta t \to 0} \frac{\Delta \boldsymbol{v}}{\Delta t} = \frac{\mathrm{d}\boldsymbol{v}}{\mathrm{d}t} = \frac{\mathrm{d}^2 \boldsymbol{r}}{\mathrm{d}t^2}$$

这表明加速度是速度对时间的一阶导数,也是位置矢量对时间的二阶导数,在直角坐标系中可表示为

$$\boldsymbol{a} = a_x \boldsymbol{i} + a_y \boldsymbol{j} + a_z \boldsymbol{k}$$

$$= \frac{\mathrm{d}v_x}{\mathrm{d}t}\boldsymbol{i} + \frac{\mathrm{d}v_y}{\mathrm{d}t}\boldsymbol{j} + \frac{\mathrm{d}v_z}{\mathrm{d}t}\boldsymbol{k} = \frac{\mathrm{d}^2 x}{\mathrm{d}t^2}\boldsymbol{i} + \frac{\mathrm{d}^2 y}{\mathrm{d}t^2}\boldsymbol{j} + \frac{\mathrm{d}^2 z}{\mathrm{d}t^2}\boldsymbol{k}$$

$$a = |\boldsymbol{a}| = \sqrt{a_x^2 + a_y^2 + a_z^2}$$

(二) 圆周运动中的角量表示(图 1.3)

1. **角位置**:$\theta = \theta(t)$

2. **角位移**:$\Delta \theta = \theta_2 - \theta_1$;$\mathrm{d}\theta$

3. **角速度**:$\omega = \dfrac{\mathrm{d}\theta}{\mathrm{d}t}$

4. **角加速度**:$\alpha = \dfrac{\mathrm{d}\omega}{\mathrm{d}t} = \dfrac{\mathrm{d}^2\theta}{\mathrm{d}t^2}$

5. 切向加速度与法向加速度

注意:无限小的角位移 $\mathrm{d}\theta$、角速度 ω、角加速度 α 都是矢量,$\mathrm{d}\theta$ 和 ω 的方向由右手螺旋法则确定,α 的方向是角速度增量的方向.

当质点做圆周运动或其他平面曲线运动时,可将加速度沿曲线的切线和法线方向做正交分解,如图 1.4 所示. 加速度相应的两个分量分别称为切向加速度和法向加速度,其大小分别为

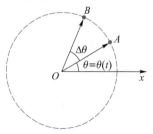
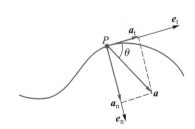

图 1.3　圆周运动的角量表示　　　　图 1.4　切向与法向加速度

$$a_t = \frac{\mathrm{d}v}{\mathrm{d}t}, \quad a_n = \frac{v^2}{\rho}$$

这表明切向加速度的大小等于速率对时间的一阶导数. 总加速度为

$$\boldsymbol{a} = a_t\boldsymbol{e}_t + a_n\boldsymbol{e}_n = \frac{\mathrm{d}v}{\mathrm{d}t}\boldsymbol{e}_t + \frac{v^2}{\rho}\boldsymbol{e}_n$$

$$a = \sqrt{a_t^2 + a_n^2} = \sqrt{\left(\frac{\mathrm{d}v}{\mathrm{d}t}\right)^2 + \left(\frac{v^2}{\rho}\right)^2}$$

切向加速度只能改变速度的大小,法向加速度只能改变速度的方向. 在所有直线运动中,法向加速度为零,在所有匀速率曲线运动中切向加速度为零.

6. 角量与线量的关系

当质点在一个给定的圆周上做圆周运动时,质点的运动既可以用一组角量 $(\theta、\Delta\theta、\omega、\alpha)$ 来表示,也可以用一组线量 $(\Delta s、v、a_t、a_n)$ 来表示,它们之间的关系为

$$\Delta s = R\Delta\theta, \quad v = R\omega, \quad a_t = R\alpha, \quad a_n = R\omega^2$$

(三) 相对运动

在两个相互作平动的参考系中,分别建立两个坐标系,如图 1.5 所示,质点相对于这两个坐标系的位置矢量、速度、加速度之间的变换关系为

$$\boldsymbol{r}_{PO} = \boldsymbol{r}_{PO'} + \boldsymbol{r}_{O'O}$$

$$\boldsymbol{v}_{PO} = \boldsymbol{v}_{PO'} + \boldsymbol{v}_{O'O}$$

$$\boldsymbol{a}_{PO} = \boldsymbol{a}_{PO'} + \boldsymbol{a}_{O'O}$$

若分别用语言来表示,则绝对位矢等于相对位矢加牵连位矢;绝对速度等于相对速度加牵连速度;绝对加速度等于相对加速度加牵连加速度.

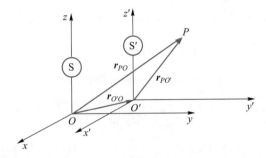

图 1.5 相对运动

四、典型例题解法指导

本章习题大致可分为两种基本类型.

第一类:求导类型的问题

已知质点的运动学方程 $\boldsymbol{r}(t)$(通常可由已知条件或几何关系得到),求任意一

段时间内的位移 Δr、路程 Δs、任意时刻的速度 $v(t)$、加速度 $a(t)$（包括切向加速度和法向加速度）等. 这类问题原则上可以利用速度和加速度的定义,通过矢量运算和求导运算求解.

第二类:积分类型的问题

已知质点在任意时刻的运动速度 $v(t)$ 和初始位置 r_0,求质点在任意时刻的位置矢量 $r(t)$;或已知任意时刻的加速度 $a(t)$ 及初始速度 v_0,求质点在任意时刻的速度 $v(t)$. 这类问题从本质上来说是求解微分方程的问题,一般情况下可以通过分离变量,应用积分运算来求解,即

$$\int_{v_0}^{v} \mathrm{d}v = \int_{t_0}^{t} a(t)\,\mathrm{d}t \quad \text{和} \quad \int_{r_0}^{r} \mathrm{d}r = \int_{t_0}^{t} v(t)\,\mathrm{d}t$$

此外,我们还必须考虑速度和加速度的瞬时性、矢量性和相对性,所以实际求解时(特别是作积分运算时),首先要选择一个恰当的坐标系,然后针对坐标系中的各分量式进行计算,使问题简化.

例 1.1 已知一个质点在 Oxy 平面内做曲线运动,其运动方程为 $r = (3+4t)i + (4+4t-5t^2)j$（SI 单位）. 试求:

（1）质点在前 3 s 内的位移和平均速度;

（2）质点在任意时刻的速度和加速度;

（3）在任意时刻质点的切向加速度和法向加速度的大小.

分析: 本题属于第一类问题,可以通过矢量代数和求导运算来求解.

解:（1）由题意可知 $t=0$ 和 $t=3$ s 时,质点的位置矢量分别为: $r(0) = (3i+4j)$ m 和 $r(3) = (15i-29j)$ m,所以质点在前 3 s 内的位移和平均速度分别为

$$\Delta r = r(3) - r(0) = (12i - 33j)\ \mathrm{m}$$

$$\bar{v} = \frac{\Delta r}{\Delta t} = \frac{12i - 33j}{3}\ \mathrm{m \cdot s^{-1}} = (4i - 11j)\ \mathrm{m \cdot s^{-1}}$$

（2）质点在任意时刻的速度和加速度分别为

$$v = \frac{\mathrm{d}r}{\mathrm{d}t} = 4i + (4-10t)j\ (\text{SI 单位})$$

$$a = \frac{\mathrm{d}v}{\mathrm{d}t} = -10j\ \mathrm{m \cdot s^{-2}}$$

（3）**解法一** 由任意时刻的速度表达式,可得任意时刻速度的大小为

$$v = \sqrt{v_x^2 + v_y^2} = \sqrt{4^2 + (4-10t)^2} = \sqrt{100t^2 - 80t + 32}$$

再由切向加速度的定义,可得质点在任意时刻的切向加速度的大小为

$$a_t = \frac{\mathrm{d}v}{\mathrm{d}t} = \frac{100t - 40}{\sqrt{100t^2 - 80t + 32}}$$

又由 $a^2 = a_t^2 + a_n^2$,且由（2）问可知 $a = \sqrt{a_x^2 + a_y^2} = 10\ \mathrm{m \cdot s^{-2}}$,所以质点在任意时刻的法向加速度的大小为

$$a_n = \sqrt{a^2 - a_t^2} = \frac{40}{\sqrt{100t^2 - 80t + 32}}$$

解法二 （利用矢量标量积的运算规则和切向加速度的物理意义来求解.）

因为 $\boldsymbol{v} \cdot \boldsymbol{a} = va\cos\theta = va_t$，所以

$$a_t = a\cos\theta = \frac{\boldsymbol{v} \cdot \boldsymbol{a}}{v} = \frac{v_x a_x + v_y a_y}{v}$$

余下的运算请读者自己完成.

例1.2 已知质点的运动方程为 $\boldsymbol{r} = a\cos\omega t\boldsymbol{i} + b\sin\omega t\boldsymbol{j}$，其中 a、b、ω 均为常量. 试求：

（1）质点的速度和加速度的表达式；

（2）质点在任一时刻的切向加速度的大小；

（3）质点的轨迹方程.

分析：本题属于运动学中的第一类问题，运用求导运算来求解.

解：（1）质点的速度和加速度分别为

$$\boldsymbol{v} = \frac{\mathrm{d}\boldsymbol{r}}{\mathrm{d}t} = -a\omega\sin\omega t\boldsymbol{i} + b\omega\cos\omega t\boldsymbol{j}$$

$$\boldsymbol{a} = \frac{\mathrm{d}\boldsymbol{v}}{\mathrm{d}t} = -a\omega^2\cos\omega t\boldsymbol{i} - b\omega^2\sin\omega t\boldsymbol{j} = -\omega^2\boldsymbol{r}$$

这表明该质点加速度的方向总是与位置矢量的方向相反，并指向坐标原点.

（2）由（1）问可知该质点速度的大小为

$$v = \sqrt{v_x^2 + v_y^2} = \sqrt{(a\omega\sin\omega t)^2 + (b\omega\cos\omega t)^2}$$

所以由切向加速度的定义，可得切向加速度的大小为

$$a_t = \frac{\mathrm{d}v}{\mathrm{d}t} = \frac{a^2\omega^3\sin\omega t\cos\omega t - b^2\omega^3\sin\omega t\cos\omega t}{\sqrt{(a\omega\sin\omega t)^2 + (b\omega\cos\omega t)^2}} = \frac{(a^2 - b^2)\omega^2\sin 2\omega t}{2\sqrt{(a\sin\omega t)^2 + (b\cos\omega t)^2}}$$

（3）由题意可知质点运动的参数方程为：$x = a\cos\omega t$，$y = b\sin\omega t$，消去参量 t，可得轨迹方程为

$$\frac{x^2}{a^2} + \frac{y^2}{b^2} = 1$$

例1.3 如图1.6所示，路灯距离水平地面的高为 H，一个身高为 h 的人在地面上从路灯的正下方开始以速度 v_0 沿直线匀速行走. 试求：

（1）在任意时刻，人影中头顶的移动速度；

（2）影子长度增长的速率.

分析：本题需要借助几何关系来建立运动学方程，然后求相应的各个物理量.

解：（1）以地面上路灯正下方为坐标原点,人的运动方向为 x 轴正方向. 由题意可知:在 t 时刻,人的位置坐标为 $x_1 = v_0 t$,由几何关系可得人影中头顶的坐标为

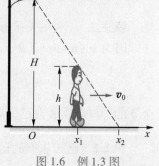

$$x_2 = \frac{H}{H-h} x_1$$

将上式两边同时对时间求一阶导数,可得人影中头顶的移动速度为

$$v_2 = \frac{\mathrm{d}x_2}{\mathrm{d}t} = \frac{H}{H-h} \frac{\mathrm{d}x_1}{\mathrm{d}t} = \frac{H}{H-h} v_0$$

（2）由图可知,任意时刻人影的长度为

图 1.6 例 1.3 图

$$L = x_2 - x_1 = \frac{h}{H-h} x_1$$

所以影子长度增长的速率为

$$v_L = \frac{\mathrm{d}L}{\mathrm{d}t} = \frac{h}{H-h} \frac{\mathrm{d}x_1}{\mathrm{d}t} = \frac{h}{H-h} v_0$$

例 1.4 一质点沿半径为 R 的圆周运动,其运动学方程为 $\theta = bt + ct^2$,其中 b、c 都是大于零的常量. 试求:从 $t=0$ 开始到切向加速度与法向加速度大小相等时所经历的时间.

分析：本题要根据圆周运动的特征,并利用角量与线量的关系来求解,仍然属于质点运动学中的第一类问题.

解：由题意可知质点做圆周运动时的角速度和角加速度分别为

$$\omega = \frac{\mathrm{d}\theta}{\mathrm{d}t} = b + 2ct, \qquad \alpha = \frac{\mathrm{d}\omega}{\mathrm{d}t} = 2c$$

由角量与线量的关系,可知切向和法向加速度的大小分别为

$$a_\mathrm{t} = R\alpha = 2cR, \qquad a_\mathrm{n} = R\omega^2 = R(b+2ct)^2$$

令 $a_\mathrm{t} = a_\mathrm{n}$,即

$$2cR = R(b+2ct)^2$$

解之可得经历的时间为

$$t = \frac{\sqrt{2c} - b}{2c}$$

例 1.5 一质点沿 x 轴正向运动,其速度为 $v = \alpha\sqrt{x}$,式中 α 为正的常量. 已知 $t=0$ 时,$x=0$. 试求:

（1）该质点的运动方程以及速度和加速度随时间的变化规律;

（2）质点从坐标原点$(x=0)$运动到任意位置 x 的过程中的平均速度.

分析：首先这是一个一维直线运动问题. 在一维直线运动中,所有矢量均可

以不用矢量式表示,而是用有正负号的代数量表示,其方向体现在正负号中,即 $v=\dfrac{\mathrm{d}x}{\mathrm{d}t},a=\dfrac{\mathrm{d}v}{\mathrm{d}t}$. 其次,本题既有积分问题也有微分问题.

解:（1）根据题意有

$$v=\frac{\mathrm{d}x}{\mathrm{d}t}=\alpha\sqrt{x} \qquad ①$$

将①式分离变量,并在等式两边同时做定积分有(注意:积分下限为两个变量在初始时刻或某个给定时刻的值,积分上限为两个变量在任意时刻的值.)

$$\int_0^x\frac{\mathrm{d}x}{\sqrt{x}}=\int_0^t\alpha\mathrm{d}t \qquad ②$$

积分可得质点的运动方程为

$$x=\frac{\alpha^2}{4}t^2 \qquad ③$$

质点速度随时间的变化规律为

$$v=\frac{\mathrm{d}x}{\mathrm{d}t}=\frac{\alpha^2}{2}t$$

加速度随时间的变化规律为

$$a=\frac{\mathrm{d}v}{\mathrm{d}t}=\frac{\alpha^2}{2}$$

（2）**解法一** 由③式可知,质点位于坐标原点时 $t=0$,所以质点从 $x=0$ 运动到 x 处所需的时间为 $\Delta t=t=2\sqrt{x}/\alpha$,由平均速度的定义,可得这段时间内的平均速度为

$$\bar{v}=\frac{\Delta x}{\Delta t}=\frac{x}{2\sqrt{x}/\alpha}=\frac{\alpha}{2}\sqrt{x}$$

解法二 由（1）可知,质点的加速度 a 为常量,即质点做匀加速直线运动,又质点在 $x=0$ 处,$v_0=0$;在 x 处 $v=\alpha\sqrt{x}$,故质点从 $x=0$ 处,运动到 x 处的平均速度为

$$\bar{v}=\frac{v+v_0}{2}=\frac{\alpha}{2}\sqrt{x}$$

例1.6 已知一质点沿 x 轴做直线运动,其加速度为 $a=5+2t$（SI 单位）. 在 $t=0$ 时,$v=2\ \mathrm{m\cdot s^{-1}}$,$x=-5\ \mathrm{m}$. 试求质点在任意时刻的速度和位置.

分析: 本题属于质点运动学中的第二类问题. 对于这类问题,通常可根据速度、加速度的定义首先得到一个微分方程,然后通过分离变量用积分法进行求解. 另外本题属于一维直线运动问题,所以各矢量可以不用矢量式表示,其方向用正负号表示.

解: 由已知条件可知

$$a = \frac{\mathrm{d}v}{\mathrm{d}t} = 5 + 2t$$

对上述微分方程进行分离变量,然后在等式两边同时取定积分,即

$$\int_2^v \mathrm{d}v = \int_0^t (5 + 2t) \,\mathrm{d}t$$

积分可得该质点的速度为

$$v = (2 + 5t + t^2) \ \mathrm{m \cdot s^{-1}}$$

又因 $v = \frac{\mathrm{d}x}{\mathrm{d}t} = 2 + 5t + t^2$,再次分离变量,并取定积分,即

$$\int_{-5}^x \mathrm{d}x = \int_0^t (2 + 5t + t^2) \,\mathrm{d}t$$

所以质点在任意时刻的位置为

$$x = \left(-5 + 2t + \frac{5}{2}t^2 + \frac{1}{3}t^3\right) \ \mathrm{m}$$

例 1.7 一质点沿 y 轴做直线运动,其加速度为 $a = a_0 - ky$,已知 $t = 0$ 时,$y = 0$,$v = v_0$. 试求:

(1) 质点的速度与位置的函数关系;

(2) 质点运动的最大速率.

分析: 本题中加速度是位置坐标的函数,由加速度的定义可得微分方程的形式为:$a = \frac{\mathrm{d}v}{\mathrm{d}t} = a_0 - ky$,显然该方程不能直接进行分离变量,所以先要进行变量替换再求解. 因为 $a(y) = \frac{\mathrm{d}v}{\mathrm{d}t} = \frac{\mathrm{d}v}{\mathrm{d}y} \frac{\mathrm{d}y}{\mathrm{d}t} = v\frac{\mathrm{d}v}{\mathrm{d}y}$,再分离变量可得 $v\mathrm{d}v = a(y)\mathrm{d}y$,积分 $\int a(y)\mathrm{d}y = \int v\mathrm{d}v$ 可求出 $v = v(y)$.

解: (1) 因为 $a = \frac{\mathrm{d}v}{\mathrm{d}t} = \frac{\mathrm{d}v}{\mathrm{d}y} \frac{\mathrm{d}y}{\mathrm{d}t} = v\frac{\mathrm{d}v}{\mathrm{d}y}$,所以由题意可得

$$v\frac{\mathrm{d}v}{\mathrm{d}y} = a_0 - ky$$

对上式分离变量并作定积分,即

$$\int_{v_0}^v v\mathrm{d}v = \int_0^y (a_0 - ky) \,\mathrm{d}y$$

积分可得质点的速度与位置坐标的函数关系为

$$v = \pm\sqrt{v_0^2 + 2a_0y - ky^2} \qquad ①$$

(2) 令 $\frac{\mathrm{d}v}{\mathrm{d}y} = \pm\frac{a_0 - ky}{\sqrt{v_0^2 + 2a_0y - ky^2}} = 0$,可得速率最大的位置为 $y = \frac{a_0}{k}$,将此代入①

式,可得最大速率为

$$v=\sqrt{v_0^2+\frac{a_0^2}{k}}$$

例1.8 飞机驾驶员想让飞机往正北方向飞行,飞机在静止的空气中的航速为 600 km/h,而风速为 60 km/h,风向为东风. 试问驾驶员应让飞机取什么航向? 飞机相对于地面的速率为多少?

分析:这是相对运动问题,对这类问题的分析通常可借助于矢量图使问题简化. 将速度迭加原理的表达式 $\boldsymbol{v}_{\text{绝对}}=\boldsymbol{v}_{\text{相对}}+\boldsymbol{v}_{\text{牵连}}$ 写成 $\boldsymbol{v}_{A-C}=\boldsymbol{v}_{A-B}+\boldsymbol{v}_{B-C}$ 的形式,更有利于处理实际问题.

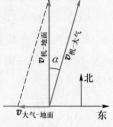

图 1.7 例 1.8 解图

解:根据相对运动中的迭加合成原理,有

$$\boldsymbol{v}_{\text{机-地面}}=\boldsymbol{v}_{\text{机-大气}}+\boldsymbol{v}_{\text{大气-地面}}$$

作矢量图如图 1.7 所示,不难看出,飞机相对于地面的速度大小为

$$v_{\text{机-地面}}=\sqrt{v_{\text{机-大气}}^2-v_{\text{大气-地面}}^2}=\sqrt{600^2-60^2}\ \text{km/h}=597\ \text{km/h}$$

他应取的航向为北偏东,即

$$\alpha=\arcsin\frac{v_{\text{大气-地面}}}{v_{\text{机-大气}}}=\arcsin\frac{60}{600}=5.74°$$

五、自我测试题

1.1 若质点的运动方程为 $\boldsymbol{r}=x(t)\boldsymbol{i}+y(t)\boldsymbol{j}$,则下列表示正确的是(　　　).

(A) $v=\dfrac{\mathrm{d}r}{\mathrm{d}t},a=\dfrac{\mathrm{d}^2r}{\mathrm{d}t^2}$ 　　　　(B) $v=\dfrac{\mathrm{d}r}{\mathrm{d}t},\boldsymbol{a}=\dfrac{\mathrm{d}^2x}{\mathrm{d}t^2}\boldsymbol{i}+\dfrac{\mathrm{d}^2y}{\mathrm{d}t^2}\boldsymbol{j}$

(C) $v=\left|\dfrac{\mathrm{d}\boldsymbol{r}}{\mathrm{d}t}\right|,a=\sqrt{\left(\dfrac{\mathrm{d}^2x}{\mathrm{d}t^2}\right)^2+\left(\dfrac{\mathrm{d}^2y}{\mathrm{d}t^2}\right)^2}$ 　　　(D) $v=\sqrt{\left(\dfrac{\mathrm{d}x}{\mathrm{d}t}\right)^2+\left(\dfrac{\mathrm{d}y}{\mathrm{d}t}\right)^2},\boldsymbol{a}=\dfrac{\mathrm{d}^2\boldsymbol{r}}{\mathrm{d}t^2}$

1.2 一质点从静止开始沿半径为 R 的圆周做匀加速圆周运动. 当切向加速度和法向加速度大小相等时,质点走过的路程为(　　　).

(A) $\dfrac{R}{2}$ 　　　　(B) R 　　　　(C) $\dfrac{\pi R}{2}$ 　　　　(D) πR

1.3 一质点在 Oxy 平面内做曲线运动,其运动方程为 $\boldsymbol{r}=2t\boldsymbol{i}+(4-t^2)\boldsymbol{j}$(SI 单位). 在 $t>0$ 的时间内,其速度矢量和位置矢量垂直的时刻为(　　　).

(A) 1 s 　　　　(B) 2 s 　　　　(C) $\sqrt{2}$ s 　　　　(D) $\sqrt{3}$ s

1.4 一质点在 Oxy 平面内做曲线运动,其运动方程为:$x=at,y=b+ct^2$,其中 a、b、c 均为正的常量. 当质点的速度方向与 x 轴的正方向成 60°角时,质点速度的大小为(　　　).

(A) a (B) $\sqrt{2}a$ (C) $2a$ (D) $\sqrt{a^2+4c^2}$

1.5 一质点沿 x 轴做直线运动,在 $t=0$ 时,质点位于 $x_0=2$ m 处,该质点的速度随时间的变化规律为 $v=12-3t^2$(SI 单位). 当质点的速度为零时,质点的位置和加速度分别为( ).

(A) $x=16$ m, $a=-12$ m·s^{-2} (B) $x=16$ m, $a=-6$ m·s^{-2}

(C) $x=18$ m, $a=-12$ m·s^{-2} (D) $x=18$ m, $a=-6$ m·s^{-2}

1.6 一质点从静止开始沿半径为 R 的圆周做匀变速圆周运动,已知角加速度的大小为 α. 当法向加速度的大小等于 2 倍的切向加速度时,质点从开始运动经历的时间是( ).

(A) $\sqrt{\dfrac{2R}{\alpha}}$ (B) $\sqrt{\dfrac{2}{\alpha}}$ (C) $\sqrt{\dfrac{R}{2\alpha}}$ (D) $\sqrt{\dfrac{1}{2\alpha}}$

1.7 以初速度 v_0 将一个物体斜向上抛,抛射角(初速度方向与水平方向的夹角)为 θ,若忽略空气阻力,则物体的飞行轨迹为一条抛物线. 则在物体的初始位置和最高位置处,该抛物线的曲率半径分别为( ).

(A) $\dfrac{v_0^2}{g\sin\theta}$, $\dfrac{v_0^2\sin^2\theta}{g}$ (B) $\dfrac{v_0^2}{g\sin\theta}$, $\dfrac{v_0^2\cos^2\theta}{g}$

(C) $\dfrac{v_0^2}{g\cos\theta}$, $\dfrac{v_0^2\cos^2\theta}{g}$ (D) $\dfrac{v_0^2\sin\theta}{g}$, $\dfrac{v_0^2\sin^2\theta}{g}$

1.8 一个质点在 Oxy 平面内做曲线运动,其运动学方程为 $\boldsymbol{r}=(t^2+2t)\boldsymbol{i}+t^2\boldsymbol{j}$(SI 单位),则该质点在任意时刻的切向加速度的大小为( )(SI 单位).

(A) $\dfrac{4t+4}{\sqrt{2t^2+2t+1}}$ (B) $\dfrac{4t+2}{\sqrt{2t^2+2t+1}}$ (C) $\dfrac{4t+1}{\sqrt{2t^2+t+1}}$ (D) $2\sqrt{2}$

1.9 一质点沿半径为 2 m 的圆周运动,其运动方程为 $\theta=2t+2t^2$(SI 单位),在 $t=2$ s 时,它的法向加速度 $a_n=$ _____ m/s^2,切向加速度 $a_t=$ _____ m/s^2.

1.10 一质点沿 x 轴运动,其加速度与位置坐标的关系为: $a=4x+\dfrac{1}{x^2}$. 如果质点在 $x=1$ m 处的速度为零,则质点在任意位置处的速度为_____ m/s.

1.11 质点沿 x 轴运动,其加速度为 $a=2t^2$(SI 单位),初始时刻质点位于 4 m 处,速度为 3 m/s,则其运动方程为_____.

1.12 一个质点从静止开始沿半径为 R 的圆周做变加速圆周运动,其角加速度随时间的变化关系为 $\alpha=4t$(SI 单位). 当切向加速度和法向加速度的大小相等时,质点做圆周运动的角速度为_____ rad/s.

1.13 一质点在 Oxy 平面内做曲线运动. 已知 $v_x=3\sqrt{t}$ (SI 单位), $y=\left(\dfrac{1}{2}t^2+3t-4\right)$ (SI 单位),且 $t=0$ 时, $x_0=5$ m. 试求:

(1) 该质点运动学方程的矢量表达式;

(2) 质点在 $t_1=1$ s 和 $t_2=4$ s 时的位置矢量和这 3 s 内的位移;

（3）质点在 $t = 4$ s 时的速度和加速度的大小和方向.

1.14 如图所示,一个质点沿着一条平面曲线运动.在曲线上 P 点处,加速度的方向与该处曲率圆上的弦线 PB 重合.已知 $|PB| = L$,质点在 P 点的速率为 v. 试求质点在 P 点的加速度的大小.

1.15 设有一架飞机从 A 处向东飞到 B 处,然后又向西飞回到 A 处,飞机相对空气的速率为 v',空气流相对地面的速率为 u,A、B 间的距离为 L. 假定飞机相对空气的速率 v' 和空气流的速率 u 均保持不变,空气流的速度方向向北,求飞机来回飞行的时间.

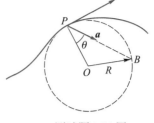

测试题 1.14 图

自我测试题
参考答案

>>> 第2章

... 牛顿运动定律

一、知识点网络框图

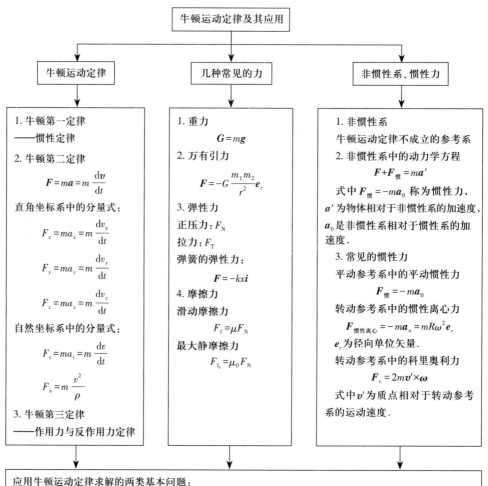

牛顿运动定律及其应用

牛顿运动定律　　几种常见的力　　非惯性系、惯性力

1. 牛顿第一定律
——惯性定律
2. 牛顿第二定律
$$F = ma = m\frac{\mathrm{d}v}{\mathrm{d}t}$$
直角坐标系中的分量式：
$$F_x = ma_x = m\frac{\mathrm{d}v_x}{\mathrm{d}t}$$
$$F_y = ma_y = m\frac{\mathrm{d}v_y}{\mathrm{d}t}$$
$$F_z = ma_z = m\frac{\mathrm{d}v_z}{\mathrm{d}t}$$
自然坐标系中的分量式：
$$F_t = ma_t = m\frac{\mathrm{d}v}{\mathrm{d}t}$$
$$F_n = m\frac{v^2}{\rho}$$
3. 牛顿第三定律
——作用力与反作用力定律

1. 重力
$$G = mg$$
2. 万有引力
$$F = -G\frac{m_1 m_2}{r^2}e_r$$
3. 弹性力
正压力：F_N
拉力：F_T
弹簧的弹性力：
$$F = -kx\mathbf{i}$$
4. 摩擦力
滑动摩擦力
$$F_f = \mu F_N$$
最大静摩擦力
$$F_{f_0} = \mu_0 F_N$$

1. 非惯性系
牛顿运动定律不成立的参考系
2. 非惯性系中的动力学方程
$$F + F_{惯} = ma'$$
式中 $F_{惯} = -ma_0$ 称为惯性力，a' 为物体相对于非惯性系的加速度，a_0 是非惯性系相对于惯性系的加速度.
3. 常见的惯性力
平动参考系中的平动惯性力
$$F_{惯} = -ma_0$$
转动参考系中的惯性离心力
$$F_{惯性离心} = -ma_n = mR\omega^2 e_r$$
e_r 为径向单位矢量.
转动参考系中的科里奥利力
$$F_c = 2mv' \times \boldsymbol{\omega}$$
式中 v' 为质点相对于转动参考系的运动速度.

应用牛顿运动定律求解的两类基本问题：
1. 微分类问题：已知 $r = r(t)$ 及 m，求 $F, F_n(t), F_t(t)$.
2. 积分类问题：已知 $F = F(t)$、m 及 v_0 和 r_0，求 $v(t)$，$r(t)$.

二、基本要求

1. 熟练掌握牛顿运动三定律的内容和意义，明确牛顿运动定律的适用范围.
2. 熟练掌握用牛顿运动定律处理动力学问题的基本方法.
3. 掌握用矢量代数和微积分求解动力学方程的基本方法和技巧.
4. 理解惯性系和非惯性系，理解在非惯性系中处理动力学问题的思路和方法.

三、主要内容

（一）牛顿运动三定律

第一定律：任何物体在不受外力作用时，都将保持静止或匀速直线运动的状态，直至其他物体的作用迫使它改变这种状态为止．

第一定律给出了惯性和力两个重要概念．① 任何物体都有保持其原有的静止或匀速直线运动状态的性质，物体的这种性质称为惯性，因此第一定律也称为惯性定律．② 力是物体与物体之间的相互作用，其作用效果是改变物体的运动状态，而不是维持物体的运动．

第二定律：物体受到外力作用时，它所获得的加速度的大小与合外力的大小成正比，与物体的质量成反比，加速度的方向与合外力的方向相同．其数学表达式为

$$\boldsymbol{F} = m\boldsymbol{a} = m\frac{\mathrm{d}\boldsymbol{v}}{\mathrm{d}t} = m\frac{\mathrm{d}^2\boldsymbol{r}}{\mathrm{d}t}$$

第二定律给出了力与加速度之间的定量关系，同时也揭示了质量是衡量物体惯性大小的量度．

在应用时应注意以下几点

1. **适用对象**：宏观低速（远小于光速）运动的质点；
2. **适用条件**：惯性参考系；
3. **用分量式求解**．第二定律在直角坐标系中的分量式为

$$\left.\begin{aligned} F_x &= ma_x = m\frac{\mathrm{d}v_x}{\mathrm{d}t} = m\frac{\mathrm{d}^2x}{\mathrm{d}t^2} \\ F_y &= ma_y = m\frac{\mathrm{d}v_y}{\mathrm{d}t} = m\frac{\mathrm{d}^2y}{\mathrm{d}t^2} \\ F_z &= ma_z = m\frac{\mathrm{d}v_z}{\mathrm{d}t} = m\frac{\mathrm{d}^2z}{\mathrm{d}t^2} \end{aligned}\right\}$$

在自然坐标系中的分量式为

$$\left.\begin{aligned} F_t &= ma_t = m\frac{\mathrm{d}v}{\mathrm{d}t} \\ F_n &= ma_n = m\frac{v^2}{\rho} \end{aligned}\right\}$$

第三定律：两个物体之间的作用力 $\boldsymbol{F}$ 和反作用力 $\boldsymbol{F}'$，大小相等、方向相反，并且在同一直线上，其数学关系为

$$\boldsymbol{F} = -\boldsymbol{F}'$$

第三定律也称为作用力与反作用力定律．

（二）惯性系与非惯性系　惯性力

1. 惯性系与非惯性系

牛顿运动定律能够成立的参考系称为惯性系,牛顿运动定律不能成立的参考系称为非惯性参考系. 一切相对于某个惯性系做匀速运动的参考系都是惯性系;相对于惯性系做加速运动的参考系都是非惯性系.

2. 非惯性系中的动力学方程　惯性力

若质点相对于某个非惯性系的加速度为 a',该参考系相对于惯性参考系的加速度为 a_0,则质点在该非惯性参考系中的动力学方程为

$$F+F_{惯}=ma'$$

式中 $F_{惯}=-ma_0$ 称为惯性力. 惯性力并非物体间的相互作用力,它是在非惯性参考系中引入的虚拟的、假想的力,是运动物体惯性的一种表现形式.

在相对于惯性参考系做加速平动的参考系中,$F_{惯}=-ma_0$ 称为平动惯性力.

在转动参考系中,惯性力比较复杂,一般表达式为

$$F=m\omega^2r+2mv'\times\omega$$

其中第一项称为惯性离心力,第二项称为科里奥利力.

四、典型例题解法指导

牛顿运动定律的应用类问题和质点运动学的问题一样,大致也分为两类基本问题.

第一类问题(求导类型):已知质点的质量 m 及运动规律 $r=r(t)$,求作用在质点上的合外力 $F(t)$ 或其中的某个分力 $F_i(t)$. 这类问题的解法是:先由 $a=\dfrac{\mathrm{d}v}{\mathrm{d}t}=\dfrac{\mathrm{d}^2r}{\mathrm{d}t^2}$,求出加速度 a,然后由牛顿第二定律 $F=ma$,求出质点所受的合外力 $F(t)$ 或其中的某个分力 $F_i(t)$.

第二类问题(积分类型):已知作用于质点上的合外力 $F(t)$ 和初始条件(即在初始时刻,质点的位置矢量 r_0 和速度矢量 v_0),求质点的运动速度 $v(t)$、位置矢量 $r(t)$ 等. 对这类问题的解法是通过牛顿第二定律 $F=m\dfrac{\mathrm{d}v}{\mathrm{d}t}$ 在坐标系中的分量形式,列出质点的动力学(微分)方程(组),然后求解该方程组即可.

应注意的是:如果合外力不是常量,而是变力,则列出的方程(组)通常是一个微分方程(组),此时需要先对微分方程进行变量分离,然后再用积分法求解微分方程,并根据初始条件确定积分常量即可,或者直接用定积分求解微分方程. 这正是大学物理中要求学生重点掌握的内容.

显然,要解决实际的动力学问题,还需要读者具备足够的中学物理基础和解题技巧,如:能够正确理解并熟练掌握力学中的四种常见力(万有引力、重力、弹力和

摩擦力)的基本性质和计算方法,熟练掌握力的正交分解与合成的技巧和方法,能熟练、正确地对物体进行受力分析,能熟练掌握用牛顿运动定律解题的基本步骤和方法,其基本步骤为:1. 确定研究对象;2. 弄清物体的运动规律;3. 选择参考系并建立坐标系;4. 对物体进行受力分析;5. 用 $F = ma = m\dfrac{\mathrm{d}\boldsymbol{v}}{\mathrm{d}t}$ 的分量形式列方程(组);6. 求解方程组并分析结果的合理性. 这种步骤和方法与高中物理的是相同的. 大学物理与高中物理的主要区别在于:高中物理用 $F = ma$ 列初等代数方程(组),并用初等代数方法求解;大学物理用 $F = m\dfrac{\mathrm{d}\boldsymbol{v}}{\mathrm{d}t}$ 列微分方程(组),并用矢量代数和微积分求解.

例 2.1 雨滴在大气中下落时受到的空气阻力与雨滴的速度成正比,即 $F_f = -k\boldsymbol{v}$. 若雨滴的初速度为零且大气是静止的. 试求:

(1)雨滴下落过程中速度 v 与下落时间 t 的函数关系,并求雨滴的极限速度;

(2)雨滴下落的高度与时间的函数关系.

分析:此题已知质点的受力情况,求运动规律,属积分类题型.

解:(1)雨点受到重力 $m\boldsymbol{g}$ 和空气阻力 $F_f = -k\boldsymbol{v}$ 的作用,如图 2.1 所示. 以竖直向下作为 y 轴的正方向,开始下落处为坐标原点,根据牛顿第二定律可得雨滴的动力学微分方程为

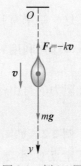

图 2.1　例 2.1 图

$$m\frac{\mathrm{d}v}{\mathrm{d}t} = mg - kv \qquad\qquad ①$$

对上式分离变量可得

$$\mathrm{d}t = \frac{m}{mg - kv}\mathrm{d}v$$

由题意可知 $t = 0$ 时,$v_0 = 0$,对上式两边作定积分,即

$$\int_0^t \mathrm{d}t = \int_0^v \frac{m}{mg - kv}\mathrm{d}v$$

积分可得

$$t = -\frac{m}{k}\ln\frac{mg - kv}{mg}$$

所以下落速度 v 随下落时间 t 的函数关系为

$$v = \frac{mg}{k}\left(1 - \mathrm{e}^{-\frac{k}{m}t}\right) \qquad\qquad ②$$

由①式或②式可知,当 $a = \dfrac{\mathrm{d}v}{\mathrm{d}t} = 0$ 或当 $t \to \infty$ 时,雨滴的极限速度为

$$v_{\max} = \frac{mg}{k}$$

（2）因为：$v = \dfrac{\mathrm{d}y}{\mathrm{d}t} = \dfrac{mg}{k}(1 - \mathrm{e}^{-\frac{k}{m}t})$，分离变量并取积分，即

$$\int \mathrm{d}y = \int \frac{mg}{k}(1 - \mathrm{e}^{-\frac{k}{m}t})\mathrm{d}t$$

积分可得

$$y = \frac{mg}{k}t + \frac{m^2 g}{k^2}\mathrm{e}^{-\frac{k}{m}t} + C \qquad\qquad ③$$

③式中 C 为积分常量，由初始条件确定. 由（1）可知 $t=0$ 时，$y=0$，代入③式可得 $C = -\dfrac{m^2 g}{k^2}$，所以雨滴下落的高度与时间的函数关系为

$$y = \frac{mg}{k}t + \frac{m^2 g}{k^2}(\mathrm{e}^{-\frac{k}{m}t} - 1)$$

这一结果看起来与我们熟悉的无阻力自由落体公式完全不同，但可以证明：当 $k \to 0$ 时，利用 $\mathrm{e}^x = 1 + x + \dfrac{1}{2!}x^2 + \dfrac{1}{3!}x^3 + \cdots$，取其前三项近似，由上式可自然地过渡到无阻力的自由落体公式 $y = \dfrac{1}{2}gt^2$.

例 2.2 如图 2.2 所示，长为 l 的轻绳，一端系一个质量为 m 的小球，另一端系于定点 O，小球能在竖直平面内绕 O 点做圆周运动. 已知 $t=0$ 时小球位于最低位置，并具有水平速率 v_0. 请用牛顿运动定律，求小球在任意位置的速率及绳中的张力.

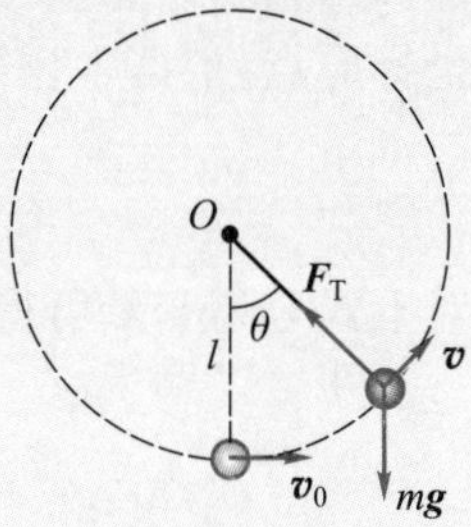

分析： 对于圆周运动的问题，一般在自然坐标系中求解，这样可使求解过程简化.

解： 依题意可设：在任意时刻 t，轻绳与竖直方向的夹角为 θ，小球速率为 v. 此时小球受重力 mg 和绳的拉力 $\boldsymbol{F}_\mathrm{T}$ 的作用，如图所示. 将重力 $m\boldsymbol{g}$ 和拉力 $\boldsymbol{F}_\mathrm{T}$ 沿圆周的切线和

图 2.2　例 2.2 图

法线方向作正交分解，再由牛顿第二定律在自然坐标系中的分量形式，可得

在切线方向　　　　　$-mg\sin\theta = ma_\mathrm{t} = m\dfrac{\mathrm{d}v}{\mathrm{d}t}$ 　　　　　①

在法线方向　　　　　$F_\mathrm{T} - mg\cos\theta = ma_\mathrm{n} = m\dfrac{v^2}{l}$ 　　　　　②

由于①式中出现了 3 个变量：θ、v、t，所以不能直接对它分离变量，需要先利用角量与线量的关系进行变量替换. 利用 $\dfrac{\mathrm{d}v}{\mathrm{d}t} = \dfrac{\mathrm{d}v}{\mathrm{d}\theta}\dfrac{\mathrm{d}\theta}{\mathrm{d}t} = \omega\dfrac{\mathrm{d}v}{\mathrm{d}\theta} = \dfrac{v}{l}\dfrac{\mathrm{d}v}{\mathrm{d}\theta}$，将此代入①式，可得

$$-mg\sin\theta = m\frac{v}{l}\frac{\mathrm{d}v}{\mathrm{d}\theta}$$

对上式进行分离变量并取定积分,即

$$\int_{v_0}^{v}v\mathrm{d}v = -\int_0^{\theta}gl\sin\theta\mathrm{d}\theta$$

积分可得小球在任意位置的速率为

$$v = \pm\sqrt{v_0^2 + 2gl(\cos\theta - 1)}$$

将 v 代入②式,可得绳中的拉力为

$$F_T = m\left(\frac{v_0^2}{l} + 3g\cos\theta - 2g\right) = \frac{m}{l}v_0^2 + 3mg\cos\theta - 2mg$$

注:如果没有求解方法的限制,本题也可用功能关系求解.

例 2.3 如图 2.3 所示,一根质量为 m,长为 l 的匀质链条,摊直放在光滑的水平桌面上,其一端有极小的一段被推出桌子的边缘,在重力的作用下从静止开始滑落,试求整个链条刚刚离开桌面时的速度大小.

分析: 尽管链条不是一个质点,但是整个链条的速度和加速度的大小都是相同的,所以我们仍然可以将链条作为一个整体,用牛顿运动定律来求解.

图 2.3 例 2.3 图

解: 以链条下落的方向作为 x 轴的正方向. 设链条在下落的过程中的任一时刻,下落的长度为 x,则整个链条在竖直方向受到的合外力等于下落部分的重力,即 $F = m_x g = \frac{m}{l}gx$. 根据牛顿第二定律 $F = ma = m\frac{\mathrm{d}v}{\mathrm{d}t}$,有

$$m\frac{\mathrm{d}v}{\mathrm{d}t} = \frac{m}{l}gx$$

由于此方程中含有 3 个变量:v、x、t,为此需要先作变量替换. 利用 $\frac{\mathrm{d}v}{\mathrm{d}t} = \frac{\mathrm{d}v}{\mathrm{d}x}\frac{\mathrm{d}x}{\mathrm{d}t} = v\frac{\mathrm{d}v}{\mathrm{d}x}$,上式可变换为

$$v\frac{\mathrm{d}v}{\mathrm{d}x} = \frac{g}{l}x$$

对上式分离变量,并取定积分,即

$$\int_0^v v\mathrm{d}v = \int_0^l \frac{g}{l}x\mathrm{d}x$$

积分可得链条刚离开桌面时的速度大小为

$$v = \sqrt{gl}$$

例 2.4 高速战斗机降落时,为了减少在跑道上的滑行距离,通常在落地时向后释放一个降落伞,利用空气阻力使其尽快停稳. 已知飞机的质量为 m,降落时制动机构产生的恒定阻力为 F_f,降落伞产生的空气阻力与速度的平方成正比,即 $F' = -kv^2$. 假设降落伞刚释放时飞机的速度为 v_0. 试求飞机在跑道上滑行速度与滑行距离的函数关系,并求最大滑行距离.

分析: 飞机在跑道上在制动力和空气阻力的共同作用下做减速运动,又空气阻力与速度有关,故可由牛顿运动定律列出动力学微分方程.

解: 以飞机的滑行方向作为 x 轴的正方向,因为飞机在滑行方向只受制动力和空气阻力的作用,由题意可得飞机滑行时的动力学微分方程为

$$-F_f - kv^2 = m \frac{\mathrm{d}v}{\mathrm{d}t} \qquad ①$$

由于题中要求出滑行速度与滑行距离的关系,所以首先作变量替换以方便求解. 由

$$a = \frac{\mathrm{d}v}{\mathrm{d}t} = \frac{\mathrm{d}v}{\mathrm{d}x} \frac{\mathrm{d}x}{\mathrm{d}t} = v \frac{\mathrm{d}v}{\mathrm{d}x}$$

于是方程①可改写为

$$-F_f - kv^2 = mv \frac{\mathrm{d}v}{\mathrm{d}x}$$

对上式分离变量,并取定积分,即

$$\int_0^x \mathrm{d}x = \int_{v_0}^v m \frac{v\mathrm{d}v}{-F_f - kv^2}$$

积分得

$$x = \frac{m}{2k} \ln \frac{F_f + kv_0^2}{F_f + kv^2} \qquad ②$$

由此得滑行速度与滑行距离的函数关系为

$$v = \sqrt{\frac{F_f + kv_0^2}{k} \mathrm{e}^{-\frac{2k}{m}x} - \frac{F_f}{k}}$$

由②式可知,当 $v = 0$ 时,可求出飞机的最大滑行距离为

$$x_{\max} = \frac{m}{2k} \ln \frac{F_f + kv_0^2}{F_f}$$

例 2.5 质量为 m_1 的楔放在水平面上,楔的斜面上放一质量为 m_2 的物体,如果每一接触面都是光滑的,斜面与水平面的夹角为 θ,如图 2.4 所示. 试求:

(1) 楔对地的加速度 a_1;

(2) 物体对楔的加速度 a_2;

(3) 物体与楔之间的正压力 F_{N1};

（4）楔与桌面之间的正压力 F_{N2}.

分析：由于物体在楔的斜面上运动，又楔相对于地面在做加速运动，所以在分析斜面上物体的运动时应加上惯性力，用非惯性系中的动力学规律列方程. 而对于楔来说，则仍然以地面为参考系，用牛顿运动定律列方程.

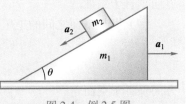

图 2.4　例 2.5 图

解：首先用隔离体法对楔和楔上的物体进行受力分析，如图 2.5 所示，其中 $F_0 = -m_2 a_1$ 是物体在非惯性参考系中的平动惯性力，其大小为 $m_2 a_1$，方向与 a_1 的方向相反.

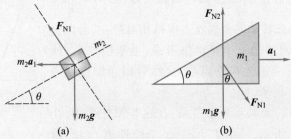

图 2.5　例 2.5 解图

对于楔，以地面为惯性参考系，由牛顿运动定律可得

在水平方向 $\qquad F_{N1}\sin\theta = m_1 a_1 \qquad\qquad$ ①

在竖直方向 $\qquad F_{N2} - F_{N1}\cos\theta - m_1 g = 0 \qquad\qquad$ ②

对于物体 m_2，以楔为参考系，由非惯性系中的动力学方程，在沿斜面方向（以沿斜面向下为正方向）

$$m_2 g\sin\theta + m_2 a_1\cos\theta = m_2 a_2 \qquad\qquad ③$$

在垂直于斜面方向

$$F_{N1} + m_2 a_1\sin\theta - m_2 g\cos\theta = 0 \qquad\qquad ④$$

联立求解方程组①式—④式，可得：

（1）楔对地的加速度大小为

$$a_1 = \frac{m_2\sin\theta\cos\theta}{m_1 + m_2\sin^2\theta}g$$

方向水平向右.

（2）物体对楔的加速度大小为

$$a_2 = \frac{(m_1 + m_2)\sin\theta}{m_1 + m_2\sin^2\theta}g$$

方向平行于斜面向下.

（3）物体与楔之间的正压力的大小为

$$F_{N1} = \frac{m_1 m_2\cos\theta}{m_1 + m_2\sin^2\theta}g$$

方向垂直于斜面.

（4）楔与桌面之间的正压力的大小为

$$F_{N2} = \frac{m_1(m_1+m_2)}{m_1+m_2\sin^2\theta}g$$

方向垂直于桌面.

例 2.6 如图 2.6 所示,光滑金属丝上穿一小环,当金属丝绕竖直轴 Oy 以角速度 ω 匀速转动时,小环在金属丝上的任何位置均能保持与金属丝相对静止,求证金属丝的曲线方程为 $y=\dfrac{\omega^2}{2g}x^2$.

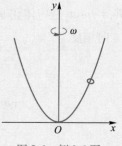

图 2.6 例 2.6 图

分析：小环在转动的金属丝上保持相对静止,若以金属丝为参考系,则这是一个转动参考系,是非惯性系. 所以在受力分析时应加上惯性离心力,然后用非惯性参考系中的动力学方程来讨论.

解：以转动的金属丝为参考系,在这非惯性系中,小环受力如图 2.7 所示,其中 $\boldsymbol{F}' = m\omega^2 \boldsymbol{x}$ 为惯性离心力. 由于小环在转动参考系中是静止的,所以由非惯性系中的平衡条件,可得

$$F\cos\theta = mg \qquad \text{①}$$
$$F\sin\theta = m\omega^2 x \qquad \text{②}$$

由①式、②式得

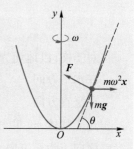

图 2.7 例 2.6 解图

$$\tan\theta = \frac{\omega^2}{g}x$$

又小环所处位置金属丝的斜率为

$$\frac{\mathrm{d}y}{\mathrm{d}x} = \tan\theta$$

由此得

$$\frac{\mathrm{d}y}{\mathrm{d}x} = \frac{\omega^2}{g}x$$

对上式分离变量并积分得

$$\int_0^y \mathrm{d}y = \int_0^x \frac{\omega^2}{g}x\mathrm{d}x$$

积分得金属丝的曲线方程为

$$y = \frac{\omega^2}{2g}x^2$$

五、自我测试题

2.1 一只质量为 m 的猴子,开始时抓住了一根吊在天花板上、质量为 $m_杆$ 的竖直杆. 当悬挂杆的钩子突然脱落时,猴子沿杆竖直向上爬,以保持其离地面的高度不变. 则此时杆下落的加速度的大小为(   ).

(A) g (B) $\dfrac{m_杆 + m}{m_杆}g$ (C) $\dfrac{m_杆 - m}{m_杆}g$ (D) $\dfrac{m_杆 + m}{m_杆 - m}g$

2.2 质量为 $m_球$ 的气球下面用绳系着一个质量为 m 的物体,两者正以加速度 a 匀加速上升. 不考虑物体 m 所受的浮力,当绳突然断开时,气球的加速度为(   ).

(A) a (B) $\dfrac{m_球 + m}{m_球}a$ (C) $a + \dfrac{m}{m_球}g$ (D) $a + \dfrac{m}{m_球}(g+a)$

2.3 质量为 m 的质点,沿 x 轴运动,其运动方程为 $x = A\cos\omega t$,则在任意时刻,质点受到的合外力为(   ).

(A) $\omega^2 x$ (B) $-\omega^2 x$ (C) $m\omega^2 x$ (D) $-m\omega^2 x$

2.4 质量 $m = 4$ kg 的物体,在合外力 $F = 10 + 2t$(SI 单位)的作用下沿 x 轴做直线运动. $t = 0$ 时,速度 $v = 2$ m·s^{-1}. 则 $t = 2$ s 时的速度为(   ).

(A) 6 m·s^{-1} (B) 7 m·s^{-1} (C) 8 m·s^{-1} (D) 9 m·s^{-1}

2.5 摩托艇在水面上航行时受到的阻力与速度的大小成正比,即 $F_阻 = -kv$,假设摩托艇发动机提供的牵引力是一个大小不变的常量 F. 已知摩托艇的总质量为 m,则摩托艇在水面上从静止开始沿直线航行时,其航行速度与时间的函数关系为(   ).

(A) $v = \dfrac{F}{k}(1 - e^{-\frac{k}{m}t})$

(B) $v = \dfrac{F}{k}(1 - e^{-\frac{m}{k}t})$

(C) $v_0 = \dfrac{Ft}{m - kt}$

(D) $v_0 = \dfrac{Ft}{m + kt}$

2.6 一质量为 2.0 kg 的质点在半径 $R = 8.0$ m 的圆周上做圆周运动,其路程随时间的变化规律为 $s = 2t^2 + 1$(SI 单位),则质点在 $t = 2.0$ s 时所受合力的大小为(   ).

(A) $4\sqrt{3}$ N

(B) $8\sqrt{5}$ N

(C) $4\sqrt{5}$ N

(D) 16 N

2.7 在光滑的水平桌面上有一个半径为 R 的固定圆环,一个滑块紧贴圆环内侧做圆周运动,它与圆环内侧的动摩擦因数为 μ. 开始时滑块的速率为 v,则经过多长时间滑块的速率变为 $0.5v$?(   ).

(A) $\dfrac{3R\mu}{4v}$

(B) $\dfrac{3R}{2v\mu}$

(C) $\dfrac{R}{v\mu}$

(D) $\dfrac{2R}{v\mu}$

2.8 质量为 0.25 kg 的质点,受力 $F = ti$(SI 单位)的作用,式中 t 为时间. $t = 0$ 时刻该质点以 $v_0 = 2j$ m·s^{-1}的速度通过坐标原点,则该质点任意时刻的位置矢量是_____.

2.9 一质量为 m 的物体沿 x 轴正方向运动,假设该质点通过坐标为 x 时的速度为 $v = kx$(k 为正常量),则此时作用于该质点的力 $F =$ _____,该质点从 $x = x_0$ 点出发运动到 $x = x_1$ 处所经历的时间 $\Delta t =$ _____.

2.10 质量为 m 的物体从静止开始落下,已知受到的空气阻力的大小与速度的大小成正比,物体下落时能达到的极限速率为 v_m,则物体下落速度的大小达到 $v_m/2$ 时所需要的时间是_____.

2.11 有一质量为 2 kg 的质点,在如图所示的合力作用下从静止开始做一维直线运动,则速率从零变为 10 m·s^{-1} 时所需的时间为_____.

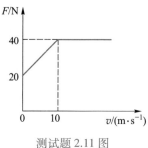

2.12 如图所示,用绳子跨过轻质定滑轮拉一个质量为 m 的木箱(可视为质点). 设木箱与地面之间的滑动摩擦因数为 μ,要使物体在移动过程中始终保持匀速运动,问在夹角 θ 为多大时最省力?

2.13 有一光滑的三棱柱,质量为 $m_{柱}$,斜面倾角为 θ,放在光滑的水平桌面上. 另一质量为 m 的滑块放在三棱柱的斜面上,如图所示. 现给三棱柱施加一个水平向左的恒力 F,问当 F 多大时,才能保持 m 相对于 $m_{柱}$ 静止不动? 此时 $m_{柱}$ 相对于水平桌面的加速度为多大?

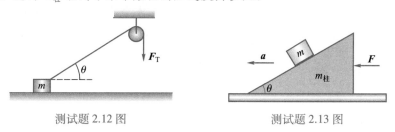

测试题 2.12 图   测试题 2.13 图

2.14 质量 $m = 2.0$ kg 的物体在沿 x 方向的周期性合外力 $F = 8.0\cos 4\pi t$(SI 单位)的作用下做直线运动,开始时,物体静止于坐标原点处. 试求:

(1) 任意时刻物体的运动速度;

(2) 任意时刻物体的位置.

2.15 一质量 $m = 2$ kg 的质点在 Oxy 平面内运动,受到合外力 $F = 4i - 18t^2 j$(SI 单位)的作用. 当 $t = 0$ 时,质点的初速度 $v_0 = (3i + 3j)$ m·s^{-1}. 试求:

(1) $t = 1$ s 时的速度;

(2) $t = 1$ s 时合外力的法向分量.

2.16 质量为 m 的物体从一栋高楼的阳台上,从静止开始落下,已知空气阻力与速度的平方成正比,物体下落时能达到的极限速率为 50 m·s^{-1}. 试求:

(1) 物体下落速率达到 25 m·s^{-1} 时所需的时间;

（2）在此过程中物体下落的高度.

2.17　一质量为 m 的物体以初速度 v_0 做竖直上抛运动,所受的空气阻力与速度成正比,比例系数为 k. 试求:

（1）物体在上升过程中速度随时间的变化关系;

（2）物体能上升的最大高度 H.

自我测试题

参考答案

>>> 第3章

··· 运动的守恒定律

一、知识点网络框图

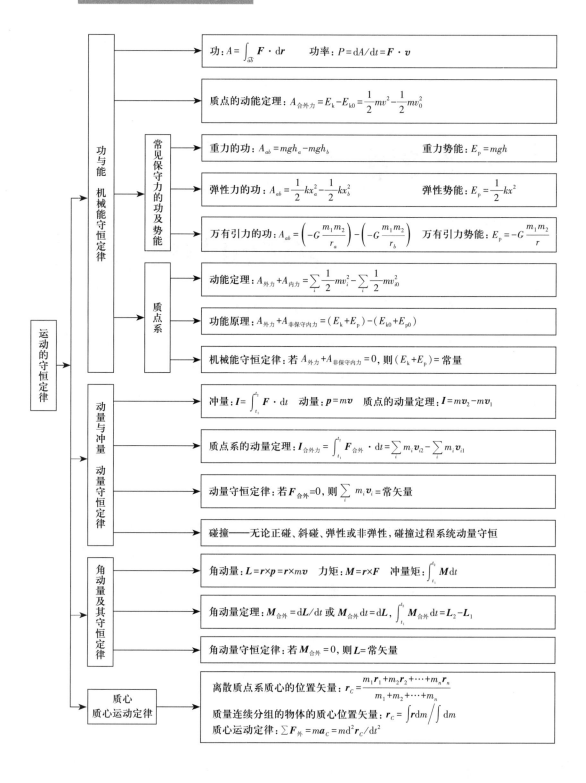

二、基本要求

1. 掌握功与功率、动能与势能的概念,熟练掌握变力做功的计算方法.

2. 正确理解质点和质点系的动能定理、功能原理和机械能守恒定律,并能熟练地求解相关习题.

3. 熟练掌握动量与冲量的概念,掌握变力冲量的计算方法,正确理解动量定理和动量守恒定律,并能熟练求解相关习题.

4. 掌握碰撞类问题的一般处理方法,熟练掌握完全弹性碰撞和完全非弹性碰撞的规律.

5. 正确理解力矩、冲量矩和角动量的概念,理解质点和质点系的角动量定理和角动量守恒定律,并能熟练地求解相关习题.

6. 理解质心的概念和质心运动定律.

三、主要内容

(一) 功与功率 质点的动能定理

1. 功的计算

若有一个力 $\boldsymbol{F}$ 作用在质点上,当质点发生元位移 $\mathrm{d}\boldsymbol{r}$ 时,力 $\boldsymbol{F}$ 对质点做的元功为

$$\mathrm{d}A = \boldsymbol{F} \cdot \mathrm{d}\boldsymbol{r} = F\cos\alpha \,|\,\mathrm{d}\boldsymbol{r}\,|$$

当质点从 a 点沿某路径 L 运动到 b 点时,力 $\boldsymbol{F}$ 对质点做的总功为

$$A = \int \mathrm{d}A = \int_{a(L)}^{b} \boldsymbol{F} \cdot \mathrm{d}\boldsymbol{r} = \int_{a(L)}^{b} F_x\mathrm{d}x + F_y\mathrm{d}y + F_z\mathrm{d}z$$

一般情况下,上述积分(即力做的功)不仅与物体所在的起点和终点位置有关,还与物体所经过的具体路径有关. 在数学上,上述积分称为对坐标的曲线积分,或第二类曲线积分.

2. 功率 P

功率是用于描述力做功快慢程度的物理量,其定义为

$$P = \mathrm{d}A/\mathrm{d}t = \boldsymbol{F} \cdot \boldsymbol{v} = Fv\cos\alpha$$

3. 质点的动能定理

作用于质点上的合外力对质点做的功等于质点动能的增量,即

$$A = E_{kb} - E_{ka} = \frac{1}{2}mv_b^2 - \frac{1}{2}mv_a^2$$

式中的 $E_k = \frac{1}{2}mv^2$,称为质点的**动能**.

（二）保守力与非保守力　势能

1. 保守力与非保守力

如果某力做功只与物体的始末位置有关,而与物体所经过的具体路径无关,则这样的力称为保守力,否则称为非保守力. 力学中常见的保守力有重力、万有引力和弹性力,此外电学里的静电力也是保守力. 摩擦力、流体的黏性阻力等是非保守力.

2. 势能

在保守力场中,由发生保守力作用的两个物体之间的相对位置所决定的能量称为势能,符号为 E_{p}. 若物体在保守力场中从 a 点沿任意路径运动到 b 点,则保守力对物体所做的功等于系统势能的减少量,即

$$\int_a^b \boldsymbol{F}_{保守} \cdot \mathrm{d}\boldsymbol{r} = E_{pa} - E_{pb}$$

式中 E_{pa} 和 E_{pb} 分别是物体在 a 点和 b 点时系统具有的势能.

注意:势能的大小具有相对性,零势能点的位置可以任意选定. 若以 b 点为零势能点,则物体在 a 点时系统具有的势能为

$$E_{pa} = \int_a^b \boldsymbol{F}_{保守} \cdot \mathrm{d}\boldsymbol{r}$$

3. 力学中的三种常见保守力的功及其势能

重力的功和重力势能　　　$A_{ab} = mgh_a - mgh_b$ 　　　　$E_{\mathrm{p}} = mgh$

万有引力的功和万有引力势能　　$A_{ab} = \left(-G\dfrac{m_1 m_2}{r_a}\right) - \left(-G\dfrac{m_1 m_2}{r_b}\right)$ 　$E_{\mathrm{p}} = -G\dfrac{m_1 m_2}{r}$

弹性力的功和弹性势能　　　$A_{ab} = \dfrac{1}{2}kx_a^2 - \dfrac{1}{2}kx_b^2$ 　　　$E_{\mathrm{p}} = \dfrac{1}{2}kx^2$

（三）质点系的动能定理、功能原理和机械能守恒定律

1. 质点系的动能定理

作用于质点系上所有的外力和内力对质点系做的总功等于系统总动能的增量,即

$$\sum_i A_{i外力} + \sum_i A_{i内力} = \sum_i \Delta E_{ki} = \sum_i E_{ki} - \sum_i E_{k0i}$$

2. 质点系的功能原理

作用于质点系上所有的外力和非保守内力做的总功等于系统机械能的增量,即

$$A_{外力} + A_{非保守内力} = E - E_0 = (E_k + E_p) - (E_{k0} + E_{p0})$$

式中 $E = E_k + E_p$ 称为系统的机械能.

3. 机械能守恒定律

在一个力学过程中,如果作用于质点系上所有的外力和非保守内力均不做功,或做的总功为零,则系统的机械能守恒,即

如果 $A_{外力}+A_{非保守内力}=0$，则 $E_k+E_p=$ 常量

（四）动量与冲量　质点(系)的动量定理　动量守恒定律

1. 动量与冲量

动量：物体的质量与其速度的乘积称为物体的动量，用 p 表示，即

$$p=mv=mv_x\boldsymbol{i}+mv_y\boldsymbol{j}+mv_z\boldsymbol{k}$$

冲量：冲量是描述力对时间的积累作用的物理量. 力 $F(t)$ 在 dt 时间内的元冲量为

$$d\boldsymbol{I}=\boldsymbol{F}(t)\,dt=F_x(t)\,dt\boldsymbol{i}+F_y(t)\,dt\boldsymbol{j}+F_z(t)\,dt\boldsymbol{k}$$

力 $F(t)$ 在 $t_1\to t_2$ 时间内的冲量为

$$\boldsymbol{I}=\int d\boldsymbol{I}=\int_{t_1}^{t_2}\boldsymbol{F}(t)\,dt=\int_{t_1}^{t_2}F_x(t)\,dt\boldsymbol{i}+F_y(t)\,dt\boldsymbol{j}+F_z(t)\,dt\boldsymbol{k}$$

平均冲力：在打击、碰撞类问题中，物体间的相互作用力 $F(t)$ 的数值很大、作用时间很短、变化极快，这种力称为冲击力，常用平均冲力 $\overline{F}$ 来表示冲击力的大小，其定义为

$$\overline{\boldsymbol{F}}=\frac{\int_{t_1}^{t_2}\boldsymbol{F}(t)\,dt}{t_2-t_1}$$

2. 质点或质点系的动量定理

作用于质点或质点系上合外力的冲量等于质点或质点系的总动量的增量，即

$$\boldsymbol{F}(t)\,dt=d\boldsymbol{p}\qquad 或 \qquad \int_{t_1}^{t_2}\boldsymbol{F}(t)\,dt=\boldsymbol{p}_2-\boldsymbol{p}_1$$

质点系的动量定理表明，系统的内力不会改变系统的总动量，内力的作用只能使系统的动量从系统内的一个物体转移到另一个物体上.

3. 质点或质点系的动量守恒定律

如果一个质点或质点系不受外力作用或所受的合外力为 0，则该质点或质点系的总动量恒定不变，即

$$若 \sum_i \boldsymbol{F}_{外i}=0，则 \boldsymbol{p}=\sum_i m_i\boldsymbol{v}_i=常矢量$$

应用动量守恒定律的注意事项：

（1）动量守恒定律仅在惯性系中成立；

（2）当合外力不等于零时，系统的总动量不守恒. 但如果在某个方向上，合外力的分量为 0，则系统的总动量在该方向上的分量守恒；

（3）当系统所受的合外力为零时，系统的总动量守恒，但内力的作用可以使系统的动量从系统内部的一个物体转移到另一个物体；

（4）在打击、碰撞、炸弹凌空爆炸等过程中，内力的作用时间极为短暂且内力远远大于外力（如重力、摩擦力等），此时外力的冲量可以忽略不计，可近似认为在这些过程中系统的动量守恒.

（五）质点或质点系的角动量、角动量定理和角动量守恒定律

1. 质点和质点系的角动量

若在某一时刻,从参考点 O 到质点的径矢为 r,质点的动量为 $p=mv$,则该质点对参考点 O 的角动量为

$$L=r\times p=r\times mv=\begin{vmatrix} i & j & k \\ x & y & z \\ mv_x & mv_y & mv_z \end{vmatrix}$$

其大小为 $L=rp\sin\theta=rmv\sin\theta$,方向垂直于 r 与 p 组成的平面,且与 r 和 p 成右手螺旋关系.

质点系中所有质点对同一参考点的角动量的矢量和称为质点系的总角动量,即

$$L=\sum_i r_i\times p_i=\sum r_i\times m_i v_i$$

2. 力矩　冲量矩

若从参考点 O 到力 F 的作用点 P 的径矢为 r,则该力对参考点 O 的力矩为

$$M=r\times F$$

其大小为 $M=Fr\sin\theta=Fd$,式中 $d=r\sin\theta$ 是参考点 O 到力的作用线的垂直距离,称为力臂;力矩的方向垂直于 r 与 F 组成的平面,且与 r 和 F 成右手螺旋关系,如图 3.1 所示.

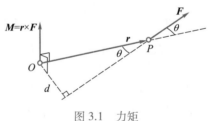

图 3.1　力矩

力矩对时间的积累作用 $M_{合外}\mathrm{d}t$ 或 $\int_{t_0}^{t} M_{合外}\mathrm{d}t$ 称为冲量矩.

3. 质点或质点系的角动量定理

作用于质点或质点系上的合外力矩的冲量矩等于质点或质点系的角动量的增量,即

$$M_{合外}\mathrm{d}t=\mathrm{d}L \qquad 或 \qquad \int_{t_0}^{t} M_{合外}\mathrm{d}t=\int_{L_0}^{L}\mathrm{d}L=L-L_0$$

质点系的角动量定理表明:只有系统的合外力矩才能改变系统的总角动量.

4. 质点（系）的角动量守恒定律

在某个过程中,若作用于质点或质点系的合外力矩为零,则质点或质点系的总角动量恒定不变,即

$$若\ M_{合外}=0,则\ L=常矢量$$

推论:当质点仅在有心力作用下运动时,因 $M=0$,质点对该"心"的角动量守恒.

例如太阳系中行星绕太阳运动时,原子中核外电子绕核运动时,行星对太阳中心的角动量、核外电子对核的角动量都是恒定不变的.

(六) 质心　质心运动定理

1. 质心

质心是物体的质量中心,是物体的质量集中于此的一个假想点. 质心的位置矢量可由下式计算:

$$r_C = \frac{m_1 r_1 + m_2 r_2 + \cdots + m_n r_n}{m_1 + m_2 + \cdots + m_n} = \frac{\sum_i m_i r_i}{m} \tag{3.1}$$

或

$$r_C = \frac{\int r \mathrm{d}m}{\int \mathrm{d}m} = \frac{\int r \mathrm{d}m}{m} \tag{3.2}$$

式中,m 代表系统的总质量,(3.1)式适用于由 n 个离散的质点组成的质点系,(3.2)式适用于质量连续分布的物体.

2. 质心运动定理

质心的运动,就如同一个质点的运动,该质点的质量等于整个质点系的总质量,并且集中在质心;而此质点所受的力是系统内各质点所受的所有外力的矢量和,即

$$\sum_i F_{i\text{外}} = m a_C$$

式中 a_C 是质心的加速度.

质心运动定理表明,系统的内力不会影响质心的运动状态. 若系统所受外力的矢量和为零,则质心将保持静止或做匀速直线运动.

四、典型例题解法指导

本章习题的类型主要有:1. 变力做功的计算;2. 动能定理、功能原理、机械能守恒定律的应用;3. 变力冲量的计算、动量定理、动量守恒定律的应用;4. 角动量定理和角动量守恒定律的应用;5. 三种守恒定律的综合应用等.

例 3.1　如图 3.2 所示,在高出地面为 h 的墙头,用一根不可伸长的绳通过一个轻质滑轮将置于地面上的重物拉向墙边. 假设重物的质量为 m,重物与地面的动摩擦因数为 μ,拉力 F 的大小恒定不变,开始时重物离墙边的距离为 L_0,轮轴上的摩擦可以忽略不计,不计重物和滑轮高度的影响. 当重物离墙边的距离从 L_0 减小为 $L_0/2$ 时,试求:

(1) 摩擦力做的功;

(2) 拉力 F 对物体做的功.

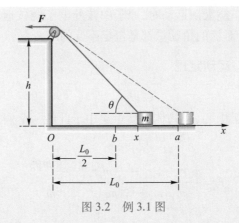

图 3.2 例 3.1 图

分析：本题中尽管拉力 $\boldsymbol{F}$ 的大小恒定不变，但是该拉力在物体运动方向上的分力以及地面对物体的摩擦力都随重物的位置而变，所以要用变力做功来求解.

解：（1）以墙角为坐标原点，建立坐标系如图 3.2 所示. 当物体离墙边的距离为 x 时，物体受力如图 3.3 所示. 因

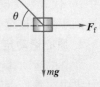

$$F_{N} = mg - F\sin\theta = mg - \frac{Fh}{\sqrt{h^2+x^2}}$$

所以重物受到的摩擦力为

$$F_{f} = \mu F_{N} = \mu mg - \frac{\mu Fh}{\sqrt{h^2+x^2}}$$

图 3.3 例 3.1 解图

当物体从 x 移动到 $x+\mathrm{d}x$ 时，摩擦力做的元功为

$$\mathrm{d}A_{f} = \boldsymbol{F}_{f} \cdot \mathrm{d}\boldsymbol{r} = F_{f}\mathrm{d}x = \left(\mu mg - \frac{\mu Fh}{\sqrt{h^2+x^2}}\right)\mathrm{d}x$$

所以，当重物离墙边的距离从 L_0 减小为 $L_0/2$ 时，摩擦力做的总功为

$$A_{f} = \int \mathrm{d}A_{f} = \int_{L_0}^{L_0/2} \left(\mu mg - \frac{\mu Fh}{\sqrt{h^2+x^2}}\right)\mathrm{d}x$$

$$= -\frac{\mu mg L_0}{2} + \mu Fh \ln \frac{2\left(L_0 + \sqrt{L_0^2 + h^2}\right)}{L_0 + \sqrt{L_0^2 + 4h^2}}$$

（2）当物体从 x 移动到 $x+\mathrm{d}x$ 时，因 $\boldsymbol{F} = F_x\boldsymbol{i} + F_y\boldsymbol{j} = -F\cos\theta\boldsymbol{i} + F\sin\theta\boldsymbol{j}$，所以拉力 $\boldsymbol{F}$ 对物体做的元功为

$$\mathrm{d}A_{F} = \boldsymbol{F} \cdot \mathrm{d}\boldsymbol{r} = F\cos(\pi-\theta)\mathrm{d}x = -F\frac{x}{\sqrt{x^2+h^2}}\mathrm{d}x$$

所以整个过程中拉力对物体做的总功为

$$A_{F} = \int \mathrm{d}A_{F} = \int_{L_0}^{L_0/2} -F\frac{x}{\sqrt{x^2+h^2}}\mathrm{d}x = F\left(\sqrt{L_0^2+h^2} - \sqrt{\frac{L_0^2}{4}+h^2}\right)$$

这个结果表明：由于拉力是恒力，拉力对物体做的功就等于作用于绳端的拉力与绳端在拉力方向上移动的距离的乘积.

例 3.2 如图 3.4 所示,一个表面光滑、半径为 R 的固定半圆柱和一个质量为 m 与弹性系数为 k 的弹簧相连的物体相接触. 开始时物体 m 处于 A 处,此时弹簧无伸缩. 在与半圆柱面始终相切的拉力 $\boldsymbol{F}$ 的作用下,使物体在半圆柱面上匀速且缓慢地由 A 移动到 B. 试求拉力 $\boldsymbol{F}$ 所做的功.

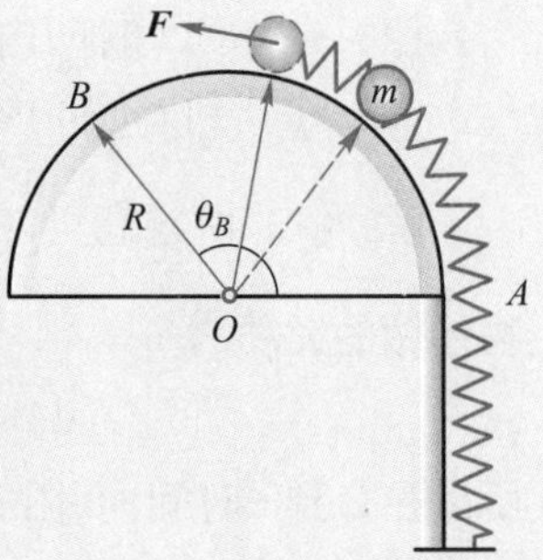

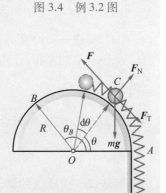

图 3.4　例 3.2 图

分析:本题有两种求解方法,一种是利用功的定义,用变力做功的方法求解;另一种方法是利用系统的功能原理求解.

解法一　利用功的定义求解

假设在时刻 t,物体被缓慢地拉到了圆柱面上的某一点 C,且 $\angle COA = \theta$,此时物体受力如图 3.5 所示. 由于物体在圆柱面上匀速运动,故其受到的切向力的合力始终为 0,即物体在 C 点时有

$$F - mg\cos\theta - F_{\mathrm{T}} = 0$$

式中 $F_{\mathrm{T}} = kR\theta$ 是弹簧作用于物体上的弹性力,所以拉力 $\boldsymbol{F}$ 的大小为

$$F = mg\cos\theta + kR\theta$$

当物体在 C 处沿切线方向产生 $\mathrm{d}\boldsymbol{l} = R\mathrm{d}\theta\boldsymbol{e}_{\mathrm{t}}$ 位移时,拉力 $\boldsymbol{F}$ 做的元功为

$$\mathrm{d}A = \boldsymbol{F}\cdot\mathrm{d}\boldsymbol{l} = F\mathrm{d}l = (mg\cos\theta + kR\theta)R\mathrm{d}\theta$$

所以,物体从 A 运动到 B 时,拉力做的总功为

$$A = \int \mathrm{d}A = \int_0^{\theta_B}(mg\cos\theta + kR\theta)R\mathrm{d}\theta = mgR\sin\theta_B + \frac{1}{2}kR^2\theta_B^2$$

解法二　利用系统的功能原理求解

以物体、弹簧和地球为研究对象,物体受到拉力 $\boldsymbol{F}$、支撑力 $\boldsymbol{F}_{\mathrm{N}}$、弹性力 $\boldsymbol{F}_{\mathrm{T}}$ 和重力 $m\boldsymbol{g}$ 作用. 其中支撑力 $\boldsymbol{F}_{\mathrm{N}}$ 不做功,弹力和重力为系统的保守内力. 取 A 点为重力势能和弹性势能的零势能点,则物体在 A、B 两点时系统的机械能为

$$E_A = 0, \quad E_B = mgR\sin(\pi - \theta_B) + \frac{1}{2}k(R\theta_B)^2 = mgR\sin\theta_B + \frac{1}{2}k(R\theta_B)^2$$

所以由系统的功能原理,拉力 $\boldsymbol{F}$ 对物体做的功为

$$A = E_B - E_A = mgR\sin\theta_B + \frac{1}{2}k(R\theta_B)^2$$

图 3.5　例 3.2 解图

例 3.3　一个质量为 m 的物体沿 x 轴做直线运动. 其速度随时间的函数关系为 $v = bt^2$,式中 b 为常量. 已知 $t = 0$ 时,质点位于坐标原点. 质点运动时受到的阻力为 $F_{\mathrm{f}} = -kv$,式中比例系数 k 为常量. 试求:

（1）在 0 到 t 时间内,阻力对物体做的功;

（2）在 0 到 t 时间内,作用于物体上的合外力对物体做的功.

解：（1）由题意可知,$v = \dfrac{\mathrm{d}x}{\mathrm{d}t} = bt^2$,物体在 x 轴上从 x 运动到 $x+\mathrm{d}x$ 时,阻力对物体做的元功为

$$\mathrm{d}A_{\mathrm{f}} = F_{\mathrm{f}}\mathrm{d}x = -kv\mathrm{d}x = -kbt^2 bt^2\mathrm{d}t = -kb^2 t^4\mathrm{d}t$$

所以在 0 到 t 时间内,阻力对物体做的功为

$$A_{\mathrm{f}} = \int \mathrm{d}A_{\mathrm{f}} = \int_0^t -kb^2 t^4\mathrm{d}t = -\frac{kb^2}{5}t^5$$

（2）**解法一** 由变力做功来求解

由牛顿第二定律,作用于物体上的合外力为

$$F = m\frac{\mathrm{d}v}{\mathrm{d}t} = 2mbt$$

方向沿 x 轴正方向,所以合外力对物体做的功为

$$A = \int \mathrm{d}A = \int F\mathrm{d}x = \int_0^t 2mbt \cdot bt^2\mathrm{d}t = \frac{mb^2}{2}t^4$$

解法二 由质点的动能定理求解

由质点的动能定理,在 0 到 t 时间内合外力做的功为

$$A = \frac{1}{2}mv^2 - \frac{1}{2}mv_0^2 = \frac{1}{2}mb^2 t^4$$

例3.4 如图 3.6 所示,一根长为 L,质量 m 的匀质软绳盘在水平桌面上,现用力将绳的一端以匀速 v 竖直向上提起. 试求:当提起的绳长为 $l(l<L)$ 时拉力的大小.

分析：本题可用质点或质点系的动量定理来求解,有两种方法. 解法一是将整个软绳分三部分来讨论,解法二是将软绳作为一个整体来讨论.

解：**解法一** 将软绳分为三部分来讨论,一是在 t 时刻已经被提起来的长为 l 的部分,这部分在拉力和重力作用下匀速向上运动,其所受拉力为 $F_1 = \dfrac{l}{L}mg$;二是在 t 到 $t+\mathrm{d}t$ 被拉起的长为 $\mathrm{d}l$ 的部分;三是尚未拉到的部分.

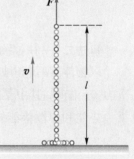

图 3.6　例 3.4 图

假设作用于第二部分的拉力为 F_2,其质量为 $\mathrm{d}m = \lambda\mathrm{d}l = \dfrac{m}{L}v\mathrm{d}t$,以竖直向上作为正方向,由质点的动量定理有

$$(F_2 - \mathrm{d}m \cdot g)\mathrm{d}t = \mathrm{d}p = \mathrm{d}m(v-0) = v\mathrm{d}m$$

将 $\mathrm{d}m = \dfrac{m}{L}v\mathrm{d}t$ 代入上式,并忽略二阶无穷小量可得

$$F_2 = \frac{\mathrm{d}p}{\mathrm{d}t} = v\frac{\mathrm{d}m}{\mathrm{d}t} = \frac{m}{L}v^2$$

所以总的拉力为

$$F = F_1 + F_2 = \frac{l}{L}mg + \frac{m}{L}v^2$$

解法二 将整个软绳作为一个整体. 由题意可知,在 t 时刻,被提起部分的长度为 $l = vt$,软绳所受的外力有重力 $mg\downarrow$,拉力 $F\uparrow$,桌面的支撑力 $F_N = \dfrac{L-l}{L}mg\uparrow$,整个链条在 t 时刻的动量为 $p = \dfrac{l}{L}mv\uparrow$,以向上为正方向,由质点系的动量定理,可得

$$F + F_N - mg = \frac{\mathrm{d}p}{\mathrm{d}t} = \frac{\mathrm{d}}{\mathrm{d}t}\left(\frac{l}{L}mv\right) = \frac{m}{L}v^2$$

由此得拉力为

$$F = mg - F_N + \frac{m}{L}v^2 = \frac{l}{L}mg + \frac{m}{L}v^2$$

例 3.5 如图 3.7 所示,一个弹性系数为 k 的弹簧竖直悬挂,在弹簧的下端,吊着一个质量为 $m_木$ 的木块,整个系统处于平衡状态. 另一个质量为 $m(m<m_木)$ 的小球自下向上以速度 v_0 撞击木块. 若碰撞是完全弹性的,试求碰后木块的最大位移.

分析:此题的物理过程可分为两个过程:一是碰撞过程,另一个是碰后木块到达最大位移 $x_{\max}$ 的过程. 在完全弹性碰撞过程中系统的动量守恒,动能也守恒;在碰后木块到达最大位移 $x_{\max}$ 的过程中,系统的机械能守恒.

图 3.7 例 3.5 图

解:以竖直向上为正方向,设碰撞后木块和球的速度分别为 $v_木$ 和 v. 在完全弹性碰撞过程中,小球和木块组成的系统动量守恒,同时动能守恒,故有

$$mv_0 = mv + m_木 v_木$$

$$\frac{1}{2}mv_0^2 = \frac{1}{2}mv^2 + \frac{1}{2}m_木 v_木^2$$

由此解得

$$v_木 = \frac{2m}{m_木 + m}v_0,\quad v = -\frac{m_木 - m}{m_木 + m}v_0$$

由于 $m<m_木$,所以 $v<0$. 这表明碰撞后木块向上运动,小球向下运动.

在木块被碰撞后向上运动到达最大位移 x_{max} 的过程中,由于木块只受弹力和重力作用,若以木块、弹簧和地球为一个系统,则此过程中该系统的机械能守恒. 将弹簧挂上木块后的平衡位置取为 x 轴的坐标原点,如图 3.8 所示,并设该处为重力势能的零点,则碰撞后系统的初始机械能为

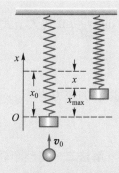

$$E_0 = \frac{1}{2}m_木 v_木^2 + \frac{1}{2}kx_0^2$$

式中 x_0 是木块处于平衡位置时弹簧的伸长量,满足 $kx_0 = m_木 g$.

图 3.8 例 3.5 解图

当木块到达最大位移 x_{max} 时,弹簧的伸长量减小为 $x = x_0 - x_{max}$,速度为 0,系统的机械能为

$$E = \frac{1}{2}k(x_0 - x_{max})^2 + m_木 g x_{max}$$

由机械能守恒有 $E = E_0$,即

$$\frac{1}{2}k(x_0 - x_{max})^2 + m_木 g x_{max} = \frac{1}{2}m_木 v_木^2 + \frac{1}{2}kx_0^2$$

将 $v_木 = \dfrac{2m}{m_木 + m}v_0$ 代入上式,并注意到 $kx_0 = m_木 g$,解此方程可得木块的最大位移为

$$x_{max} = \frac{2mv_0}{m_木 + m}\sqrt{\frac{m_木}{k}}$$

例 3.6 火箭飞行时,火箭内部的燃料发生爆炸性燃烧,产生大量的气体从火箭尾部相对于火箭以恒定的速度 u 向后喷出,如图 3.9 所示. 假设在 t 时刻,质量为 m_r 的火箭(含剩余燃料),相对于某惯性系的速度为 v,单位时间内从火箭尾部喷出的气体质量为 α,沿飞行方向火箭受到的外力为 F.

(1) 求火箭运动的微分方程;

(2) 若火箭从地球表面从静止开始竖直向上发射,其初始质量为 m_{r0},忽略空气阻力,重力加速度 g 为常量,求火箭发射后飞行速度与时间的函数关系 $v(t)$;

图 3.9 长征运载火箭

(3) 若火箭在星际空间飞行,相对于某惯性系的初始速度为 v_0,质量为 m_{r0},燃料耗尽时的质量为 m_r. 求火箭的末速度 v.

分析:火箭飞行问题是典型的变质量系统的动力学问题. 对此类问题的求

解,关键在于灵活应用动量定理及动量守恒定律.

解:(1)以火箭及其喷出的气体为一个系统,火箭的飞行方向作为运动的正方向. 在 t 时刻,系统的动量为

$$p(t) = m_r v$$

在 $t+dt$ 时刻,火箭的质量和速度分别为 $m_r - dm$ 和 $v+dv$,在 dt 时间内喷出的气体的质量为 dm,相对惯性系的速度为 $v-u$,故在 $t+dt$ 时刻系统的动量为

$$p(t+dt) = (m_r - dm)(v+dv) + dm(v-u)$$

根据动量定理有

$$p(t+dt) - p(t) = (m_r - dm)(v+dv) + dm(v-u) - m_r v = Fdt$$

即

$$m_r dv - dm dv - dm u = Fdt$$

忽略二阶无穷小量可得

$$F = m_r \frac{dv}{dt} - u \frac{dm}{dt} = m_r \frac{dv}{dt} - u\alpha \qquad ①$$

式中 $\dfrac{dv}{dt}$ 就是火箭所获得的加速度,$\dfrac{dm}{dt} = \alpha$ 是火箭在单位时间内向后喷出的气体质量,它等于火箭在单位时间内减少的质量,即

$$\frac{dm}{dt} = -\frac{dm_r}{dt} \qquad ②$$

将②式代入①式并整理得

$$m_r \frac{dv}{dt} = F - u \frac{dm_r}{dt} \qquad ③$$

此式即为火箭运动的微分方程. 它表明火箭的加速度由 $F - u\dfrac{dm_r}{dt}$ 决定,$-u\dfrac{dm_r}{dt}$ 称为火箭发动机的推力. 在外力 F 一定时,气体向后喷出的速率越大,单位时间内喷出的气体质量 $\alpha = \dfrac{dm}{dt}\left(= -\dfrac{dm_r}{dt}\right)$ 越大,则火箭发动机的推力越大,火箭的加速度越大.

(2)若火箭从地球表面竖直向上发射,在忽略空气阻力的条件下,火箭只受重力的作用,由③式得

$$m_r \frac{dv}{dt} = -m_r g - u \frac{dm_r}{dt}$$

又由题意可知,$m_r = m_{r0} - \alpha t$,将之代入上式并整理可得

$$\frac{dv}{dt} = -g + \frac{u\alpha}{m_{r0} - \alpha t}$$

对上式分离变量并取定积分,有

$$\int_0^v \mathrm{d}v = \int_0^t \left(-g + \frac{\alpha u}{m_{r0} - \alpha t} \right) \mathrm{d}t$$

所以火箭在任意时刻的飞行速度为

$$v = -gt + u\ln \frac{m_{r0}}{m_{r0} - \alpha t}$$

（3）当火箭在星系空间中飞行时,系统所受的合外力为零,即 $F = 0$. 由③式得

$$\mathrm{d}v = -\frac{u}{m_r}\mathrm{d}m_r$$

对上式两边同时积分,有

$$\int_{v_0}^v \mathrm{d}v = \int_{m_{r0}}^{m_r} -\frac{u}{m_r}\mathrm{d}m_r$$

由此解得火箭的飞行速度为

$$v = v_0 + u\ln \frac{m_{r0}}{m_r}$$

式中 m_{r0}/m_r 为火箭的质量比.

现代火箭的喷气速率理论上可达 $5\,000\ \mathrm{m \cdot s^{-1}}$,但实际速率最大不到理论值的一半. 若火箭的质量比为 3,初始速度为 $3\,000\ \mathrm{m \cdot s^{-1}}$,喷出气体的速率为 $2\,500\ \mathrm{m \cdot s^{-1}}$,则该火箭可达到的末速度为 $5\,746\ \mathrm{m \cdot s^{-1}}$. 由于单级火箭的质量比不可能做得很大,因此要将人造地球卫星送入预定轨道,必须采取多级火箭.

例3.7 一架喷气式飞机的巡航速度为 $960\ \mathrm{km \cdot h^{-1}}$,飞机引擎每秒从飞机前方吸入 $100\ \mathrm{kg}$ 的气体,然后与 $0.6\ \mathrm{kg \cdot s^{-1}}$ 的航空煤油混合燃烧,燃烧后的气体相对于飞机以 $700\ \mathrm{m \cdot s^{-1}}$ 的速度向后喷出. 试求该喷气式飞机获得的推力.

分析: 喷气式飞机发动机的工作原理和火箭发动机的工作原理有所不同,所以他们的推力来源也不同,但都属于变质量系统的动力学问题,都可以用动量定理或动量守恒定律求解.

解: 假设在 t 时刻,飞机的质量(含燃料)为 m_f,巡航速度为 v. 在 $\mathrm{d}t$ 时间内飞机吸入空气的质量为 $\mathrm{d}m'$,消耗的燃油质量为 $\mathrm{d}m$,燃烧后向后喷出的气体相对于飞机的速度为 u. 在 $t+\mathrm{d}t$ 时刻,飞机的速度为 $v+\mathrm{d}v$,将飞机(含燃料)和吸进的空气作为一个系统,以飞机的飞行方向为正方向,由动量守恒定律,有

$$m_f v = (m_f - \mathrm{d}m)(v + \mathrm{d}v) + (\mathrm{d}m + \mathrm{d}m')(v + \mathrm{d}v - u)$$

整理,并忽略二阶无穷小量,可得

$$m_f \mathrm{d}v = u(\mathrm{d}m + \mathrm{d}m') - v\mathrm{d}m'$$

对于飞机而言,由牛顿第二定律,它所获得的推力为

$$F = m_f \frac{\mathrm{d}v}{\mathrm{d}t} = u\left(\frac{\mathrm{d}m}{\mathrm{d}t} + \frac{\mathrm{d}m'}{\mathrm{d}t}\right) - v\frac{\mathrm{d}m'}{\mathrm{d}t}$$

由题意可知,$u = 700 \text{ m} \cdot \text{s}^{-1}$,$v = 960 \text{ km} \cdot \text{h}^{-1} = 267 \text{ m} \cdot \text{s}^{-1}$,$\frac{\mathrm{d}m}{\mathrm{d}t} = 0.6 \text{ kg} \cdot \text{s}^{-1}$,$\frac{\mathrm{d}m'}{\mathrm{d}t} = 100 \text{ kg} \cdot \text{s}^{-1}$.代入上式可得,飞机获得的推力为

$$F = 700 \times (0.6 + 100) \text{ N} - 267 \times 100 \text{ N} = 4.37 \times 10^4 \text{ N}$$

据公开报道,我国歼 11 的空重 16.4 t,最大起飞重量 33 t,内载燃油 9 t,使用两台 WS-10A 涡扇发动机,最大飞行速度 2.35 Ma(高空),航程为 4 000 km,作战半径 1 500 km. 当发动机的耗油率为 1.667 $\text{kg} \cdot \text{s}^{-1}$ 时,可产生推力 8.637×10^4 N. 另:航空煤油的燃烧值约为 $4.2 \times 10^7 \text{ J} \cdot \text{kg}^{-1}$,充分燃烧时气体的温度最高可达 1 100 ℃.

五、自我测试题

3.1 一质点在力 $F = 3x^2 + 2$(SI 单位)的作用下沿 x 轴做直线运动,当质点从 $x_1 = 1.0$ m 运动到 $x_2 = 3.0$ m 的过程中,该拉力做的功为( ).

(A) 28 J   (B) 30 J   (C) 34 J   (D) 58 J

3.2 火车相对于地面以恒定的速度 v_0 运动. 车上一个质量为 m 的质点最初相对于火车静止,在拉力 $F = kt$ 的作用下相对于火车做加速运动,拉力方向与火车的运动方向相同. 以地面为参考系,在 $0 \sim t$ 时间内,质点动能的增量 ΔE_k 为( ).

(A) $\frac{1}{2}v_0kt^2 + \frac{1}{8m}k^2t^4$ (B) $\frac{1}{8m}k^2t^4$

(C) $v_0kt^2 + \frac{1}{2m}k^2t^4$ (D) $\frac{1}{2m}k^2t^4$

3.3 弹性系数为 k、原长为 l_0 的弹簧,其弹力与形变的关系遵守胡克定律. 在拉力 F 的作用下,当弹簧的长度由 l_0 缓慢地变为 $l(l > l_0)$ 的过程中,拉力做的功为( ).

(A) $F(l - l_0)$ (B) $k(l - l_0)^2$

(C) $\frac{1}{2}k(l - l_0)^2$ (D) $\frac{1}{2}kl^2 - \frac{1}{2}kl_0^2$

3.4 宇宙飞船关闭发动机返回地球的过程,若不考虑大气摩擦,可以认为是仅在地球万有引力作用下的运动. 若用 m 表示飞船质量,m_E 表示地球质量,G 为引力常量. 则飞船从距离地心 r_1 下降到 $r_2(r_1 > r_2)$ 的过程中,飞船动能的增量为( ).

(A) $G\frac{mm_E}{r_1 - r_2}$ (B) $G\frac{mm_E}{(r_1 - r_2)^2}$

(C) $Gmm_E\frac{r_1 - r_2}{r_1r_2}$ (D) $Gmm_E\frac{r_1^2 - r_2^2}{r_1^2r_2^2}$

3.5 对于多个质点组成的系统有以下几种说法:

(1) 系统的内力不能改变质点系的总动量.

(2) 系统的内力不能改变质点系的总动能.

(3) 系统机械能的改变与保守内力做功无关.

(4) 系统的内力对系统做的总功不一定为零.

在以上说法中正确的有(　　).

(A) (1)、(2)、(3)　　　　　　　　(B) (1)、(2)、(4)

(C) (2)、(3)、(4)　　　　　　　　(D) (1)、(3)、(4)

3.6 质量为 m 的重锤,从高度为 h 处自由下落,与桩发生完全非弹性碰撞,设碰撞时的打击时间为 Δt,重锤的质量不能忽略,则铁锤受到桩对它的平均冲击力为(　　).

(A) $\dfrac{m\sqrt{2gh}}{\Delta t}+mg$　　　　　　　(B) $\dfrac{m\sqrt{2gh}}{\Delta t}-mg$

(C) $\dfrac{2m\sqrt{2gh}}{\Delta t}$　　　　　　　　(D) $\dfrac{m\sqrt{2gh}}{\Delta t}$

3.7 如图所示,在光滑的水平面上有一个质量为 m_C 的斜劈,另一质量为 m 的物体从斜劈顶部沿斜劈无摩擦地滑下,斜劈顶部高为 h,斜面与水平面的夹角为 α. 当 m 到达斜面底部时,斜劈的速度大小为 v_C,m 相对于 m_C 的速度大小为 v,则下列表达式中正确的是(　　).

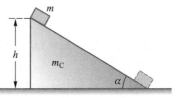

测试题 3.7 图

(A) $\dfrac{1}{2}mv^2+\dfrac{1}{2}m_Cv_C^2=mgh$　　　　(B) $\dfrac{1}{2}mv^2+\dfrac{1}{2}(m_C+m)v_C^2=mgh$

(C) $mv\cos\alpha=(m_C+m)v_C$　　　　(D) $mv\cos\alpha=m_Cv_C$

3.8 静止于水平地面上的炮车,其质量为 m_B(含炮弹),炮口的仰角为 α,发射的炮弹质量为 m,出口速度的大小为 v_0(相对于地面). 则炮弹发射后的瞬间,炮车在地面上获得的反冲速度为(　　).

(A) $\dfrac{m}{m_B}v_0\cos\alpha$　　　　　　　　(B) $\dfrac{m}{m_B}v_0$

(C) $\dfrac{m}{m_B-m}v_0\cos\alpha$　　　　　　(D) $\dfrac{m}{m_B+m}v_0\cos\alpha$

3.9 处于惯性系中的质点或质点系,下列有关角动量的说法中错误的是(多选)(　　).

(A) 若质点系的总动量为零,则它的总角动量也一定为零

(B) 当质点做匀速直线运动时,它对于任意参考点的角动量一定恒定不变

(C) 若质点受到的合外力的方向总是指向坐标原点,则它相对于坐标原点的角动量一定守恒

(D) 质点角动量的方向总是垂直于它的速度方向

（E）质点的角动量只与参考系的选择有关，与参考点的选择无关

3.10 一根弹性系数为 k、原长为 l 的轻质弹簧，上端悬挂在 O 点，下端系一个质量为 m 的小球（可视为质点）. 现给予小球一个水平方向的初速度 $\boldsymbol{v}_0$，使小球在竖直平面内向上摆动，如图所示. 若以小球和弹簧作为一个系统，则小球在上摆过程中，下列说法正确的是（　　）.

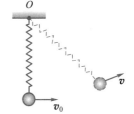

测试题 3.10 图

（A）系统的机械能守恒，系统对 O 点的角动量守恒

（B）系统的机械能不守恒，系统对 O 点的角动量守恒

（C）系统的机械能守恒，系统对 O 点的角动量不守恒

（D）系统的机械能不守恒，系统对 O 点的角动量不守恒

3.11 质量相等的两个小球作完全弹性斜碰，且碰撞前其中一个小球是静止的. 设碰撞后两小球速度方向之间的夹角为 α，则 $\alpha =$ _____.

3.12 一质量为 m 的滑块，从质量为 m_H、静止于光滑水平面上的圆弧形槽的顶端由静止开始滑下. 设圆弧形槽的半径为 R，圆心角为 $\boldsymbol{\pi}/2$，如图所示，所有摩擦力都可忽略. 当滑块刚离开槽面底端时，滑块的速度为 _____，槽的速度为_____；滑块从 C 滑到 D 的过程中，对槽所做的功为_____.

3.13 如图所示，质量为 m 的小球自高为 y_0 处沿水平方向以速率 v_0 抛出，与地面碰撞后跳起的最大高度为 $0.5y_0$，水平速率为 $0.5v_0$. 则碰撞过程中地面对小球的垂直冲量为_____，水平冲量为_____.

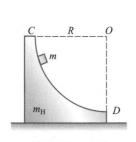

测试题 3.12 图

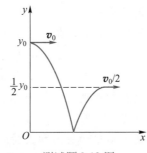

测试题 3.13 图

3.14 在光滑的水平面上有两个滑块 A 和 B 发生碰撞，已知滑块 A 的质量 $m_A = 1$ kg，滑块 B 的质量是 A 的 4 倍，碰撞前 A 的速度为 $\boldsymbol{v}_{A0} = (3\boldsymbol{i}+4\boldsymbol{j})$ m·s^{-1}，B 的速度为 $\boldsymbol{v}_{B0} = (2\boldsymbol{i}-7\boldsymbol{j})$ m·s^{-1}. 若碰撞后滑块 A 的速度为 $\boldsymbol{v}_A = (7\boldsymbol{i}-4\boldsymbol{j})$ m·s^{-1}，则 B 的速度为 $\boldsymbol{v}_B =$ _____，在碰撞过程中系统损失的机械能为_____.

3.15 已知地球的半径为 R，人造地球卫星绕地运行时，其近地点的高度为 h_1，远地点的高度为 h_2，则卫星在近地点和远地点的运行速率之比为_____.

3.16 用锤子将钢钉钉入木板，假设木板对钢钉的阻力与钢钉钉入木板的深度成正比. 假设每次锤击时锤子的速度相同，铁钉的质量远小于锤子的质量. 试求第二次锤击和第一次锤击钢钉钉入木板的深度之比.

3.17 如图所示,在光滑的水平桌面上,平放有一固定的半圆形屏障.一个质量为 m 的滑块以初速度 v_0 沿切线方向进入屏障内,滑块与屏障的动摩擦因数为 μ. 求滑块从屏障的另一端滑出时,摩擦力所做的功.

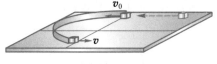

测试题 3.17 图

3.18 质量为 10 kg 的质点,在外力作用下做平面曲线运动,该质点的速度随时间的函数关系为 $v = 4t^2 i + 16j$(SI 单位). 开始时质点位于坐标原点. 试求:

(1) 质点在任意时刻的位置矢量;

(2) 质点从 $y = 16$ m 运动到 $y = 32$ m 的过程中,外力做的功.

3.19 弹性系数为 k 的轻弹簧,一端固定在墙上,另一端系一个质量为 m_A 的物体 A,放在光滑的水平面上. 当把弹簧压缩 x_0 后,再靠着 A 放一个质量为 m_B 的物体 B. 开始时,由于外力的作用系统处于静止状态. 若除去外力,试求:

(1) A 和 B 刚要分离时,B 的运动速度 v_B;

(2) A 能够移动的最大距离 x_{max}.

3.20 如图所示,一段均质软绳静止于半径为 R 的光滑圆柱面上,绳长等于圆柱面周长的一半. 若软绳经轻微扰动后向右侧下滑,且始终沿圆柱面运动. 试求:当绳的左端上滑到 θ_0 位置时,绳沿圆柱面滑动的速率 v.

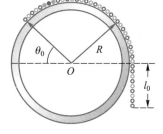

测试题 3.20 图

3.21 火箭从地面竖直向上发射. 已知火箭和燃料最初的总质量为 m_{r0},其中燃料的总质量为 m_0,单位时间内向下喷出的气体质量为 α,喷出的气体相对于火箭的速度为 u,其中 α、u 均为常量,并假设在火箭上升的高度内重力加速度 g 为常量. 试求:

(1) 火箭发动机的推力和火箭获得的加速度;

(2) 燃料耗尽时,火箭获得的速度.

3.22 如图所示,一质量为 m_B 的物块放置在固定斜面的最底端,斜面的倾角为 α,高度为 h,物块与斜面的动摩擦因数为 μ,现有一质量为 m 的子弹以速度 v_0 沿水平方向射入物块并留在其中,并使物块沿斜面向上滑动,求物块滑出斜面顶端时的速度大小.

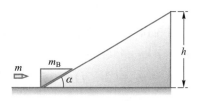

测试题 3.22 图

3.23 在光滑水平桌面上有一质量为 m 的物体,桌面中心有一个光滑的圆孔 O,一根穿过圆孔的轻质细绳,其一端与物体相连,另一端用力 F 拉住,如图所示. 开始时,该物体距圆孔 O 的距离为 r_0,并以角速度 ω_0 绕 O 做圆周运动. 现增大拉力,当拉力缓慢地增大到原来的 2 倍时,试求:

（1）物体绕 O 做圆周运动的半径 r 和角速度 ω；

（2）在此过程中拉力做的功.

3.24 如图所示，某星球半径为 R，质量为 m_S. 在距离星球很遥远的地方有一艘飞船以速度 v_0 沿直线向星球方向飞行，其飞行的直线与星球中心的距离为 r. 当飞船靠近星球时，由于引力作用使飞船的飞行轨迹发生偏转. 试求，当 r 为多少时，飞船恰好以平行于星球表面的速度着陆，并求着陆时的速度.

自我测试题
参考答案

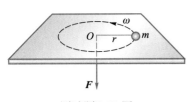

测试题 3.23 图

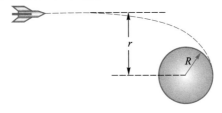

测试题 3.24 图

>>> 第4章

··· 刚 体 力 学

一、知识点网络框图

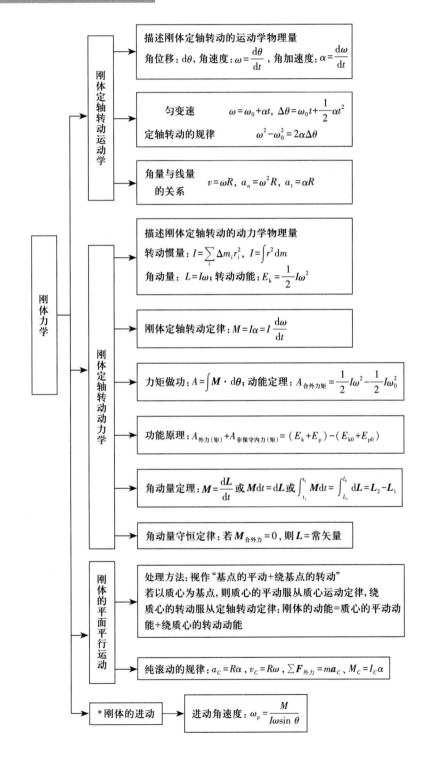

二、基本要求

1. 理解描述刚体定轴转动的物理量(角位移、角速度、角加速度)及其矢量性,掌握刚体做匀变速定轴转动的规律,掌握角量与线量的关系.

2. 理解转动惯量的概念,会根据转动惯量的定义及平行轴定理、垂直轴定理计算简单对称刚体对固定轴的转动惯量.

3. 掌握刚体定轴转动的转动定律,能熟练利用转动定律处理刚体定轴转动问题.

4. 掌握刚体定轴转动的角动量和冲量矩的概念,熟练掌握角动量定理和角动量守恒定律对单个定轴转动的刚体、非刚体,以及在"刚体+质点"所组成的共轴系统中的应用.

5. 掌握刚体定轴转动的转动动能和力矩做功的概念,熟练掌握动能定理、功能原理和机械能守恒定律对单个定轴转动的刚体的应用,以及在"刚体+质点"系中的应用.

6. 理解刚体的平面平行运动,会综合利用质心运动定理、转动定律、功能原理等相关规律处理刚体的平面平行运动问题.

7. 了解刚体的进动.

三、主要内容

(一)刚体定轴转动运动学

1. 刚体及其运动分类

在外力作用下,形状和大小均不变的物体称为刚体,它是力学中的一个理想模型. 刚体的运动可分为平动、定轴转动、平面平行运动、定点转动和一般运动等几种情况.

2. 描述刚体定轴转动运动学的物理量

描述刚体定轴转动运动学的物理量有 4 个,分别是:角位置 θ、角位移 $\mathrm{d}\boldsymbol{\theta}$、角速度 $\boldsymbol{\omega}=\dfrac{\mathrm{d}\boldsymbol{\theta}}{\mathrm{d}t}$ 和角加速度 $\boldsymbol{\alpha}=\dfrac{\mathrm{d}\boldsymbol{\omega}}{\mathrm{d}t}$.

$\mathrm{d}\boldsymbol{\theta}$、$\boldsymbol{\omega}$、$\boldsymbol{\alpha}$ 均为矢量,其中 $\mathrm{d}\boldsymbol{\theta}$、$\boldsymbol{\omega}$ 的方向均由右手螺旋定则确定,如图 4.1 所示. 在定轴转动中,由于 $\mathrm{d}\boldsymbol{\theta}$、$\boldsymbol{\omega}$、$\boldsymbol{\alpha}$ 的方向永远沿转轴方向,所以在实际应用

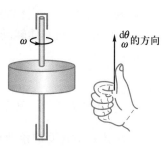

图 4.1 $\mathrm{d}\boldsymbol{\theta}$、$\boldsymbol{\omega}$ 的方向

中可先规定一个转轴的正方向,然后用相应的代数量 $d\theta$、ω、α 来表示这些矢量,矢量的方向用正负号表示,当 $d\theta$、ω、α 的实际方向与转轴正方向相同时,取正值,否则取负值.

3. 匀变速定轴转动的规律

$$\omega=\omega_0+\alpha t, \quad \theta-\theta_0=\omega_0 t+\frac{1}{2}\alpha t^2, \quad \omega^2=\omega_0^2+2\alpha(\theta-\theta_0)$$

4. 角量与线量的关系

当刚体做定轴转动时,刚体上的任意一点都绕轴做圆周运动,若该点到转轴的距离为 r,则

$$v=r\omega, \quad a_n=r\omega^2, \quad a_t=r\alpha$$

(二) 刚体的定轴转动定律

1. 力对转轴的力矩——刚体在定轴转动中,可以使刚体的转动状态发生变化(或有变化趋势)的力矩,其定义为

$$M=r\times F_\perp$$

式中 r 是转轴到力的作用点 P 的垂直径矢,$F_\perp$ 是作用力 F 在垂直于转轴方向上的分力,如图 4.2 所示,力矩的大小为

$$M=rF_\perp\sin\theta=F_\perp d$$

其方向一定沿转轴方向.

2. 转动惯量——描述刚体绕固定轴转动时转动惯性大小的物理量. 对于分离质点系组成的刚体,其计算式为

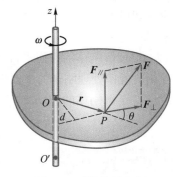

图 4.2 对转轴的力矩

$$I=\sum_i r_i^2\Delta m_i$$

对于质量连续分布的刚体,计算式为

$$I=\int_m r^2 dm=\int_V r^2\rho dV$$

影响转动惯量大小的 3 个因素:刚体的总质量、质量分布、转轴的位置及取向.

两个常用定理:平行轴定理 $I=I_C+md^2$ 和垂直轴定理($I_z=I_x+I_y$). 注意:垂直轴定理只适用于在 xy 平面内的薄板状刚体.

3. 转动定律——刚体做定轴转动时获得的角加速度大小与刚体所受的合外力矩的大小成正比,与刚体转动惯量的大小成反比,方向与合外力矩的方向相同,即

$$\alpha=\frac{d\omega}{dt}=\frac{M}{I} \quad 或 \quad M=I\alpha$$

(三) 角动量定理、角动量守恒定律

1. 刚体定轴转动的角动量 L——刚体上所有质元绕转轴做圆周运动时对转轴的角动量的矢量和,即

$$L = \sum_i r_i^2 \Delta m_i \boldsymbol{\omega} = I\boldsymbol{\omega}$$

其大小为 $L = I\omega$，方向与角速度的方向相同.

2. **角动量定理**——作用于刚体上的合外力矩的冲量矩等于刚体的角动量的增量，即

$$微分形式：M \mathrm{d}t = \mathrm{d}\boldsymbol{L} \left(或\ \boldsymbol{M} = \frac{\mathrm{d}\boldsymbol{L}}{\mathrm{d}t} \right) \qquad 积分形式：\int_{t_1}^{t_2} \boldsymbol{M} \mathrm{d}t = \int_{L_1}^{L_2} \mathrm{d}\boldsymbol{L} = \boldsymbol{L}_2 - \boldsymbol{L}_1$$

3. **角动量守恒定律**

$$若\ \boldsymbol{M} = 0，则\ \boldsymbol{L} = 常矢量$$

角动量定理和角动量守恒定律不仅适用于单个质点、单个刚体，对于非刚体、质点系以及"刚体+质点"组成的共轴系统都是适用的.

角动量守恒定律、动量守恒定律和能量守恒定律是自然界的三大基本守恒定律，不仅适用于宏观领域，在牛顿运动定律不成立的微观领域也适用.

（四）力矩做功、刚体定轴转动的动能定理、功能原理

1. **力矩的功**

$$元功：\mathrm{d}A = \boldsymbol{M} \cdot \mathrm{d}\boldsymbol{\theta} \qquad 总功：A = \int_{\boldsymbol{\theta}_1}^{\boldsymbol{\theta}_2} \boldsymbol{M} \cdot \mathrm{d}\boldsymbol{\theta}$$

注意：力矩对定轴转动刚体做的功在数值上恰好等于该力矩对应的力对刚体做的功. 在实际应用中不要重复计算.

2. **刚体做定轴转动的动能定理**——作用于定轴转动刚体上的合外力矩对刚体做的功，等于刚体转动动能的增量，即

$$A_{合外力矩} = \int_{\boldsymbol{\theta}_1}^{\boldsymbol{\theta}_2} \boldsymbol{M}_{合外力} \cdot \mathrm{d}\boldsymbol{\theta} = \frac{1}{2} I\omega^2 - \frac{1}{2} I\omega_0^2$$

3. **功能原理**——对于由多个质点和刚体组成的系统，作用于系统上所有外力或外力矩和非保守内力或非保守力矩做的总功等于系统机械能的增量，即

$$A_{\substack{外力 \\ 外力矩}} + A_{\substack{非保守内力 \\ 非保守内力矩}} = (E_k + E_p) - (E_{k0} + E_{p0})$$

式中的动能 E_k 是系统内各质点的平动动能 $\frac{1}{2}mv^2$ 和定轴转动刚体的转动动能 $\frac{1}{2}I\omega^2$ 的总和，刚体的重力势能由其质心的位置来确定.

在一个过程中，如果所有外力或外力矩和非保守内力或非保守内力矩均不做功，或做的总功为零，则系统的机械能守恒，即

$$若\ A_{\substack{外力 \\ 外力矩}} + A_{\substack{非保守内力 \\ 非保守内力矩}} = 0，则\ E_k + E_p = 常量$$

（五）刚体的平面平行运动

定义：刚体在运动时，刚体上所有质元都在一个平行于固定参考平面的平面内运动.

处理方法:将刚体的平面平行运动看成是刚体上任一参考点(称为基点)的平动+刚体绕基点的转动.

特点:基点可任意选取,基点的平动与基点的选择有关,但是刚体绕基点的转动与基点的选择无关.

如果以刚体的质心为基点,则质心的平动满足质心运动定理,即

$$F_{合外力} = ma_C$$

刚体绕质心的转动满足转动定律,即

$$M_{合外力矩} = I_C\alpha$$

刚体的总动能为

$$E_k = \frac{1}{2}mv_C^2 + \frac{1}{2}I_C\omega^2$$

当刚体在地面上作纯滚动时,刚体与地面的接触点就是转动瞬心,且有

$$a_C = R\alpha, \quad v_C = R\omega$$

(六) 刚体的进动

具有轴对称分布的回转体(陀螺)在绕自身轴转动时,在重力矩的作用下,转轴绕竖直轴旋转的现象称为进动. 进动角速度为

$$\omega_p = \frac{M}{I\omega\sin\theta}$$

四、典型例题解法指导

本章习题的主要类型有:刚体定轴转动的运动学问题、角量与线量的关系问题,转动惯量的计算、转动定律的应用、角动量定理和角动量守恒定律的应用、动能定理、功能原理、机械能守恒定律的综合应用,还有刚体的平面平行运动、进动等.表4.1为质点平动与刚体定轴转动的对比. 相对来说,本章的习题灵活多变、综合性强,有一定难度.

表 4.1　质点平动与刚体定轴转动的对比

质点的(直线)运动		刚体的定轴转动	
位置矢量	r	角位置	θ
位移	$\Delta r = r_2 - r_1, dr$	角位移	$\Delta\theta = \theta_2 - \theta_1, d\theta$
速度	$v = \frac{dr}{dt}\left(v_x = \frac{dx}{dt}\right)$	角速度	$\omega = \frac{d\theta}{dt}$
加速度	$a = \frac{dv}{dt} = \frac{d^2r}{dt^2}\left(a_x = \frac{dv_x}{dt}\right)$	角加速度	$\alpha = \frac{d\omega}{dt} = \frac{d^2\theta}{dt^2}$
质量	m	转动惯量	$I = \sum r_i^2\Delta m_i, I = \int r^2 dm$

续表

质点的(直线)运动		刚体的定轴转动	
力	$\boldsymbol{F}$	力矩	$\boldsymbol{M}=\boldsymbol{r}\times\boldsymbol{F}, M=rF\sin\theta$
牛顿运动定律	$\boldsymbol{F}=m\boldsymbol{a}$	定轴转动定律	$\boldsymbol{M}=I\boldsymbol{\alpha}$
(平动)动能	$E_k=\dfrac{1}{2}mv^2$	转动动能	$E_k=\dfrac{1}{2}I\omega^2$
力的功	$\mathrm{d}A=\boldsymbol{F}\cdot\mathrm{d}\boldsymbol{r}, A=\int\boldsymbol{F}\cdot\mathrm{d}\boldsymbol{r}$	力矩的功	$\mathrm{d}A=\boldsymbol{M}\cdot\mathrm{d}\boldsymbol{\theta}, A=\int\boldsymbol{M}\cdot\mathrm{d}\boldsymbol{\theta}$
动能定理	$A=E_k-E_{k0}=\dfrac{1}{2}mv^2-\dfrac{1}{2}mv_0^2$	动能定理	$A=E_k-E_{k0}=\dfrac{1}{2}I\omega^2-\dfrac{1}{2}I\omega_0^2$
系统的功能原理	$A_{\left\{\begin{matrix}\text{外力}\\\text{外力矩}\end{matrix}\right.}+A_{\left\{\begin{matrix}\text{非保守内力}\\\text{非保守内力矩}\end{matrix}\right.}=(E_k+E_p)-(E_{k0}+E_{p0})$		
动量	$\boldsymbol{p}=m\boldsymbol{v}$	角动量	$\boldsymbol{L}=I\boldsymbol{\omega}$
质点的角动量	$\boldsymbol{L}=\boldsymbol{r}\times\boldsymbol{p}$		
冲量	$\int_{t_1}^{t_2}\boldsymbol{F}\cdot\mathrm{d}t$	冲量矩	$\int_{t_1}^{t_2}\boldsymbol{M}\cdot\mathrm{d}t$
动量定理	$\boldsymbol{F}=\dfrac{\mathrm{d}\boldsymbol{p}}{\mathrm{d}t}$或$\boldsymbol{F}\mathrm{d}t=\mathrm{d}\boldsymbol{p}$	角动量定理	$\boldsymbol{M}=\dfrac{\mathrm{d}\boldsymbol{L}}{\mathrm{d}t}$或$\boldsymbol{M}\mathrm{d}t=\mathrm{d}\boldsymbol{L}$
角动量守恒定律	若$\boldsymbol{M}_{\text{合外力}}=0$,则$\boldsymbol{L}=$常矢量 注:角动量定理、角动量守恒定律对单个质点、单个刚体或非刚体或"刚体+质点"组成的共轴系统均成立.		

例 4.1 如图 4.3 所示,半径为 $r_1=0.30$ m 的 A 轮通过皮带被半径为 $r_2=0.75$ m 的 B 轮带动,B 轮以匀角加速度 π rad · s^{-2} 从静止开始做加速转动,轮与皮带之间无相对滑动. 试求:A 轮转速达到 3 000 r · min^{-1} 时所需的时间.

图 4.3 例 4.1 图

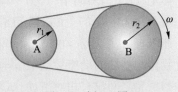

分析: 轮与皮带之间没有相对滑动,表明两轮边缘上的线速度和切向加速度均相同,由此可求得两轮角加速度大小之间的关系.

解: 设 A、B 两轮的角加速度分别为 α_A 和 α_B,由于轮与皮带之间没有相对滑动,两轮边缘上任意一点的线速度和切向加速度均相同,即

$$a_t=\alpha_A r_1=\alpha_B r_2$$

由此得

$$\alpha_A=\alpha_B r_2/r_1$$

再由匀变速定轴转动的规律:$\omega=\omega_0+\alpha t$,可得 A 轮的角速度由 0 达到 3 000 r · min^{-1} 所需的时间为

$$t=\frac{\omega_A-\omega_{A0}}{\alpha_A}=\frac{\omega_A}{\alpha_B r_2/r_1}=\frac{(3\,000\times2\pi/60)\times0.30}{\pi\times0.75}\text{ s}=40\text{ s}$$

例 4.2 如图 4.4 所示,一根长为 L,质量为 m 的细棒,可绕通过其上端且与纸面垂直的水平转轴 O 在竖直平面内转动. 棒的下端与一个半径为 R、质量也为 m 的匀质圆盘固定连接,连接点在圆盘的圆心 O' 处,圆盘平面与转轴垂直,试求整个系统对转轴 O 的转动惯量.

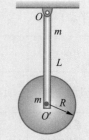

分析: 整个系统对 O 轴的转动惯量等于细棒的转动惯量和圆盘的转动惯量之和,圆盘对 O 轴的转动惯量可以用平行轴定理求出.

解: 细棒对 O 轴的转动惯量为 $I_棒=\frac{1}{3}mL^2$. 圆盘对通过其

图 4.4　例 4.2 图

圆心 O' 并与盘面垂直的轴的转动惯量为 $I'_{圆盘}=\frac{1}{2}mR^2$. 根据平行轴定理,圆盘对 O 轴的转动惯量为

$$I_{圆盘}=I'_{圆盘}+mL^2=\frac{1}{2}mR^2+mL^2$$

所以整个系统对 O 轴的转动惯量为

$$I=I_棒+I_{圆盘}=\frac{1}{3}mL^2+\frac{1}{2}mR^2+mL^2=\frac{4}{3}mL^2+\frac{1}{2}mR^2$$

例 4.3 一个质量 $m_2=1.0$ kg 的物体放在倾角 $\theta=30°$ 的斜面上,斜面顶端装一定滑轮. 跨过滑轮的轻绳一端系于该物体上,绳子与斜面平行,另一端悬挂一个质量 $m_1=2.0$ kg 的重物. 已知滑轮是一个匀质圆盘,其质量 $m=0.50$ kg,半径 $r=0.10$ m,物体与斜面的动摩擦因数 $\mu=0.10$. 假设绳与滑轮之间没有相对滑动,试求:

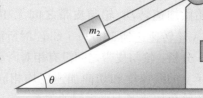

(1) 物体的加速度;

(2) 滑轮两边绳中的张力.

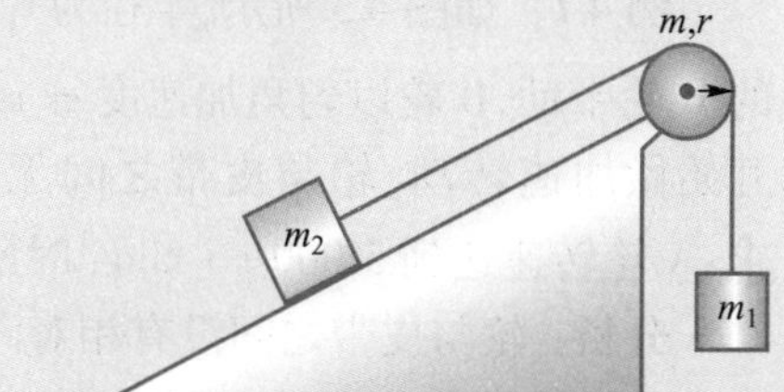

图 4.5　例 4.3 图

分析: 本题属于连接体的动力学问题,系统内既有做平动的物体,又有做定轴转动的刚体. 为此需要用隔离体法对各个物体做受力分析,然后分别用牛顿运动定律和转动定律列方程求解即可. 需注意的是:由于滑轮有转动惯量,所以跨过滑轮的绳子其两侧的张力是不同的.

解: (1) 对斜面上的物体、滑轮、重物分别用隔离体法进行受力分析,如图 4.6 所示,其中滑轮两边绳中的张力分别为 F_{T1} 和 F_{T2}. 设两物体的加速度为 a、滑轮的角加速度为 α,由牛顿运动定律和转动定律,有

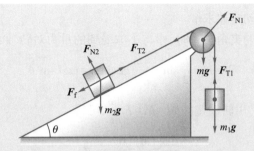

图 4.6 例 4.3 解图

$$m_1g - F_{T1} = m_1 a \quad\quad ①$$

$$F_{T2} - F_f - m_2 g\sin\theta = m_2 a \quad\quad ②$$

$$F_{T1}r - F_{T2}r = I\alpha \quad\quad ③$$

又

$$F_f = \mu F_{N2} = \mu m_2 g\cos\theta \quad\quad ④$$

$$a = r\alpha \quad\quad ⑤$$

$$I = \frac{1}{2}mr^2 \quad\quad ⑥$$

解上述方程组可得物体的加速度为

$$a = \frac{2m_1 - 2m_2(\mu\cos\theta + \sin\theta)}{2(m_1 + m_2) + m}g$$

$$= \frac{2\times 2.0 - 2\times 1.0(0.10\cos 30° + \sin 30°)}{2\times(2.0 + 1.0) + 0.50}\times 9.8 \text{ m}\cdot\text{s}^{-2}$$

$$\approx 4.3 \text{ m}\cdot\text{s}^{-2}$$

（2）再由①式和③式，可得滑轮两侧绳中的拉力分别为

$$F_{T1} = m_1g - m_1 a \approx 2.0\times(9.8 - 4.3) \text{ N} = 11 \text{ N}$$

$$F_{T2} = F_{T1} - I\alpha/r = F_{T1} - \frac{1}{2}mr^2\cdot a/r^2 \approx 11 \text{ N} - \frac{1}{2}\times 0.50\times 4.3 \text{ N} = 9.9 \text{ N}$$

例 4.4 质量为 m、长为 L 的匀质细棒，可绕通过棒的一端、并与棒垂直的水平固定轴 O 无摩擦地自由转动，在棒的另一端固定一个质量为 $m/2$ 的小球（可视为质点）. 开始时，棒直立于转轴上方. 由于受到某种扰动，棒从静止开始倒下，如图 4.7 所示. 试分别用转动定律、动能定理和机械能守恒定律，求棒在倒下的过程中角速度 ω 和 θ 的函数关系.

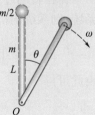

解： 棒和小球作为一个整体，对转轴的转动惯量为

$$I = I_棒 + I_球 = \frac{1}{3}mL^2 + \frac{m}{2}L^2 = \frac{5}{6}mL^2$$

图 4.7 例 4.4 图

解法一 用转动定律求解

当棒与竖直线的夹角为 θ 时,棒与小球受到的重力对转轴的力矩大小为

$$M = mg\frac{L}{2}\sin\theta + \frac{m}{2}gL\sin\theta = mgL\sin\theta$$

方向垂直纸面向里. 由转动定律 $M = I\alpha = I\dfrac{\mathrm{d}\omega}{\mathrm{d}t}$,可得

$$\frac{\mathrm{d}\omega}{\mathrm{d}t} = \frac{M}{I} = \frac{6g}{5L}\sin\theta$$

作变量代换:$\dfrac{\mathrm{d}\omega}{\mathrm{d}t} = \dfrac{\mathrm{d}\omega\mathrm{d}\theta}{\mathrm{d}\theta\mathrm{d}t} = \omega\dfrac{\mathrm{d}\omega}{\mathrm{d}\theta}$,由此得

$$\omega\frac{\mathrm{d}\omega}{\mathrm{d}\theta} = \frac{6g}{5L}\sin\theta$$

将上式分离变量并取定积分,有

$$\int_0^\omega \omega\mathrm{d}\omega = \int_0^\theta \frac{6g}{5L}\sin\theta\mathrm{d}\theta$$

积分得棒的角速度为

$$\omega = \sqrt{\frac{12g}{5L}(1-\cos\theta)}$$

解法二 用动能定理求解

棒从竖直位置倒下,在转过角度 θ 的过程中,重力矩做的功为

$$A = \int_0^\theta \boldsymbol{M}\cdot\mathrm{d}\boldsymbol{\theta} = \int_0^\theta M\mathrm{d}\theta = \int_0^\theta mgL\sin\theta\mathrm{d}\theta = mgL(1-\cos\theta)$$

由刚体定轴转动的动能定理

$$A = E_k - E_{k0} = \frac{1}{2}I\omega^2 - \frac{1}{2}I\omega_0^2 = \frac{1}{2}I\omega^2$$

可得棒的角速度为

$$\omega = \sqrt{\frac{2A}{I}} = \sqrt{\frac{12g}{5L}(1-\cos\theta)}$$

解法三 用机械能守恒定律求解

棒在转动过程中只有重力(或重力矩)做功,所以若以棒、球和地球作为一个系统,则系统的机械能守恒. 取转轴所在位置为重力势能的零势能点,则

$$\left(\frac{1}{2}mgL + \frac{m}{2}gL\right) = \frac{1}{2}I\omega^2 + \left(\frac{1}{2}mgL\cos\theta + \frac{m}{2}gL\cos\theta\right)$$

由此可得

$$\omega = \sqrt{\frac{12g}{5L}(1-\cos\theta)}$$

比较本题的 3 种求解方法可以看出,用功能关系求解比用转动定律更加简单方便.

例 4.5 质量为 m_0、长为 L 的匀质细棒,可绕棒的上端并与棒垂直的水平固定轴 O 无摩擦地自由转动. 开始时,棒静止于平衡位置. 现有一个质量为 m 的小球沿水平方向从左边飞来,正好与棒的下端相碰. 碰撞后,棒能向上摆过的最大角度为 $\theta=60°$,如图 4.8 所示. 设碰撞为完全弹性的,试求碰撞前、后小球速度的大小 v_0 和 v.

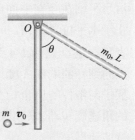

图 4.8 例 4.5 图

分析:本题的物理过程可分为两个:第一个是小球与棒的碰撞过程,第二个是碰撞后棒的上摆过程.

这里需要区分两类碰撞问题:一类是两个或多个质点在空间的自由碰撞,另一类是质点和定轴转动的刚体之间的碰撞. 尽管都是碰撞,都有弹性碰撞和非弹性碰撞、正碰和斜碰之分,但两类碰撞过程中的守恒量不同. 前者满足系统的动量守恒定律(这是因为在碰撞过程中系统内力远大于外力,且碰撞的作用时间很短,所以外力的冲量可以忽略不计);后者满足系统对转轴的角动量守恒,而系统的总动量不守恒[这是因为在碰撞过程中,转轴会对刚体产生一个很大的冲力(外力),但该冲力通过转轴,对转轴的力矩为零]. 至于碰撞前后系统的总动能是否守恒,要看是否是完全弹性碰撞.

解:设小球与棒碰撞后其速度大小为 v,方向与 $\boldsymbol{v}_0$ 相同,棒获得的角速度为 ω. 在碰撞过程中,小球和棒组成的系统所受的外力对转轴 O 的力矩为零,故角动量守恒,即

$$mv_0L=mvL+I\omega \qquad \qquad ①$$

又因碰撞是完全弹性的,碰撞前后总动能相等,有

$$\frac{1}{2}mv_0^2=\frac{1}{2}mv^2+\frac{1}{2}I\omega^2 \qquad \qquad ②$$

式中 $I=\dfrac{1}{3}m_0L^2$. 碰撞后,棒在上摆过程中,只有重力做功,由动能定理,有

$$A=-m_0g\frac{L}{2}(1-\cos\theta)=0-\frac{1}{2}I\omega^2 \qquad \qquad ③$$

联立①式、②式和③式,求解可得

$$v_0=\frac{3m+m_0}{6m}\omega L=\frac{3m+m_0}{6m}\sqrt{3gL(1-\cos\theta)}$$

$$v=\frac{3m-m_0}{6m}\omega L=\frac{3m-m_0}{6m}\sqrt{3gL(1-\cos\theta)}$$

当 $\theta=60°$ 时

$$v_0=\frac{3m+m_0}{6m}\sqrt{\frac{3}{2}gL}$$

$$v=\frac{3m-m_0}{6m}\sqrt{\frac{3}{2}gL}$$

例 4.6 质量为 m、长度为 l 的均匀细杆,可绕通过其中心 O 并与杆垂直的光滑水平轴在竖直平面内自由转动. 当细杆静止于水平位置时,有一只小猴子以速率 v_0 垂直落在距 O 点为 $l/4$ 处的细杆上,并背离 O 点向细杆的端点 A 爬行,如图 4.9 所示. 设小猴子与细杆的质量均为 m. 若使细杆以恒定的角速度转动,求小猴子在细杆上向 A 端爬行的速率.

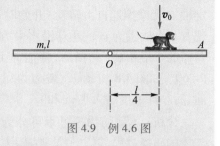

图 4.9 例 4.6 图

分析:本题涉及转动惯量的计算及刚体定轴转动的角动量定理和角动量守恒定律的应用. 整个过程分为两个分过程:第一个是小猴子与杆的碰撞过程,在此过程中系统的角动量守恒;第二个是小猴子向 A 端的爬行过程,在此过程中小猴子重力对 O 点的力矩发生变化,同时系统的质量分布也在改变,导致转动惯量发生变化,因此不能简单地用转动定律来讨论,应该用系统的角动量定理来分析.

解:小猴子与细杆的碰撞可视为完全非弹性碰撞,碰撞前后系统的角动量守恒,即

$$mv_0\frac{l}{4}=\left[\frac{1}{12}ml^2+m\left(\frac{l}{4}\right)^2\right]\omega$$

整理可得

$$\omega=\frac{12}{7}\frac{v_0}{l}$$

设在某一时刻 t 小猴子距 O 点的距离为 r,细杆转过的角度为 $\theta=\omega t$,猴子所受的重力对 O 点的力矩为

$$M=mgr\cos\theta=mgr\cos\omega t$$

系统对 O 轴的转动惯量为

$$I=\frac{1}{12}ml^2+mr^2$$

由角动量定理,并注意到角速度 $\omega=\dfrac{12}{7}\dfrac{v_0}{l}$ 为常量,得

$$M=\frac{\mathrm{d}L}{\mathrm{d}t}=\frac{\mathrm{d}(I\omega)}{\mathrm{d}t}=\omega\frac{\mathrm{d}I}{\mathrm{d}t}$$

即

$$mgr\cos\omega t=\omega\frac{\mathrm{d}}{\mathrm{d}t}\left(\frac{1}{12}ml^2+mr^2\right)=2mr\omega\frac{\mathrm{d}r}{\mathrm{d}t}$$

所以小猴子爬行的速率为

$$v=\frac{\mathrm{d}r}{\mathrm{d}t}=\frac{g}{2\omega}\cos\omega t=\frac{7gl}{24v_0}\cos\left(\frac{12v_0}{7l}t\right)$$

例 4.7 悠悠球是许多青少年和儿童喜爱的一种玩具,其中蕴含了许多物理原理. 假设悠悠球的质量为 600 g,绕其自身转轴的转动惯量为 4.00×10^{-5} kg·m^2,细绳的质量可忽略不计、长度为 1.0 m,绕绳的轴线半径为 2.5 mm. 忽略各类摩擦阻尼以及缠绕半径的变化,将悠悠球从静止开始释放,试求:

(1) 悠悠球在下降时质心的加速度以及绳的拉力;

(2) 任一时刻悠悠球绕质心的转动动能与质心的平动动能的比值.

分析:将绕好的悠悠球从静止开始释放时,悠悠球的运动就相当于绕线轴在绳索上的纯滚动.

解:(1) 如图所示,悠悠球在下降时只受重力和绕线拉力的作用. 由质心运动定理以及对质心的转动定律可得

$$mg - F_T = ma_C$$

$$F_T r = I_C \alpha$$

再由纯滚动条件,可得

$$a_C = \alpha r$$

解此方程组,可得悠悠球的质心下降的加速度为

$$a_C = \frac{mg}{m + (I_C / r^2)} = 0.84 \text{ m} \cdot \text{s}^{-2}$$

图 4.10　例 4.7 图

绳的拉力为

$$F_T = mg - ma_C = 5.4 \text{ N}$$

(2) 在任意时刻,悠悠球质心的平动速度以及绕质心转动的角速度分别为

$$v_C = a_C t, \quad \omega = v_C / R = a_C t / R$$

所以悠悠球质心的平动动能与绕质心的转动动能之比为

$$E_{k转} / E_{k平} = \frac{1}{2} I \omega^2 / \frac{1}{2} m v_C^2 = I \left(\frac{a_C t}{R} \right)^2 / m (a_C t)^2 = \frac{I}{mR^2} = \frac{4.00 \times 10^{-5}}{0.60 \times (2.5 \times 10^{-3})^2} = 10.7$$

这个结果表明,悠悠球的动能主要是其绕质心的转动动能.

五、自我测试题

4.1 刚体绕固定轴做匀变速转动时,对刚体上离转轴为 r 的某个质元 Δm 来说,若其法向加速度和切向加速度分别用 $\boldsymbol{a}_n$ 和 $\boldsymbol{a}_t$ 来表示,则下列说法正确的是(　　).

(A) $\boldsymbol{a}_n$ 和 $\boldsymbol{a}_t$ 的大小均随时间改变

(B) $\boldsymbol{a}_n$ 和 $\boldsymbol{a}_t$ 的大小均不随时间改变

(C) $\boldsymbol{a}_n$ 随时间改变、$\boldsymbol{a}_t$ 不随时间改变

(D) $\boldsymbol{a}_n$ 不随时间改变、$\boldsymbol{a}_t$ 随时间改变

4.2 一轻绳绕在有水平轴的定滑轮上,滑轮的转动惯量为 I,当绳的下端挂一

个质量为 m 的重物时,滑轮的角加速度为 α. 若将物体去掉,改为用大小等于物体重力的拉力 $F(=mg)$ 直接向下拉绳子,滑轮的角加速度 α' 将( ).

(A) 不变 　　　　　　　　　(B) 变大

(C) 变小 　　　　　　　　　(D) 无法判断

4.3 质量为 m、长为 l 的均匀系杆,两端用绳子水平悬挂起来,如图所示. 现突然剪断其中一根绳,则在绳子断开的一瞬间,另一根绳中的张力为( ).

(A) mg 　　　　　　　　　(B) $\dfrac{1}{2}mg$

(C) $\dfrac{1}{4}mg$ 　　　　　　　(D) $\dfrac{1}{8}mg$

4.4 在质量为 m_0、半径为 R 的定滑轮(可视为匀质薄圆盘)上绕有细绳,细绳的一端拴有一弹簧秤,弹簧秤自身的质量可忽略不计,弹簧秤下端挂一个质量为 m 的物体,如图所示. 若滑轮与绳没有相对滑动,轴上的摩擦可忽略不计,那么在物体下降过程中弹簧秤的示数为( ).

(A) $(m+m_0)g$ 　　　　　　(B) mg

(C) $\dfrac{mm_0g}{(m_0+m)}$ 　　　　　(D) $\dfrac{mm_0g}{2m+m_0}$

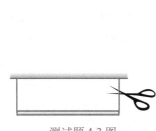

测试题 4.3 图　　　　　　　　　　　　测试题 4.4 图

4.5 一个水平圆盘可绕通过其中心、并与盘面垂直的固定竖直轴转动,盘上站着一个人. 把人和圆盘看作一个系统,当人在盘上随意走动时,若忽略轴上的摩擦,则此系统( ).

(A) 动量守恒 　　　　　　　(B) 机械能守恒

(C) 对轴的角动量守恒 　　　(D) 动量、机械能和角动量都守恒

4.6 如图所示,均匀细棒 OA 可绕通过 O 点的光滑、固定的水平轴在竖直平面内转动. 现将棒从水平位置,由静止开始释放,在棒摆动到竖直位置的过程中,下列说法正确的是( ).

(A) 角速度从小到大,角加速度从大到小

(B) 角速度从小到大,角加速度从小到大

(C) 角速度从大到小,角加速度从大到小

(D) 角速度从大到小,角加速度从小到大

4.7 一个正在绕通过其盘心、并与盘面垂直的固定水平轴 O 做匀速转动的转盘,有两颗质量相同、速率相同的子弹沿同一水平直线从相反方向射入并留在盘中,如图所示. 则子弹射入后的瞬间,转盘的角速度将( ).

(A) 增大 　　　　(B) 减小 　　　　(C) 不变 　　　　(D) 无法确定

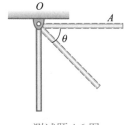
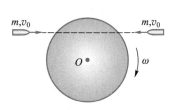

测试题 4.6 图 　　　　　　　　　测试题 4.7 图

4.8 一根质量为 m,长为 l 的棒,可绕通过其质心的光滑竖直轴在水平面内转动,其转动惯量为 $\dfrac{1}{12}ml^2$. 现有一个质量 $m' = \dfrac{1}{10}m$ 的子弹在水平面内沿与棒垂直的方向以速度 v_0 射入棒的一端,并以 $\dfrac{1}{6}v_0$ 的速度射出. 则棒获得的角速度为( ).

(A) v_0/l 　　　　(B) $v_0/2l$ 　　　　(C) $2v_0/l$ 　　　　(D) $v_0/4l$

4.9 一人双手各持一个哑铃,并向两侧平举,坐在转椅上. 先让人和转椅以一定的角速度转动. 然后将双臂收拢于胸前. 如果在此过程中,转轴上的摩擦阻力矩可忽略不计,则下列叙述正确的是( ).

(1) 系统的转动惯量减小　　　　(2) 系统的角动量守恒,角速度增大
(3) 系统的角动量守恒,动能减小　　(4) 系统的机械能增大
(A) (1)(2)(3) 　　　　　　　　(B) (2)(3)(4)
(C) (3)(4)(1) 　　　　　　　　(D) (1)(2)(4)

4.10 半径 $R = 0.2$ m 的飞轮,其初始角速度 $\omega_0 = 2\,400$ r·min^{-1},经过 20 s 后其转速均匀地减为 $\omega = 600$ r·min^{-1},则飞轮的角加速度 $\alpha = $ _____ rad·s^{-2};轮边缘上任意一点的切向加速度 $a_t = $ _____ m·s^{-2}.

4.11 转动惯量是描述刚体_____的物理量,影响刚体转动惯量大小的三个因素有_____、_____、_____.

4.12 如图所示,中空圆柱体的质量为 m_0,半径为 R,4 个圆柱形孔洞的半径均为 $R/4$,中心轴与每一个孔洞轴相距均为 $R/2$. 则中空圆柱体绕中心轴的转动惯量为_____.

4.13 如图所示,一个质量为 m_0,半径为 R 的匀质圆盘可绕通过其盘心并与盘面垂直的竖直轴转动. 一颗质量为 m,速度为 v 的子弹,沿圆盘的切线方向射入并嵌在圆盘的边缘. 则子弹射入圆盘后,圆盘获得的角速度为_____;在射入过程中,圆盘和子弹系统的动能增量_____零(此空填"小于""大于"或"等于").

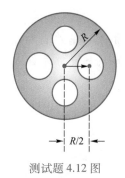
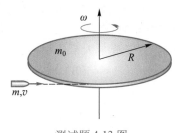

测试题 4.12 图　　　　　　　　　　测试题 4.13 图

4.14　一根长为 L 的轻质细杆,两端分别固定质量为 m 和 $2m$ 的小球,此系统在竖直平面内可绕通过中心点 O 且与杆垂直的水平光滑轴转动. 开始时杆与水平面的夹角为 $60°$,质量大的在上,小的在下,整体处于静止状态. 无初速地释放后,系统开始绕 O 轴转动. 则系统绕 O 轴的转动惯量 $I=$ _____;刚释放时,杆受到的合外力矩 $M=$ _____;角加速度 $\alpha=$ _____;转到水平位置时,杆的角速度 $\omega=$ _____.

4.15　质量 $m_1=24$ kg、半径 $R=20$ cm 的匀质圆盘,可绕通过其盘心并与盘面垂直的固定水平轴转动. 一根轻绳缠绕于圆盘上,另一端跨过质量 $m_2=5.0$ kg,半径 $r=10$ cm 的定滑轮后悬挂一个质量 $m=10$ kg 的物体,如图所示. 假设定滑轮也可视为匀质圆盘,绳与圆盘和滑轮之间均无相对滑动,圆盘和定滑轮轴上的摩擦阻力矩均可忽略不计. 试求:

（1）物体的加速度和各段绳中的张力;

（2）当重物由静止开始下降 $h=2.0$ m 时,圆盘和滑轮的角速度.

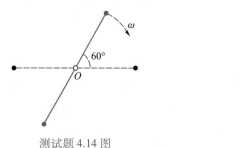

测试题 4.14 图　　　　　　　　　　测试题 4.15 图

4.16　一根放在水平桌面上的匀质棒,可绕通过其一端的竖直固定轴 O 转动. 棒的质量 $m=1.5$ kg,长 $l=1.0$ m,对轴的转动惯量为 $I=\dfrac{1}{3}ml^2$. 开始时,棒是静止的. 今有一水平运动的子弹垂直地射入棒的另一端,并留在棒中,如图所示. 若子弹的质量 $m'=0.020$ kg,速率为 $v=400$ m·s^{-1},棒转动时受到恒定阻力矩的作用,其大小为 $M_r=4.0$ N·m,试求:

（1）棒开始和子弹一起转动时的角速度 ω;

（2）棒能转过的最大的角度.

4.17 一根长为 L、质量为 m 的匀质细棒,可绕通过其端点的固定、光滑的水平轴 O 在竖直平面内转动. 在 O 点上还系有一根长为 $l(l<L)$ 的轻绳,绳的另一端悬一质量也为 m 的小球. 当小球悬线偏离竖直方向某一角度时,由静止释放,小球与静止的细棒发生完全弹性碰撞,如图所示. 试求:当绳的长度 l 为多少时,小球与棒碰撞后小球刚好静止不动. 不计空气阻力.

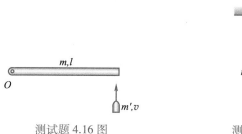

测试题 4.16 图

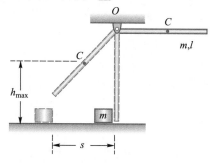

测试题 4.17 图

4.18 如图所示,一根匀质细棒,长为 l,质量为 m,可绕通过棒端且与棒垂直的光滑水平固定轴 O 在竖直平面内转动. 现将棒拉到水平位置后从静止开始释放,当它转到竖直位置时,与放在地面上的一个静止的、质量也为 m 的小滑块碰撞,碰撞时间极短. 小滑块与地面间的动摩擦因数为 μ,碰撞后滑块移动距离 s 后停止. 试求碰撞后棒的质心 C 离地面的最大高度 $h_{\max}$.

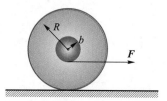

测试题 4.18 图

4.19 如图所示,一个质量为 m、半径为 R 的绕线轮,绕线轮的轮轴半径为 b,整个绕线轮的转动惯量为 $I=\dfrac{1}{3}mR^2$. 绕线轮与水平地面的最大静摩擦因数为 μ. 现用一个恒定的水平拉力 F 拉动绕在轮轴上的轻质细绳,试求:

(1)当绕线轮在地面上做纯滚动时,绕线轮质心的加速度以及地面对绕线轮的摩擦力;

(2)绕线轮能够在地面上做纯滚动的最大加速度.

测试题 4.19 图

自我测试题
参考答案

第5章

··· 流体力学基础

一、知识点网络框图

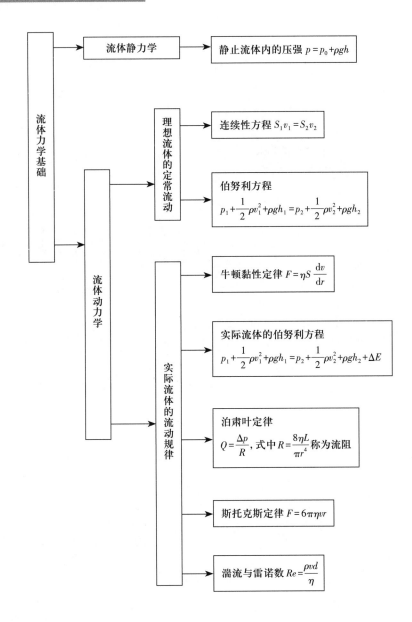

二、基本要求

1. 理解定常流动(又称稳定流动)的基本概念.

2. 熟练掌握理想流体做定常流动的流动规律:连续性方程、伯努利方程及其应用.

3. 理解实际流体的流动特性及一般规律,如泊肃叶定律、斯托克斯定律、流阻、层流、湍流与雷诺数等,了解这些规律的实际应用.

三、主要内容

（一）理想流体的定常流动

1. **理想流体**:绝对不可压缩,且完全没有黏性的流体称为理想流体. 它是流体力学中的理想模型,实际流体都有一定的可压缩性和黏性.

2. **定常流动**:一般说来,流体在流动时,同一时刻流体内部各处流体质元的速度是不同的;不同时刻流体内部同一点处流体质元的速度也是不相同的. 如果流体内部任意一点处,质元的流动速度 v 均不随时间改变,则这样的流动称为定常流动,又称稳定流动.

3. **连续性方程**:当理想流体做定常流动时,在同一流管中通过任意截面的流量 Q（即单位时间内通过流管横截面的流体体积）相等,如图 5.1 所示,即

$$Q = S_1 v_1 = S_2 v_2 = 常量$$

（二）理想流体的流动规律——伯努利方程

如图 5.1 所示,理想流体做定常流动时,同一流管的任一截面上,单位体积内流体的动能 $\frac{1}{2} \rho v^2$、势能 $\rho g h$ 以及压强 p 三者之和为一常量,即

$$p + \frac{1}{2} \rho v^2 + \rho g h = 常量$$

或

$$p_1 + \frac{1}{2} \rho v_1^2 + \rho g h_1 = p_2 + \frac{1}{2} \rho v_2^2 + \rho g h_2$$

综合应用理想流体的连续性方程和伯努利方程是本章的重点内容,应用时需注意:① 公式中所有物理量的单位必须用国际单位制单位;② 流管中凡是与大气相通处,压强均为大气压.

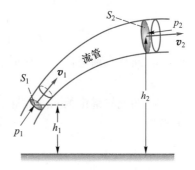

图 5.1　理想流体

（三）实际流体的流动规律

1. **实际流体**——实际流体都有黏性,故又称为黏性流体. 在不同的条件下,实际流体的流动状态是不同的. 当流速不大时,流体做分层流动,简称层流;当流速很大时,流体做湍流.

2. **牛顿黏性定律**——流体做层流时,相邻流层间存在阻碍相对运动的内摩擦力,其大小与该处的速率梯度 $\mathrm{d}v/\mathrm{d}r$ 成正比,与两个流层的接触面积 S 成正比,即

$$F = \eta S \frac{dv}{dr}$$

式中 η 称为黏性流体的黏度.

3. 黏性流体的伯努利方程

$$p_1 + \frac{1}{2}\rho v_1^2 + \rho g h_1 = p_2 + \frac{1}{2}\rho v_2^2 + \rho g h_2 + \Delta E$$

方程中 ΔE 是单位体积的流体从截面 1 流到截面 2 时因内摩擦力消耗的机械能.

4. 流速分布

黏性流体在长为 L、半径为 r_0 的均匀水平圆管内流动时,圆管横截面上各点的流速 v 随该点到管轴的距离 r 的增大而减小,即

$$v = \frac{\Delta p}{4\eta L}(r_0^2 - r^2)$$

式中 Δp 为圆管两端的压强差.

5. 泊肃叶定律——黏性流体在长为 L、半径为 r 的均匀流管内流动时,其流量与流管两端的压强差 Δp 的关系为

$$Q = \frac{\Delta p}{R}$$

式中 $R = \frac{8\eta L}{\pi r^4}$,称为该段流管的流阻,它反映了黏性流体在流管内流动时所受阻力的大小. 上式称为泊肃叶定律. 作为类比,流阻 R 类似于电路中的电阻 R,泊肃叶定律类似于电路中的欧姆定律 $I = \frac{\Delta U}{R}$.

当 n 个流管串联时: $R_{串} = R_1 + R_2 + \cdots + R_n$;

当 n 个流管并联时: $\frac{1}{R_{并}} = \frac{1}{R_1} + \frac{1}{R_2} + \cdots + \frac{1}{R_n}$.

6. 斯托克斯定律——球形物体在黏性流体中运动时受到的阻力为

$$F = 6\pi \eta v r$$

7. 湍流与雷诺数——黏性流体在直径为 d 的流管中由层流过渡到湍流取决于雷诺数

$$Re = \frac{\rho v d}{\eta}$$

当 $Re < 2\,000$ 时,黏性流体做层流;当 $Re > 3\,000$ 时,黏性流体做湍流;当 $2\,000 < Re < 3\,000$时,流动状态不确定.

四、典型例题解法指导

本章的主要题型有两类,一类是理想流体做定常流动时,连续性方程和伯努利

方程的综合应用. 对这类题型通常要适当选取流管和流管中的两个截面,其中一个截面在待求处,另一个截面在已知条件处;另一类是实际的黏性流体做层流时,用泊肃叶定律和斯托克斯定律求解实际问题.

例 5.1 如图 5.2 所示,一个横截面积很大的开口水箱,水的深度为 $h_a = 40$ cm,从水箱底部接出的 3 段水平管 b、c、d 的截面积依次为 1.0 cm^2、0.50 cm^2 和 0.20 cm^2. 试求:

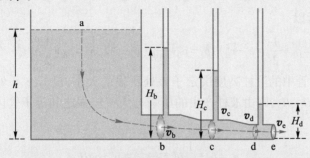

图 5.2 例 5.1 图

(1) 水从出水平管中流出的流量;

(2) 3 段水平管 b、c、d 中的流速;

(3) 与 3 段水平管 b、c、d 相通的竖直管中液柱的高度.

分析:水可视为理想流体,当流速不大时,水的流动状态为定常流动,故可用理想流体的连续性方程和伯努利方程求解.

解:(1) 将整个水箱和水平管看作一个流管. 因为水箱的横截面积很大,水平管的横截面积都很小,故可认为水箱水面 a 处的流速近似为零,即 $v_a = 0$. 以箱底为参考面,因各段水平管的截面积都很小,故各段水平管和出口处的高度可视为相等且为零,即

$$h_b = h_c = h_d = h_e = 0$$

在水箱水面 a 和水管出口 e 处,液体直接与大气接触,故 $p_a = p_e = p_0$,式中 p_0 为大气压. 对 a、e 两点,利用伯努利方程有

$$p_a + \frac{1}{2}\rho v_a^2 + \rho g h_a = p_e + \frac{1}{2}\rho v_e^2 + \rho g h_e$$

由此可得流体从水平管口 e 处流出时的速率为

$$v_e = \sqrt{2gh_a} = \sqrt{2 \times 9.8 \times 0.40} \ \text{m} \cdot \text{s}^{-1} = 2.8 \ \text{m} \cdot \text{s}^{-1}$$

于是水从水平管中流出的流量为

$$Q = S_e v_e = 0.20 \times 10^{-4} \times 2.8 \ \text{m}^3 \cdot \text{s}^{-1} = 5.6 \times 10^{-5} \ \text{m}^3 \cdot \text{s}^{-1}$$

(2) 设 b、c、d 管中的流速分别为 v_b、v_c、v_d,由理想流体的连续性方程有

$$Q = S_b v_b = S_c v_c = S_d v_d = S_e v_e$$

所以

$$v_b = Q/S_b = 5.6 \times 10^{-5}/(1.0 \times 10^{-4}) \ \text{m} \cdot \text{s}^{-1} = 0.56 \ \text{m} \cdot \text{s}^{-1}$$

$$v_c = Q/S_c = 5.6 \times 10^{-5}/(0.50 \times 10^{-4}) \; \mathrm{m \cdot s^{-1}} = 1.12 \; \mathrm{m \cdot s^{-1}}$$

$$v_d = Q/S_d = Q/S_e = v_e = 2.8 \; \mathrm{m \cdot s^{-1}}$$

（3）设 b、c、d 处的压强分别为 p_b、p_c、p_d，对水平管中 b、c、d、e 四个截面处列伯努利方程，有

$$p_b + \frac{1}{2}\rho v_b^2 = p_c + \frac{1}{2}\rho v_c^2 = p_d + \frac{1}{2}\rho v_d^2 = p_e + \frac{1}{2}\rho v_e^2$$

因为 $p_e = p_0$，所以

$$p_b = p_0 + \frac{1}{2}\rho(v_e^2 - v_b^2), \; p_c = p_0 + \frac{1}{2}\rho(v_e^2 - v_c^2), \; p_d = p_0 + \frac{1}{2}\rho(v_e^2 - v_d^2)$$

又各竖直管中的液柱高度决定于该处压强的大小，设 b、c、d 处竖直管中的液柱高为 H_b、H_c、H_d，则由液柱产生的压强与大气压强之和等于管内液体的总压强，即

$$p_b = p_0 + \frac{1}{2}\rho(v_e^2 - v_b^2) = p_0 + \rho g H_b$$

$$p_c = p_0 + \frac{1}{2}\rho(v_e^2 - v_c^2) = p_0 + \rho g H_c$$

$$p_d = p_0 + \frac{1}{2}\rho(v_e^2 - v_d^2) = p_0 + \rho g H_d$$

将 v_b、v_c、v_d 的值代入上面三式可得

$$H_b = \frac{v_e^2 - v_b^2}{2g} = \frac{2.8^2 - 0.56^2}{2 \times 9.8} \; \mathrm{m} = 0.384 \; \mathrm{m}$$

$$H_c = \frac{v_e^2 - v_c^2}{2g} = \frac{2.8^2 - 1.12^2}{2 \times 9.8} \; \mathrm{m} = 0.336 \; \mathrm{m}$$

$$H_d = \frac{v_e^2 - v_d^2}{2g} = 0$$

例 5.2　如图 5.3 所示为一空吸装置. 在截面积很大的容器 A 的底部有一个水平导管，容器 A 中液面的高度为 h_a. 水平导管出口 d 处的截面积为 S_d，导管的中部 c 处有一个收缩段，该处的截面积为 S_c，并通过一根吸管插入导管下方容器 B 的液体中，容器 B 中的液面距离水平管的高度差为 h_b. 试问 S_d 与 S_c 的比值满足什么条件才能发生空吸作用（将容器 B 中的液体吸上去）？

分析：发生空吸作用时，为了能将导管下方容器 B 中的液体吸上来，导管收缩处 c 的压强应小于 $(p_0 - \rho g h_b)$，其中 p_0 为大气压.

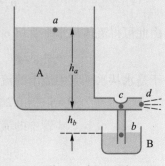

图 5.3　例 5.2 图

解：将整个容器 A 和水平导管看作一个流管.因为容器 A 的横截面积很大，水平导管的横截面积很小，故可认为容器 A 的液面 a 处的流速近似为零，即 $v_a=0$.以容器底部为参考面，故水平导管 c、d 处的高度都可视为零，即

$$h_c=h_d=0$$

在流管的 a、d 两处，有 $p_a=p_d=p_0$（大气压），由伯努利方程

$$p_a+\frac{1}{2}\rho v_a^2+\rho gh_a=p_d+\frac{1}{2}\rho v_d^2+\rho gh_d$$

可得水平管出口 d 处的流速为

$$v_d=\sqrt{2gh_a} \qquad\qquad ①$$

对于水平管上的 c、d 两处，根据连续性方程和水平管中的伯努利方程，有

$$S_c v_c=S_d v_d \qquad\qquad ②$$

$$p_c+\frac{1}{2}\rho v_c^2=p_d+\frac{1}{2}\rho v_d^2=p_0+\frac{1}{2}\rho v_d^2 \qquad\qquad ③$$

联立①式、②式、③式，解得

$$p_c=p_0+\rho gh_a\left(1-\frac{S_d^2}{S_c^2}\right)$$

发生空吸作用时，为了能将导管下方容器 B 中的液体吸上来，必有

$$p_c<p_0+\rho gh_b$$

由此可得

$$\frac{S_d}{S_c}>\sqrt{1-\frac{h_b}{h_a}}$$

从以上两例可以看出，在解决理想流体的定常流动问题时，通常将整个容器和相应的管道作为一个流管处理，然后在流管上适当选择两个参考点（或参考截面），并用连续性方程和伯努利方程列方程(组)，即可求得相关结果.

需要说明的是：① 在对两个参考点(参考面)的选取上，其中一个应处于已知条件处，另一个处在待求处；② 要会根据题意挖掘(找出)已知量，例如：凡是与大气相通的地方，其压强都为大气压 p_0；凡是液面面积很大的容器，液体从小管中流出时，都可认为容器液面处的流速近似为零.

例 5.3 在例 5.1 的情形中，若液体的黏度 $\eta=5.0\times10^{-2}$ Pa·s，密度为 $800\ kg\cdot m^{-3}$，液体从管口流出的流量为 $Q=5.6\times10^{-5}m^3\cdot s^{-1}$，b、c、d 三段水平管均为圆管，其长度分别为 $L_b=0.25$ m、$L_c=0.20$ m、$L_d=0.15$ m. 试求：

(1) 各段水平管两端的压强差；

(2) 各段水平管轴线上的流速；

(3) 整个水平管上的总流阻(不计各段水平管间接口处的长度和流阻).

分析：对于有黏性的实际流体的流动规律，理想流体的伯努利方程已不适

用,应该用泊肃叶定律 $Q=\dfrac{\Delta p}{R}$ 来求解,其中 Δp 是流管两端的压强差,$R=\dfrac{8\eta L}{\pi r^4}$ 是该段流管的流阻.

解:(1) 对于 b 段水平管,管半径为

$$r_{\mathrm{b}}=\sqrt{\frac{S_{\mathrm{b}}}{\pi}}=\sqrt{\frac{1.0\times10^{-4}}{\pi}}\ \mathrm{m}\approx5.64\times10^{-3}\ \mathrm{m}$$

所以该段流管的流阻为

$$R_{\mathrm{b}}=\frac{8\eta L_{\mathrm{b}}}{\pi r_{\mathrm{b}}^4}=\frac{8\times5.0\times10^{-2}\times0.25}{\pi\times(5.64\times10^{-3})^4}\ \mathrm{Pa\cdot s\cdot m^{-3}}\approx3.15\times10^7\ \mathrm{Pa\cdot s\cdot m^{-3}}$$

根据泊肃叶定律 $Q=\dfrac{\Delta p}{R}$,可得 b 段流管两端的压强差为

$$\Delta p_{\mathrm{b}}=QR_{\mathrm{b}}=5.6\times10^{-5}\times3.15\times10^7\ \mathrm{Pa}\approx1.8\times10^3\ \mathrm{Pa}$$

同理可得,c、d 两段圆形水平管的半径分别为

$$r_{\mathrm{c}}=\sqrt{\frac{S_{\mathrm{c}}}{\pi}}=\sqrt{\frac{0.50\times10^{-4}}{\pi}}\ \mathrm{m}\approx3.99\times10^{-3}\ \mathrm{m}$$

$$r_{\mathrm{d}}=\sqrt{\frac{S_{\mathrm{d}}}{\pi}}=\sqrt{\frac{0.20\times10^{-4}}{\pi}}\ \mathrm{m}\approx2.52\times10^{-3}\ \mathrm{m}$$

这两段圆形流管的流阻分别为

$$R_{\mathrm{c}}=\frac{8\eta L_{\mathrm{c}}}{\pi r_{\mathrm{c}}^4}=\frac{8\times5.0\times10^{-2}\times0.20}{\pi\times(3.99\times10^{-3})^4}\ \mathrm{Pa\cdot s\cdot m^{-3}}\approx1.00\times10^8\ \mathrm{Pa\cdot s\cdot m^{-3}}$$

$$R_{\mathrm{d}}=\frac{8\eta L_{\mathrm{d}}}{\pi r_{\mathrm{d}}^4}=\frac{8\times5.0\times10^{-2}\times0.15}{\pi\times(2.52\times10^{-3})^4}\ \mathrm{Pa\cdot s\cdot m^{-3}}\approx4.74\times10^8\ \mathrm{Pa\cdot s\cdot m^{-3}}$$

所以,这两段圆形管两端的压强差分别为

$$\Delta p_{\mathrm{c}}=QR_{\mathrm{c}}=5.6\times10^{-5}\times1.00\times10^8\ \mathrm{Pa}=5.6\times10^3\ \mathrm{Pa}$$

$$\Delta p_{\mathrm{d}}=QR_{\mathrm{d}}=5.6\times10^{-5}\times4.74\times10^8\ \mathrm{Pa}\approx2.7\times10^4\ \mathrm{Pa}$$

(2) 黏性流体在半径为 r_0、截面积均匀的圆形管中做层流时,流速沿半径方向的分布为

$$v=\frac{\Delta p}{4\eta L}(r_0^2-r^2)$$

由此可知,在管轴上(即 $r=0$ 处)流速最大,其值为:$v_{\max}=\dfrac{\Delta p}{4\eta L}r_0^2$. 所以,b 段圆管轴线上的流速为

$$v_{\mathrm{b}}=\frac{\Delta p_{\mathrm{b}}}{4\eta L_{\mathrm{b}}}r_{\mathrm{b}}^2=\frac{1.8\times10^3\times(5.64\times10^{-3})^2}{4\times5.0\times10^{-2}\times0.25}\ \mathrm{m\cdot s^{-1}}\approx1.15\ \mathrm{m\cdot s^{-1}}$$

同理 c、d 两段圆管轴线上的流速分别为

$$v_c = \frac{\Delta p_c}{4\eta L_c}r_c^2 = \frac{5.6\times10^3\times(3.99\times10^{-3})^2}{4\times5.0\times10^{-2}\times0.20}\ \mathrm{m\cdot s^{-1}}\approx2.23\ \mathrm{m\cdot s^{-1}}$$

$$v_d = \frac{\Delta p_d}{4\eta L_d}r_d^2 = \frac{2.7\times10^4\times(2.52\times10^{-3})^2}{4\times5.0\times10^{-2}\times0.15}\ \mathrm{m\cdot s^{-1}}\approx5.72\ \mathrm{m\cdot s^{-1}}$$

（3）当不计各段水平管接口处的长度和流阻时，整个水平管上的总流阻为

$$R = R_b + R_c + R_d$$
$$= (3.15\times10^7 + 1.00\times10^8 + 4.74\times10^8)\ \mathrm{Pa\cdot s\cdot m^{-3}}$$
$$\approx6.06\times10^8\ \mathrm{Pa\cdot s\cdot m^{-3}}$$

五、自我测试题

5.1 在横截面积不均匀的圆管中，A 处半径为 $r_A = 0.20$ cm，水的流速为 $v_A = 3.0\ \mathrm{m\cdot s^{-1}}$；在 B 处水的流速为 $v_B = 12.0\ \mathrm{m\cdot s^{-1}}$. 将水看作理想流体，则 B 处的半径为_____.

5.2 水在半径 $R = 5.0$ cm 的圆形管中的流速为 $v = 3.0\ \mathrm{m\cdot s^{-1}}$，将它与两个半径为 $r = 0.10$ cm 的小圆管连接，则小圆管中水流的速度是_____.

5.3 设有流量 $Q = 80\times10^{-3}\ \mathrm{m^3\cdot s^{-1}}$ 的水流过截面积不均匀的圆管，A 处压强为 3×10^5 Pa，截面积为 100 cm^2，B 处截面积为 40 cm^2，A 处比 B 处高 2.0 m，则 A 处的流速为_____，B 处的压强为_____.

5.4 理想流体在半径为 r 的圆管中做定常流动的流速为 v，将此圆管与六个半径为 $r/3$ 的小圆管接通，则流体在小圆管中做定常流动的流速是（   ）.

（A）$v/6$　　　　（B）$3v/2$　　　　（C）$6v$　　　　（D）$v/3$

5.5 理想流体在截面积不均匀的水平管中做定常流动时，下列说法正确的是（   ）.

（A）S 大处，v 大 p 也大　　　　　（B）S 大处，v 大 p 小

（C）S 大处，v 小 p 大　　　　　（D）S 大处，v 小 p 也小

5.6 一根粗细均匀的自来水管弯曲成如图所示的形状，最高处比最低处高 2.0 m. 当水在管中做定常流动时，测得管道最低处的压强为 2.0×10^5 Pa，若将水看作理想流体，则管道最高处的压强约为（   ）.

（A）2.0×10^5 Pa　　　　　（B）1.0×10^5 Pa

（C）1.8×10^5 Pa　　　　　（D）2.2×10^5 Pa

5.7 如图所示，用一根粗细均匀的虹吸管从一水池中吸水. 当水池中的水面与虹吸管出水口处的高度差为 h 时，水从虹吸管中流出的速度（   ）.

（A）$v\propto h$　　　　　（B）$v\propto 1/h$

（C）$v\propto\sqrt{h}$　　　　　（D）v 与 h 无关

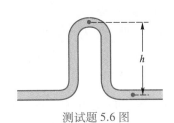

测试题 5.6 图　　　　　　　　测试题 5.7 图

5.8 黏性流体在半径为 r 的水平圆管中做层流,流量为 Q. 如果将水平管换成长度相同,但半径为 $r/2$ 的细管,同时保持管两端的压强差不变,则圆管中的流量为 (　　).

(A) $Q/2$　　　　(B) $Q/4$　　　　(C) $Q/8$　　　　(D) $Q/16$

5.9 某人心脏的血液输出量为 0.83×10^{-4} m$^3 \cdot$ s^{-1},体循环的总压强差为 12 kPa,则此人血液循环的外周阻力(总流阻)为_____.

5.10 由泊肃叶定律可知,黏性流体在圆形管内流动时,圆形管截面积大时流速也大. 这个说法正确吗?

5.11 如图所示,使用加压水泵把水加压到 6.6×10^5 Pa 后,水以 2.0 m $\cdot$ s^{-1} 的流速沿内径为 0.20 m 的地下管道 A 向楼房供水. 若进入楼房的水管 B 的内径为 0.10 m,同时水管升高 2.0 m,求进入楼房的水管 B 内水的流速和压强.

5.12 皮托管是流速计中测量流体流速的主要部件,其测量原理如图所示. 图中两个竖直管的底部高度相同,左管底部的开口与流体流速方向平行,右管开口正对流速方向. 将其放入流水中时,若测出左右两个竖直管中水柱高度分别为 1.0 cm 和 5.9 cm,试求水流速度.

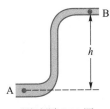

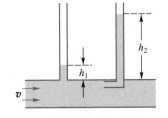

测试题 5.11 图　　　　　　　　测试题 5.12 图

自我测试题
参考答案

5.13 将水以 1.4×10^{-4} m$^3 \cdot$ s^{-1} 的流量注入一个截面积较大的敞口容器内,容器底部有一个面积为 5.0×10^{-5} m^2 的小孔,水从小孔中流出. 开始时,容器内无水,试求容器内水面能够升到的最大高度.

第6章

··· 机 械 振 动

一、知识点网络框图

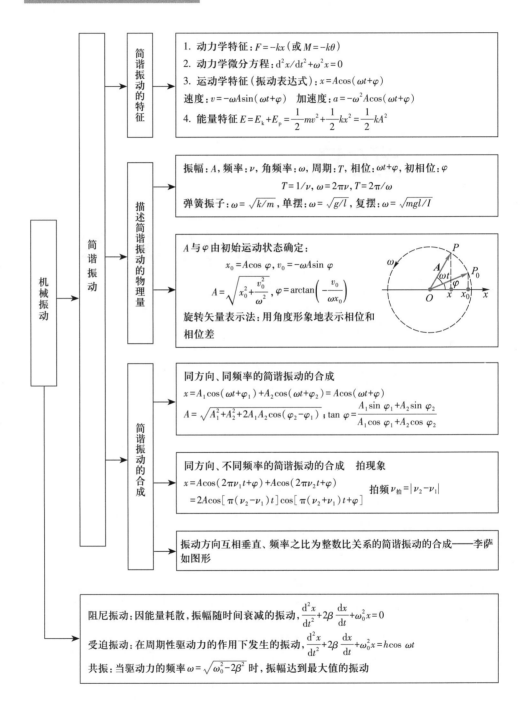

简谐振动的特征

1. 动力学特征：$F=-kx$（或 $M=-k\theta$）
2. 动力学微分方程：$\mathrm{d}^2x/\mathrm{d}t^2+\omega^2x=0$
3. 运动学特征（振动表达式）：$x=A\cos(\omega t+\varphi)$
   速度：$v=-\omega A\sin(\omega t+\varphi)$　加速度：$a=-\omega^2A\cos(\omega t+\varphi)$
4. 能量特征 $E=E_k+E_p=\dfrac{1}{2}mv^2+\dfrac{1}{2}kx^2=\dfrac{1}{2}kA^2$

描述简谐振动的物理量

振幅：A，频率：ν，角频率：ω，周期：T，相位：$\omega t+\varphi$，初相位：φ
$$T=1/\nu,\ \omega=2\pi\nu,\ T=2\pi/\omega$$
弹簧振子：$\omega=\sqrt{k/m}$，单摆：$\omega=\sqrt{g/l}$，复摆：$\omega=\sqrt{mgl/I}$

A 与 φ 由初始运动状态确定：
$$x_0=A\cos\varphi,\ v_0=-\omega A\sin\varphi$$
$$A=\sqrt{x_0^2+\frac{v_0^2}{\omega^2}}\,,\ \varphi=\arctan\left(-\frac{v_0}{\omega x_0}\right)$$
旋转矢量表示法：用角度形象地表示相位和
相位差

简谐振动的合成

同方向、同频率的简谐振动的合成
$$x=A_1\cos(\omega t+\varphi_1)+A_2\cos(\omega t+\varphi_2)=A\cos(\omega t+\varphi)$$
$$A=\sqrt{A_1^2+A_2^2+2A_1A_2\cos(\varphi_2-\varphi_1)}\,;\ \tan\varphi=\frac{A_1\sin\varphi_1+A_2\sin\varphi_2}{A_1\cos\varphi_1+A_2\cos\varphi_2}$$

同方向、不同频率的简谐振动的合成　拍现象
$$x=A\cos(2\pi\nu_1t+\varphi)+A\cos(2\pi\nu_2t+\varphi)$$
$$=2A\cos[\pi(\nu_2-\nu_1)t]\cos[\pi(\nu_2+\nu_1)t+\varphi]$$
拍频 $\nu_{拍}=|\nu_2-\nu_1|$

振动方向互相垂直、频率之比为整数比关系的简谐振动的合成——李萨
如图形

阻尼振动：因能量耗散，振幅随时间衰减的振动，$\dfrac{\mathrm{d}^2x}{\mathrm{d}t^2}+2\beta\dfrac{\mathrm{d}x}{\mathrm{d}t}+\omega_0^2x=0$

受迫振动：在周期性驱动力的作用下发生的振动，$\dfrac{\mathrm{d}^2x}{\mathrm{d}t^2}+2\beta\dfrac{\mathrm{d}x}{\mathrm{d}t}+\omega_0^2x=h\cos\omega t$

共振：当驱动力的频率 $\omega=\sqrt{\omega_0^2-2\beta^2}$ 时，振幅达到最大值的振动

机械振动 — 简谐振动

二、基本要求

1. 熟练掌握简谐振动的特征和规律,能建立一维简谐振动的动力学微分方程,确定简谐振动的特征量(周期与频率),理解其物理意义.

2. 熟练掌握描述简谐振动的物理量(特别是相位)的物理意义及其相互关系.

3. 熟练掌握描述简谐振动的几种常用方法(解析法、旋转矢量法、图像法),并能熟练地根据振动物体的初始条件求出振动表达式.

4. 熟练掌握同方向、同频率简谐振动的合成规律,了解拍现象,理解两个相互垂直的简谐振动合成的规律和特点,了解李萨如图形.

5. 了解阻尼振动、受迫振动的规律,了解共振现象及其发生的条件和特点.

三、主要内容

(一)简谐振动的特征

1. 简谐振动的动力学特征

如果物体振动时所受的合外力(或合外力矩)满足

$$F = -kx \quad (\text{或 } M = -k\theta)$$

即物体受到的合外力(或合外力矩)的大小与物体离开平衡位置的位移(或角位移)的大小成正比,方向相反,则物体做简谐振动. 这是简谐振动的动力学特征.

2. 简谐振动的运动学特征

以弹簧振子($F = -kx$)为例,利用牛顿第二定律 $F = ma = m\dfrac{\mathrm{d}^2 x}{\mathrm{d}t^2}$,可得简谐振动物体的动力学微分方程为

$$\frac{\mathrm{d}^2 x}{\mathrm{d}t^2} + \omega^2 x = 0$$

式中 $\omega = \sqrt{k/m}$,称为弹簧振子的角频率. 该微分方程的通解为

$$x = A\cos(\omega t + \varphi)$$

即物体离开平衡位置的位移按照余弦(或正弦)规律变化,这称为简谐振动的运动学特征. 上式称为简谐振动的振动表达式(或运动方程).

由振动表达式可得,简谐振动物体的速度和加速度分别为

$$v = -A\omega\sin(\omega t + \varphi), a = -A\omega^2\cos(\omega t + \varphi)$$

做简谐振动时,物体的位置(即物体相对于平衡位置的位移)、速度和加速度随时间变化的函数曲线如图 6.1 所示($\varphi = -\pi/2$),其中"x-t"曲线称为振动曲线.

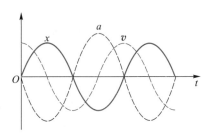

图 6.1 简谐振动物体的位置(位移)、速度、加速度曲线

3. 描述简谐振动的物理量 A 和 φ 的确定方法

在振动表达式中,A 和 φ 称为简谐振动的振幅和初相位(简称初相),它们由物体的初始运动状态(x_0、v_0)确定,即通过求解下列方程组

$$x_0 = A\cos\varphi, \ v_0 = -A\omega\sin\varphi$$

可得

$$A = \sqrt{x_0^2 + \frac{v_0^2}{\omega^2}}, \ \varphi = \arctan\left(-\frac{v_0}{\omega x_0}\right)$$

特别注意:由于反三角函数的多值性,在确定初相位 φ 时,需要根据 x_0,v_0 的正负先确定 φ 所在的象限,然后求 φ 的数值,或者结合旋转矢量法求解.

ω 称为简谐振动的角频率,它由振动系统的性质决定. 对于弹簧振子:$\omega = \sqrt{k/m}$;对于单摆:$\omega = \sqrt{g/l}$;对于复摆:$\omega = \sqrt{mgl/I}$. 它与周期 T、频率 ν 的关系为

$$T = 2\pi/\omega, \ \omega = 2\pi\nu, \ T = 1/\nu$$

$\omega t + \varphi$ 称为物体的相位,它决定了物体在 t 时刻的运动状态.

4. 简谐振动的旋转矢量表示法

如图 6.2 所示,旋转矢量与简谐振动的对应关系为:矢量 A 的大小(长度)等于简谐振动的振幅 A;矢量 A 旋转的角速度等于简谐振动的角频率 ω,旋转方向总是沿逆时针方向;矢量 A 在初始时刻与 x 轴之间的夹角等于简谐振动的初相位 φ,在任意时刻的夹角等于任意时刻的相位 $\omega t + \varphi$. 于是旋转矢量 A 在旋转过程中,其端点 P 在 x 轴上投影点的运动就是简谐振动.

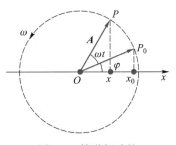

图 6.2 简谐振动的
旋转矢量表示法

利用旋转矢量可以将相位"$\omega t + \varphi$"和初相位"φ"形象地用角度表示出来.

5. 简谐振动的能量特征

以光滑水平面上的弹簧振子为例,振子动能和系统的势能分别为

$$E_k = \frac{1}{2}mv^2 = \frac{1}{2}m\omega^2 A^2\sin^2(\omega t + \varphi) = \frac{1}{2}kA^2\sin^2(\omega t + \varphi)$$

$$E_p = \frac{1}{2}kx^2 = \frac{1}{2}kA^2\cos^2(\omega t + \varphi)$$

振动系统的总机械能为

$$E = E_k + E_p = \frac{1}{2}kA^2\sin^2(\omega t + \varphi) + \frac{1}{2}kA^2\cos^2(\omega t + \varphi) = \frac{1}{2}kA^2$$

这表明:简谐振动系统的机械能守恒,且振动系统的总能量与振幅的平方成正比.

(二) 简谐振动的合成

1. 两个同方向、同频率的简谐振动的合成

设一个质点同时参与两个同方向、同频率的简谐振动

$$x_1 = A_1\cos(\omega t + \varphi_1) , \quad x_2 = A_2\cos(\omega t + \varphi_2)$$

则该质点合运动的方程为

$$x_合 = x_1 + x_2 = A_合\cos(\omega t + \varphi_合)$$

这表明,两个同方向、同频率的简谐振动的合成运动仍然是简谐振动. 其中

$$A_合 = \sqrt{A_1^2 + A_2^2 + 2A_1A_2\cos(\varphi_2 - \varphi_1)} , \quad \tan\varphi_合 = \frac{A_1\sin\varphi_1 + A_2\sin\varphi_2}{A_1\cos\varphi_1 + A_2\cos\varphi_2}$$

若相位差 $\varphi_2 - \varphi_1 = \pm 2k\pi, k = 0,1,2,\cdots$,则 $A_合 = A_1 + A_2$,合振动振幅最大;若相位差 $\varphi_2 - \varphi_1 = \pm(2k+1)\pi, k = 0,1,2,\cdots$,则 $A_合 = |A_1 - A_2|$,合振动振幅最小.

2. 两个同方向、不同频率的简谐振动的合成　拍

设两个同方向的简谐振动的振动表达式分别为

$$x_1 = A\cos(2\pi\nu_1 t + \varphi) \qquad x_2 = A\cos(2\pi\nu_2 t + \varphi)$$

利用三角函数的和差化积公式,可得合振动的表达式为

$$x = x_1 + x_2 = 2A\cos[\pi(\nu_2 - \nu_1)t]\cos[\pi(\nu_2 + \nu_1)t + \varphi]$$

当 $|\nu_2 - \nu_1|$ 很小,远小于 ν_1 和 ν_2 时,由上式给出的合成运动可看成频率为 $\dfrac{\nu_2 + \nu_1}{2}$、振幅为 $|2A\cos[\pi(\nu_2 - \nu_1)t]|$ 的振动. 显然,这样的振动其振幅将随时间作缓慢地、周期性地变化,这样的现象称为拍现象. 振幅变化的频率称为拍频,其值为

$$\nu = |\nu_2 - \nu_1|$$

3. 两个相互垂直的同频率简谐振动的合成

设一个质点同时参与两个振动方向互相垂直、频率相同的简谐振动

$$x = A_1\cos(\omega t + \varphi_1) , \quad y = A_2\cos(\omega t + \varphi_2)$$

则质点合运动的轨迹方程为

$$\frac{x^2}{A_1^2} + \frac{y^2}{A_2^2} - 2\frac{xy}{A_1A_2}\cos(\varphi_2 - \varphi_1) = \sin^2(\varphi_2 - \varphi_1)$$

一般情况下,质点的运动轨迹是一个椭圆,其形状由两个振动的相位差和振幅之比决定.

若两个振动的频率不同,但频率之比满足严格的整数比关系,则合成运动的轨迹是一条稳定的封闭曲线,称之为李萨如图形.

（三）阻尼振动　受迫振动　共振

1. 阻尼振动

由于阻力等因素引起能量耗散,使振幅随时间逐渐衰减的振动称为阻尼振动. 其振动的动力学微分方程为

$$\frac{d^2x}{dt^2}+2\beta\frac{dx}{dt}+\omega_0^2x=0$$

式中 β 称为阻尼系数. 当阻尼较小,即 $\beta<\omega_0$ 时,上述方程的通解为

$$x=A_0e^{-\beta t}\cos(\omega t+\varphi)$$

式中 $\omega=\sqrt{\omega_0^2-\beta^2}$,称为阻尼振动的角频率.

2. 受迫振动与共振

物体在周期性外力的作用下发生的振动称为受迫振动,这种周期性外力称为驱动力. 其动力学微分方程为

$$\frac{d^2x}{dt^2}+2\beta\frac{dx}{dt}+\omega_0^2x=h\cos\omega t$$

经过一段时间,受迫振动达到稳定状态后的振动方程为

$$x=A\cos(\omega t+\varphi)$$

其中,受迫振动的振幅为 $A=\dfrac{h}{[(\omega_0^2-\omega^2)^2+4\beta^2\omega^2]^{1/2}}$. 当 $\omega=\sqrt{\omega_0^2-2\beta^2}$ 时,振幅达到最大值:

$$A_{max}=\frac{h}{2\beta\sqrt{\omega_0^2-\beta^2}}$$

这种情况称为共振.

四、典型例题解法指导

本章题型主要有以下几类:

1. 求证物体做简谐振动,并求振动的周期和频率. 这类问题一般可以从动力学的角度来证明,即通过受力分析,利用 $F=ma$ 或 $M=I\alpha$,证明振动物体受的合外力满足 $F=-kx$ 或合外力矩满足 $M=-k\theta$ 即可.

2. 根据振动物体的初始运动条件或振动曲线,求解振动表达式. 这类问题的核心就是要确定振动物体的三个特征量 A、ω 和 φ. 求解这类问题需要熟练应用振动表达式的标准形式及 A、φ 的计算公式,并借助旋转矢量找出初始条件和各特征量之间的关系.

3. 简谐振动的合成类问题. 求解这类问题通常有两种方法:解析法和旋转矢量法,但两种方法往往需要配合使用.

相位是描述简谐振动的核心,所以解决简谐振动问题的关键是确定其相位和初相.

例 6.1 如图 6.3 所示,一弹性系数为 k 的轻弹簧,一端固定在墙上,另一端用一根不可伸长的轻绳、跨过滑轮与质量为 m 的重物相连. 开始时用外力托住重物 m 使弹簧无伸长,现撤去外力,使重物运动. 设绳与滑轮无相对滑动,且不计轮轴上的摩擦阻力矩,滑轮可视为质量为 m_H、半径为 R 的匀质圆盘,其转动惯量为 $I=\dfrac{1}{2}m_H R^2$.

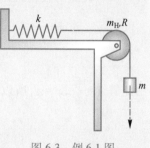

(1)证明:撤去外力后,重物做简谐振动,并求振动周期;

(2)以刚撤去外力的瞬间为计时起点,物体的平衡位置为坐标原点,向下为运动的正方向,求重物的振动表达式.

图 6.3 例 6.1 图

分析:要求证一个物体做简谐振动,就是要证明物体在任意时刻受到的合外力(或加速度)的大小与物体离开平衡位置时的位移的大小成正比,方向相反.

解:(1)以撤去外力后,重物的平衡位置为坐标原点,竖直向下为 x 轴的正方向.假设在某一时刻物体离开平衡位置的位移为 x,对重物和定滑轮作受力分析,如图 6.4 所示. 由牛顿第二定律和刚体定轴转动定律,可得

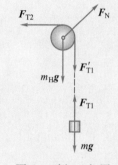

$$mg-F_{T1}=ma \qquad ①$$

$$F'_{T1}R-F_{T2}R=I\alpha \qquad ②$$

式中 $I=\dfrac{1}{2}m_H R^2$,F_{T2} 为弹簧的弹性力,$F'_{T1}=F_{T1}$. 由于物体

图 6.4 例 6.1 解图

在平衡位置时,弹簧的伸长量为 $\dfrac{mg}{k}$,所以

$$F_{T2}=k\left(x+\frac{mg}{k}\right)=kx+mg \qquad ③$$

又 $$a=\alpha R \qquad ④$$

联立①—④式,求解可得

$$a=\frac{\mathrm{d}^2 x}{\mathrm{d}t^2}=-\frac{2k}{2m+m_H}x$$

这表明物体加速度的大小与物体离开平衡位置的位移的大小成正比,方向相反,所以重物做简谐振动. 将上式与简谐振动的微分方程 $\dfrac{\mathrm{d}^2 x}{\mathrm{d}t^2}+\omega^2 x=0$ 做比较可知,物体的振动角频率为

$$\omega = \sqrt{\frac{2k}{2m+m_{\mathrm{H}}}}$$

所以振动周期为

$$T = \frac{2\pi}{\omega} = 2\pi\sqrt{\frac{2m+m_{\mathrm{H}}}{2k}}$$

（2）设振动表达式为 $x = A\cos(\omega t + \varphi)$. 由题意可知,在初始时刻（计时起点）

$$x_0 = A\cos\varphi = -A = -\frac{mg}{k}$$

$$v_0 = -A\omega\sin\varphi = 0$$

由此得 $A = \dfrac{mg}{k}$, $\varphi = \pi$, 所以物体的振动表达式为

$$x = \frac{mg}{k}\cos\left(\sqrt{\frac{2k}{2m+m_{\mathrm{H}}}}t + \pi\right)$$

例 6.2 已知一质点做简谐振动,其振动曲线 (x–t 图) 如图 6.5 所示. 试求该质点的振动表达式.

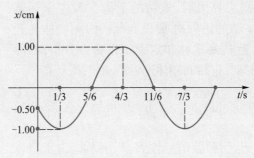

图 6.5 例 6.2 图

分析: 通常由振动曲线可知振幅和周期,所以关键是如何求出振动的初相位. 由振动速度 $v = \dfrac{\mathrm{d}x}{\mathrm{d}t}$ 可知,振动曲线上任意一点的斜率代表了对应时刻的振动速度. 所以由振动曲线可得到初始时刻（或某个给定时刻）的振动状态,即振动物体的位置和速度的方向（正负）,由此可确定初相位,从而求出振动表达式.

解: 设简谐振动表达式为

$$x = A\cos(\omega t + \varphi)$$

由图可知: $A = 1.00$ cm, $T = \dfrac{7}{3}$ s $-\dfrac{1}{3}$ s $= 2$ s, 所以 $\omega = \dfrac{2\pi}{T} = \pi$ rad $\cdot$ s^{-1}. 又由图可知: $t = 0$ 时, $x_0 = -0.50$ cm, $v_0 < 0$, 即

$$x_0 = A\cos\varphi = 0.01\cos\varphi \text{ m} = -0.005 \text{ m} \tag{①}$$

$$v_0 = -A\omega\sin\varphi = -0.01\pi\sin\varphi \text{ m}\cdot\text{s}^{-1} < 0 \tag{②}$$

由①式得 $\varphi=\pm\dfrac{2}{3}\pi$，又由②式得 $\sin\varphi>0$，所以

$$\varphi=\frac{2}{3}\pi$$

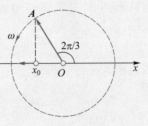

也可用旋转矢量法确定 φ，如图 6.6 所示. 因为 $x_0=$ $-A/2$、$v_0<0$，初始时刻的旋转矢量只能位于第 Ⅱ 象限，$\boldsymbol{A}$ 与 x 轴正方向的夹角为 $2\pi/3$，即 $\varphi=2\pi/3$. 根据以上所得振动表达式为

图 6.6　用旋转矢量法求初相

$$x=0.01\cos(\pi t+2\pi/3)(\text{SI 单位})$$

例 6.3　一个质量为 10 g 的物体做简谐振动，其振幅为 0.24 m，周期为 4.0 s，当 $t=0$ 时，位移为 0.24 m. 试求：

（1）$t=0.5$ s 时，物体所在位置；

（2）$t=0.5$ s 时，物体所受合外力的大小和方向；

（3）由起始位置运动到 $x=0.12$ m 处所需的最短时间；

（4）在 $x=0.12$ m 处，物体的速度、动能以及振动系统的势能和总能量.

分析：本题首先要从已知条件，求出质点的振动表达式，并由此求出在某一特定时刻的物理量. 在求振动过程经历的时间时，用旋转矢量辅助求解是最简单的方法.

解：（1）已知 $A=0.24$ m，$T=4$ s，则角频率 $\omega=\dfrac{2\pi}{T}=\dfrac{\pi}{2}$ rad·s^{-1}. 又由题意可知 $t=0$ 时，$x_0=0.24$ m，即 $x_0=A\cos\varphi=A=0.24$ m，所以

$$\varphi=0$$

由此得质点的振动表达式为

$$x=0.24\cos\frac{\pi}{2}t(\text{SI 单位}) \qquad ①$$

所以 $t=0.5$ s 时，物体的位置坐标为

$$x=0.24\cos\left(\frac{\pi}{2}\times0.5\right)\text{ m}\approx0.17\text{ m}$$

（2）根据简谐振动中加速度与位移的关系，可得 $t=0.5$ s 时的加速度为

$$a=-\omega^2 x=-\left(\frac{\pi}{2}\right)^2\times0.17\text{ m·s}^{-2}\approx-0.42\text{ m·s}^{-2}$$

物体受力为

$$F=ma=-0.01\times0.42\text{ N}=-4.2\times10^{-3}\text{ N}$$

式中"−"号表示受力方向与 x 轴正方向相反.

（3）画出物体在初始位置和 $x=0.12$ m 处的旋转矢量：$\boldsymbol{A}_0$、$\boldsymbol{A}_1$ 和 $\boldsymbol{A}_2$，如图 6.7 所示，其中 $\boldsymbol{A}_1$ 和 $\boldsymbol{A}_2$ 都与位置 $x=0.12$ m 相对应. 不难看出，物体从初始位置运动

到 $x=0.12$ m 处所需的最短时间就是旋转矢量以角速度 $\omega=\pi/2$ rad·s^{-1} 从 $\boldsymbol{A}_0$ 逆时针转到 $\boldsymbol{A}_1$ 所需的时间 Δt_{min}，即

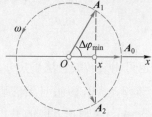

$$\omega\Delta t_{min}=\Delta\varphi_{min}=\frac{\pi}{3}$$

所以所需最短时间为

$$\Delta t_{min}=\frac{\pi}{3\omega}=\frac{2}{3}\ \text{s}$$

（4）在 $x=0.12$ m 处，物体的振动相位为

图 6.7 例 6.3 解图

$$\omega t+\varphi=\arccos(x/A)=\arccos 0.5=\pm\frac{\pi}{3}\pm2k\pi$$

所以物体的振动速度为

$$v=-\omega A\sin(\omega t+\varphi)=-\frac{\pi}{2}\times0.24\times\sin\left(\pm\frac{\pi}{3}\pm2k\pi\right)\ \text{m·s}^{-1}\approx\pm0.326\ \text{m·s}^{-1}$$

由此得物体的动能

$$E_k=\frac{1}{2}mv^2=\frac{1}{2}\times0.01\times(\pm0.326)^2\ \text{J}\approx5.3\times10^{-4}\ \text{J}$$

物体的势能

$$E_p=\frac{1}{2}kx^2=\frac{1}{2}m\omega^2x^2=\frac{1}{2}\times0.01\times\left(\frac{\pi}{2}\right)^2\times0.12^2\ \text{J}\approx1.8\times10^{-4}\ \text{J}$$

系统的总能量

$$E=E_p+E_k=\frac{1}{2}kA^2=\frac{1}{2}m\omega^2A^2\approx7.1\times10^{-4}\ \text{J}$$

例 6.4 一个质量为 m' 的盘子系于竖直悬挂的轻弹簧下端，弹簧的弹性系数为 k，如图 6.8 所示，现有一个质量为 m 的黏性物体，自离盘高为 h 处掉落在盘子上，且与盘子粘在一起. 以物体掉在盘上的瞬时作为计时起点，试求盘子的振动表达式.

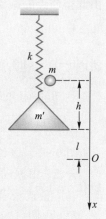

分析： 系统的振动角频率由 $\omega=\sqrt{\dfrac{k}{m+m'}}$ 给出，而初速度由动量守恒定律求出. 适当选取坐标系以确定初始条件，从而可求出振动初相位和振幅.

解： 取物体掉在盘子上以后的平衡位置为坐标原点 O，竖直向下为 x 轴正方向. 则在平衡位置 O 点处，弹簧在原有伸长的基础上又伸长了 l，且

$$l=mg/k$$

图 6.8 例 6.4 图

物体 m 从高度 h 处落到盘上时的速度为

$$v_m=\sqrt{2gh}$$

由动量守恒定律可知,物体落在盘上后,盘子获得的初速度 v_0 满足

$$mv_m = (m+m')v_0$$

即

$$v_0 = \frac{mv_m}{m+m'} = \frac{m}{m+m'}\sqrt{2gh}$$

若以物体掉落在盘子上的瞬间作为振动的计时起点,则由上述分析可知,在 $t=0$ 时

$$x_0 = A\cos\varphi = -mg/k$$

$$v_0 = -A\omega\sin\varphi = \frac{mv_m}{m+m'} = \frac{m}{m+m'}\sqrt{2gh}$$

其中振动角频率为

$$\omega = \sqrt{\frac{k}{m+m'}}$$

所以振幅为

$$A = \sqrt{x_0^2 + \frac{v_0^2}{\omega^2}} = \frac{mg}{k}\sqrt{1 + \frac{2kh}{(m+m')g}}$$

初相位满足

$$\tan\varphi = -\frac{v_0}{\omega x_0} = \sqrt{\frac{2kh}{(m+m')g}}$$

又由 $x_0<0$、$v_0>0$,可知 φ 在第Ⅲ象限,所以

$$\varphi = \pi + \arctan\sqrt{\frac{2kh}{(m+m')g}}$$

最后得振动表达式为

$$x = \frac{mg}{k}\sqrt{1 + \frac{2kh}{(m+m')g}} \cdot \cos\left(\sqrt{\frac{k}{m+m'}}t + \arctan\sqrt{\frac{2kh}{(m+m')g}} + \pi\right)$$

讨论:若取竖直向上为坐标轴的正方向,则 $t=0$ 时,$x_0'>0$,$v_0'<0$,初相 φ 在第 Ⅰ象限,但振幅和角频率不变.

例 6.5 一个质点同时参与两个同方向、同频率的简谐振动,它们的振动曲线如图 6.9 所示,试求该质点合成运动的振动表达式.

分析:由振动曲线可求出两个分振动的振动周期、振幅和初相.求合振动时,既可以用公式法求出合振动的振幅和初相,也可以用旋转矢量法求解.

解:由图可知两个分振动的振幅为 $A_1 = A_2 = 1.00$ cm,振动周期 $T = 2.0$ s,故振动角频率为

$$\omega = \frac{2\pi}{T} = \pi \text{ rad} \cdot \text{s}^{-1}$$

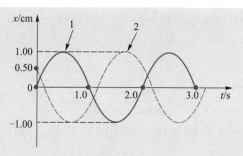

图 6.9 例 6.5 图

对于振动 1, $t=0$ 时, $x_{10}=0$, $v_{10}>0$, 故其初相 $\varphi_1=-\pi/2$ 或 $3\pi/2$.

对于振动 2, $t=0$ 时, $x_{20}=A_2/2=0.50$ cm, $v_{20}<0$, 故其初相 $\varphi_2=\pi/3$.

所以合振动的振幅为

$$A_{\text{合}}=\sqrt{A_1^2+A_2^2+2A_1A_2\cos(\varphi_2-\varphi_1)}\approx 0.52 \text{ cm}$$

对于合振动的初相位, 需要借助旋转矢量, 首先确定其所在象限, 然后再用解析式确定其大小. 由旋转矢量图(如图 6.10 所示)可知, 合振动的初相在第 IV 象限, 所以由

$$\tan\varphi_{\text{合}}=\frac{A_1\sin\varphi_1+A_2\sin\varphi_2}{A_1\cos\varphi_1+A_2\cos\varphi_2}$$

得

$$\varphi_{\text{合}}=\arctan\frac{A_1\sin\varphi_1+A_2\sin\varphi_2}{A_1\cos\varphi_1+A_2\cos\varphi_2}=-\frac{\pi}{12}$$

或者直接由图中的几何关系可得

$$\varphi_{\text{合}}=-\left(\frac{5}{12}\pi-\frac{\pi}{3}\right)=-\frac{\pi}{12}$$

故合振动的表达式为

$$x_{\text{合}}=A_{\text{合}}\cos(\omega t+\varphi_{\text{合}})=0.005\,2\cos\left(\pi t-\frac{\pi}{12}\right)(\text{SI 单位})$$

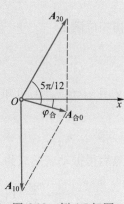

图 6.10 例 6.5 解图

五、自我测试题

6.1 一个质点做周期为 T 的简谐振动. 从平衡位置运动到最大位移的一半时所需的最短时间为(   ).

(A) $T/2$ (B) $T/4$ (C) $T/6$ (D) $T/12$

6.2 在理想情况下, 弹簧振子的振动频率为 $\nu=\frac{1}{2\pi}\sqrt{\frac{k}{m}}$. 如果弹簧的质量不能忽略, 则振动频率将(   ).

(A) 增大   (B) 减小   (C) 不变   (D) 不能确定

6.3 两个弹性系数分别为 k_1 和 k_2 的弹簧串联后,下面再挂一个质量为 m 的物体,构成一个竖直方向的弹簧振子,则该弹簧振子的振动周期为(   ).

(A) $2\pi\sqrt{\dfrac{m(k_1+k_1)}{2k_1k_2}}$ (B) $2\pi\sqrt{\dfrac{m(k_1+k_1)}{k_1k_2}}$

(C) $2\pi\sqrt{\dfrac{k_1+k_2}{m}}$ (D) $2\pi\sqrt{\dfrac{m}{k_1+k_2}}$

6.4 将一根弹性系数为 k 的弹簧截成相等的两段,然后将它们并联起来,再在下面挂一个质量为 m 的物体,构成一个竖直方向的弹簧振子,则该弹簧振子的振动周期为(   ).

(A) $2\pi\sqrt{\dfrac{k}{m}}$ (B) $2\pi\sqrt{\dfrac{m}{k}}$ (C) $\pi\sqrt{\dfrac{k}{m}}$ (D) $\pi\sqrt{\dfrac{m}{k}}$

6.5 一质点做简谐振动,其振动表达式为 $x=A\cos(\omega t+\pi/4)$,则在 $t=T/4$ 时刻,物体的加速度为(   ).

(A) $\dfrac{\sqrt{2}}{2}A\omega^2$ (B) $-\dfrac{\sqrt{2}}{2}A\omega^2$ (C) $\dfrac{\sqrt{3}}{2}A\omega^2$ (D) $-\dfrac{\sqrt{3}}{2}A\omega^2$

6.6 一弹簧振子在光滑的水平面上做简谐振动,已知振动系统势能的最大值为 100 J,当振子处在最大位移的一半时,振子的动能为(   ).

(A) 100 J   (B) 75 J   (C) 50 J   (D) 25 J

6.7 一个质点同时参与两个同方向、同频率的简谐振动,其振动表达式分别为

$$x_1=\cos(5t+\pi/4)\ (\text{SI 单位}),\quad x_2=\sqrt{3}\cos(5t+3\pi/4)\ (\text{SI 单位})$$

则该质点合振动的表达式为(   ).

(A) $x=0.73\cos(5t+3\pi/4)$ (B) $x=2.0\cos(5t+7\pi/12)$

(C) $x=2.0\cos(5t+5\pi/12)$ (D) $x=2.0\cos(5t+\pi/2)$

6.8 如图所示是两个互相垂直的同频率简谐振动合成后的椭圆轨迹,已知质点在 x 方向的振动表达式为 $x=6\cos\omega t$(SI 单位),质点在椭圆轨迹上沿逆时针方向运动,则质点在 y 方向的振动表达式应为(   ).

(A) $y=9\cos(\omega t+\pi/2)$

(B) $y=9\cos(\omega t-\pi/2)$

(C) $y=9\cos\omega t$

(D) $y=9\cos(\omega t+\pi)$

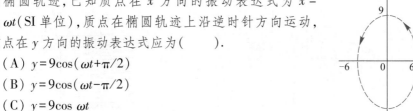

测试题 6.8 图

6.9 一弹簧振子做简谐振动,振幅为 A,周期为 T,其运动方程用余弦函数表示. 若 $t=0$ 时,(1) 振子在负的最大位移处,则初相为_____;(2) 振子在平衡位置,且向正方向运动,则初相为_____;(3) 振子在位移 $A/2$ 处,且向负方向运动,则初相为_____.

6.10 一个无阻尼简谐振动系统的周期和频率由_____决定,其振幅和初相由_____决定.

6.11 一物体做简谐振动,其振动的最大速度 $v_{max} = 5.0 \text{ cm} \cdot \text{s}^{-1}$,振幅 $A = 2.0 \text{ cm}$. 当物体通过 $A/2$,并向 x 轴正向运动时记为计时起点,则物体的振动表达式为_____.

6.12 一个简谐振动系统,其振动周期为 T,以余弦函数表达其运动方程时,初相为零. 则在 $0 \le t \le T/2$ 的时间范围内,系统在_____时刻的动能和势能相等.

6.13 如图所示为一质点的振动曲线,试求该质点的振动表达式.

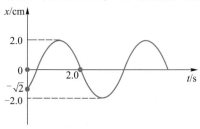

测试题 6.13 图

6.14 三个同方向、同频率的简谐振动:$x_1 = \sqrt{2} \cos 4\pi t$, $x_2 = \sqrt{2} \cos\left(4\pi t + \dfrac{\pi}{2}\right)$, $x_3 = 2\sqrt{3} \cos\left(4\pi t + \dfrac{3}{4}\pi\right)$,试利用旋转矢量法求合振动的振动表达式.

6.15 一个边长为 l、密度为 $\rho_{木}$ 的立方体木块,在密度为 $\rho_{水}(\rho_{木} < \rho_{水})$ 的水面上上下浮动,如图所示. 求证木块在水面上浮动时做简谐振动,并求振动周期.

6.16 如图所示,木板上放置一个质量 $m = 0.5 \text{ kg}$ 的砝码,木板在竖直方向做简谐振动,频率 $\nu = 2 \text{ Hz}$,振幅 $A = 0.05 \text{ m}$. 以竖直向上为正方向,当木板恰好通过平衡位置并向上运动时为计时起点:

(1) 试求木板的振动表达式;

(2) 试求在振动过程中,砝码对木板的最大和最小压力;

(3) 试问当木板的振幅为多大时,砝码将脱离木板?

自我测试题
参考答案

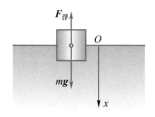

测试题 6.15 图

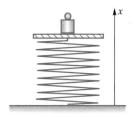

测试题 6.16 图

>>> 第7章

··· 机 械 波

一、知识点网络框图

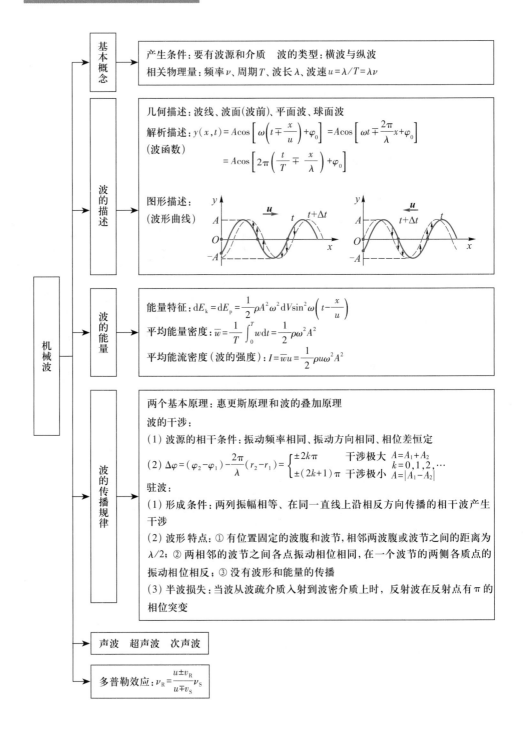

二、基本要求

1. 理解机械波形成的条件,理解描述机械波的各物理量的意义和相互关系.

2. 深刻理解平面简谐波波动表达式(波函数)的物理意义,熟练掌握由已知条件求平面简谐波波函数的方法.

3. 理解波的能量的传播特征及能流、能流密度和波的强度概念.

4. 了解惠更斯原理和波的叠加原理,理解波的相干条件,熟练掌握干涉加强和干涉减弱的条件.

5. 理解驻波形成的条件及其特点,理解半波损失的概念.

6. 理解机械波的多普勒效应.

7. 了解声波、声强级、超声波和次声波.

三、主要内容

(一) 机械波的基本概念

1. 机械波及其产生条件

机械波是机械振动在介质中的传播过程. 要产生机械波必须具备两个条件:① 要有波源;② 要有能够传播机械振动的弹性介质.

2. 机械波的分类

根据介质中各质点的振动方向与波的传播方向之间的关系将波动分为横波与纵波两类. 如果质点的振动方向和波的传播方向相互垂直,这种波称为横波;如果质点的振动方向和波的传播方向相互平行,这种波称为纵波.

3. 机械波的传播速度

波的振动状态(即振动相位)在介质中的传播速度称为波速,也称为相速,用 u 表示. 波速只取决于介质的弹性和惯性,与波源相对介质的运动速度无关.

弹性绳上的横波:$u = \sqrt{F/\lambda}$　　　　　固体中的横波:$u = \sqrt{G/\rho}$

固体中的纵波:$u = \sqrt{E/\rho}$　　　　　气体中的纵波:$u = \sqrt{K/\rho}$

4. 波长、周期和频率

波长:在同一波线上,相邻两个振动状态完全相同(或振动相位差为 2π)的两点之间的距离,用 λ 表示.

周期:波向前传播一个波长的距离所需的时间,用 T 表示,周期的倒数称为频率,用 ν 表示,$\nu = 1/T$. 波的周期是由波源的振动周期决定的.

$$u = \frac{\lambda}{T} = \nu\lambda$$

5. 波面与波线(波的几何描述)

波面:介质中振动相位相同的点连成的面. 波面是平面的波称为平面波;波面是球面的波称为球面波. 通常用一组等相差的波面表示波的传播特征.

波(射)线:沿波的传播方向画出的射线.

在各向同性介质中,波线与波面正交.

(二) 平面简谐波的波动表达式(波函数)

1. 平面简谐波的波动表达式

简谐振动在介质中传播时形成的波动称为简谐波. 当平面简谐波在无吸收的无限大各向同性的均匀介质中传播时,沿波的传播方向(即在同一波线上),各质点的振动频率相同、振幅相同、振动方向相同,各质点由近及远依次投入振动,振动相位依次落后.

假设平面简谐波沿 x 轴方向传播,若已知坐标原点(即 $x=0$)处质点的振动表达式为 $y=A\cos(\omega t+\varphi_0)$,则平面简谐波的波动表达式(波函数)的几种常用形式为

$$y(x,t)=A\cos\left[\omega\left(t\mp\frac{x}{u}\right)+\varphi_0\right]=A\cos\left(\omega t\mp\frac{2\pi}{\lambda}x+\varphi_0\right)=A\cos\left[2\pi\left(\frac{t}{T}\mp\frac{x}{\lambda}\right)+\varphi_0\right]$$

式中 $y(x,t)$ 表示波线上 x 处的质点在 t 时刻离开平衡位置的位移. 若波沿 x 轴正方向传播,取"−"号,若波沿 x 轴负方向传播,取"+"号. φ_0 是坐标原点(即 $x=0$)处质点的振动初相位.

若已知 $x=d$ 处质点的振动初相位为 φ_d,则利用坐标平移可得波动表达式的更普遍的形式为

$$y(x,t)=A\cos\left[\omega\left(t\mp\frac{x-d}{u}\right)+\varphi_d\right]=A\cos\left[\omega t\mp\frac{2\pi}{\lambda}(x-d)+\varphi_d\right]$$

$$=A\cos\left[2\pi\left(\frac{t}{T}\mp\frac{x-d}{\lambda}\right)+\varphi_d\right]$$

2. 波动表达式(波函数)物理意义

(1) 如果 x 给定,那么位移 y 就只是 t 的周期函数,周期为 T. 这时波动表达式就是波线上 x 处质点的振动表达式,式中 $\left(\mp\frac{2\pi}{\lambda}x+\varphi_0\right)$ 就是该质点的振动初相位.

(2) 如果 t 给定,那么位移 y 将只是 x 的周期函数,周期为 λ. 这时波动表达式称为 t 时刻的波形函数. 如果以 y 为纵坐标,x 为横坐标,将得到周期为 λ 的波形曲线,这反映了波在空间上的周期性.

(3) 如果 x、t 同时在变化,可将波函数变形为

$$y(x,t)=A\cos\left[\omega\left(t\mp\frac{x}{u}\right)+\varphi_0\right]=A\cos\left\{\omega\left[(t+\Delta t)\mp\frac{x+u\Delta t}{u}\right]+\varphi_0\right\}$$

这表明在 t 时刻出现在 x 处的振动状态在 $t+\Delta t$ 时刻出现在了 $x+u\Delta t$ 位置处,这反映了波的传播特性,如图 7.1 所示.

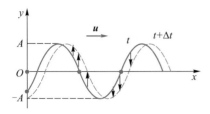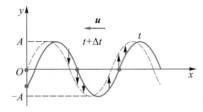

图 7.1 波的传播

（三）波的能量

1. 波的能量特点

当波动在介质中传播时,各质元中的动能和形变势能总是同步变化而且大小相等. 在波峰、波谷处,质元的动能和形变势能同时为零;在平衡位置处,两者同时达到最大值.

2. 波的平均能量密度

在波传播到的介质中,单位体积内具有的平均能量(动能和形变势能的总和)称为波的平均能量密度,即

$$\overline{w} = \frac{1}{2}\rho A^2 \omega^2$$

3. 波的平均能流与平均能流密度（波的强度）

平均能流:单位时间内通过与波的传播方向垂直的横截面积为 S 的平均能量称为平均能流. 即

$$\overline{P} = \overline{w}uS$$

平均能流密度(波的强度)：单位时间内通过与波的传播方向垂直的单位横截面积的波的平均能量称为平均能流密度,也称波的强度. 即

$$I = \frac{\overline{P}}{S} = \overline{w}u = \frac{1}{2}\rho u \omega^2 A^2$$

（四）惠更斯原理

在波的传播过程中,波所到达的每一点都可看作发射子波的波源,在其后的任一时刻,这些子波的包络面就是新的波前.

（五）波的干涉

1. 波的叠加原理

如果有几列波同时在介质中传播,当它们在空间某处相遇过后,每一列波都将保持自己原有的特性(频率、波长、振动方向等不变)继续向前传播;而在相遇区域内,任意一个质元的振动是各列波单独存在时在该点所引起的振动的叠加.

2. 波的干涉现象和相干条件

在两列波的叠加区域内,如果有些点的合振动始终加强、有些点的合振动始终

减弱,这称为干涉现象.

能出现干涉现象的两列波称为相干波,其波源称为相干波源.两列波相干的条件是:两个波源的振动频率相同、振动方向相同、振动相位差恒定不变.

3. 干涉加强和干涉减弱的条件

如图 7.2 所示,设有两个相干波源 S_1 和 S_2,它们的振动初相位分别为 φ_1 和 φ_2,到相遇点 P 处的距离分别为 r_1 和 r_2,它们单独在 P 点产生的振幅分别为 A_1 和 A_2,则 P 点合振动的振幅为

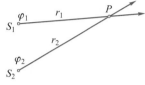

图 7.2　波的干涉

$$A = \sqrt{A_1^2 + A_2^2 + 2A_1 A_2 \cos \Delta\varphi}$$

式中 $\Delta\varphi = (\varphi_2 - \varphi_1) - 2\pi \dfrac{r_2 - r_1}{\lambda}$,是两列波在 P 点引起的两个振动的相位差.

当 $\Delta\varphi = (\varphi_2 - \varphi_1) - 2\pi \dfrac{r_2 - r_1}{\lambda} = \pm 2k\pi$ 时,$A = A_{\max} = A_1 + A_2$,干涉加强.

当 $\Delta\varphi = (\varphi_2 - \varphi_1) - 2\pi \dfrac{r_2 - r_1}{\lambda} = \pm(2k+1)\pi$ 时,$A = A_{\min} = |A_1 - A_2|$,干涉减弱.

(六) 驻波　半波损失

1. 驻波的形成

驻波是由两列振幅相同的相干波在同一直线上沿相反方向传播时相干叠加所产生的.驻波是干涉的特例.

2. 驻波的特点

(1) 波线上有位置固定的波腹和波节.相邻两个波节或相邻两个波腹之间的距离都是波长的一半,即 $\lambda/2$.

(2) 在相邻的两个波节之间,各质点的振动相位相同;在一个波节的两侧,各质点的振动相位相反.

(3) 波线上没有波形与能量的传播.

3. 驻波方程

设两列在同一直线上沿相反方向传播的相干波分别为

$$y_1(x,t) = A\cos\left(\omega t - \frac{2\pi x}{\lambda} + \varphi_1\right), \quad y_2(x,t) = A\cos\left(\omega t + \frac{2\pi x}{\lambda} + \varphi_2\right)$$

则合成的驻波方程为

$$y_{合}(x,t) = y_1(x,t) + y_2(x,t) = 2A\cos\left(\frac{2\pi}{\lambda}x + \frac{\varphi_2 - \varphi_1}{2}\right)\cos\left(\omega t + \frac{\varphi_2 + \varphi_1}{2}\right)$$

令 $\left|\cos\left(\dfrac{2\pi}{\lambda}x + \dfrac{\varphi_2 - \varphi_1}{2}\right)\right| = 0$ 或 1,可求得波节和波腹的位置.

4. 半波损失

当波从波疏介质向波密介质传播,在分界面反射时,反射波在反射点的相位与入射波在该点的相位相反,这种现象称为相位突变或半波损失.

（七）多普勒效应

当波源或观察者相对于介质运动时,观察者接收到的频率与波源的频率不同的现象称为多普勒效应. 若波源的频率为 ν_S,波源相对于介质的速度为 v_S,观察者接收到的频率为 ν_R,观察者相对于介质的速度为 v_R,u 为介质中的波速,则

$$\nu_R = \frac{u+v_R}{u-v_S}\nu_S$$

当波源和观察者相向运动(相互接近)时,v_S 和 v_R 取正值;当波源和观察者背离运动(相互远离)时,v_S 和 v_R 取负值.

四、典型例题解法指导

本章的题型主要有:

（1）已知波动表达式,求相关物理量.

（2）根据给定的条件,求波动表达式. 对这类问题,关键是要求出 $x=0$ 处质元的振动初相位,然后代入波动表达式的常用形式即可求解.

（3）波的能量和能流问题.

（4）波的干涉和驻波问题. 对于这类问题,熟记干涉加强和减弱的条件是关键,驻波中波腹与波节的位置就是两列波满足相长干涉和相消干涉的位置. 此外,在入射波与反射波叠加形成的驻波问题中,还要正确判断是否存在半波损失.

（5）多普勒效应问题.

例7.1 一列横波沿绳子传播时波动表达式为 $y(x,t) = 0.05\cos(10\pi t - 4\pi x)$（SI 单位）.

（1）试求波的振幅、波速、频率和波长;

（2）试求绳子上各质元振动时的最大速度和最大加速度;

（3）试求 $x=0.2$ m 处的质元在 $t=1$ s 时刻的相位;

（4）画出 $t=1$ s 时的波形图.

分析:将已知的波动表达式与波动表达式的一般形式进行比较,即可求出相关物理量.

解:（1）将绳中波动表达式 $y(x,t) = 0.05\cos(10\pi t - 4\pi x)$ 与波动表达式的一般形式 $y(x,t) = A\cos\left(\omega t - \frac{2\pi x}{\lambda} + \varphi\right)$ 比较,可得振幅 $A = 0.05$ m,角频率 $\omega = 10\pi$ rad $\cdot$ s^{-1},频率 $\nu = \frac{\omega}{2\pi} = 5$ Hz,波长 $\lambda = 0.5$ m,波速 $u = \nu\lambda = 5\times0.5$ m $\cdot$ s^{-1} $= 2.5$ m $\cdot$ s^{-1}.

（2）绳上各质元振动时的最大速度和最大加速度分别为

$$v_{max} = \omega A = 10\times3.14\times0.05 \text{ m} \cdot \text{s}^{-1} = 1.57 \text{ m} \cdot \text{s}^{-1}$$

$$a_{\max} = \omega^2 A = (10 \times 3.14)^2 \times 0.05 \ \mathrm{m \cdot s^{-2}} \approx 49.3 \ \mathrm{m \cdot s^{-2}}$$

（3）将 $x = 0.2$ m，$t = 1$ s 代入 $(10\pi t - 4\pi x)$ 得所求相位为

$$10\pi \times 1 - 4\pi \times 0.2 = 9.2\pi$$

（4）由波动表达式可得 $t = 1$ s 时的波形函数为

$$y(x) = 0.05\cos(10\pi - 4\pi x)$$
$$= 0.05\cos 4\pi x \ (\text{SI 单位})$$

对应的波形图如图 7.3 所示.

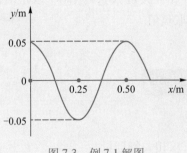

图 7.3 例 7.1 解图

例 7.2 一列沿 x 轴负方向传播的平面简谐波，在 $t = (1/3)$ s 时的波形如图 7.4 所示，周期 $T = 2$ s. 试求：

（1）$x = 0$ 处（即 O 点处）质元的振动表达式；

（2）此波的波动表达式；

（3）P 点离 O 点的距离；

（4）P 点的振动表达式.

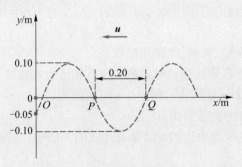

图 7.4 例 7.2 图

分析：此题是由某一时刻的波形图求波动表达式的问题，解题的关键是要根据波的传播方向正确判断 $x = 0$ 处质元的振动状态，并由此确定该质元的振动初相位.

解：（1）由已知条件及波形图可知

$$A = 0.10 \ \mathrm{m}, \lambda = 0.40 \ \mathrm{m}, u = \lambda/T = 0.2 \ \mathrm{m \cdot s^{-1}}, \omega = 2\pi/T = \pi \ \mathrm{rad \cdot s^{-1}}$$

设 $x = 0$ 处（即 O 点处）质元的振动表达式为

$$y_O(t) = A\cos(\omega t + \varphi_0) = 0.10\cos(\pi t + \varphi_0)\,(\text{SI 单位})$$

由波形图可知，该点在 $t = (1/3)$ s 时刻

$$y_O(1/3) = 0.10\cos\left(\frac{\pi}{3} + \varphi_0\right)\text{m} = -0.05\text{ m}$$

$$v_O(1/3) = -0.10\pi\sin\left(\frac{\pi}{3} + \varphi_0\right)\text{m} \cdot \text{s}^{-1} > 0$$

结合旋转矢量图(如图 7.5 所示)可得该质元在 $t = (1/3)$ s 时刻的相位为 $-\frac{2\pi}{3}$，即

$$\psi_O = \frac{\pi}{3} + \varphi_0 = -\frac{2\pi}{3}$$

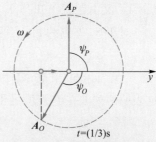

图 7.5　例 7.2 解图

由此得 $\varphi_0 = -\pi$. 所以 O 点处质元的振动表达式为

$$y_O(t) = 0.10\cos(\pi t - \pi)\,(\text{SI 单位})$$

（2）由波动表达式的一般形式，可得此波动表达式为

$$y(x, t) = A\cos\left(\omega t + \frac{2\pi x}{\lambda} + \varphi_0\right) = 0.10\cos(\pi t + 5\pi x - \pi)\,(\text{SI 单位})$$

（3）对于 P 点，由波形图可知，在 $t = (1/3)$ s 时

$$y_P(1/3) = 0$$

即

$$v_P(1/3) < 0$$

所以其对应的旋转矢量如图 7.5 中的 A_P 所示. 同时考虑到 P 点的振动相位超前于 O 点，由此可判定

$$\psi_P - \psi_O = \frac{2\pi}{\lambda}|OP| = \frac{7\pi}{6}$$

由此得

$$|OP| = x_P = \frac{7\lambda}{12} = \frac{7}{30}\text{ m}$$

（4）根据波动表达式的物理意义，将 $x_P = \frac{7}{30}$ m 代入此波动表达式，可得 P 点的振动表达式为

$$y_P(t) = 0.10\cos(\pi t + 5\pi x - \pi)\Big|_{x=\frac{7}{30}} = 0.10\cos\left(\pi t + \frac{\pi}{6}\right)\,(\text{SI 单位})$$

例 7.3　如图 7.6 所示，设 S_1 和 S_2 为两个相干波源，相距 $\lambda/4$，S_1 的相位比 S_2 的相位超前 $\pi/2$. 若在 S_1 和 S_2 的连线上，两列波单独传播时的强度均为 I_0，且不随距离变化. 试问 S_1、S_2 的连线上，在 S_1 和 S_2 的外侧合成波的强度分

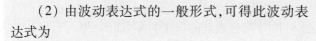

图 7.6　例 7.3 图

别是多少?

分析:根据波的干涉理论,在两列相干波的相遇区域中,任意质元合振动的振幅满足 $A=\sqrt{A_1^2+A_2^2+2A_1A_2\cos\Delta\varphi}$,其中 $\Delta\varphi=\varphi_{20}-\varphi_{10}-2\pi\dfrac{r_2-r_1}{\lambda}$. 所以只需算出 S_1、S_2 发出的波在相遇点所引起的两个振动的相位差 $\Delta\varphi$,就可得干涉结果,进而求出合成波的强度.

解:由题意可设两列波单独传播时在 S_1、S_2 连线上的振幅为 $A_1=A_2=A_0$,且 $I_0\propto A_0^2$. 又由题意已知:$S_1S_2=\lambda/4$,$\varphi_{10}-\varphi_{20}=\pi/2$.

对于 S_1 外侧的 P 点,两列波在 P 点产生的振动相位差为

$$\Delta\varphi_P=\varphi_{20}-\varphi_{10}-2\pi\frac{r_{PS_2}-r_{PS_1}}{\lambda}=-\frac{\pi}{2}-2\pi\frac{\lambda/4}{\lambda}=-\pi$$

这表明两列波在 P 点满足干涉减弱(相消干涉)条件,故

$$A_P=|A_1-A_2|=0$$

又因为波的强度 $I\propto A^2$,所以在 S_1 的外侧合成波的强度为零,即 $I_P=0$.

对于在 S_2 外侧的 Q 点,

$$\Delta\varphi_Q=\varphi_{20}-\varphi_{10}-2\pi\frac{r_{QS_2}-r_{QS_1}}{\lambda}=-\frac{\pi}{2}-2\pi\frac{(-\lambda/4)}{\lambda}=0$$

这表明两列波在 Q 点满足干涉加强(相长干涉)条件,故

$$A_Q=A_1+A_2=2A_0$$

所以在 S_2 的外侧合成波的强度 I_Q 与 I_0 之比为

$$I_Q:I_0=(2A_0)^2:A_0^2=4:1$$

即在 S_2 外侧各点合成波的强度是单一波源发出波的强度的 4 倍.

例 7.4 在一根线密度 $\rho_l=10^{-3}$ kg·m^{-1};张力 $F=10$ N 的弦线上,有一列沿 Ox 轴正向传播的简谐波,其频率 $\nu=50$ Hz,振幅 $A=4.0\times10^{-3}$ m. 已知弦线上坐标 $x_1=0.5$ m 处的质点在 $t=0$ 时的位移为 $+A/2$,且沿 Oy 轴负方向运动. 当传播到 $x_2=10$ m 处的固定端时,此波的能量被全部反射. 试求:

(1)入射波和反射波的波动表达式;

(2)入射波与反射波叠加形成的驻波在 $0\leqslant x\leqslant10$ m 区间内所有波腹和波节的位置坐标.

分析:首先由 $x_1=0.5$ m 处质点的运动状态确定该点的振动初相位,然后用坐标平移或波线上两点之间的相位关系,求出入射波的波动表达式. 由于反射端是固定端,为波节,有半波损失,即反射波与入射波在反射端的相位差为 π,据此可求出反射波的波动表达式,进而求出合成波的驻波方程.

解:因为弦线上的波速为

$$u=\sqrt{F/\rho_l}=\sqrt{10/10^{-3}}\ \mathrm{m\cdot s^{-1}}=100\ \mathrm{m\cdot s^{-1}}$$

所以波长和角频率分别为

$$\lambda=\frac{u}{\nu}=\frac{100}{50}\ \mathrm{m}=2\ \mathrm{m},\omega=2\pi\nu=100\pi\ \mathrm{rad\cdot s^{-1}}$$

（1）因为 $x_1=0.5$ m 处的质点在 $t=0$ 时的位移为 $+A/2$，且沿 Oy 轴负方向运动，所以由旋转矢量法可得该质点的振动初相为 $\varphi=\pi/3$. 若以 $x_1=0.5$ m 处为坐标原点建立坐标系 $O'x'$，则入射波的波动表达式为

$$y_入(x',t)=4.0\times10^{-3}\cos\left[100\pi\left(t-\frac{x'}{100}\right)+\frac{\pi}{3}\right]\ (\mathrm{SI\ 单位})$$

将坐标变换 $x'=x-x_1=x-0.5$ m 代入上式，可得入射波的波动表达式为

$$y_入(x,t)=4.0\times10^{-3}\cos\left[100\pi\left(t-\frac{x-0.5}{100}\right)+\frac{\pi}{3}\right]$$

$$=4.0\times10^{-3}\cos\left[100\pi\left(t-\frac{x}{100}\right)+\frac{5}{6}\pi\right]\ (\mathrm{SI\ 单位})$$

不妨设反射波的波动表达式为

$$y_反(x,t)=4.0\times10^{-3}\cos\left[100\pi\left(t+\frac{x}{100}\right)+\varphi_反\right]\ (\mathrm{SI\ 单位})$$

由于在 $x_2=10$ m 处的反射端是固定端（波节），故两列波在反射端的相位相反，即

$$\left[100\pi\left(t-\frac{x}{100}\right)+\frac{5}{6}\pi\right]_{x=10}-\left[100\pi\left(t+\frac{x}{100}\right)+\varphi_反\right]_{x=10}=\pi$$

解此方程得

$$\varphi_反=-\frac{\pi}{6}-20\pi$$

所以反射波的波动表达式为

$$y_反(x,t)=4.0\times10^{-3}\cos\left[100\pi\left(t+\frac{x}{100}\right)-\frac{\pi}{6}-20\pi\right]$$

$$=4.0\times10^{-3}\cos\left[100\pi\left(t+\frac{x}{100}\right)-\frac{\pi}{6}\right]\ (\mathrm{SI\ 单位})$$

（2）驻波方程为

$$y_驻(x,t)=y_入(x,t)+y_反(x,t)$$

$$=8.0\times10^{-3}\cos\left(\pi x-\frac{\pi}{2}\right)\cdot\cos\left(100\pi t+\frac{1}{3}\pi\right)\ (\mathrm{SI\ 单位})$$

由驻波方程可得波腹条件为

$$\pi x-\pi/2=k\pi,即\ x=(k+1/2)\,\mathrm{m}$$

所以，在 $0\leqslant x\leqslant10$ m 内，所有波腹的位置坐标为

$$x=0.5\ \mathrm{m},1.5\ \mathrm{m},\cdots,9.5\ \mathrm{m}$$

又波节条件为

$$\pi x - \frac{\pi}{2} = (2k-1)\frac{\pi}{2}, \text{即} \ x = k$$

所以,在 $0 \leqslant x \leqslant 10 \ \text{m}$ 区间内,所有波节的位置坐标为

$$x = 0 \ \text{m}, 1 \ \text{m}, 2 \ \text{m}, \cdots, 10 \ \text{m}$$

五、自我测试题

7.1 已知一列平面简谐波的波函数为 $y(x,t) = A\cos(Bt+Cx+D)$,其中 A、B、C、D 均为正的常量,则(   ).

(A) 该波沿 x 轴正向传播

(B) 波的频率为 $\nu = B$

(C) 波的传播速度为 $u = C/B$

(D) 波长为 $\lambda = 2\pi/C$

7.2 频率为 200 Hz,波速为 $340 \ \text{m} \cdot \text{s}^{-1}$ 的平面简谐波沿 x 轴正方向传播,则波线上振动相位差为 $2\pi/3$ 的两点之间的距离为(   ).

(A) 1.70 m

(B) 0.850 m

(C) 0.567 m

(D) 0.433 m

7.3 一简谐波沿 x 轴正方向传播,在 $t = T/4$ 时波形曲线如图所示. 若振动以余弦函数表示,各点振动初相位的取值范围为 $(-\pi, \pi)$,则(   ).

(A) 点 1 初相 $\varphi_1 = -\pi/2$

(B) 点 2 初相 $\varphi_2 = \pi$

(C) 点 3 初相 $\varphi_3 = -\pi/2$

(D) 点 4 初相 $\varphi_4 = 0$

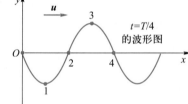

测试题 7.3 图

7.4 一平面简谐波沿 x 轴负方向传播,已知 $x = l$ 处 P 点的振动方程为 $y = A\cos(\omega t + \varphi_0)$,则波动表达式为(   ).

(A) $y = A\cos\left[\omega\left(t - \dfrac{x-l}{u}\right) + \varphi_0\right]$

(B) $y = A\cos\left[\omega\left(t - \dfrac{x}{u}\right) + \varphi_0\right]$

(C) $y = A\cos\left[\omega\left(t + \dfrac{x}{u}\right) + \varphi_0\right]$

(D) $y = A\cos\left[\omega\left(t + \dfrac{x-l}{u}\right) + \varphi_0\right]$

7.5 一列平面简谐波在弹性介质中传播,在某一时刻,介质中的某个质元正处于平衡位置,此时该质元中的能量是(   ).

(A) 动能为零,势能最大

(B) 动能为零,势能为零

(C) 动能最大,势能最大

(D) 动能最大,势能为零

7.6 设 S_1 和 S_2 为两个相干波源,其振动方程分别为 $y_1 = A_1\sin(\omega t + \pi/2)$,$y_2 = A_2\cos \omega t$. P 点到波源 S_1 和 S_2 的距离相等,两列波各自在 P 点产生的波强为 I_1 和 I_2. 则 P 点合成波的强度为(   ).

(A) $I = I_1 + I_2$ (B) $I = I_1 - I_2$

(C) $I = I_1 + I_2 + 2\sqrt{I_1 I_2}$ (D) $I = I_1 + I_2 - 2\sqrt{I_1 I_2}$

7.7 如图所示为一列向右传播的平面简谐波在 t 时刻的波形图，BC 为波密介质的反射面，波由 P 点反射，则反射波在 t 时刻的波形图为（　　　）.

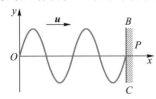

测试题 7.7 图

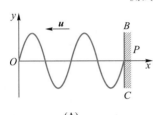

(A)

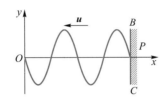

(B)

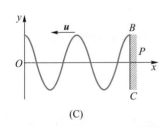

(C)

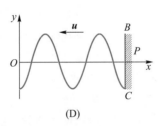

(D)

7.8 一根长 $L = 6.0$ m，质量 $m = 0.43$ kg 的晾衣绳一端固定在竖直墙面上，另一端系在质量 $m_{\text{杆}} = 20$ kg 的匀质杆的上端，杆的下端固定在地面的转轴上。杆与水平面的夹角为 $60°$，晾衣绳处于水平状态，如图所示。现在强风的作用下，晾衣绳以 3 次谐频振动（即绳中出现了 3 个波腹），则绳中驻波的频率约为（　　　）.

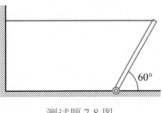

测试题 7.8 图

(A) 5 Hz   (B) 8 Hz   (C) 10 Hz   (D) 16 Hz

7.9 在截面积为 S 的圆管中，有一列平面简谐纵波沿 x 轴正方向传播，其波动表达式为 $y = A\cos\left(\omega t - 2\pi\dfrac{x}{\lambda}\right)$，管中介质的密度为 ρ，则该波的平均能量密度为 _____，通过截面 S 的平均能流是 _____.

7.10 一列频率为 500 Hz 的平面简谐波，波速为 360 m·s^{-1}，则波线上相位差为 $\pi/3$ 的两个质元之间的距离为 _____.

7.11 一列平面简谐波沿 x 轴正方向传播，已知 $t_1 = 0$ 和 $t_2 = 0.25$ s 时的波形如图所示. 试求：

（1）P 点处质元的振动表达式；

（2）此波的波动表达式.

7.12 如图所示，两个相干波源 S_1 和 S_2，相距 $a=3$ m，周期 $T=0.01$ s，振幅分别为 $A_1=0.03$ m 和 $A_2=0.05$ m，且 $\varphi_1=\pi/3,0<\varphi_2<2\pi$，$P$ 是两个波源中垂线上的任意一点，Q 是图中矩形上的一个顶点. 当两列波在 P 点相遇时，满足干涉减弱条件，在 Q 点相遇时，满足干涉加强条件，试求波长和波速.

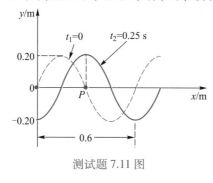

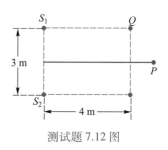

测试题 7.11 图   测试题 7.12 图

7.13 两列相干波在同一根弦线上相向传播，其波动表达式分别为

$$y_1=0.06\cos(0.01\pi x-4.0\pi t)\ (\text{SI 单位})$$

$$y_2=0.06\cos(0.01\pi x+4.0\pi t)\ (\text{SI 单位})$$

试求：

（1）波的频率、波长和波速；

（2）在弦线上合成波振幅最大和最小的位置.

7.14 一个频率为 500 Hz 的声波，在横截面积为 4.00×10^{-2} m² 、温度为 25 ℃的空气管内传播. 若在 10 s 内通过空气管横截面的声波能量为 3.00×10^{-2} J，已知 25 ℃时空气中的声速为 346 m·s⁻¹，空气密度为 1.17 kg·m⁻³，试求该波的强度、振幅和声强级.

7.15 蝙蝠在洞穴中飞来飞去，是因为能利用超声波导航. 若蝙蝠发出的超声波频率 $\nu=39$ kHz，当它以声速的 1/40 的速度向表面平直的岩壁飞去时，试求它听到的从岩壁反射回来的超声波的频率.

自我测试题
参考答案

>>> 第8章

... 气体分子动理论

一、知识点网络框图

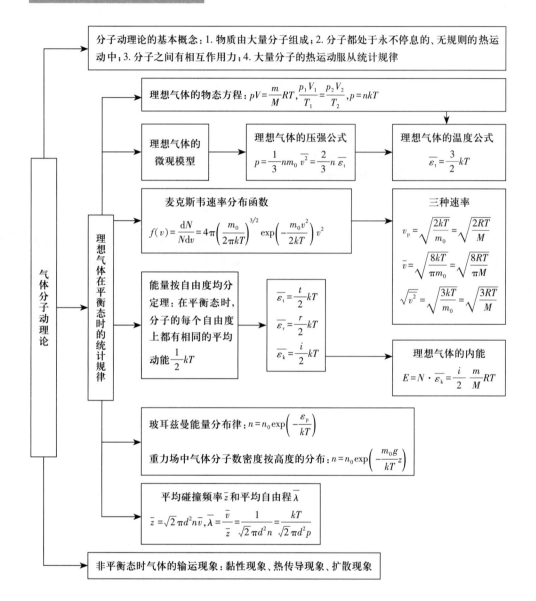

分子动理论的基本概念：1. 物质由大量分子组成；2. 分子都处于永不停息的、无规则的热运动中；3. 分子之间有相互作用力；4. 大量分子的热运动服从统计规律

理想气体的物态方程：$pV = \dfrac{m}{M}RT$，$\dfrac{p_1V_1}{T_1} = \dfrac{p_2V_2}{T_2}$，$p = nkT$

理想气体的微观模型

理想气体的压强公式
$$p = \frac{1}{3}nm_0\overline{v^2} = \frac{2}{3}n\,\overline{\varepsilon_t}$$

理想气体的温度公式
$$\overline{\varepsilon_t} = \frac{3}{2}kT$$

麦克斯韦速率分布函数
$$f(v) = \frac{\mathrm{d}N}{N\mathrm{d}v} = 4\pi\left(\frac{m_0}{2\pi kT}\right)^{3/2}\exp\left(-\frac{m_0v^2}{2kT}\right)v^2$$

三种速率
$$v_{\mathrm{p}} = \sqrt{\frac{2kT}{m_0}} = \sqrt{\frac{2RT}{M}}$$
$$\overline{v} = \sqrt{\frac{8kT}{\pi m_0}} = \sqrt{\frac{8RT}{\pi M}}$$
$$\sqrt{\overline{v^2}} = \sqrt{\frac{3kT}{m_0}} = \sqrt{\frac{3RT}{M}}$$

能量按自由度均分定理：在平衡态时，分子的每个自由度上都有相同的平均动能 $\dfrac{1}{2}kT$

$$\overline{\varepsilon_t} = \frac{t}{2}kT$$
$$\overline{\varepsilon_r} = \frac{r}{2}kT$$
$$\overline{\varepsilon_k} = \frac{i}{2}kT$$

理想气体的内能
$$E = N \cdot \overline{\varepsilon_k} = \frac{i}{2}\frac{m}{M}RT$$

玻耳兹曼能量分布律：$n = n_0\exp\left(-\dfrac{\varepsilon_{\mathrm{p}}}{kT}\right)$

重力场中气体分子数密度按高度的分布：$n = n_0\exp\left(-\dfrac{m_0g}{kT}z\right)$

平均碰撞频率 $\overline{z}$ 和平均自由程 $\overline{\lambda}$
$$\overline{z} = \sqrt{2}\pi d^2 n\overline{v},\quad \overline{\lambda} = \frac{\overline{v}}{\overline{z}} = \frac{1}{\sqrt{2}\pi d^2 n} = \frac{kT}{\sqrt{2}\pi d^2 p}$$

非平衡态时气体的输运现象：黏性现象、热传导现象、扩散现象

气体分子动理论 — 理想气体在平衡态时的统计规律

二、基本要求

1. 理解平衡态的概念，熟练掌握理想气体的物态方程及其应用.
2. 理解分子动理论的基本观点，理解理想气体的微观模型.
3. 理解理想气体的压强公式及温度公式，理解压强和温度的统计意义和微观本质.

4. 理解速率分布函数和速率分布曲线的物理意义,理解麦克斯韦速率分布律及其统计意义,熟练掌握三种统计速率的物理意义及其计算方法.

5. 了解玻耳兹曼分布律.

6. 理解内能的概念和能量按自由度均分定理,熟练掌握理想气体的内能公式及其应用.

7. 理解气体分子的平均碰撞频率、平均自由程的概念及其简单应用.

8. 了解气体输运现象的宏观规律及微观解释.

三、主要内容

(一)气体分子动理论的基本观点

1. 宏观物体(热力学系统)是由大量分子组成的;
2. 分子都在做永不停息的、无规则的热运动;
3. 分子之间存在着相互作用力;
4. 大量分子的无规则运动服从统计规律.

(二)平衡态 理想气体的物态方程

1. 热力学系统的平衡态

一个热力学系统,在没有外界影响的条件下,如果系统内各部分的宏观性质(如压强、温度、体积等)均不随时间变化,则系统所处的状态称为平衡态. 当气体处于平衡态时,气体的状态可以用压强 p、温度 T 和体积 V 来表示.

2. 理想气体的物态方程

对于总质量为 m、摩尔质量为 M 的理想气体,各状态参量满足理想气体的物态方程,即

$$pV = \frac{m}{M}RT = \nu RT \quad 或 \quad p = nkT$$

式中 $R = 8.31$ J·mol^{-1}·K^{-1},称为摩尔气体常量;$k = R/N_A = 1.38 \times 10^{-23}$ J·K^{-1},称为玻耳兹曼常量,$n = N/V$ 是气体分子数密度.

(三)宏观量与微观量的关系

分子或原子是构成宏观物体(系统)的微观客体,描述单个分子运动特征的量称为微观量,如分子质量 m_0、分子速率 v、分子动能 ε_k 等;描述系统宏观性质的量称为宏观量,如总质量 m、压强 p、温度 T 等. 系统的宏观性质是大量分子热运动的平均效果,所以宏观量与微观量之间必然有联系.

1. 理想气体的压强公式

$$p = \frac{1}{3}nm_0\overline{v^2} = \frac{2}{3}n\overline{\varepsilon_t}$$

必须注意:① 压强是大量气体分子对器壁碰撞的平均效果,所以压强具有统计意义,对单个或少数几个分子,压强没有意义;② 压强公式是用经典统计方法导出的,因此压强公式代表的是统计规律,不是力学规律.

2. 理想气体的温度公式(温度与气体分子平均平动动能之间的关系)

$$\overline{\varepsilon_t} = \frac{1}{2}m_0\overline{v^2} = \frac{3}{2}kT$$

必须注意:① 气体分子的平均平动动能仅与温度有关,与气体分子的种类无关;② 温度是大量分子热运动激烈程度的量度,温度越高,气体分子的平均平动动能越大;③ 温度是大量分子热运动的集体表现,和气体的压强一样,具有统计意义.

(四) 理想气体处于平衡态时的统计规律

1. 麦克斯韦速率分布律

① 速率分布函数的定义: $f(v) = \dfrac{\mathrm{d}N}{N\mathrm{d}v}$

物理意义:一定量的气体处于平衡态时,分子速率处于 v 附近单位速率间隔内的分子数占总分子数的比率.

归一化条件: $\displaystyle\int_0^\infty f(v)\,\mathrm{d}v = 1$

应用:求平均速率和速率平方的平均值

$$\overline{v} = \frac{\int v\,\mathrm{d}N}{N} = \int_0^\infty vf(v)\,\mathrm{d}v$$

$$\overline{v^2} = \frac{\int v^2\,\mathrm{d}N}{N} = \int_0^\infty v^2 f(v)\,\mathrm{d}v$$

② 麦克斯韦速率分布律

$$f(v) = \frac{\mathrm{d}N}{N\mathrm{d}v} = 4\pi\left(\frac{m_0}{2\pi kT}\right)^{\frac{3}{2}} \mathrm{e}^{-\frac{m_0 v^2}{2kT}} v^2$$

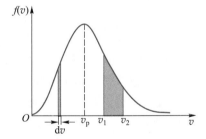

图 8.1 麦克斯韦速率分布曲线

麦克斯韦速率分布曲线如图 8.1 所示.

③ 三种速率

最概然速率: $v_p = \sqrt{\dfrac{2kT}{m_0}} = \sqrt{\dfrac{2RT}{M}}$ 　　平均速率: $\overline{v} = \sqrt{\dfrac{8kT}{\pi m_0}} = \sqrt{\dfrac{8RT}{\pi M}}$

方均根速率: $\sqrt{\overline{v^2}} = \sqrt{\dfrac{3kT}{m_0}} = \sqrt{\dfrac{3RT}{M}}$

2. 玻耳兹曼分布律

$$n = n_0 \exp\left(-\frac{\varepsilon_\mathrm{p}}{kT}\right)$$

式中,n_0 和 n 分别表示分子势能为零和任意值 ε_p 处的分子数密度.

在重力场中,$\varepsilon_\mathrm{p} = m_0 g h$,则 $n = n_0 \exp\left(-\dfrac{m_0 g}{kT}h\right)$. 再由 $p = nkT$,可得气体压强与高度的关系为

$$p = p_0 \exp\left(-\frac{m_0 g}{kT}h\right)$$

3. 能量按自由度均分定理　理想气体的内能

① 自由度——决定一个物体的空间位置所需的独立坐标数,称为该物体的自由度,用符号 i 表示.

单原子分子只有 3 个平动自由度($t = 3$),总自由度 $i = t = 3$;

刚性双原子分子有 3 个平动自由度($t = 3$),2 个转动自由度($r = 2$),故 $i = t + r = 5$;

刚性多原子分子有 3 个平动自由度($t = 3$),3 个转动自由度($r = 3$),故 $i = t + r = 6$;

非刚性分子还有振动自由度,用符号 v 表示,故 $i = t + r + v$. 但在常温下,大多数气体分子的振动自由度为零($v = 0$).

② 能量按自由度均分定理——系统处于热平衡时,气体分子的每个自由度上均有相同的平均动能 $\dfrac{1}{2}kT$. 对于每个振动自由度,除了有 $\dfrac{1}{2}kT$ 的平均振动动能外,还有振动势能 ε_p,其平均值也是 $\dfrac{1}{2}kT$. 所以气体分子处于平衡态时,每个分子的平均总能量

$$\overline{\varepsilon} = \overline{\varepsilon}_\mathrm{k} + \overline{\varepsilon}_\mathrm{p} = \frac{1}{2}(t + r + 2v)kT$$

③ 理想气体的内能 E——组成理想气体的所有气体分子的热运动能量的总和. 对于刚性理想气体分子,系统的内能为

$$E = N\overline{\varepsilon} = \frac{m}{M}\frac{i}{2}RT$$

对于单原子分子、刚性双原子分子、刚性多原子分子,i 分别取 3、5、6.

对于某种给定的理想气体,内能只是温度的函数. 当温度发生变化时,内能也随之变化,其变化关系为

$$\Delta E = \frac{m}{M}\frac{i}{2}R\Delta T \quad \text{或} \quad \mathrm{d}E = \frac{m}{M}\frac{i}{2}R\mathrm{d}T$$

4. 平均碰撞频率与平均自由程

气体分子在两次碰撞之间自由飞行的平均距离称为平均自由程,用 $\overline{\lambda}$ 表示. 一

个分子在单位时间内与其他分子的平均碰撞次数称为平均碰撞频率,用 $\bar{z}$ 表示. 两者关系为

$$\bar{\lambda} = \frac{\bar{v}}{\bar{z}}$$

若分子的有效直径为 d,分子数密度为 n,则

$$\bar{z} = \sqrt{2}\,\pi d^2 n\,\bar{v}, \qquad\qquad \bar{\lambda} = \frac{\bar{v}}{\bar{z}} = \frac{1}{\sqrt{2}\,\pi d^2 n} = \frac{kT}{\sqrt{2}\,\pi d^2 p}$$

四、典型例题解法指导

本章题型主要有 5 类:① 理想气体的物态方程的综合应用;② 理想气体的压强公式和温度公式的综合应用;③ 用速率分布函数的物理意义求解相关问题和三种统计速率的简单计算;④ 能量按自由度均分定理和理想气体的内能问题的综合应用;⑤ 计算气体分子的平均碰撞频率和平均自由程. 主要特点是数值计算烦琐,多个公式综合使用,所以综合性较强.

例 8.1 用一个不导热的活塞,将容器分为 A、B 两部分,各装有理想气体,活塞和容器壁之间无摩擦. 开始时 $T_A = 300$ K、$T_B = 310$ K,活塞处于平衡状态. 现将活塞固定,同时使 A、B 的温度各升高 10 K,然后撤去对活塞的固定,问活塞将向哪个方向运动?

分析: 本题的实质是确定升温后 A、B 两部分气体的压强大小,利用理想气体的物态方程即可求解.

解: 由于活塞的固定,A、B 两部分气体在各自的升温过程中,均保持体积不变. 对 A 部分气体而言,其始、末状态的温度分别为 $T_A = 300$ K、$T_A' = 310$ K,假设对应的压强分别为 p_A、p_A'. 由理想气体的物态方程 $pV = \frac{m}{M}RT$,可得

$$p_A' = \frac{T_A'}{T_A} \cdot p_A = \frac{31}{30}p_A$$

同理,对 B 部分气体有

$$p_B' = \frac{T_B'}{T_B} \cdot p_B = \frac{310+10}{310}p_B = \frac{32}{31}p_B$$

又由题意可知 $p_A = p_B$,故

$$\frac{p_B'}{p_A'} = \frac{\frac{32}{31}p_B}{\frac{31}{30}p_A} = \frac{960}{961} < 1$$

即 $p_A' > p_B'$,所以当撤去对活塞的固定后,活塞将向 B 侧运动.

例 8.2 容器内装有 0.5 mol 的某种理想气体,其温度 $T = 273$ K,压强 $p = 1.013\times10^5$ Pa,密度 $\rho = 1.43$ kg·m^{-3},试求:

(1) 气体的摩尔质量,并由此判断是何种气体;

(2) 气体分子的方均根速率;

(3) 单位体积内气体分子的总平动动能;

(4) 气体的内能.

分析:本题可直接应用理想气体的物态方程、方均根速率公式、内能公式等有关公式进行求解.

解:(1) 由理想气体的物态方程 $pV = \dfrac{m}{M}RT$,有

$$M = \frac{m}{V}\cdot\frac{RT}{p} = \frac{\rho RT}{p} = \frac{1.43\times8.31\times273}{1.013\times10^5}\ \text{kg}\cdot\text{mol}^{-1}\approx32.0\times10^{-3}\ \text{kg}\cdot\text{mol}^{-1}$$

由此可知,此种气体是氧气.

(2) 气体分子的方均根速率

$$\sqrt{\overline{v^2}} = \sqrt{\frac{3RT}{M}} = \sqrt{\frac{3\times8.31\times273}{32.0\times10^{-3}}}\ \text{m}\cdot\text{s}^{-1}\approx461\ \text{m}\cdot\text{s}^{-1}$$

(3) 单位体积内气体分子的总平动动能

$$E_t = n\,\overline{\varepsilon_t} = \frac{p}{kT}\cdot\frac{3}{2}kT = \frac{3}{2}\times1.013\times10^5\ \text{J}\approx1.52\times10^5\ \text{J}$$

(4) 氧气分子是双原子分子,其自由度 $i = 5$. 由气体的内能公式,有

$$E = \frac{m}{M}\cdot\frac{i}{2}RT = 0.5\times\frac{5}{2}\times8.31\times273\ \text{J}\approx2.84\times10^3\ \text{J}$$

例 8.3 设容积为 V 的容器内装有质量分别为 m_1 和 m_2 的两种不同的单原子分子理想气体,此混合气体处于平衡态时,两种气体的内能相等,均为 E,试求:

(1) 两种分子的平均速率 $\overline{v_1}$ 和 $\overline{v_2}$ 的比值;

(2) 混合气体的压强(用 V 和 E 表示).

分析:本题同样是利用理想气体的物态方程或压强公式、三种速率公式以及内能公式等求解的综合题. 同时需注意混合气体的压强等于组成混合气体的各气体压强之和(道尔顿分压定理),这是因为混合气体中气体的温度相同,同时气体的总分子数密度等于各种气体的分子数密度之和,即 $n = n_1+n_2+\cdots$,所以

$$p = nkT = (n_1+n_1+\cdots)kT = p_1+p_2+\cdots$$

解:(1) 因两种气体在同一个容器内,故它们的温度相同. 由气体分子的平均速率公式 $\overline{v} = \sqrt{\dfrac{8RT}{\pi M}}$,可得两种分子的平均速率 $\overline{v_1}$ 和 $\overline{v_2}$ 的比值为

$$\frac{\overline{v_1}}{\overline{v_2}} = \frac{\sqrt{\dfrac{8RT}{\pi M_1}}}{\sqrt{\dfrac{8RT}{\pi M_2}}} = \sqrt{\frac{M_2}{M_1}}$$

又因为两种单原子分子气体的内能相等,所以有

$$E = \frac{m_1}{M_1} \cdot \frac{3}{2}RT = \frac{m_2}{M_2} \cdot \frac{3}{2}RT$$

由此得

$$\frac{M_2}{M_1} = \frac{m_2}{m_1}$$

从而有

$$\frac{\overline{v_1}}{\overline{v_2}} = \sqrt{\frac{M_2}{M_1}} = \sqrt{\frac{m_2}{m_1}}$$

(2) 假设质量为 m_1 的气体分子数密度为 n_1,压强为 p_1,则由理想气体的物态方程,得

$$p_1 = n_1 kT = \frac{N_1}{V} kT$$

再由单原子分子理想气体的内能概念,这种气体的内能为

$$E_1 = N_1 \overline{\varepsilon_{k1}} = N_1 \cdot \frac{3}{2}kT$$

所以 m_1 的气体压强为

$$p_1 = n_1 kT = \frac{2E_1}{3V}$$

同理,对质量为 m_2 的单原子分子理想气体,有

$$p_2 = \frac{2E_2}{3V}$$

最后,由道尔顿分压定理,同时结合题意:$E_1 = E_2 = E$,可得混合气体的压强为

$$p = p_1 + p_2 = \frac{2E_1}{3V} + \frac{2E_2}{3V} = \frac{4E}{3V}$$

例 8.4 假设某种粒子的总数为 N(N 很大),每个粒子的质量为 m_0,其速率分布函数为

$$f(v) = \frac{\mathrm{d}N}{N\mathrm{d}v} = \begin{cases} -av^2 + av_0 v & (0 \leqslant v \leqslant v_0) \\ 0 & (v > v_0) \end{cases}$$

式中 a、v_0 都为正的常量. 试求:

（1）根据速率分布函数应该满足的基本条件，并确定常量 a；

（2）速率处于 $v_0/4$ 到 $3v_0/4$ 内的粒子数；

（3）粒子的平均速率；

（4）粒子的平均平动动能.

分析：本题主要考察速率分布函数 $f(v)$ 的物理意义及其所满足的基本条件，以及由速率分布函数求各物理量的统计平均值的一般方法. 需要特别注意的是：由麦克斯韦速率分布函数导出的三种速率公式以及气体分子的平均平动动能公式 $\overline{\varepsilon_{\mathrm{t}}}=\dfrac{3}{2}kT$ 仅适用于真实气体，对于本题中的粒子不适用.

解：（1）速率分布函数必须满足的基本条件为归一化条件：$\int_0^\infty f(v)\,\mathrm{d}v=1$，即

$$\int_0^{v_0} f(v)\,\mathrm{d}v=\int_0^{v_0}(-av^2+av_0v)\,\mathrm{d}v=-\frac{1}{3}av_0^3+\frac{1}{2}av_0^3=1$$

故

$$a=\frac{6}{v_0^3}$$

（2）由速率分布函数可得粒子速率处于 v 附近、$\mathrm{d}v$ 速率间隔中的粒子数为

$$\mathrm{d}N=Nf(v)\,\mathrm{d}v=Na(-v^2+v_0v)\,\mathrm{d}v$$

所以速率处于 $v_0/4$ 到 $3v_0/4$ 内的粒子数为

$$\Delta N=\int \mathrm{d}N=\int_{v_0/4}^{3v_0/4}Na(-v^2+v_0v)\,\mathrm{d}v=\frac{11}{16}N$$

（3）粒子的平均速率为

$$\bar{v}=\int_0^\infty vf(v)\,\mathrm{d}v=\int_0^{v_0}v(-av^2+av_0v)\,\mathrm{d}v=-\frac{1}{4}av_0^4+\frac{1}{3}av_0^4=\frac{v_0}{2}$$

（4）粒子的方均速率为

$$\overline{v^2}=\int_0^\infty v^2f(v)\,\mathrm{d}v=\int_0^{v_0}v^2(-av^2+av_0v)\,\mathrm{d}v=-\frac{1}{5}av_0^5+\frac{1}{4}av_0^5=\frac{3}{10}v_0^2$$

所以粒子的平均平动动能为

$$\overline{\varepsilon_{\mathrm{t}}}=\frac{1}{2}m_0\overline{v^2}=\frac{3}{20}m_0v_0^2$$

例8.5 一半径为 R 的球形容器内盛有分子有效直径为 d 的气体，要使容器内的气体分子在热运动时基本没有相互碰撞，试求：

（1）容器中最多可容纳的分子数；

（2）当温度为 T 时，容器中气体的最大压强.

分析：本题主要考察平均自由程的概念，当分子热运动的平均自由程大于容器直径时，分子将直接在器壁之间来回运动，分子之间相互碰撞的概率将大为减小.

解：（1）为使容器中的气体分子之间基本上没有相互碰撞,则必须使分子热运动的平均自由程大于容器的直径,即

$$\overline{\lambda} \geqslant 2R$$

又分子热运动的平均自由程为

$$\overline{\lambda} = \frac{1}{\sqrt{2}\pi d^2 n}$$

由此得

$$n \leqslant \frac{1}{\sqrt{2}\pi d^2 \cdot 2R}$$

所以容器内分子数密度的最大值为

$$n_{max} = \frac{1}{\sqrt{2}\pi d^2 \cdot 2R}$$

故容器中最多可容纳的分子数为

$$N = n_{max} V = \frac{1}{\sqrt{2}\pi d^2 \cdot 2R} \cdot \frac{4}{3}\pi R^3 = \frac{\sqrt{2}}{3}\frac{R^2}{d^2}$$

（2）由理想气体的物态方程 $p = nkT$ 可知,当温度为 T 时,容器中气体的最大压强为

$$p_{max} = n_{max} kT = \frac{kT}{\sqrt{2}\pi d^2 \cdot 2R}$$

五、自我测试题

8.1 理想气体的压强公式 $p = \frac{2}{3}n\overline{\varepsilon_t}$ 是无法用实验证明的,这是因为（　　）.

（A）在理论推导过程中作了某些统计假设

（B）现有实验仪器的测量误差达不到所需的精度要求

（C）公式的右边是微观量的统计平均值,无法用仪器测量

（D）压强是统计平均值,具有统计意义

8.2 在没有外场作用时,对于分子质量为 m_0 的大量理想气体分子,在平衡态时下列各式成立的是（　　）.

（A）$m_0\overline{v_x} = m_0\overline{v_y} = m_0\overline{v_z} = 0$　　　　　（B）$m_0\overline{v_x} = m_0\overline{v_y} = m_0\overline{v_z} = \frac{1}{2}m_0\overline{v}$

（C）$m_0\overline{v_x} = m_0\overline{v_y} = m_0\overline{v_z} = \frac{1}{3}m_0\overline{v}$　　　　　（D）$m_0\overline{v_x} = m_0\overline{v_y} = m_0\overline{v_z} = \frac{\sqrt{3}}{3}m_0\overline{v}$

8.3 两种理想气体的温度相等,则它们的（　　）一定相等.

（A）气体的内能　　　　　　　　　　　（B）气体分子的平均平动动能

(C) 气体分子的平均动能　　　　　　(D) 气体分子热运动的平均速率

8.4 一瓶氦气和一瓶氧气,它们的压强和温度相同,但体积不同,则(　　).

(A) 单位体积内的分子数相同

(B) 气体的密度相同

(C) 分子热运动的平均动能相同

(D) 气体分子的平均速率相同

8.5 一个截面均匀的封闭圆筒,中间被一光滑的活塞分隔成左右两部分.如果活塞的一边装有 0.1 kg 的氢气,另一边装入氧气,而且活塞两边氢气和氧气的温度相同.为了使活塞停留在圆筒的正中央,则氧气的质量为(　　).

(A) (1/16) kg　　　　(B) 0.8 kg　　　　(C) 1.6 kg　　　　(D) 3.2 kg

8.6 一定量的理想气体储于某一容器中,温度为 T,气体分子的质量为 m. 根据理想气体分子模型和统计假设,分子速度在 x 方向的分量的平均值为(　　).

(A) $\overline{v_x} = \sqrt{\dfrac{8kT}{\pi m}}$　　　(B) $\overline{v_x} = \dfrac{1}{3}\sqrt{\dfrac{8kT}{\pi m}}$　　(C) $\overline{v_x} = \sqrt{\dfrac{8kT}{3\pi m}}$　　(D) 0

8.7 一定量的某种给定的理想气体盛于容器中,则该气体分子热运动的平均自由程仅取决于(　　).

(A) 压强　　　　　　　　　　　　　(B) 体积

(C) 温度　　　　　　　　　　　　　(D) 分子的平均碰撞频率

8.8 在下面四种方法中,哪一种方法一定能增大理想气体分子的平均碰撞频率?(　　)

(A) 增大压强,提高温度　　　　　　(B) 增大压强,降低温度

(C) 降低压强,提高温度　　　　　　(D) 降低压强,保持温度不变

8.9 已知某容器内盛有质量为 m,摩尔质量为 M,压强为 p,温度为 T 的刚性双原子分子理想气体,则(1) 气体的内能为_____;(2) 分子数密度为_____;(3) 气体的密度为_____;(4) 气体分子的平均平动动能为_____.

8.10 氧气在温度为 27 ℃ 时,气体分子的方均根速率为_____m·s^{-1},最概然速率为_____m·s^{-1},平均速率为_____m·s^{-1}.

8.11 如果理想气体的温度保持不变,当压强降为原值的一半时,分子的平均碰撞频率为原值的_____;分子的平均自由程为原值的_____.

8.12 某系统由两种理想气体 A 和 B 组成,其分子数分别为 N_A 和 N_B. 已知在温度 T 时,A、B 两种气体各自的速率分布函数分别为 $f_A(v)$ 和 $f_B(v)$,试求在同一温度下,由 A、B 两种气体组成的混合气体系统的速率分布函数.

8.13 两个相同的、分别盛有氦气和氢气(均可视为理想气体)的容器,以相同的速率 v 运动.假设两容器突然停止,则容器中气体的温度将会上升.试问哪种气体的温度上升得更高?

8.14 将内能为 E_1 的 1 mol 氢气和内能为 E_2 的 1 mol 氦气混合.假设在混合过程中没有任何能量损失,试求混合后气体的温度.

8.15 假设 $f(v)$ 为 N 个(N 很大)气体分子组成的系统的速率分布函数,n 为分

子数密度，m_0 为分子质量，试指出下列各式的物理意义.

① $nf(v)\,\mathrm{d}v$；　② $\displaystyle\int_0^{v_1} Nf(v)\,\mathrm{d}v$；　③ $\displaystyle\int_{v_1}^{v_2}\frac{1}{2}m_0v^2Nf(v)\,\mathrm{d}v$；　④ $\displaystyle\int_{v_p}^{\infty} f(v)\,\mathrm{d}v$

8.16 设由 $N(N$ 很大$)$ 个同种粒子组成的系统，其速率分布函数为

$$f(v)=\begin{cases}a(v_0^2-v^2) & (0<v\leqslant v_0)\\ 0 & (v>v_0)\end{cases}$$

自我测试题
参考答案

式中 a、v_0 均为常量.

（1）画出速率分布曲线；

（2）根据速率分布函数应满足的条件确定常量 a；

（3）试求粒子的平均速率和方均根速率；

（4）试求粒子速率分布在 $(0, v_0/2)$ 间隔内的粒子数.

第9章

··· 热力学基本定律

一、知识点网络框图

热力学基本定律

热力学中的几个基本概念和主要物理量

准静态过程与非静态过程；可逆过程与不可逆过程；系统对外做功：$A = \int_{V_1}^{V_2} p\,\mathrm{d}V$（过程量）；吸热：$Q = \dfrac{m}{M} C\Delta T$（过程量）；内能：$E = \dfrac{m}{M} C_{V,\mathrm{m}} T$（态函数），内能增量：$\Delta E = \dfrac{m}{M} C_{V,\mathrm{m}} \Delta T$；熵：$S = k\ln\Omega$（态函数）；熵的增量 $\Delta S = \int_1^2 \dfrac{\mathrm{d}Q}{T}$；摩尔热容：$C_{V,\mathrm{m}} = \dfrac{i}{2}R$，$C_{p,\mathrm{m}} = C_{V,\mathrm{m}} + R$

热力学第一定律：$Q = A + \Delta E$

等体过程：$A = 0$，$Q_V = \Delta E = \dfrac{m}{M} C_{V,\mathrm{m}} \Delta T$，$C_{V,\mathrm{m}} = \dfrac{i}{2}R$

等压过程：$A = p\Delta V$，$Q_p = \dfrac{m}{M} C_{p,\mathrm{m}} \Delta T$，$\Delta E = \dfrac{m}{M} C_{V,\mathrm{m}} \Delta T$

等温过程：$\Delta E = 0$，$Q_T = A = \dfrac{m}{M} RT\ln\dfrac{V_2}{V_1}$

绝热过程：$Q = 0$，$A = -\Delta E = \int_{V_1}^{V_2} p\,\mathrm{d}V = \dfrac{p_1 V_1 - p_2 V_2}{\gamma - 1}$

循环过程：特征 $\Delta E = 0$，$Q_1 - Q_2 = A_{\text{净}}$

正循环（热机）的效率：$\eta = \dfrac{A_{\text{净}}}{Q_1} = 1 - \dfrac{Q_2}{Q_1}$

逆循环（制冷机）的制冷系数：$w = \dfrac{Q_2}{A_{\text{净}}} = \dfrac{Q_2}{Q_1 - Q_2}$

卡诺热机：$\eta = \dfrac{A_{\text{净}}}{Q_1} = 1 - \dfrac{Q_2}{Q_1} = 1 - \dfrac{T_2}{T_1}$

卡诺制冷机：$w = \dfrac{Q_2}{A_{\text{净}}} = \dfrac{Q_2}{Q_1 - Q_2} = \dfrac{T_2}{T_1 - T_2}$

热力学第二定律

热力学第二定律的两种表述：克劳修斯表述和开尔文表述.

两种表述的等价性：一切与热现象有关的宏观过程都是不可逆的，都有方向性.

统计意义：在孤立系统内发生的一切实际过程总是由出现概率小的宏观态向出现概率大的宏观态方向进行.

卡诺定理：$\eta \leqslant 1 - \dfrac{T_2}{T_1}$

热力学第二定律的数学表述：
$$\Delta S_{\text{孤立系统}} \geqslant 0$$
熵增加原理：孤立（绝热）系统中所发生的过程，它的熵永不减少. 如果过程可逆，则熵不变；如果过程不可逆，则熵增加.

二、基本要求

1. 理解准静态过程的概念，熟练掌握热力学中内能、功和热量的概念及其计算方法.

2. 熟练掌握热力学第一定律，并能熟练地分析、计算理想气体在各种等值过程和绝热过程中的功、热量和内能的增量.

3. 掌握循环过程的概念和特点,能熟练地计算各种正循环(热机)的效率和逆循环(制冷机)的制冷系数.

4. 理解可逆过程和不可逆过程的概念.

5. 理解热力学第二定律的两种表述及其等价性.

6. 理解热力学第二定律的统计意义.

7. 理解熵的概念及其统计意义,理解熵增加原理. 能计算几种简单情况下系统熵的改变量.

三、主要内容

(一) 热力学第一定律

1. 准静态过程与非静态过程

当热力学系统从一个平衡态向另一个平衡态过渡时,如果过程进行得足够缓慢以至于系统在过程进行中的每一个中间状态,或每一个时刻,都近似处于平衡态,则这种过程称为准静态过程. 实际过程进行得非常快,在未达到新的平衡之前又继续了下一步的变化,使系统经历一系列非平衡状态,这种过程称为非静态过程.

2. 热力学中的功、内能和热量

(1) 功:热力学系统在准静态过程中对外做的功.

元功
$$\mathrm{d}A = p\mathrm{d}V$$

总功
$$A = \int \mathrm{d}A = \int_{V_1}^{V_2} p\mathrm{d}V$$

在 p-V 图上,功在数值上等于过程曲线下所围的面积,如图 9.1 所示. 显然,功是一个过程量,即系统对外做的功不仅与系统的始末状态有关,还与系统经历的过程有关.

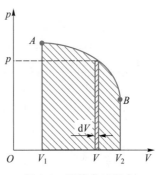

图 9.1 准静态过程中系统对外做的功

(2) 内能:从微观上来说,物质的内能等于组成物质的所有分子热运动能量和分子间的相互作用势能之总和(不含原子能);从宏观上来说,物质的内能由物质的状态决定. 所以内能是系统状态的单值函数,简称态函数. 理想气体的内能只与系统的温度有关,即

$$E = \frac{m}{M} \frac{i}{2} RT \qquad 或者 \qquad E = \frac{m}{M} C_{V,\mathrm{m}} T$$

i 是气体分子的自由度,$C_{V,\mathrm{m}}$ 是气体的摩尔定容热容,可以通过实验测出,其理论值

为 $C_{V,m} = \dfrac{i}{2}R$. 当理想气体的温度发生变化时,其内能的增量为

$$\mathrm{d}E = \frac{m}{M} \frac{i}{2}R\mathrm{d}T = \frac{m}{M}C_{V,m}\mathrm{d}T \qquad 或 \qquad \Delta E = \frac{m}{M} \frac{i}{2}R\Delta T = \frac{m}{M}C_{V,m}\Delta T$$

(3) 热量:热量是热传导过程中传递的能量,用符号 Q 表示.

对于固体和液体,通常可引入比热容 c 的概念,则

$$\mathrm{d}Q = cm\mathrm{d}t \qquad 或 \qquad Q = cm\Delta t$$

对于气体,通常可引入摩尔热容 C 的概念,则

$$\mathrm{d}Q = \frac{m}{M}C\,\mathrm{d}T \qquad 或 \qquad Q = \frac{m}{M}C\,\Delta T$$

气体的摩尔热容与过程有关,所以热量 Q 也是一个与过程有关的量. 在等体和等压过程中分别有

$$等体:Q_V = \frac{m}{M}C_{V,m}\Delta T, \quad 等压:Q_p = \frac{m}{M}C_{p,m}\Delta T$$

其中: $C_{V,m} = \dfrac{i}{2}R, C_{p,m} = C_{V,m} + R = \dfrac{i+2}{2}R$,分别称为摩尔定容热容和摩尔定压热容. 两者之比 $\gamma = \dfrac{C_{p,m}}{C_{V,m}} = \dfrac{i+2}{i}$,称为摩尔热容比.

3. 热力学第一定律

热力学第一定律的数学表达式为

$$Q = A + (E_2 - E_1) = A + \Delta E \qquad 或 \qquad \mathrm{d}Q = \mathrm{d}A + \mathrm{d}E$$

热力学第一定律表明:系统从外界吸收的热量一部分用于系统对外做功,另一部分用于增加系统的内能. 所以热力学第一定律是包括了热功转换在内的能量守恒定律.

(二) 热力学第一定律在理想气体等值过程和绝热过程中的应用

过程	过程方程	过程曲线	对外做功 A	内能增量 ΔE	吸收热量 Q
等体	$\dfrac{p}{T}$ = 常量		0	$\dfrac{m}{M}C_{V,m}\Delta T$	$\dfrac{m}{M}C_{V,m}\Delta T$

续表

过程	过程方程	过程曲线	对外做功 A	内能增量 ΔE	吸收热量 Q
等压	$\dfrac{V}{T}=$常量		$p\Delta V=$ $\dfrac{m}{M}R(T_2-T_1)$	$\dfrac{m}{M}C_{V,m}\Delta T$	$\dfrac{m}{M}C_{p,m}\Delta T$
等温	$pV=$常量		$\dfrac{m}{M}RT\ln\dfrac{V_2}{V_1}$	0	$\dfrac{m}{M}RT\ln\dfrac{V_2}{V_1}$
绝热	$pV^{\gamma}=$常量 $TV^{\gamma-1}=$常量 $p^{\gamma-1}T^{-\gamma}=$常量		$\dfrac{p_1V_1-p_2V_2}{\gamma-1}=$ $-\dfrac{m}{M}C_{V,m}\Delta T$	$\dfrac{m}{M}C_{V,m}\Delta T$	0

(三) 循环过程 卡诺循环

1. 循环过程

定义：系统由某一初始状态出发,经过一系列过程后,最后又回到原来的初始状态的过程称为循环过程.

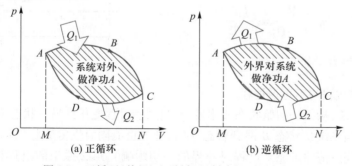

图 9.2 正循环(热机)和逆循环(制冷机)的循环过程

特点：在整个循环过程中内能的增量为 0,即 $\Delta E=0$.

正循环(热机)的效率：若 Q_1 表示系统在所有吸热过程中(即从高温热源)吸收的热量之和,Q_2 表示系统在所有放热过程中(即向低温热源)放出的热量之和,A 表示在整个过程中系统对外做的净功(数值上等于 p-V 图上循环曲线的面积),如

图 9.2(a)或图 9.3 所示,则循环效率为

$$\eta = \frac{A}{Q_1} = \frac{Q_1 - Q_2}{Q_1} = 1 - \frac{Q_2}{Q_1}$$

逆循环(制冷机)的制冷系数:若 A 表示在整个过程中外界对系统做的净功(数值上等于 p-V 图上循环曲线的面积);Q_1 表示系统在放热过程中(即向高温热源)放出的热量之和,Q_2 表示系统在所有吸热过程中(即从低温热源)吸收的热量之和,如图 9.2(b)或图 9.4 所示,则制冷系数为

$$w = \frac{Q_2}{A} = \frac{Q_2}{Q_1 - Q_2}$$

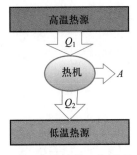

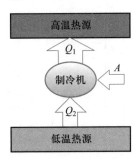

图 9.3 热机的工作原理   图 9.4 制冷机的工作原理

2. 卡诺循环

由两个等温过程和两个绝热过程构成的循环过程,称为卡诺循环,如图 9.5 所示. 卡诺正循环(卡诺热机)的效率为

$$\eta = 1 - \frac{Q_2}{Q_1} = 1 - \frac{T_2}{T_1}$$

卡诺逆循环(卡诺制冷机)的制冷系数为

$$w = \frac{Q_2}{Q_1 - Q_2} = \frac{T_2}{T_1 - T_2}$$

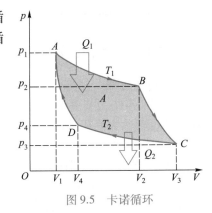

图 9.5 卡诺循环

(四) 热力学第二定律

1. 可逆过程与不可逆过程

一个系统,从某一初始状态 A 出发,经过某一过程变化到另一状态 B;如果存在另一过程,当系统从状态 B 回到状态 A 时,外界也能同时恢复原状(即系统回到原来的状态,同时消除了原来过程对外界的一切影响),那么原来的过程称为可逆过程. 反之,如果用任何方法都不能使系统和外界同时完全复原,则原来的过程称为不可逆过程.

2. 热力学第二定律的两种表述

① 克劳修斯表述:不可能把热量从低温物体传到高温物体而不引起任何其他变化.

② 开尔文表述：不可能从单一热源吸收热量，使之完全变为有用功而不产生任何其他影响．

热力学第二定律的两种表述表面上看起来是相互独立的，实际上两者是等价的．这种等价性反映了自然界中与热现象有关的宏观过程的基本特征：一切与热现象有关的实际的宏观过程都是不可逆的，或者说都有方向性．

3. 卡诺定理

在相同的高温热源 T_1 和相同的低温热源 T_2 之间工作的一切热机，其效率

$$\eta \leqslant 1 - \frac{T_2}{T_1}$$

式中"＝"对应于可逆热机，"＜"对应于不可逆热机．

卡诺定理只有用热力学第二定律才能证明，因此它是热力学第二定律的一个推论．卡诺定理指出了提高热机效率的方向：① 使热机尽量地接近可逆热机；② 尽量提高高温热源的温度（或降低低温热源的温度）．

4. 热力学第二定律的统计意义

在一个不受外界影响的孤立系统内部，发生的一切实际过程总是由出现概率小（包含微观态数目少或热力学概率小）的宏观态向出现概率大（包含微观态数目多或热力学概率大）的宏观态进行的．

（五）熵、熵增加原理（热力学第二定律的数学表示）

1. 熵

从微观角度来看，熵是系统内部粒子运动无序性（即混乱程度）的量度．从宏观角度来看，对于一个给定的系统，熵是态函数，熵的大小只取决于系统的状态．1877年，玻耳兹曼给出了熵 S 与热力学概率 Ω 之间的关系为

$$S = k \ln \Omega$$

式中，k 是玻耳兹曼常量，上式称为玻耳兹曼公式．

2. 熵增加原理

在孤立系统内部发生的一切过程中，系统的熵总是增加的，永不减少，即

$$\Delta S \geqslant 0$$

式中"＝"对应于可逆过程，"＞"对应于不可逆过程．这称为熵增加原理．

3. 熵变的计算

由于熵是系统状态的单值函数，熵的变化只与系统的始末状态有关，与过程无关（这与内能一样），所以当系统从平衡态 1 变化到平衡态 2 时，我们总是可以设计一个可逆过程连接初态 1 和末态 2，则系统熵的增量为

$$\Delta S = S_2 - S_1 = \int_1^2 \frac{\mathrm{d}Q}{T} \quad \text{（可逆过程）}$$

四、典型例题解法指导

本章习题大致可分为三类.

第一类是根据热力学中功、内能、热量的概念和热力学第一定律,计算在各种等值过程和绝热过程中系统对外做的功、吸收的热量和内能的增量.

第二类是计算循环过程中热机的效率和制冷机的制冷系数.

显然,第一类是基础,第二类是综合应用. 解决这两类问题的关键是要熟记理想气体的物态方程,熟记各等值过程和绝热过程的过程曲线、过程方程,熟记功、热量、内能增量的基本计算公式及其内在联系.

第三类是计算熵的变化. 在计算熵的变化时一定要注意:用公式 $\Delta S = \int_1^2 \dfrac{\mathrm{d}Q}{T}$ 计算熵变时,对应的过程必须是可逆过程. 若系统所经历的过程是不可逆的,我们可以设计一个可逆过程来代替原来的不可逆过程,使两个过程具有相同的初态和末态,然后计算这个可逆过程中的熵变.

例 9.1 如图 9.6 所示,1 mol 氮气(可视为理想气体)从状态 a 出发($T_a = 250$ K,$p_a = 2.00$ atm),先经等体升温过程,再经过等压膨胀使气体的体积和压强均增大到初值的两倍,最后经等温膨胀,使体积再增大一倍. 试求整个过程中系统吸收的热量、对外所做的功和内能的增量.

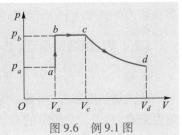

图 9.6 例 9.1 图

分析:本题主要考察功、内能和热量在理想气体的三个等值过程中的计算问题,灵活应用热力学第一定律可使计算过程简化. 求解时首先需要根据理想气体的物态方程和过程方程求出各状态的状态参量.

解:由理想气体的物态方程 $pV = \dfrac{m}{M}RT$,可得

$$V_a = \frac{m}{M}\frac{RT_a}{p_a} = \frac{8.31 \times 250}{2.00 \times 1.013 \times 10^5} \ \mathrm{m^3} \approx 1.03 \times 10^{-2} \ \mathrm{m^3}$$

由题意可知

$$V_b = V_a = 1.03 \times 10^{-2} \ \mathrm{m^3}, \ V_c = 2V_a = 2.06 \times 10^{-2} \ \mathrm{m^3}$$

$$V_d = 2V_c = 4V_a = 4.12 \times 10^{-2} \ \mathrm{m^3}, \ p_c = p_b = 2p_a = 4.00 \ \mathrm{atm}$$

再由等体、等压和等温过程的过程方程,可知图中 b、c、d 四个状态的温度分别为

$$T_b = \frac{p_b}{p_a}T_a = 2T_a = 500 \ \mathrm{K}, \quad T_d = T_c = \frac{V_c}{V_b}T_b = 2T_b = 1\ 000 \ \mathrm{K}$$

所以系统对外做的总功为

$$A = A_{ab} + A_{bc} + A_{cd} = 0 + p_b(V_c - V_b) + \frac{m}{M}RT_c \ln \frac{V_d}{V_c}$$

$$= 4.00 \times 1.013 \times 10^5 \times (2.06 - 1.03) \times 10^{-2} \text{ J} + 8.31 \times 1\,000 \times \ln 2 \text{ J}$$

$$\approx 9.93 \times 10^3 \text{ J}$$

系统内能的增量与过程无关,只与始末状态有关,所以

$$\Delta E = E_d - E_a = \frac{m}{M}\frac{i}{2}R(T_d - T_a) = \frac{5}{2} \times 8.31 \times (1\,000 - 250) \text{ J} \approx 1.56 \times 10^4 \text{ J}$$

最后利用热力学第一定律,可得在整个过程中系统吸收的热量为

$$Q = A + \Delta E = 9.93 \times 10^3 \text{ J} + 1.56 \times 10^4 \text{ J} \approx 2.55 \times 10^4 \text{ J}$$

例 9.2 在气缸中有 1 mol 的氧气,可视为理想气体. 若初始温度为 T_0,体积为 V_0,先将气体从状态 A 开始做等压膨胀至状态 B,使其体积增大为 $2V_0$,然后使气体做绝热膨胀到状态 C,使其温度降到与初始温度相同,如图 9.7 所示. 试求:

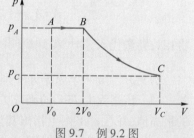

图 9.7 例 9.2 图

（1）末态 C 的体积和压强（用 V_0、T_0 表示）；

（2）整个过程中气体吸收的热量、对外做的功、内能的增量.

分析：本题和上题一样,首先需要利用理想气体的物态方程和过程方程求状态参量（对于绝热过程,熟记其过程方程是求解的关键）,然后利用功、热量和内能的计算公式进行求解,灵活应用热力学第一定律可使计算简化.

解：（1）氧气分子是双原子分子,其摩尔定压热容 $C_{p,m} = \frac{7}{2}R$,摩尔热容比 $\gamma = 1.4$. 由题意知,$T_C = T_A = T_0$. 又因 AB 是等压过程,可得状态 B 的温度为

$$T_B = \frac{V_B}{V_A}T_A = 2T_0$$

利用绝热过程方程：$T_B V_B^{\gamma-1} = T_C V_C^{\gamma-1}$,可得

$$V_C = \left(\frac{T_B}{T_C}\right)^{1/(\gamma-1)} V_B = \left(\frac{2T_0}{T_0}\right)^{1/(1.4-1)} 2V_0 \approx 11.3V_0$$

由理想气体的物态方程,可得

$$p_C = \frac{m}{M}\frac{RT_C}{V_C} = \frac{RT_0}{11.3V_0}$$

（2）在等压过程 AB 中,气体吸收的热量为

$$Q_{AB} = \frac{m}{M}C_{p,m}(T_B - T_A) = \frac{7}{2}R(T_B - T_A) = \frac{7}{2}RT_0$$

因 BC 是绝热过程,$Q_{BC}=0$,所以整个过程中气体吸收的热量为

$$Q=Q_{AB}+Q_{BC}=\frac{7}{2}RT_0$$

由于理想气体的内能是温度的单值函数,内能的变化只与始末状态的温度有关,所以整个过程中内能的增量为

$$\Delta E=\frac{m}{M}\frac{i}{2}R(T_C-T_A)=0$$

最后由热力学第一定律,可得整个过程中气体对外做的总功

$$A=Q-\Delta E=\frac{7}{2}RT_0-0=\frac{7}{2}RT_0$$

实际上,整个过程中系统对外做的总功也可分段来求,即

$$A=A_{AB}+A_{BC}=p_A(V_B-V_C)+\frac{p_BV_B-p_CV_C}{\gamma-1}$$

将相关参量代入,即可得到相同的结果,请读者自己验证一下.

例 9.3 1 mol 单原子分子理想气体,经历如图 9.8 所示的直线过程. 试求:

(1) 该过程中 $T-V$ 的函数关系以及该过程中温度的最高值,并在 $p-V$ 图上指出其位置坐标;

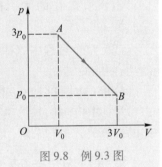

图 9.8 例 9.3 图

(2) 该过程中,放热及吸热的区域.

分析:本题既非理想气体的等值过程、也非绝热过程,而是一般过程. 求该过程中 $T-V$ 的函数关系,只需将该过程的过程方程及理想气体的物态方程联合求解即可;要判断吸热和放热区域,需要利用元功、内能的表达式和热力学第一定律,求出 $\mathrm{d}Q$ 的表达式,最后由 $\mathrm{d}Q$ 的正负来判断放热和吸热的区域.

解:(1) 由图可知,直线过程 $A\rightarrow B$ 的过程方程为

$$p=-\frac{p_0}{V_0}V+4p_0 \qquad ①$$

又由理想气体的物态方程 $pV=\nu RT(\nu=1\ \mathrm{mol})$,将①式代入物态方程,可得该过程中 $T-V$ 的函数关系为

$$T=\frac{1}{R}\left(4p_0V-\frac{p_0V^2}{V_0}\right) \qquad ②$$

令 $\dfrac{\mathrm{d}T}{\mathrm{d}V}=\dfrac{1}{R}\left(4p_0-\dfrac{2p_0V}{V_0}\right)=0$,得 $V=2V_0$. 又当 $V=2V_0$ 时,$\dfrac{\mathrm{d}^2T}{\mathrm{d}V^2}=\dfrac{1}{R}\left(-\dfrac{2p_0}{V_0}\right)<0$. 这表明,当 $V=2V_0$ 时,T 有最大值. 将 $V=2V_0$ 代入②式,得

$$T_{max} = \frac{4p_0V_0}{R}$$

设 AB 直线上温度最高点为 C,则 C 点在 p-V 图上的坐标为 $(2V_0, 2p_0)$,如图 9.9 所示.

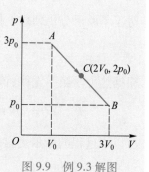

图 9.9 例 9.3 解图

（2）在 $A \rightarrow B$ 过程上任取一微小过程,由 T-V 函数关系,有

$$dT = \frac{1}{R}\left(4p_0 - \frac{2p_0}{V_0}V\right)dV$$

再根据热力学第一定律,可得在该微小过程中吸收的热量为

$$dQ = dE + pdV = C_{V,m}dT + pdV$$

$$= \frac{3}{2}R \cdot \frac{1}{R}\left(4p_0 - \frac{2p_0}{V_0}V\right)dV + \left(-\frac{p_0}{V_0}V + 4p_0\right)dV$$

$$= 2p_0\left(5 - \frac{2V}{V_0}\right)dV$$

由上式可知：当 $V = \frac{5}{2}V_0$ 时,$dQ = 0$,为吸热和放热的分界点. 不难看出：当 $V_0 < V < \frac{5}{2}V_0$ 时,$dQ > 0$ 为吸热区；当 $\frac{5}{2}V_0 < V < 3V_0$ 时,$dQ < 0$ 为放热区.

例 9.4 某单原子分子理想气体经历的一个准静态过程中,压强 p 与温度 T 之间的关系为 $p = a/T$,式中 a 为正的常量.

（1）求此过程中气体的摩尔热容 C;

（2）设过程中某一状态的压强为 p_0,体积为 V_0,求在体积从 V_0 增到 $2V_0$ 的过程中气体对外所做的功 A.

分析：本题和上题一样,也是一般过程. 要求出该过程中气体的摩尔热容 C,必须首先要弄清楚摩尔热容的概念,即 1 mol 物质在该过程中温度升高（或降低）1 K 时所吸收（或放出）的热量,亦即 $C = \dfrac{dQ}{\frac{m}{M}dT}$,然后利用热力学第一定律的微分形式,求出 dQ 并代入即可. 要求出系统在体积变化过程中对外所做的功,需要找到该过程中 p 与 V 的函数关系,再利用公式 $A = \displaystyle\int_{V_1}^{V_2} pdV$ 进行计算即可.

解：（1）由理想气体的物态方程 $pV = \dfrac{m}{M}RT$ 及题设条件 $p = \dfrac{a}{T}$,可得

$$V = \frac{m}{Ma}RT^2 \qquad ①$$

$$dV = \frac{m}{Ma}2RTdT \qquad ②$$

对于单原子分子理想气体而言,其内能增量为

$$dE = \frac{m}{M} \cdot \frac{3}{2}RdT \qquad ③$$

根据热力学第一定律,该系统在一个元过程中吸收的热量为

$$dQ = pdV + dE = \frac{a}{T}\frac{m}{Ma}2RTdT + \frac{m}{M} \cdot \frac{3}{2}RdT = \frac{m}{M} \cdot \frac{7}{2}RdT$$

所以该过程的摩尔热容为

$$C = \frac{dQ}{\frac{m}{M}dT} = \frac{7}{2}R$$

(2)设体积为 V_0 时对应的温度为 T_0,由①式可知,体积为 $2V_0$ 时对应的温度为 $\sqrt{2}T_0$. 所以此准静态过程中,系统对外所做的功为

$$A = \int_{V_0}^{2V_0} pdV = \int_{T_0}^{\sqrt{2}T_0} \frac{a}{T} \cdot \frac{m}{Ma}2RTdT$$

$$= 2\frac{m}{M}(\sqrt{2}-1)RT_0 = 2(\sqrt{2}-1)p_0V_0$$

例 9.5 2.0 mol 的双原子分子理想气体经历如图 9.10 所示的循环过程,其中 AB、BC 分别是等压和等体过程,CA 是绝热过程,其中 $V_B = 2V_A$. 试求该循环的效率.

分析:一个循环过程通常由几个分过程构成. 要求循环效率,首先要确定各状态的状态参量,接着分析哪些是吸热过程、哪些是放热过程;然后计算所有吸热过程中吸收的热量总和,记为 Q_1;再计算所有放热过程中放出的热量的绝对值之和,记为 Q_2(或计算循环过程对外做的净功,也就是 p-V 图上循环曲线的面积,记为 A),最后用定义式 $\eta = \frac{A}{Q_1} = 1 - \frac{Q_2}{Q_1}$ 求效率. 计算时要尽量寻求简单算法.

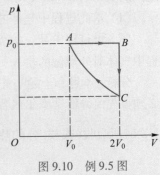

图 9.10 例 9.5 图

解:对于双原子分子,$i = 5$,$\gamma = C_{p,\mathrm{m}}/C_{V,\mathrm{m}} = 7/5$. 由题意可知,$p_B = p_A = p_0$,$V_C = V_B = 2V_A = 2V_0$. 由于 CA 是绝热过程,根据绝热过程方程,可得状态 C 的压强为

$$p_C = p_A(V_A/V_C)^{\gamma} = p_0(1/2)^{1.4} \approx 0.379p_0$$

又 AB(等压膨胀)为吸热过程、BC(等体压缩)为放热过程,CA 是绝热过程,所以,整个循环过程吸收的热量为

$$Q_1 = Q_{AB} = \frac{m}{M} C_{p,\mathrm{m}}(T_B - T_A)$$

$$= \frac{7}{2} \frac{m}{M} R(T_B - T_A) = \frac{7}{2}(p_B V_B - p_A V_A) = 3.5 p_0 V_0$$

放出的热量为

$$Q_2 = |Q_{BC}| = \frac{m}{M} C_{V,\mathrm{m}}(T_B - T_C)$$

$$= \frac{5}{2} \frac{m}{M} R(T_B - T_C) = \frac{5}{2}(p_B V_B - p_C V_C) = 3.105 p_0 V_0$$

所以循环的效率为

$$\eta = 1 - \frac{Q_2}{Q_1} = 1 - \frac{3.105 p_0 V_0}{3.5 p_0 V_0} \approx 11.3\%$$

例 9.6 如图 9.11 所示,总质量为 m、摩尔质量为 M 的某种双原子分子理想气体,从状态 $A(V_A, p_A)$ 出发,先经历一个等压膨胀过程到达状态 B,再经历一个等温压缩过程到达状态 C. 已知 $V_B = 2V_A$,$V_C = V_A$. 试求在整个过程中系统熵的增量.

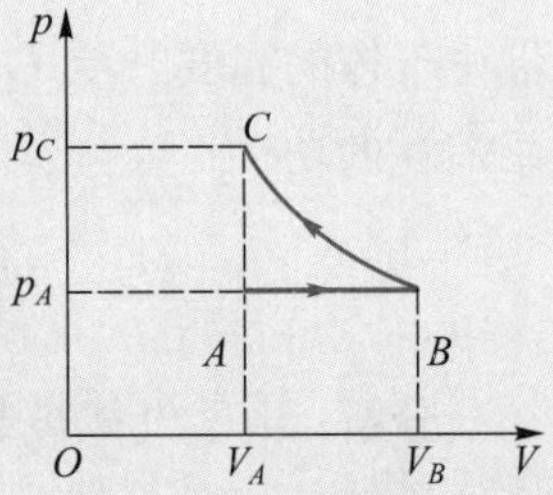

分析: 熵是态函数,熵的变化与过程无关,只与始末状态有关. 可逆过程中熵变的计算公式是:$\mathrm{d}S = \dfrac{\mathrm{d}Q}{T}$,

$\Delta S = \displaystyle\int \frac{\mathrm{d}Q}{T}$,式中 $\mathrm{d}Q$ 是系统在可逆过程中吸收的热量.

图 9.11 例 9.6 图

如果某个过程由多个可逆过程组成,则系统的总熵变等于各可逆过程中熵变的总和.

解:解法一 由题意可知:$T_C = T_B = \dfrac{V_B}{V_A} T_A = 2 T_A$,对于双原子分子理想气体:

$C_{p,\mathrm{m}} = \dfrac{7}{2} R$. 又在等压过程 AB 中,$\mathrm{d}Q_{AB} = \dfrac{m}{M} C_{p,\mathrm{m}} \mathrm{d}T = \dfrac{m}{M} \dfrac{7}{2} R \mathrm{d}T$,所以

$$\Delta S_{AB} = \int_A^B \frac{\mathrm{d}Q_{AB}}{T} = \frac{m}{M} \frac{7}{2} R \int_{T_A}^{T_B} \frac{\mathrm{d}T}{T} = \frac{m}{M} \frac{7}{2} R \ln 2$$

在等温压缩过程 BC 中,$\mathrm{d}Q_{BC} = \mathrm{d}A_{BC} + \mathrm{d}E_{BC} = p\mathrm{d}V + 0 = \dfrac{m}{M} \dfrac{RT}{V} \mathrm{d}V$,所以

$$\Delta S_{BC} = \int_B^C \frac{\mathrm{d}Q_{BC}}{T} = \frac{m}{M} R \int_{V_B}^{V_C} \frac{\mathrm{d}V}{V} = -\frac{m}{M} R \ln 2$$

式中负号表示在等温压缩的放热过程中熵减小. 所以整个过程中系统的总熵变为

$$\Delta S_{AC} = \Delta S_{AB} + \Delta S_{BC} = \frac{m}{M} \frac{7}{2} R \ln 2 - \frac{m}{M} R \ln 2 = \frac{m}{M} \frac{5}{2} R \ln 2$$

解法二 由于熵是态函数,熵的变化与过程无关,只与系统的始末状态有关(这与内能的变化相同),所以可以假设在初态 A 和末态 C 之间存在一个假想的可逆过程,并通过计算这个假想的可逆过程中的熵变来求解.

因为初态 A 和末态 C 的体积相等,所以这样的可逆过程就是等体过程,则

$$\Delta S_{AC} = \int_A^C \frac{\mathrm{d}Q_{AC}}{T} = \int_{T_A}^{T_C} \frac{\frac{m}{M} C_{V,\mathrm{m}} \mathrm{d}T}{T} = \frac{m}{M} \frac{5}{2} R \ln 2$$

比较发现,两种解法得到的结果相同.

例 9.7 一定量(设物质的量为 ν)的双原子分子理想气体密闭在某刚性容器内,其温度为 T_0. 在此气体和温度也是 T_0 的恒温热源之间工作一个热泵(其工作原理与制冷机相同),通过外界做功,使热泵从恒温热源吸收热量 Q_2、向容器中的气体放出热量 Q_1. 一段时间后,容器中气体的温度升至 T_1. 试由熵增加原理证明该过程中热泵消耗的功

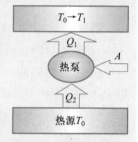

图 9.12 例 9.7 解图

$$A \geqslant \frac{5}{2} R T_0 \left[\ln \frac{T_0}{T_1} + \left(\frac{T_1}{T_0} - 1 \right) \right]$$

分析: 由于气体被装在刚性容器内,所以容器内的气体经历的是一个等体升温过程. 热泵消耗的功为 $A = Q_1 - Q_2$,式中 Q_1 是热泵向容器中的气体(高温处)放出的热量,即容器内的气体在等体过程中吸收的热量

$$Q_1 = \nu C_{V,\mathrm{m}} (T_1 - T_0) = \nu \frac{5}{2} R (T_1 - T_0)$$

Q_2 为热泵从热源(低温处)吸收的热量. 对于热源、气体及热泵组成的系统而言,由熵增加原理知 $\Delta S = \Delta S_{热源} + \Delta S_{气体} + \Delta S_{制冷机} \geqslant 0$,由此可确定从热源吸收的热量 Q_2.

证明: 热泵(相当于)制冷机的工作原理如图 9.12 所示. 假设在整个过程中,热泵从热源吸收的热量为 Q_2,向气缸中的气体放出的热量为 Q_1,则工作过程中热泵(制冷机)必须消耗的功(即外界对系统所做的功)为

$$A = Q_1 - Q_2$$

由题设知,气缸中的双原子理想气体在 $T_0 \rightarrow T_1$ 的等体升温过程中,热泵向它放出的热量为

$$Q_1 = \nu C_{V,\mathrm{m}} (T_1 - T_0) = \frac{5}{2} \nu R (T_1 - T_0)$$

又在整个过程中热源、气体及制冷机的工作物质的熵变分别为

$$\Delta S_{热源} = -\frac{Q_2}{T_0}$$

$$\Delta S_{气体} = \int \frac{\mathrm{d}Q}{T} = \int_{T_0}^{T_1} \frac{\nu C_{V,\mathrm{m}} \mathrm{d}T}{T} = \nu C_{V,\mathrm{m}} \ln \frac{T_1}{T_0} = \frac{5}{2} \nu R \ln \frac{T_1}{T_0}$$

$$\Delta S_{热泵} = 0$$

由熵增加原理知,对于热源、气体及制冷机组成的孤立系统而言,有

$$\Delta S = \Delta S_{热源} + \Delta S_{气体} + \Delta S_{热泵} \geq 0$$

即

$$-\frac{Q_2}{T_0} + 0 + \frac{5}{2} \nu R \ln \frac{T_1}{T_0} \geq 0$$

所以

$$Q_2 \leq \frac{5}{2} \nu R T_0 \ln \frac{T_1}{T_0}$$

故外界对系统做的功为

$$A = Q_1 - Q_2 \geq \frac{5}{2} \nu R (T_1 - T_0) - \frac{5}{2} \nu R T_0 \ln \frac{T_1}{T_0}$$

即

$$A \geq \frac{5}{2} \nu R T_0 \left[\ln \frac{T_0}{T_1} + \left(\frac{T_1}{T_0} - 1 \right) \right]$$

五、自我测试题

9.1 关于热量,下列说法正确的是(　　).

(A) 热量是表征物质属性的物理量,在物体之间转移过程中系统的总热量不变

(B) 对同一个物体,温度高的时候热量多,温度低的时候热量少

(C) 物体吸收热量温度一定会升高,放出热量温度一定会降低

(D) 热量是热力学系统在热传递过程中传递的能量,它是一个与过程有关的量

9.2 功的计算式 $A = \int_{V_1}^{V_2} p \mathrm{d}V$ 的使用条件是(　　).

(1) 理想气体　(2) 任何系统　(3) 准静态过程　(4) 任何过程

(A) (1)(3)　　　　　　　　　(B) (2)(4)

(C) (1)(4)　　　　　　　　　(D) (2)(3)

9.3 对于理想气体系统来说,在下列过程中,哪个过程中系统所吸收的热量、

内能的增量和对外做的功三者均为负值?(   ).

(A) 等体降压过程　　　　　　　　(B) 等温膨胀过程

(C) 绝热膨胀过程　　　　　　　　(D) 等压压缩过程

9.4 如图所示,一定量的理想气体在 ADC 过程中对外做功 1 000 J,内能增量 7 500 J,气体在 ABC 过程中吸收热量为(   ).

(A) 9 500 J　　　(B) 9 000 J　　　(C) 8 500 J　　　(D)无法确定

9.5 一定量的理想气体,从状态 A 出发,分别经历如图所示的 AB、AC、AD、AE 四种膨胀过程,其中 AD 为等温过程、AE 为绝热过程. 则吸热最多的过程是_____.

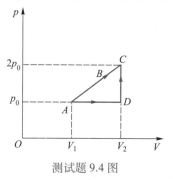

测试题 9.4 图　　　　　　　　　　测试题 9.5 图

9.6 质量相同的氢气、氦气和氧气,假设它们的初始温度和压强相同. 若在等容加热过程中,它们吸收的热量相等,则它们的末态温度的关系为(   ).

(A) $T_{H_2} > T_{He} > T_{O_2}$　　　　　　　(B) $T_{He} > T_{H_2} > T_{O_2}$

(C) $T_{H_2} < T_{He} < T_{O_2}$　　　　　　　(D) $T_{H_2} = T_{He} = T_{O_2}$

9.7 5 mol 氧气(可视为理想气体)在 100 ℃时做绝热膨胀,对外做功 831 J. 则氧气的末态温度是(   ).

(A) 92 ℃　　　(B) 108 ℃　　　(C) 87 ℃　　　(D) 113 ℃

9.8 两个卡诺热机的循环曲线如图所示,一个工作在温度为 T_1 与 T_3 的两个恒温热源之间,另一个工作在温度为 T_2 与 T_3 的两个恒温热源之间,已知这两个循环曲线所包围的面积相等. 则由此可知(   ).

(A) 两热机向低温热源所放出的热量一定相等

(B) 两热机从高温热源所吸收的热量一定相等

(C) 两个热机吸收的热量与放出的热量(绝对值)的差值一定相等

(D) 两热机的效率一定相等

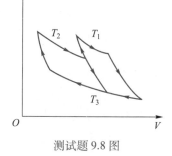

测试题 9.8 图

9.9 一卡诺热机工作在温度为 727 ℃的高温热源和温度为 227 ℃的低温热源之间. 假设卡诺热机从高温热源处吸收的热量为 5.0×10^4 J,则该热机对外所做的功约为(   ).

(A) 2.3×10^4 J　　　　　　　(B) 2.5×10^4 J

(C) 3.0×10^4 J　　　　　　　(D) 3.4×10^4 J

9.10 关于可逆过程和不可逆过程的判断:

(1) 可逆过程一定是准静态过程

(2) 准静态过程一定是可逆过程

(3) 不可逆过程就是不能沿相反方向进行的过程

(4) 凡有摩擦的过程,一定是不可逆过程

在以上四种判断中,正确的是( ).

(A) (1)、(2)、(3)   (B) (1)、(2)、(4)

(C) (2)、(4)   (D) (1)、(4)

9.11 在压强不变的情况下,将一定量的理想气体温度升高 50 ℃,需要 160 J 的热量;在体积不变的情况下,将此理想气体温度降低 100 ℃,将放出 240 J 的热量. 则此气体分子的自由度是_____.

9.12 以可逆卡诺循环方式工作的制冷机,在某环境下它的制冷系数为 $w = 1/3$. 若在同样环境下把它改作卡诺热机,则其效率 $\eta =$ _____.

9.13 若 4 mol 的理想气体,在 $T = 400$ K 的等温状态下,体积从 V 膨胀到 $2V$,则此过程中气体的熵变为_____;若此气体做可逆绝热膨胀,使体积从 V 膨胀到 $2V$,则气体的熵变为_____.

9.14 由绝热材料制作的容器被隔板隔成两半,左边是理想气体,右边是真空. 现撤去隔板,气体将向真空做自由膨胀,达到平衡后,气体的温度将_____(填:升高、降低、不变、不确定),气体的熵将_____(填:增大、减小、不变、不确定).

9.15 一定量的刚性双原子分子理想气体,开始时处于压强 $p_0 = 1.013 \times 10^5$ Pa、体积 $V_0 = 4.00 \times 10^{-3}$ m^3,温度 $T_0 = 300$ K,后经等容吸热使温度上升到 $T_1 = 450$ K,再经等温膨胀使体积变为 $V_1 = 8.00 \times 10^{-3}$ m^3. 试求整个过程中气体内能的增量、吸收的热量和对外做的功.

9.16 汽缸内装有 56 g 氮气,经历如图所示的循环过程,其中 $B \to C$ 为等温过程,试求循环效率.

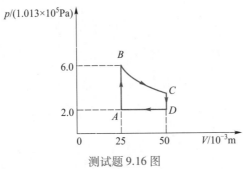

测试题 9.16 图

9.17 一台作卡诺循环的冰箱,放在室温为 300 K 的房间内,已知做一盒 -15 ℃ 的冰块需从冷冻室中吸出 2.38×10^5 J 的热量. 求做一盒冰块需消耗多少度电?

9.18 将 1 kg、0 ℃ 的冰放入质量非常大的 20 ℃ 的热源中,已知冰的熔化热为 333 kJ·kg^{-1}. 当冰恰好全部熔化成 0 ℃ 的水时,试求:

(1) 冰熔化成水的熵变;

自我测试题
参考答案

（2）热源的熵变；

（3）系统的总熵变.

9.19 一刚性容器内盛有 1 mol 单原子分子理想气体，温度为 $T_1 = 546$ K，容器器壁的热容可忽略不计. 一循环热机从容器内的气体中吸热做功，并向一个温度为 $T_2 = 273$ K 的低温热源放热. 设低温热源足够大，其温度恒定不变，试问该热机最多能做多少功？

第10章

··· 真空中的静电场

一、知识点网络框图

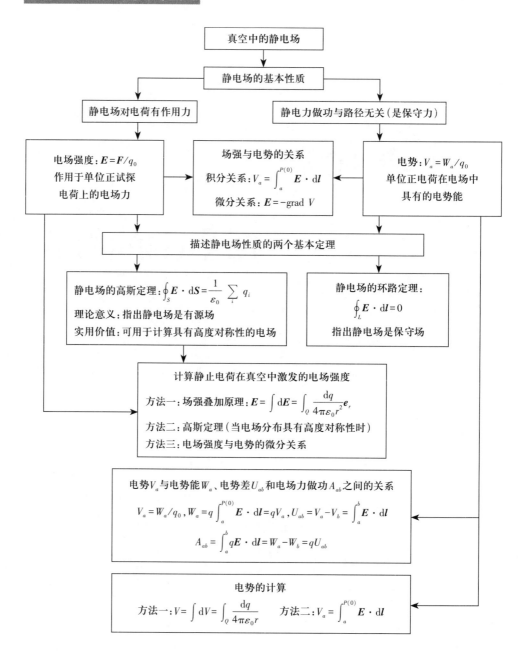

二、基本要求

1. 掌握静电场的两个基本定律(库仑定律、电荷守恒定律)及其应用.

2. 掌握电场强度和电势的概念及两者之间的关系.

3. 理解描述静电场性质的两个重要定理——高斯定理及环路定理,明确静电场是有源场和保守场.

4. 熟练掌握用场强叠加原理、高斯定理求电场强度的基本方法,并能用电场强度与电势的微分关系求电场强度.

5. 熟练掌握用电势叠加原理和电势与场强的积分关系求电势分布的基本方法.

6. 掌握静电力做功与电势能、电势差之间的关系及其应用.

三、主要内容

(一) 库仑定律

在真空中两个相距为 r 的点电荷之间的相互作用力为

$$\boldsymbol{F}_{12} = \frac{1}{4\pi\varepsilon_0} \frac{q_1 q_2}{r_{12}^2} \boldsymbol{e}_{r12} = -\boldsymbol{F}_{21}$$

式中 $\boldsymbol{e}_{r12}$ 是从 q_1 指向 q_2 的单位矢量,$\boldsymbol{F}_{12}$ 是 q_1 给予 q_2 的作用力,$\boldsymbol{F}_{21}$ 是 q_2 给予 q_1 的反作用力,如图 10.1 所示. 当 q_1、q_2 为同号电荷时,$\boldsymbol{F}_{12}$ 为斥力,当 q_1、q_2 为异号电荷时,$\boldsymbol{F}_{12}$ 为引力.

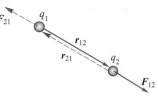

图 10.1 库仑定律

(二) 电场强度的概念、场强叠加原理

1. 电场强度的定义
单位(正)试探电荷在电场中受到的电场力,即

$$\boldsymbol{E} = \frac{\boldsymbol{F}}{q_0}$$

2. 点电荷电场中的场强分布

$$\boldsymbol{E} = \frac{\boldsymbol{F}}{q_0} = \frac{q}{4\pi\varepsilon_0 r^2} \boldsymbol{e}_r$$

式中 $\boldsymbol{e}_r = \boldsymbol{r}/r$ 为 $\boldsymbol{r}$ 的单位矢量(下同).

3. 场强叠加原理
电场中任意一点的电场强度 $\boldsymbol{E}$ 等于各个电荷单独存在时在该点产生的电场强度 $\boldsymbol{E}_i$ 的矢量和,即 $\boldsymbol{E} = \sum_{i=1}^{n} \boldsymbol{E}_i$.

对于点电荷系的电场强度有

$$\boldsymbol{E} = \sum_{i=1}^{n} \boldsymbol{E}_i = \frac{1}{4\pi\varepsilon_0} \sum_i \frac{q_i}{r_i^2} \boldsymbol{e}_{ri}$$

对于电荷连续分布的带电体的电场强度有

$$E = \int dE = \int \frac{dq}{4\pi\varepsilon_0 r^2} e_r$$

式中 dq 为带电体上的任一电荷元所带的电荷量,如图 10.2 所示,且

$$dq = \begin{cases} \lambda dl, & \text{当电荷作线分布时} \\ \sigma dS, & \text{当电荷作面分布时} \\ \rho dV, & \text{当电荷作体分布时} \end{cases}$$

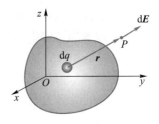

图 10.2　场强叠加原理

(三) 电场强度通量、真空中静电场的高斯定理

1. 电场强度通量

通过某个曲面的电场线的根数称为通过该曲面的电场强度通量,简称 E 通量,如图 10.3 所示. 其计算式为

$$\Phi_e = \int_S E \cdot dS = \int_S E\cos\theta dS$$

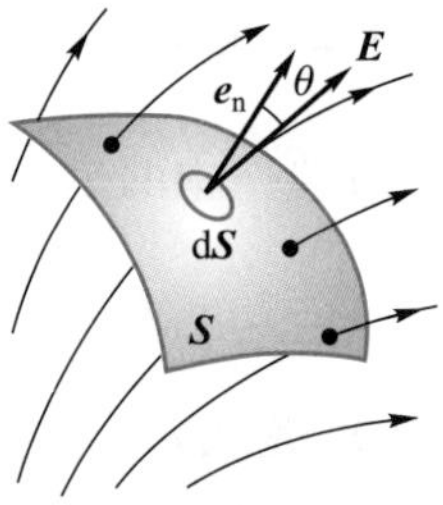

2. 真空中的高斯定理

在真空中,电场强度 E 通过任一闭合曲面的通量,等于该闭合曲面所包围的所有正负电荷的代数和除以真空中的电容率,即

$$\oint_S E \cdot dS = \frac{1}{\varepsilon_0} \sum_{i=1}^{n} q_i$$

图 10.3　电场强度通量

静电场的高斯定理是电磁场的基本方程之一. 高斯定理的意义在于指出了静电场是有源场;其主要应用是求解具有高度对称性分布的电场强度.

(四) 静电力做功的特点　静电场的环路定理

1. 静电力做功与路径无关　静电力是保守力

$$A = \oint_L q_0 E \cdot dl = 0$$

2. 静电场的环路定理

$$\text{积分形式:} \oint_L E \cdot dl = 0, \quad \text{微分形式:} \nabla \times E = 0$$

意义:说明了静电场是保守场,是无旋场,描述静电场的电场线不可能形成闭合曲线.

(五) 电势能、电势和电势叠加原理

1. 电势能与电场力做功

电荷在电场中具有的能量称为电势能,用 W 表示. 当电荷 q_0 从电场中 a 点移动到 b 点时,电场力对电荷所做的功等于电势能的减少量,即

$$W_a - W_b = \int_a^b q_0 E \cdot dl$$

电势能的大小具有相对意义. 若选 P 点为零电势能点,则电荷 q_0 在 a 点的电势能为

$$W_a = \int_a^{P(0)} q_0 \boldsymbol{E} \cdot \mathrm{d}\boldsymbol{l}$$

2. 电势　电势差

单位(正)试探电荷在电场中某点具有的电势能称为该点的电势,用 V 表示,即

$$V_a = \frac{W_a}{q_0} = \int_a^{P(0)} \boldsymbol{E} \cdot \mathrm{d}\boldsymbol{l}$$

电场中 a、b 两点的电势差为

$$U_{ab} = V_a - V_b = \int_a^b \boldsymbol{E} \cdot \mathrm{d}\boldsymbol{l}$$

零电势能点或零电势点的选择方法:若源电荷(产生电场的电荷)为有限分布,可取无限远处的电势或电势能为零,即 $V_a = \dfrac{W_a}{q_0} = \int_a^\infty \boldsymbol{E} \cdot \mathrm{d}\boldsymbol{l}$;若源电荷为无限分布,电势零点的选择需要根据具体情况确定.

3. 电势的计算

方法一:用电势叠加原理

空间任意一点的电势等于各带电体单独存在时在该点产生的电势的代数和. 在点电荷系产生的电场中

$$V = \sum_{i=1}^n V_i = \sum_i \frac{q_i}{4\pi\varepsilon_0 r_i}$$

在电荷连续分布的带电体产生的电场中

$$V = \int \mathrm{d}V = \int \frac{\mathrm{d}q}{4\pi\varepsilon_0 r}$$

方法二:用电势的定义

$$V_a = \int_a^{P(0)} \boldsymbol{E} \cdot \mathrm{d}\boldsymbol{l}$$

一般来说当电场强度的分布可以用高斯定理求出时,用方法二求解电势分布比较方便.

（六）电场强度和电势的微分关系

电场中某点的电场强度等于该处电势梯度的负值,即

$$\boldsymbol{E} = -\mathrm{grad}\, V = -\nabla V$$

在直角坐标系中

$$\boldsymbol{E} = -\left(\frac{\partial V}{\partial x}\boldsymbol{i} + \frac{\partial V}{\partial y}\boldsymbol{j} + \frac{\partial V}{\partial z}\boldsymbol{k} \right)$$

附：几种典型的带电体在真空中产生的场强和电势分布

（1）点电荷 q 的场强和电势分布

$$E = \frac{q}{4\pi\varepsilon_0 r^2}e_r, \quad V = \frac{q}{4\pi\varepsilon_0 r}$$

（2）均匀带电圆环轴线上任一点的场强和电势分布（半径为 R、电荷量为 q，如图 10.4 所示）

$$E = \frac{qx}{4\pi\varepsilon_0 (x^2+R^2)^{3/2}}i, \quad V = \frac{q}{4\pi\varepsilon_0\sqrt{x^2+R^2}}$$

（3）"无限长"均匀带电直线的场强分布（电荷线密度为 λ，如图 10.5 所示）

$$E = \frac{\lambda}{2\pi\varepsilon_0 r}e_r$$

（4）均匀带电球面的场强和电势分布（半径为 R、电荷量为 q）

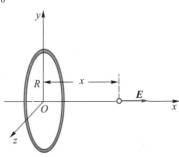

图 10.4 均匀带电圆环
轴线上的场强和电势分布

$$E = \begin{cases} \dfrac{q}{4\pi\varepsilon_0 r^2}e_r, \\ 0 \end{cases} \quad V = \begin{cases} \dfrac{q}{4\pi\varepsilon_0 r} & r>R \text{ 时（球面外）} \\ \dfrac{q}{4\pi\varepsilon_0 R} & r<R \text{ 时（球面内）} \end{cases}$$

（5）"无限大"均匀带电平面外任意一点的场强（电荷面密度为 σ，如图 10.6 所示）

$$E = \frac{\sigma}{2\varepsilon_0}e_r$$

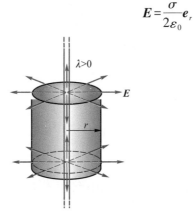

图 10.5 无限长均匀带电
直线的场强分布

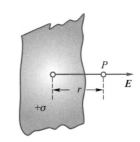

图 10.6 无限大均匀带电
平面外的场强分布

四、典型例题解法指导

本章习题主要使用微元法、定积分、曲面积分、曲线积分等高等数学知识作为解题的主要数学手段，具有较强的规律性和灵活性，综合性强、难度大. 题型主要有以下几类.

1. 求电场强度 E 的分布

题型一：根据点电荷的电场强度公式或某些常用的场强分布公式,利用场强叠加原理求场强分布.

题型二：利用高斯定理计算具有高度对称性(球对称、"无限长"的轴对称、"无限大"的面对称)的电场强度分布.

题型三：利用电场强度与电势的微分关系,求场强分布.

2. 求电势分布

题型一：根据点电荷的电势公式或某些常用的电势分布公式,利用电势叠加原理求电势分布.

题型二：利用电势的定义(即电势与场强的积分关系)求电势. 这种方法主要用于电场强度可以用高斯定理求出的情况.

3. 求电势能 电势差 电场力做功

例 10.1 如图 10.7 所示,一根电荷线密度为 λ 的均匀带电长直导线,和另一根电荷线密度也为 λ、长为 L 的带电直导线 AB,两者垂直、共面放置,且 $|OA| = a$,求带电直导线 AB 受到的电场力.

分析：此题可以直接使用"无限长"均匀带电直线外的电场强度公式,然后在带电直导线 AB 上取一电荷元,把它作为点电荷,用点电荷在电场中的受力公式计算它的受力,最后积分得出带电直线 AB 受到的电场力.

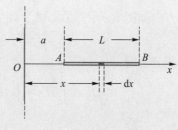

图 10.7 例 10.1 图

解：以 O 点为原点,沿导线 AB 向右作为 x 轴的正方向建立坐标系,则"无限长"均匀带电直线在 x 轴上任一点处电场强度的大小为

$$E = \frac{\lambda}{2\pi\varepsilon_0 x}$$

方向沿 x 轴正方向. 在 AB 上距离 O 为 x 处取长度为 $\mathrm{d}x$ 的电荷元 $\mathrm{d}q = \lambda\mathrm{d}x$,电荷元受力为

$$\mathrm{d}F = E\mathrm{d}q = \frac{\lambda}{2\pi\varepsilon_0 x} \cdot \lambda\mathrm{d}x = \frac{\lambda^2}{2\pi\varepsilon_0 x}\mathrm{d}x$$

方向沿 x 轴正方向,于是带电直导线 AB 受到的电场力为

$$F = \int_a^{a+L} \frac{\lambda^2}{2\pi\varepsilon_0 x}\mathrm{d}x = \frac{\lambda^2}{2\pi\varepsilon_0}\ln\frac{a+L}{a}$$

方向沿 x 轴正方向.

例 10.2 一根被弯成半径为 R 的半圆形细玻璃棒,其上均匀分布有电荷量为 $+q$ 的电荷,试求圆心处的电场强度及电势.

分析：本题中电荷沿半圆弧连续分布,可将整个带电体看成由无限多个电荷元(可视为点电荷)的组合,先计算任一电荷元 $dq = \lambda dl$ 在给定点产生的场强 $d\boldsymbol{E}$ 和电势 dV,再用叠加原理,通过积分求出给定点的总场强 $\boldsymbol{E}$ 和总电势 V. 用场强叠加原理求解电场强度时要注意,对场强的叠加是矢量叠加,所以应先将 $d\boldsymbol{E}$ 在给定的坐标系中作正交分解,求出 $d\boldsymbol{E}$ 的各个分量 dE_x 和 dE_y,然后对各分量进行积分得 E_x 和 E_y,最后求总场强.

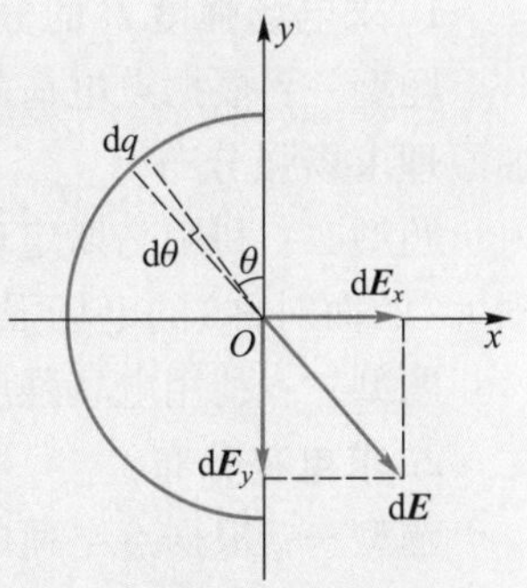

图 10.8　例 10.2 图

解:选择如图 10.8 所示的坐标系,在细玻璃棒上取一弧长为 dl 的线元,此线元同圆心的连线与 y 轴的夹角为 θ,对应的圆心角为 $d\theta$,所带的电荷量为

$$dq = \lambda dl = \frac{q}{\pi R} R d\theta = \frac{q}{\pi} d\theta$$

电荷元 dq 在 O 点产生的场强大小为

$$dE = \frac{dq}{4\pi\varepsilon_0 R^2} = \frac{q}{4\pi^2\varepsilon_0 R^2} d\theta$$

方向如图所示,它在 x 轴、y 轴上的分量为

$$dE_x = dE\sin\theta, \quad dE_y = -dE\cos\theta$$

积分可得

$$E_x = \int dE_x = \int dE\sin\theta = \int_0^\pi \frac{q}{4\pi^2\varepsilon_0 R^2}\sin\theta d\theta = \frac{q}{2\pi^2\varepsilon_0 R^2}$$

$$E_y = \int dE_y = -\int dE\cos\theta = -\int_0^\pi \frac{q}{4\pi^2\varepsilon_0 R^2}\cos\theta d\theta = 0$$

所以在 O 点处产生的场强为

$$\boldsymbol{E} = E_x\boldsymbol{i} + E_y\boldsymbol{j} = \frac{q}{2\pi^2\varepsilon_0 R^2}\boldsymbol{i}$$

又电荷元 dq 在 O 点处的电势为

$$dV = \frac{dq}{4\pi\varepsilon_0 R} = \frac{\lambda dl}{4\pi\varepsilon_0 R} = \frac{q}{4\pi^2\varepsilon_0 R} d\theta$$

积分可得整个带电半圆环在 O 点处产生的总电势为

$$V = \int dV = \int_0^\pi \frac{q}{4\pi^2\varepsilon_0 R} d\theta = \frac{q}{4\pi\varepsilon_0 R}$$

例 10.3　一个半径为 R 的半球壳均匀带电,电荷面密度为 σ. 试求球心处的电场强度.

分析:这是一个电荷连续分布的带电体问题,求解的关键在于如何选择电荷元,使问题简化. 由于电荷在球面上均匀分布,若在球面上任取一个带电的小面元作为电荷元,则需使用球坐标系下的面积元公式:$dS = R^2\sin\theta d\theta d\varphi$,并利用曲面积分(二重积分)进行计算,求解过程比较复杂;但若将球面看成是由许多均匀带电的圆环组成的集合,则可利用均匀带电圆环轴线上任意一点的场强公式进行计算,可使问题简化.

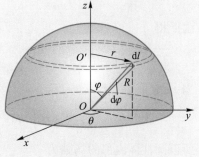

图 10.9　例 10.3 图

解:为使问题简化,可将半球壳看成是由圆环组成的集合,如图 10.9 所示.任取一个半径 $r = R\sin\varphi$、宽度 $dl = Rd\varphi$ 的圆环,则该圆环的表面积为

$$dS = 2\pi r \cdot dl = 2\pi R^2\sin\varphi d\varphi$$

圆环所带的电荷量为

$$dq = \sigma dS = \sigma \cdot 2\pi R^2\sin\varphi d\varphi$$

该圆环中心到球心 O 的距离为 $z = R\cos\varphi$,由均匀带电圆环轴线上任意一点的场强公式,得该圆环在球心处的电场强度为

$$dE = -\frac{1}{4\pi\varepsilon_0}\frac{zdq}{(z^2+r^2)^{3/2}}\boldsymbol{k}$$

$$= -\frac{1}{4\pi\varepsilon_0}\frac{R\cos\varphi}{R^3}\sigma 2\pi R^2\sin\varphi d\varphi\boldsymbol{k} = -\frac{\sigma}{2\varepsilon_0}\sin\varphi\cos\varphi d\varphi\boldsymbol{k}$$

积分得 O 点的电场强度为

$$E = \int_0^{\pi/2} -\frac{\sigma}{2\varepsilon_0}\sin\varphi\cos\varphi d\varphi\boldsymbol{k} = -\frac{\sigma}{4\varepsilon_0}\boldsymbol{k}$$

式中负号表示场强的方向沿 z 轴负方向.

读者也可以在球面上任取一个带电的小面元作为电荷元,利用 $dq = \sigma dS = \sigma R^2\sin\theta d\theta d\varphi$,将它视为点电荷,然后用点电荷的场强公式进行计算.

例 10.4　一半径为 R 的无限长圆柱形带电体,其电荷体密度 $\rho = Ar(r \leqslant R)$,A 为正的常量,试求:

(1)圆柱体内外电场强度的分布;

(2)选圆柱体表面为零电势点,求圆柱体内外的电势分布.

分析:本题的关键在于正确掌握高斯定理的应用及电势零点的选择.

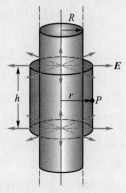

图 10.10　例 10.4 图

解:(1)由题意可知,电荷分布及电荷产生的电场分布都具有"无限长"的轴对称性,即在任意半径为 r 的同轴圆柱面上,各点电场强度的大小相等,方向均沿径向,如图 10.10 所示.为此取半径为 r、高为 h 的封闭同轴圆柱面为高斯面,由高斯定理,可得通过该高斯面的电场强度通量为

$$\Phi_e = \oint_S \boldsymbol{E} \cdot d\boldsymbol{S} = \int_{侧面} \boldsymbol{E} \cdot d\boldsymbol{S} + \int_{上底面} \boldsymbol{E} \cdot d\boldsymbol{S} + \int_{下底面} \boldsymbol{E} \cdot d\boldsymbol{S} = 2\pi rhE = \frac{1}{\varepsilon_0}\sum q$$

由此得

$$E = \frac{1}{2\pi\varepsilon_0 rh}\sum q$$

当 $r \leqslant R$ 时

$$\sum q = \int_V \rho dV = \int_0^r Ar \cdot 2\pi rh dr = \frac{2}{3}\pi Ahr^3$$

所以圆柱体内部的场强为

$$E = \frac{1}{2\pi\varepsilon_0 rh} \cdot \frac{2}{3}\pi Ahr^3 = \frac{Ar^2}{3\varepsilon_0}$$

当 $r > R$ 时

$$\sum q = \int_V \rho dV = \int_0^R 2\pi Ahr^2 dr = \frac{2}{3}\pi AhR^3$$

所以圆柱体外部的场强为

$$E = \frac{1}{2\pi\varepsilon_0 rh} \cdot \frac{2}{3}\pi AhR^3 = \frac{AR^3}{3\varepsilon_0 r}$$

(2) 当 $r \leqslant R$ 时,圆柱体内任一点的电势为

$$V = \int_r^R \boldsymbol{E} \cdot d\boldsymbol{r} = \int_r^R \frac{Ar^2}{3\varepsilon_0} dr = \frac{A}{9\varepsilon_0}(R^3 - r^3) > 0$$

当 $r > R$ 时,圆柱体外任一点的电势为

$$V = \int_r^R \boldsymbol{E} \cdot d\boldsymbol{r} = \int_r^R \frac{AR^3}{3\varepsilon_0 r} dr = \frac{AR^3}{3\varepsilon_0}\ln\frac{R}{r} < 0$$

例 10.5 如图 10.11 所示,一个半径为 R_1、带有球形空腔的球均匀带电,电荷体密度为 ρ,其球形空腔的半径为 $R_2(R_2 < R_1)$,空腔中心 O' 与球心 O 的距离为 a,试求:

(1) 空腔内电场强度的分布;

(2) 空腔中心 O' 处的电势.

分析:此题的关键在于熟练应用补偿法和叠加原理求电场和电势,即将不带电的空腔等效为电荷体密度等量异号的两种电荷的叠加. 这样本题可归结为求一个电荷体密度为 ρ、半径为 R_1 的均匀带电球体与一个电荷体密度为 $-\rho$、半径为 $R_2(R_2 < R_1)$ 的均匀带电球体在空腔内产生的电场和电势的叠加.

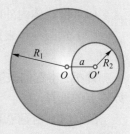

图 10.11 例 10.5 图

解:(1) 利用补偿法,将空腔带电球体产生的电场分布等效成一个电荷体密度为 ρ、半径为 R_1 的均匀带电大球与一个电荷体密度为 $-\rho$、半径为 $R_2(R_2 < R_1)$ 的

均匀带电小球产生的电场的叠加. 设 P 为空腔内任意一点,其到 O、O' 的距离分别为 r_1、r_2,如图 10.12 所示. 以 O 为球心,作半径为 r_1 的球面为高斯面 S_1,则根据高斯定理,均匀带电大球体产生的电场对 S_1 面的电场强度通量为

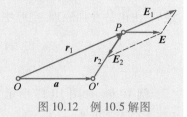

$$\oint_{S_1} \boldsymbol{E} \cdot \mathrm{d}\boldsymbol{S} = E_1 4\pi r_1^2 = \frac{1}{\varepsilon_0} \sum q = \frac{\rho 4\pi r_1^3}{3\varepsilon_0}$$

所以均匀带电大球在球内 P 点产生的场强为

$$E_1 = \frac{\rho}{3\varepsilon_0} \boldsymbol{r}_1$$

图 10.12　例 10.5 解图

同理可求得带负电的小球在空腔内 P 点产生的场强为

$$\boldsymbol{E}_2 = -\frac{\rho}{3\varepsilon_0} \boldsymbol{r}_2$$

由场强叠加原理可得 P 点的总场强为

$$\boldsymbol{E} = \boldsymbol{E}_1 + \boldsymbol{E}_2 = \frac{\rho}{3\varepsilon_0}(\boldsymbol{r}_1 - \boldsymbol{r}_2) = \frac{\rho}{3\varepsilon_0}\boldsymbol{a}$$

即空腔内的场强是均匀的,其方向平行于两球心的连线,由 O 指向 O'.

（2）由高斯定理可知均匀带电的大球产生的场强分布为

$$E_1 = \begin{cases} \dfrac{\rho}{3\varepsilon_0}r, & r < R_1 \\[3mm] \dfrac{\rho R_1^3}{3\varepsilon_0 r^3}\boldsymbol{r}, & r > R_1 \end{cases}$$

式中 r 是 O 到场点的径矢. 若以无穷远处为电势零点,由电势的定义,则大球在 P 点处产生的电势为

$$V_{1P} = \int_{r_1}^{\infty} \boldsymbol{E}_1 \cdot \mathrm{d}\boldsymbol{r} = \int_{r_1}^{R_1} \frac{\rho}{3\varepsilon_0}r\mathrm{d}r + \int_{R_1}^{\infty} \frac{\rho R_1^3}{3\varepsilon_0 r^2}\mathrm{d}r = \frac{\rho}{6\varepsilon_0}(3R_1^2 - r_1^2)$$

在空腔中心 O' 点处,$r_1 = a$,故大球在 O' 点产生的电势为

$$V_1 = \frac{\rho}{6\varepsilon_0}(3R_1^2 - a^2)$$

同理可求带负电的小球产生的场强分布为

$$E_2 = \begin{cases} -\dfrac{\rho}{3\varepsilon_0}r', & r' < R_2 \\[3mm] -\dfrac{\rho R_2^3}{3\varepsilon_0 r'^3}\boldsymbol{r}', & r' > R_2 \end{cases}$$

式中 r' 是 O' 到场点的径矢. 于是小球在 P 点处产生的电势为

$$V_{2P} = \int_{r_2}^{\infty} \boldsymbol{E}_2 \cdot \mathrm{d}\boldsymbol{r}' = \int_{r_2}^{R_2} \frac{-\rho}{3\varepsilon_0}r'\mathrm{d}r' + \int_{R_2}^{\infty} \frac{-\rho R_2^3}{3\varepsilon_0 r'^2}\mathrm{d}r' = -\frac{\rho}{6\varepsilon_0}(3R_2^2 - r_2^2)$$

在空腔中心 O' 点,$r_2 = 0$,故小球在 O' 点产生的电势为

$$V_2 = -\frac{\rho R_2^2}{2\varepsilon_0}$$

最后,由电势叠加原理,空腔中心 O' 处的总电势为

$$V_{O'} = V_1 + V_2 = \frac{\rho}{6\varepsilon_0}\left[3(R_1^2 - R_2^2) - a^2\right]$$

例 10.6 如图 10.13 所示,一个均匀带电的平面圆环,内外半径分别为 R_1 和 R_2,电荷面密度为 $\sigma(\sigma > 0)$. 一质子被加速后,从 P 点处沿圆环轴线射向圆心 O,若质子达到 O 点时的速度恰好为零,试求质子位于 P 点时的动能 E_k.(忽略重力影响,设 $|OP| = L$.)

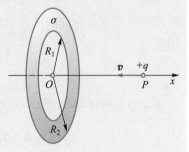

图 10.13 例 10.6 图

分析:这是一道力学与电学的综合题. 根据动能定理,质子在 OP 上运动时电场力对质子做的功等于质子动能的增量. 求电场力做功有两种方法:一是利用电场力做功等于电势能的减少量来求解,即 $A_{PO} = W_P - W_O = e(V_P - V_O)$;另外一种方法是利用功的力学定义来求解,即 $A = \int_P^O \boldsymbol{F} \cdot \mathrm{d}\boldsymbol{l} = \int_P^O e\boldsymbol{E} \cdot \mathrm{d}\boldsymbol{l}$. 第一种方法需要求 O、P 两点的电势,第二种方法需要求轴线 OP 上的场强分布.

解:**解法一** 用电场力做功等于电势能的减少量来求解

以 O 为坐标原点,OP 为 x 轴正方向. 将整个圆环视为由许多小圆环组成的集合,任取一个半径为 r,宽为 $\mathrm{d}r$ 的带电小圆环,其电荷量为 $\mathrm{d}q = \sigma \cdot 2\pi r \mathrm{d}r$,以无穷远处为零电势点,则 $\mathrm{d}q$ 在 P 点产生的电势为

$$\mathrm{d}V_P = \frac{1}{4\pi\varepsilon_0}\frac{\mathrm{d}q}{\sqrt{r^2 + L^2}} = \frac{\sigma}{2\varepsilon_0}\frac{r\mathrm{d}r}{\sqrt{r^2 + L^2}}$$

于是,整个带电圆环在 P 点产生的总电势为

$$V_P = \int \mathrm{d}V_P = \int_{R_1}^{R_2}\frac{\sigma}{2\varepsilon_0}\frac{r\mathrm{d}r}{\sqrt{r^2 + L^2}} = \frac{\sigma}{2\varepsilon_0}\left(\sqrt{L^2 + R_2^2} - \sqrt{L^2 + R_1^2}\right)$$

令 $L = 0$,可得 O 点处的电势为

$$V_O = \frac{\sigma}{2\varepsilon_0}(R_2 - R_1)$$

根据质点的动能定理有

$$A = e(V_P - V_O) = 0 - E_k$$

所以质子在 P 点的动能为

$$E_k = e(V_O - V_P) = \frac{e\sigma}{2\varepsilon_0}(R_2 - R_1 - \sqrt{R_2^2+L^2} + \sqrt{L^2+R_1^2})$$

解法二 利用功的力学定义求电场力做功

由均匀带电圆环轴线上的电场强度公式,半径为 r,宽度为 dr,带电荷量 $dq = 2\pi r\sigma dr$ 的窄圆环在轴线 OP 上任一点 x 处产生的场强大小为

$$dE = \frac{x \cdot dq}{4\pi\varepsilon_0(x^2+r^2)^{3/2}} = \frac{\sigma rx dr}{2\varepsilon_0(x^2+r^2)^{3/2}}$$

由于每个小圆环在 x 处产生的场强方向都沿 x 轴正方向,故整个圆环在 x 处产生的场强为

$$E = \int dE = \int_{R_1}^{R_2} \frac{\sigma rx dr}{2\varepsilon_0(x^2+r^2)^{3/2}} = \frac{\sigma x}{2\varepsilon_0}\left[\frac{1}{\sqrt{R_1^2+x^2}} - \frac{1}{\sqrt{R_2^2+x^2}}\right]$$

所以电场力做的功为

$$A = \int_P^O eE \cdot dl = \int_L^0 \frac{e\sigma x}{2\varepsilon_0}\left[\frac{1}{\sqrt{R_1^2+x^2}} - \frac{1}{\sqrt{R_2^2+x^2}}\right]dx$$

$$= -\frac{\sigma e}{2\varepsilon_0}(R_2 - R_1 - \sqrt{L^2+R_2^2} + \sqrt{L^2+R_1^2})$$

最后,根据动能定理可得质子在 P 点的动能为

$$E_k = -A = \frac{e\sigma}{2\varepsilon_0}(R_2 - R_1 - \sqrt{R_2^2+L^2} + \sqrt{L^2+R_1^2})$$

例 10.7 有一半径为 R、电荷量为 Q 的均匀带电球面,沿径矢方向上放置一根均匀带电的细棒,棒的电荷线密度为 λ,长为 $L(L>R)$,球心到棒的近端的距离也为 L,如图 10.14 所示. 设球面和细棒上的电荷分布不相互影响,且棒和球面的形状不因受力发生形变,试求:

(1)带电球面和细棒之间的静电力;

(2)带电细棒在电场中的电势能.

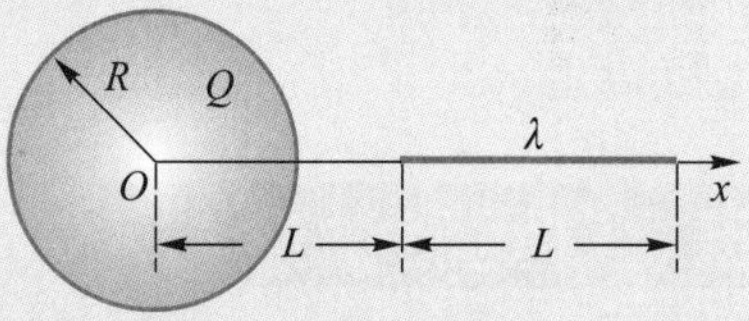

图 10.14 例 10.7 图

分析:本题是求电荷连续分布的带电体在电场中的受力和电势能问题. 对于这类问题,首先要求出另一个带电体产生的场强分布和电势分布,然后在电荷连续分布的带电体上,任取一个电荷元 dQ,并确定 dQ 在电场中的受力和电势能,最后通过积分来确定整个带电体的受力和电势能.

解:(1)由高斯定理可得,半径为 R、电荷量为 Q 的均匀带电球面产生的电场分布为

$$E = \begin{cases} \dfrac{Q}{4\pi\varepsilon_0 r^2}\boldsymbol{e}_r, & r>R \text{ 时(球面外)} \\ 0, & r<R \text{ 时(球面内)} \end{cases}$$

式中 e_r 是径向单位矢量. 在细棒上距离球心 O 为 x 处取一段长为 dx 的电荷元,如图 10.15 所示,其所带电荷量为 $dQ = \lambda dx$,它受到的电场力的大小为

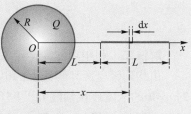

图 10.15　例 10.7 解图

$$dF = dQ \cdot E = \frac{Q}{4\pi\varepsilon_0 x^2} \lambda dx$$

方向沿径向,所以整个细棒受到的电场力为

$$F = \int dF = \int_L^{2L} \frac{Q}{4\pi\varepsilon_0 x^2} \lambda dx = \frac{Q\lambda}{8\pi\varepsilon_0 L}$$

方向沿 x 轴正方向.

（2）若以无穷远处为零电势点,则半径为 R、电荷量为 Q 的均匀带电球面产生的电势分布为

$$V = \begin{cases} \dfrac{Q}{4\pi\varepsilon_0 r}, & r > R \text{ 时（球面外）} \\[3mm] \dfrac{Q}{4\pi\varepsilon_0 R}, & r < R \text{ 时（球面内）} \end{cases}$$

于是,细棒上的电荷元 dQ 在带电球面的电场中具有的电势能为

$$dW = V dQ = \frac{\lambda Q}{4\pi\varepsilon_0 x} dx$$

整个带电细棒在电场中的电势能为

$$W = \int dW = \int_L^{2L} \frac{\lambda Q}{4\pi\varepsilon_0 x} dx = \frac{\lambda Q}{4\pi\varepsilon_0} \ln 2$$

五、自我测试题

10.1　真空中两块相互平行的无限大均匀带电平板,其电荷面密度分别为 $+\sigma$ 和 -2σ,两板间的距离为 d,如图所示,则两板间的电场强度和电势差分别为(　　).

(A) $0,0$

(B) $\dfrac{3\sigma}{2\varepsilon_0}, \dfrac{3\sigma}{2\varepsilon_0} d$

(C) $\dfrac{\sigma}{\varepsilon_0}, \dfrac{\sigma}{\varepsilon_0} d$

(D) $\dfrac{\sigma}{2\varepsilon_0}, \dfrac{\sigma}{2\varepsilon_0} d$

测试题 10.1 图

10.2　半径为 R 的均匀带电球面,若其电荷面密度为 σ,则在球面外靠近球面处的电场强度大小为(　　).

(A) $\dfrac{\sigma}{\varepsilon_0}$　　　(B) $\dfrac{\sigma}{2\varepsilon_0}$　　　(C) $\dfrac{\sigma}{4\varepsilon_0}$　　　(D) $\dfrac{\sigma}{8\varepsilon_0}$

10.3 点电荷 q 位于一边长为 a 的立方体中心,则该点电荷产生的电场通过立方体的一个面的电场强度通量为( ).

(A) $\dfrac{q}{\varepsilon_0}$ (B) $\dfrac{q}{2\varepsilon_0}$ (C) $\dfrac{q}{3\varepsilon_0}$ (D) $\dfrac{q}{6\varepsilon_0}$

10.4 有一个内外半径分别为 R_1 和 R_2、均匀带电的球壳,球壳所带的总电荷量为 Q,则球壳内部距球心为 r ($R_1 < r < R_2$)处电场强度的大小为( ).

(A) 0

(B) $\dfrac{Q}{4\pi\varepsilon_0(r^2-R_1^2)}$

(C) $\dfrac{Q(r^2-R^2)}{4\pi\varepsilon_0 r^2(R_2^2-R_1^2)}$

(D) $\dfrac{Q(r^3-R^3)}{4\pi\varepsilon_0 r^2(R_2^3-R_1^3)}$

10.5 若以无限远处为电势零点,则在下面的 4 个 $V\text{-}r$ 曲线图中,能正确反映半径为 R 的均匀带电球体内外电势分布规律的是( ).

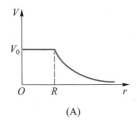
(A)

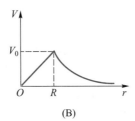
(B)

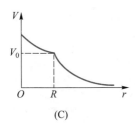
(C)

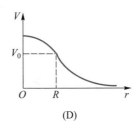
(D)

10.6 已知某带电体内外的电势分布曲线($V\text{-}r$ 曲线)如图所示,则该带电体是( ).

(A) 半径为 R 的均匀带电球面

(B) 半径为 R 的均匀带电球体

(C) 半径为 R 的均匀带电球圆柱面

(D) 半径为 R 的均匀带电球圆柱体

10.7 等腰三角形的三个顶点上分别放置 $+q$、$-q$ 和 $+2q$ 的点电荷,P 为顶角平分线上的一点,P 点与顶点的距离分别为 d 和 d_1,如图所示. 若将点电荷 $+Q$ 从无限远处移到 P 点,外界需要克服电场力做的功为 ( ).

(A) $\dfrac{qQ}{2\pi\varepsilon_0 d}$ (B) $\dfrac{qQ}{4\pi\varepsilon_0 d}$

(C) $\dfrac{qQ(d_1+d)}{2\pi\varepsilon_0 d_1 d}$ (D) $\dfrac{qQ(d_1+d)}{4\pi\varepsilon_0 d_1 d}$

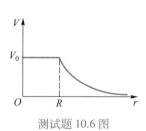

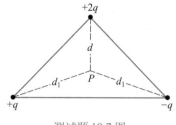

测试题 10.6 图　　　　　　　　　测试题 10.7 图

10.8　长为 l 的均匀带电塑料细棒,弯曲成一个圆环,在接口处有一间距为 d ($d \ll l$)的缺口. 设细棒上的总电荷量为 q($q>0$),且在弯曲时棒上的电荷分布不发生变化. 则环心 O 处电场强度的大小为_____,方向_____,环心 O 处的电势为_____.

10.9　静电场高斯定理的数学表达式为_____,它表明静电场是_____;静电场环路定理的数学表达式为_____,它表明静电场是_____.

10.10　如图所示,一根细塑料棒被弯曲成半径为 R 的半圆形. 假设其左半部分均匀分布 $-Q$ 的电荷,右半部分均匀分布 $+Q$ 的电荷,试求其圆心 O 处的电场强度.

10.11　半无限长的直线均匀带电,单位长度上所带电荷量为 λ. 试证明:端垂面(即过端点并与直线垂直的平面)上除端点外,其他任何一点的电场强度 $\boldsymbol{E}$ 的方向与这直线成 $45°$ 角.

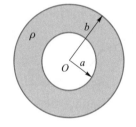

测试题 10.10 图　　　　　　　　　测试题 10.12 图

10.12　一带电球壳的内外半径分别为 a 和 b,壳体中的电荷均匀分布,其电荷体密度为 ρ. 试求带电球壳体内外的场强分布,并画出 E–r 曲线.

10.13　电荷分布在半径为 R 的球体内,其电荷体密度为 $\rho = \rho_0 \left(1 - \dfrac{r}{R}\right)$,式中的 ρ_0 为常量,r 为球心到球内任一点的距离. 试求:

(1) 该带电球体所带的总电荷量;

(2) 球内外电场强度的分布;

(3) 电场强度的最大值.

10.14　如图所示,一个半径为 R 的均匀带电圆盘,其电荷面密度为 σ,求轴线上离圆心为 x 处的电势 V,并由此求出轴线上任意一点的电场强度 $\boldsymbol{E}$.

10.15　有一半径为 R 的均匀带电球体,电荷体密度为 $+\rho$. 现在球体内沿直径挖一极细的隧道,假设挖隧道前后球体内的电荷分布和电场分布均保持不变,如图所示. 现在洞口处由静止释放一个带电荷量为 $-q$ 的点电荷,其质量为 m,重力可忽略不计. 试分析点电荷在隧道内的运动规律.

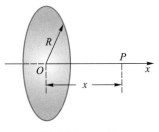

测试题 10.14 图

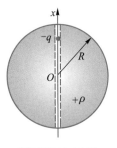

测试题 10.15 图

自我测试题

参考答案

第11章

··· 电场中的导体和
电介质

一、知识点网络框图

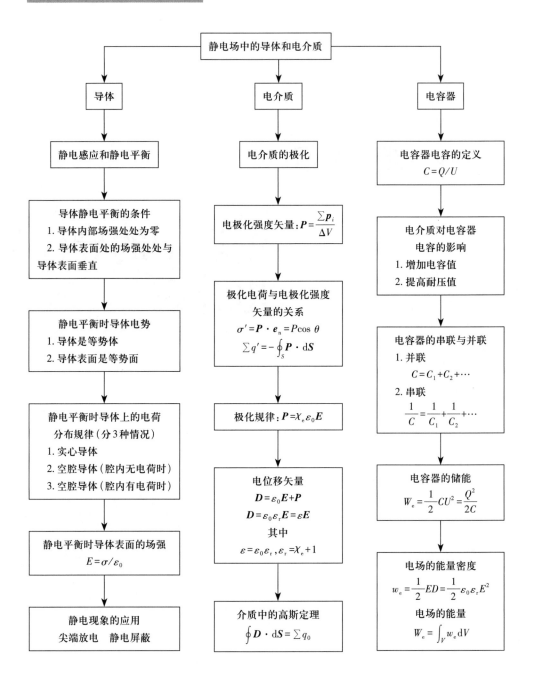

静电场中的导体和电介质

导体 | 电介质 | 电容器

导体

静电感应和静电平衡

导体静电平衡的条件
1. 导体内部场强处处为零
2. 导体表面处的场强处处与导体表面垂直

静电平衡时导体电势
1. 导体是等势体
2. 导体表面是等势面

静电平衡时导体上的电荷分布规律（分3种情况）
1. 实心导体
2. 空腔导体（腔内无电荷时）
3. 空腔导体（腔内有电荷时）

静电平衡时导体表面的场强
$E = \sigma / \varepsilon_0$

静电现象的应用
尖端放电　静电屏蔽

电介质

电介质的极化

电极化强度矢量：$P = \dfrac{\sum \boldsymbol{p}_i}{\Delta V}$

极化电荷与电极化强度矢量的关系
$\sigma' = \boldsymbol{P} \cdot \boldsymbol{e}_n = P\cos\theta$
$\sum q' = -\oint_S \boldsymbol{P} \cdot \mathrm{d}\boldsymbol{S}$

极化规律：$\boldsymbol{P} = \chi_e \varepsilon_0 \boldsymbol{E}$

电位移矢量
$\boldsymbol{D} = \varepsilon_0 \boldsymbol{E} + \boldsymbol{P}$
$\boldsymbol{D} = \varepsilon_0 \varepsilon_r \boldsymbol{E} = \varepsilon \boldsymbol{E}$
其中
$\varepsilon = \varepsilon_0 \varepsilon_r$，$\varepsilon_r = \chi_e + 1$

介质中的高斯定理
$\oint \boldsymbol{D} \cdot \mathrm{d}\boldsymbol{S} = \sum q_0$

电容器

电容器电容的定义
$C = Q/U$

电介质对电容器电容的影响
1. 增加电容值
2. 提高耐压值

电容器的串联与并联
1. 并联
$C = C_1 + C_2 + \cdots$
2. 串联
$\dfrac{1}{C} = \dfrac{1}{C_1} + \dfrac{1}{C_2} + \cdots$

电容器的储能
$W_e = \dfrac{1}{2}CU^2 = \dfrac{Q^2}{2C}$

电场的能量密度
$w_e = \dfrac{1}{2}ED = \dfrac{1}{2}\varepsilon_0 \varepsilon_r E^2$
电场的能量
$W_e = \int_V w_e \mathrm{d}V$

二、基本要求

1. 理解导体的静电平衡条件及性质,熟练掌握在静电平衡状态下导体上电荷的分布规律,能处理某些导体在静电平衡条件下的电场和电势分布问题.

2. 了解电介质的极化现象及其微观机理,了解电极化强度矢量 P,理解电位移矢量 D 的定义及其物理意义,熟练掌握有电介质时静电场的高斯定理及其应用.

3. 理解电容器电容的定义,掌握几种形状规则的(如平行板、圆柱形、球形)电容器电容的计算方法,理解电介质对电容器电容的影响.

4. 理解电场的能量概念,掌握电容器中储存的能量和电场能量的计算方法.

三、主要内容

(一) 静电场中的导体

1. 导体的静电平衡
处于电场中的导体,导体内部的自由电子除了做热运动之外,还在电场力的作用下做定向运动. 自由电荷的定向运动,一方面形成电流,另一方面在导体上产生电荷分布. 当导体上所有的自由电荷只有热运动、没有定向运动(即没有电流)时,导体所处的状态称为导体的静电平衡状态.

2. 导体静电平衡的条件
① 导体内部场强处处为零;② 导体表面的场强处处与导体表面垂直.

3. 导体静电平衡时的性质
导体是等势体,导体表面是等势面.

4. 静电平衡时导体上的电荷分布
(1) 实心导体——导体内部处处没有净电荷,电荷(包括感应电荷)只能分布在导体的表面上;

(2) 空腔导体,腔内无电荷时——导体内部及空腔内表面处处没有净电荷,电荷只能分布在空腔的外表面上;

(3) 空腔导体,腔内有电荷时——若空腔导体自身带电荷 Q,腔内有电荷量为 q 的带电体,则静电平衡时,空腔内表面上出现感应电荷 $-q$,外表面上的净电荷为 $Q+q$,如图 11.1 所示.

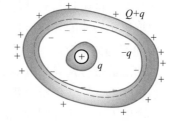

图 11.1 空腔导体上的电荷分布

5. 静电平衡时导体表面的电场强度
静电平衡时导体表面附近的电场强度,其方向处处与导体表面垂直,大小与该

处表面的电荷面密度 σ 成正比,即

$$E_{表面} = \frac{\sigma}{\varepsilon_0} e_n$$

6. 尖端放电

由于导体表面附近的场强大小正比于导体表面的电荷密度,在尖端处,电荷面密度很大,所以尖端附近的电场强度很大. 当尖端附近电场强度大到一定程度时,可使空气中的分子电离,产生大量的正负电荷. 与尖端上电荷异号的带电粒子受到吸引而趋向尖端,使导体上的电荷减少. 这种现象称为尖端放电现象.

7. 静电屏蔽

利用空腔导体可以实现静电屏蔽. 静电屏蔽可分两种情况:

(1) 腔外电荷及空腔导体上的感应电荷在腔内产生的合场强为零,即空腔导体可以屏蔽外电场,如图 11.2(a)所示.

(2) 接地的空腔导体,其腔内电荷和空腔内表面出现的感应电荷在腔外产生的合场强也为零,即接地的空腔导体可以屏蔽腔内电场,如图 11.2(b)所示.

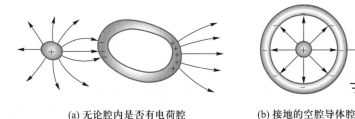

(a) 无论腔内是否有电荷腔　　(b) 接地的空腔导体腔
外电场对腔内无影响　　　　内电场对腔外无影响

图 11.2　静电屏蔽

(二) 电容和电容器

1. 孤立导体的电容

导体能够携带(或容纳)电荷的本领,称为电容,用符号 C 表示,其定义为

$$C = \frac{q}{V}$$

电容的单位名称为法拉,符号为 F.

假设某导体附近没有其他带电体或导体,则该导体称为孤立导体. 孤立导体的电容只取决于导体的几何形状和大小,与导体所带的电荷量和电势无关.

2. 电容器的电容

两块能够带等量异号电荷的导体所组成的带电系统称为电容器(图 11.3). 若电容器的两个极板上所带电荷量为 $\pm Q$,两板之间的电势差为 U,则该电容器的电容为

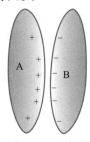

$$C = \frac{Q}{U}$$

电容器的电容只与电容器的几何结构和两极板之间填充的

图 11.3　电容器

电介质有关,与电容器是否带电无关. 通常可根据电容器的两个极板的形状将电容器分为平行板电容器、圆柱形电容器和球形电容器三种,也可以根据两极板之间填充的介质和用途来分类.

3. 电容器的连接:串联与并联

(1)串联:当电容器串联时,串联后等效总电容的倒数等于各电容器电容的倒数之和,即

$$\frac{1}{C} = \frac{1}{C_1} + \frac{1}{C_2} + \cdots + \frac{1}{C_n}$$

(2)并联:当电容器并联时,并联后的等效总电容等于各电容器电容之和,即

$$C = C_1 + C_2 + \cdots + C_n$$

(三)静电场中的电介质

1. 电介质的极化

从导电性能上来说,电介质是理想的绝缘体,所以电介质内没有可以自由运动的自由电子,所有电子都被束缚在原子内,绕原子核运动. 当外电场不存在时,有一类电介质,每个分子的正负电荷中心重合,这类电介质称为无极分子电介质;还有一类电介质,其分子的正负电荷中心不重合,每个分子都等效于一个电偶极子,具有一定的电偶极矩,这类电介质称为有极分子电介质.

当有外电场存在时,电介质被外电场极化. 但无论是无极分子电介质的位移极化,还是有极分子电介质的取向极化,电介质被均匀极化的宏观效果都是使电介质表面出现一层极化电荷,使电介质内部分子电偶极矩的矢量和不再等于零,如图11.4所示. 这些极化电荷在电介质内产生附加电场 E',从而影响原有的电场分布,使介质内的总场强减小,即

$$E = E_0 + E',\text{且 } E < E_0$$

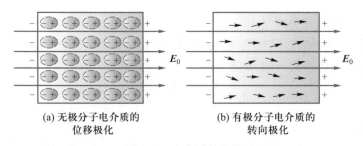

(a) 无极分子电介质的
位移极化

(b) 有极分子电介质的
转向极化

图 11.4　电介质的极化

2. 电极化强度矢量　极化电荷面密度

当电介质被外电场极化时,单位体积内分子电偶极矩的矢量和称为电介质的电极化强度矢量,并用符号 P 表示,即

$$P = \frac{\sum p_i}{\Delta V}$$

式中:$\sum p_i$ 是电介质 ΔV 体积内分子电偶极矩的矢量和. 显然,P 的大小反映了电介

质被极化的程度. 同时电介质被极化的程度, 也反应在电介质表面极化电荷面密度 σ' 的大小上. $\boldsymbol{P}$ 与 σ' 的关系为

$$\sigma' = \boldsymbol{P} \cdot \boldsymbol{e}_n = P\cos\theta$$

3. 电介质的极化规律

在各向同性的均匀电介质中, 某点的电极化强度矢量 $\boldsymbol{P}$ 与该处的总电场强度 $\boldsymbol{E}$ 成正比, 即

$$\boldsymbol{P} = \varepsilon_0(\varepsilon_r - 1)\boldsymbol{E} = \varepsilon_0 \chi_e \boldsymbol{E}$$

式中 χ_e 为电介质的电极化率, ε_r 为电介质的相对电容率.

4. 有电介质存在时静电场的高斯定理　电位移矢量

在静电场中, 电位移矢量 $\boldsymbol{D}$ 对于任意一个闭合曲面的通量等于该闭合曲面所包围的自由电荷的代数和, 与极化电荷无关, 即

$$\oint_S \boldsymbol{D} \cdot \mathrm{d}\boldsymbol{S} = \sum q_0$$

这称为有电介质存在时的高斯定理. 电位移矢量的定义为

$$\boldsymbol{D} = \varepsilon_0 \boldsymbol{E} + \boldsymbol{P}$$

利用电介质的极化规律, 可得

$$\boldsymbol{D} = \varepsilon_0 \varepsilon_r \boldsymbol{E} = \varepsilon \boldsymbol{E}$$

式中 $\varepsilon = \varepsilon_0 \varepsilon_r$ 称为电介质的绝对电容率. 注意: 电位移矢量 $\boldsymbol{D}$ 是研究电场的一个辅助物理量.

高斯定理的主要应用是求解当电荷分布和介质分布具有高度对称性时, $\boldsymbol{D}$ 和 $\boldsymbol{E}$ 的空间分布. 此外还需注意, 上述形式的高斯定理是电磁场理论的基本方程之一, 无论是否存在电介质都成立.

(四) 电场能量

1. 电容器的储能公式

电容器是一个储能元件. 若电容器的电容为 C, 当两极板上带等量异号电荷 Q, 或两极板间的电势差为 U 时, 电容器储存的能量为

$$W_e = \frac{1}{2}CU^2 = \frac{Q^2}{2C} = \frac{1}{2}QU$$

2. 电场的能量

电场是客观存在的一种特殊的物质, 和其他物质一样, 也具有能量、质量和动量. 电容器储存的能量实际上存在于电荷所激发的电场中. 电场的能量密度为

$$w_e = \frac{1}{2}\boldsymbol{D} \cdot \boldsymbol{E} = \frac{1}{2}\varepsilon_0 \varepsilon_r E^2$$

给定空间中电场的总能量为

$$W_e = \int_V w_e \mathrm{d}V = \int_V \frac{1}{2}\boldsymbol{D} \cdot \boldsymbol{E}\mathrm{d}V = \int_V \frac{1}{2}\varepsilon E^2 \mathrm{d}V$$

四、典型例题解法指导

本章习题主要有以下四种类型：

1. 静电平衡时导体上的电荷分布、导体周围的场强分布和电势分布的计算.

2. 有电介质存在时高斯定理的综合应用.

3. 电容器电容的计算或估算.

4. 电场能量的计算.

这四类问题的核心都是通过场强叠加原理或高斯定理求场强分布、再求电势分布.

例 11.1 三块平行放置的金属薄板 A、B 和 C，面积均为 S，AC 间距离为 d_1，AB 间距离为 d_2，且 $d_1 \ll \sqrt{S}$、$d_2 \ll \sqrt{S}$. 如果使 A 板带正电荷 Q，B、C 两板接地，略去电场的边缘效应，试求：

（1）B、C 板上感应电荷的电荷量；

（2）空间各处的场强分布.

分析： 此题属于导体的静电平衡问题. 根据导体静电平衡的特点，导体上的电荷仅分布在导体表面，导体内部场强处处为零，导体表面场强处处与导体表面垂直，其大小为 $E = \sigma/\varepsilon_0$；又由题意可知，3 块金属导体板均可视为"无限大"，空间某点的场强是 3 块无限大带电导体板产生的场强的矢量和.

解：（1）选向右为 x 轴正方向. 3 块导体板共有 6 个表面，设 6 个表面的电荷密度分别为 $\sigma_1, \sigma_2, \cdots$, σ_6，如图 11.5 所示. 因 B、C 两导体板接地，故 B、C 板外的场强为零，由此首先可得

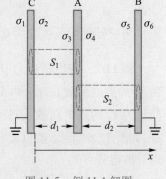

图 11.5　例 11.1 解图

$$\sigma_1 = 0, \sigma_6 = 0$$

作如图 11.5 中所示的两个闭合圆柱面 S_1、S_2 为高斯面，其底面积均为 ΔS，且均在导体板内，侧面与金属薄板表面垂直. 根据高斯定理和导体的静电平衡条件，有

$$\oint_S \boldsymbol{E} \cdot \mathrm{d}\boldsymbol{S} = \frac{1}{\varepsilon_0} \sum q_i = 0$$

对于 S_1 面有：$\sum q_i = \Delta S \sigma_2 + \Delta S \sigma_3 = 0$；对于 S_2 面有：$\sum q_i = \Delta S \sigma_4 + \Delta S \sigma_5 = 0$. 由此得

$$\sigma_2 = -\sigma_3, \quad \sigma_4 = -\sigma_5 \qquad ①$$

又 AB、AC 之间的场强和电势差分别为

$$E_{AB} = \sigma_4/\varepsilon_0, \quad E_{AC} = \sigma_3/\varepsilon_0 \qquad ②$$

$$U_{AB}=E_{AB}d_2=\sigma_4 d_2/\varepsilon_0,\quad U_{AC}=E_{AC}d_1=\sigma_3 d_1/\varepsilon_0 \qquad ③$$

因为 B、C 接地,故有:$U_{AB}=U_{AC}$,由③式可得

$$\sigma_4 d_2=\sigma_3 d_1 \qquad ④$$

由题意可知

$$\sigma_3 S+\sigma_4 S=Q \qquad ⑤$$

联立①式、④式、⑤式求解得

$$\sigma_3=-\sigma_2=\frac{d_2 Q}{(d_1+d_2)S}$$

$$\sigma_4=-\sigma_5=\frac{d_1 Q}{(d_1+d_2)S}$$

故 B、C 板上的感应电荷分别为

$$Q_B=(\sigma_5+\sigma_6)S=-\frac{d_1 Q}{d_1+d_2}$$

$$Q_C=(\sigma_1+\sigma_2)S=-\frac{d_2 Q}{d_1+d_2}$$

(2) 将 σ_3、σ_4 代入②式,可得 AB 之间、AC 之间的场强分布为

$$E_{AB}=\frac{\sigma_4}{\varepsilon_0}=\frac{d_1 Q}{(d_1+d_2)\varepsilon_0 S},\text{方向沿 } x \text{ 轴正方向}$$

$$E_{AC}=\frac{\sigma_3}{\varepsilon_0}=\frac{d_2 Q}{(d_1+d_2)\varepsilon_0 S},\text{方向沿 } x \text{ 轴负方向}$$

B、C 两板外侧的场强均为 0.

例 11.2　带电荷量为 Q 的导体球壳,内外半径分别为 R_1 和 R_2,现将电荷量为 q_1 的点电荷放在球壳内部离球心 O 为 r_1 处($r_1<R_1$),电荷量为 q_2 的点电荷放在球壳外面离球心 O 为 $r_2(r_2>R_2)$ 处,如图 11.6 所示. 若以无穷远处为零电势点,试求球心 O 点处的电势.

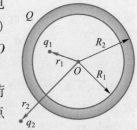

图 11.6　例 11.2 图

分析:根据电势叠加原理,球心 O 的电势是所有电荷在该点产生的电势的代数和,这里的所有电荷是指两个点电荷 q_1、q_2,以及在导体球壳内、外表面上出现的感应电荷.

解:由题意可知,在导体球壳的内表面上分布有感应电荷,电荷量为 $-q_1$,球壳外表面上的总电荷量为 $Q+q_1$. 空腔内表面上的感应电荷在球心处的电势为

$$V_{内}=\int_0^{-q_1}\frac{\mathrm{d}q}{4\pi\varepsilon_0 R_1}=\frac{-q_1}{4\pi\varepsilon_0 R_1}$$

同理可知,球壳外表面上的电荷在球心处的电势为

$$V_{外} = \int_0^{Q+q_1} \frac{\mathrm{d}q}{4\pi\varepsilon_0 R_2} = \frac{Q+q_1}{4\pi\varepsilon_0 R_2}$$

由电势叠加原理,O 点处的电势为所有电荷单独存在时在 O 点产生的电势的代数和,即

$$U = \frac{q_1}{4\pi\varepsilon_0 r_1} + \frac{q_2}{4\pi\varepsilon_0 r_2} + V_{内} + V_{外} = \frac{1}{4\pi\varepsilon_0}\left(\frac{q_1}{r_1} + \frac{q_2}{r_2} - \frac{q_1}{R_1} + \frac{q_1+Q}{R_2}\right)$$

例 11.3 一个内、外半径分别为 R_1、R_2 的导体球壳 A,带电荷量为 Q,另有一半径为 R 的同心导体球 B,带电荷量为 q,如图 11.7 所示.

(1)若球壳 A 通过导线与大地相连,然后断开,求球壳上的电荷分布和 A、B 的电势;

(2)在上述条件下,使球 B 通过导线经 A 上的绝缘小孔接地,再求 A、B 上的电荷分布和电势(忽略小孔的影响,且假设 A、B 离地面很远).

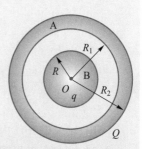

图 11.7 例 11.3 图

分析: 静电平衡时导体上的电荷分布在导体表面,导体内部场强为零,导体为等势体. 导体接地时,意味着该导体的电势为零,为满足这一条件,导体上的总电荷量将发生变化,电荷重新分布.

解:(1)导体球壳 A 没有接地时,B 的外表面带电荷量 q,球壳 A 的内表面出现感应电荷,电荷量为 $-q$,其外表面的电荷量为 $Q+q$. 当球壳 A 接地时,一方面其电势为零,即 $V_A = 0$,另一方面 A 外表面的电荷量也变为零,同时内表面上的电荷量 $-q$ 保持不变. 接地线断开后,这一状态保持不变.

又由于 A、B 同心放置,故 A 的内表面和 B 的外表面上电荷均匀分布,所以由电势叠加原理可得球 B 电势为

$$V_B = \frac{q}{4\pi\varepsilon_0 R} - \frac{q}{4\pi\varepsilon_0 R_1}$$

(2)由于 A 的接地线已经断开,所以当 B 球接地时,A 上的总电荷量 $-q$ 保持不变,球 B 的电势变为零,同时 B 表面的电荷量发生变化,可设为 q'. 由于静电感应,球壳 A 的内表面出现感应电荷 $-q'$,其外表面电荷为 $-q+q'$. 由电势叠加原理,可得球 B 的电势为

$$V_B' = \frac{q'}{4\pi\varepsilon_0 R} + \frac{-q'}{4\pi\varepsilon_0 R_1} + \frac{-q+q'}{4\pi\varepsilon_0 R_2}$$

令 $V_B' = 0$,可得

$$q' = \frac{R_1 R q}{R_1 R - R_2 R + R_1 R_2}$$

于是,球壳 A 的电势为

$$V_A = \frac{q'-q'+(-q+q')}{4\pi\varepsilon_0 R_2} = \frac{q'-q}{4\pi\varepsilon_0 R_2} = \frac{q(R-R_1)}{4\pi\varepsilon_0(R_1 R - R_2 R + R_1 R_2)}$$

例 11.4 一个平行板电容器,极板面积为 S,极板间距为 d. 现在两极板的正中间平行地插入一块相对电容率为 ε_r、厚度为 $d/3$、面积也为 S 的电介质板,如图 11.8 所示. 已知电容器极板上的电荷面密度分别为 $\pm\sigma$,忽略电场的边缘效应.

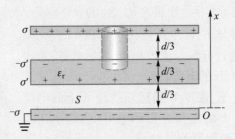

图 11.8 例 11.4 图

(1) 试求电介质内外电场强度 E、电位移矢量 D 和电极化强度 P 的分布;

(2) 试求两极板间的电势分布(假设带负电的极板接地);

(3) 试求电容器的电容;

(4) 试求电介质表面的极化电荷面密度;

(5) 若将电介质板换成同样尺寸的金属板,再求该电容器的电容.

分析: 此题为有电介质存在时高斯定理的综合应用题.

解:(1) 在平行板电容器中,当忽略电场的边缘效应时,电介质内外的电场都是均匀电场,方向从正极板指向负极板. 为此,作一个底面积为 ΔS、侧面与极板表面垂直的闭合柱面为高斯面,其上底面在上极板内部、下底面在两极板之间,如图 11.8 所示,由高斯定理 $\oint_S \boldsymbol{D} \cdot \mathrm{d}\boldsymbol{S} = \sum q_0$,可得两极板之间的电位移矢量的大小

$$D = \sigma$$

方向沿 x 轴负向. 再由 $\boldsymbol{D} = \varepsilon_0 \boldsymbol{E} + \boldsymbol{P} = \varepsilon_0 \varepsilon_r \boldsymbol{E}$,可得介质内、外的电场强度和电极化强度的大小分别为:在电介质外部,因 $\varepsilon_r = 1$,故

$$E = \frac{D}{\varepsilon_0} = \frac{\sigma}{\varepsilon_0}, \qquad P = 0$$

方向沿 x 轴负向;在电介质内部

$$E = \frac{D}{\varepsilon_0 \varepsilon_r} = \frac{\sigma}{\varepsilon_0 \varepsilon_r}, \qquad P = D - \varepsilon_0 E = \left(1 - \frac{1}{\varepsilon_r}\right)\sigma$$

方向沿 x 轴负向.

（2）因负极板接地，表明负极板电势为零，根据电势与场强的积分关系

$$V = \int_x^0 \boldsymbol{E} \cdot \mathrm{d}\boldsymbol{x} = \int_x^0 -E\mathrm{d}x$$

可得极板间电介质内外的电势分布为

$$V = \begin{cases} \dfrac{\sigma x}{\varepsilon_0}, & x \leqslant \dfrac{d}{3} \\[2mm] \dfrac{(3x-d)\sigma}{3\varepsilon_0 \varepsilon_r} + \dfrac{d\sigma}{3\varepsilon_0}, & \dfrac{d}{3} < x \leqslant \dfrac{2d}{3} \\[2mm] \dfrac{(3x-d)\sigma}{3\varepsilon_0} + \dfrac{d\sigma}{3\varepsilon_0 \varepsilon_r}, & \dfrac{2d}{3} < x \leqslant d \end{cases}$$

（3）由（2）问可得，两极板之间的电势差为

$$U = V_+ - V_- = \left[\dfrac{(x-d/3)\sigma}{\varepsilon_0} + \dfrac{d\sigma}{3\varepsilon_0 \varepsilon_r} \right]_{x=d} = \dfrac{d\sigma(2\varepsilon_r+1)}{3\varepsilon_0 \varepsilon_r}$$

所以电容器的电容为

$$C = \dfrac{Q}{U} = \dfrac{\sigma \cdot S}{U} = \dfrac{3\varepsilon_0 \varepsilon_r S}{d(2\varepsilon_r+1)}$$

（4）由于电介质的极化，在电介质表面靠近正极板的界面上出现负的极化电荷，另一界面上出现正的极化电荷，设电荷的面密度为 $\pm\sigma'$，则

$$\sigma' = P = \left(1 - \dfrac{1}{\varepsilon_r}\right)\sigma$$

（5）若将电介质板换成同样尺寸的金属板，则静电平衡时，金属板内的场强为零，金属板为一个等势体，金属板外的电场为匀强电场，场强的大小为 $E = \sigma/\varepsilon_0$，所以两极板间的电势差为

$$U' = V'_+ - V'_- = \int_d^0 \boldsymbol{E} \cdot \mathrm{d}\boldsymbol{x} = \int_d^{2d/3} -E\mathrm{d}x + \int_{d/3}^0 -E\mathrm{d}x = \dfrac{2\sigma d}{3\varepsilon_0}$$

所以插入金属板后，电容器的电容为

$$C' = \dfrac{Q}{U'} = \dfrac{3\varepsilon_0 S}{2d}$$

当然，插入金属板后，读者也可以将此电容器看作两个极板间距为 $d/3$ 的平行板电容器的串联，然后求串联电容器的等效电容，请读者自己完成相关运算.

例 11.5 在一个圆柱电容器的两极板之间充满了两层均匀电介质，如图 11.9 所示，已知内层电介质是相对电容率为 $\varepsilon_{r1} = 4.0$ 的油纸，内半径 $a = 2.0$ cm、外半径 $R = 2.1$ cm. 外层是相对电容率 $\varepsilon_{r2} = 7.0$ 的玻璃，其外半径 $b = 2.2$ cm. 若电容器的长度 $L = 10$ cm，不计电场的边缘效应.

（1）试求该电容器的电容；

（2）若该电容器两极板之间的电势差为 1 000 V，求电容器储存的静电能.

分析： 电容器的电容只与电容器的几何结构和电容器内部填充的电介质有关，与电容器所带的电荷量无关，所以求电容时可先假设两极板分别带电荷量 $+Q$ 和 $-Q$. 由于不计电场的边缘效应，所以圆柱形电容器内部的场强近似具有"无限长"的轴对称性，可以用高斯定理计算（或估算）两极板之间的场强分布，进而可求出两极板之间的电势差 U，最后由 $C = Q/U$ 求电容.

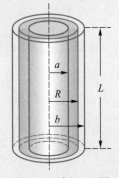

图 11.9　例 11.5 图

解：（1）设电容器充电后内外极板上沿轴线单位长度上所带的电荷量分别为 $\pm\lambda$，则电容器所带的总电荷量为 $Q = \lambda L$. 在电容器内作一个半径为 r，高度为 h 的同轴闭合圆柱面为高斯面，由高斯定理 $\oint_S \boldsymbol{D} \cdot \mathrm{d}\boldsymbol{S} = \sum q_0$，可得两极板之间的电位移矢量为

$$\boldsymbol{D} = \frac{\lambda}{2\pi r}\boldsymbol{e}_r \qquad (a<r<b)$$

其中 $\boldsymbol{e}_r$ 是从轴线到场点的径向单位矢量. 再由 $\boldsymbol{D} = \varepsilon_0 \varepsilon_r \boldsymbol{E}$，可得两层电介质内的电场强度分别为

$$\boldsymbol{E} = \begin{cases} \dfrac{\lambda}{2\pi\varepsilon_0\varepsilon_{r1}r}\boldsymbol{e}_r & (a<r<R) \\[3mm] \dfrac{\lambda}{2\pi\varepsilon_0\varepsilon_{r2}r}\boldsymbol{e}_r & (R<r<b) \end{cases} \qquad ①$$

于是，该电容器两极板之间的电势差为

$$U = \int_a^b \boldsymbol{E} \cdot \mathrm{d}\boldsymbol{r} = \int_a^R \boldsymbol{E} \cdot \mathrm{d}\boldsymbol{r} + \int_R^b \boldsymbol{E} \cdot \mathrm{d}\boldsymbol{r} = \frac{\lambda}{2\pi\varepsilon_0\varepsilon_{r1}}\ln\frac{R}{a} + \frac{\lambda}{2\pi\varepsilon_0\varepsilon_{r2}}\ln\frac{b}{R}$$

所以该电容器的电容为

$$C = \frac{Q}{U} = \frac{\lambda L}{\dfrac{\lambda}{2\pi\varepsilon_0\varepsilon_{r1}}\ln\dfrac{R}{a} + \dfrac{\lambda}{2\pi\varepsilon_0\varepsilon_{r2}}\ln\dfrac{b}{R}} = \frac{2\pi\varepsilon_0\varepsilon_{r1}\varepsilon_{r2}L}{\varepsilon_{r2}\ln\dfrac{R}{a} + \varepsilon_{r1}\ln\dfrac{b}{R}}$$

将 $a = 2.0$ cm，$R = 2.1$ cm，$\varepsilon_{r1} = 4.0$，$\varepsilon_{r2} = 7.0$，$b = 2.2$ cm，$L = 10$ cm 代入上式，可得

$$C = 29.5 \times 10^{-12} \text{ F} = 29.5 \text{ pF}$$

（2）由电容器的储能公式，可得电容器储存的静电能为

$$W_e = \frac{1}{2}CU^2 = \frac{1}{2} \times 29.5 \times 10^{-12} \times 1\,000^2 \text{ J} = 14.8 \times 10^{-6} \text{ J}$$

例 11.6　在相对电容率为 ε_{r2} 的"无限大"均匀电介质中有一半径为 R 的"无限长"均匀带电直圆柱体，沿轴线单位长度上圆柱体内所带电荷量为 λ，圆柱体自

身的相对电容率为 ε_{r1}. 试求:

（1）圆柱体内外电位移 D 和电场强度 E 的分布；

（2）单位长度上带电圆柱体内部静电场的能量.

分析：由于电荷及介质分布均具有"无限长"的轴对称性，所以场强分布也具有轴对称性，且各点的场强方向均垂直于轴线沿径向向外，所以本题可用高斯定理求出圆柱体内外的场强分布，然后利用电场能量密度公式求静电场的能量. 难点在于如何由 λ 求圆柱体内的电荷体密度 ρ.

解：（1）由于圆柱体上所带电荷量在圆柱体内均匀分布，所以圆柱体上单位体积内所带的电荷量（即电荷体密度）为

$$\rho = \frac{\lambda}{\pi R^2}$$

作一个半径为 r，高度为 h 的同轴闭合圆柱面为高斯面，由高斯定理

$$\oint_S \boldsymbol{D} \cdot \mathrm{d}\boldsymbol{S} = D \cdot 2\pi rh = \sum q_0$$

可得

$$D = \frac{\sum q_0}{2\pi rh}$$

当 $r<R$ 时，$\sum q_0 = \rho \cdot \pi r^2 h = \dfrac{r^2}{R^2}\lambda h$，所以

$$D_1 = \frac{\lambda}{2\pi R^2}r, \quad E_1 = \frac{D_1}{\varepsilon_0 \varepsilon_{r1}} = \frac{\lambda}{2\pi \varepsilon_0 \varepsilon_{r1} R^2}r$$

当 $r>R$ 时，$\sum q_0 = \rho \cdot \pi R^2 h = \lambda h$，所以

$$D_2 = \frac{\lambda}{2\pi r}, \quad E_2 = \frac{D_2}{\varepsilon_0 \varepsilon_{r2}} = \frac{\lambda}{2\pi \varepsilon_0 \varepsilon_{r2} r}$$

（2）圆柱体内静电场的能量密度为

$$w_e = \frac{1}{2}D_1 E_1 = \frac{\lambda^2}{8\pi^2 \varepsilon_0 \varepsilon_{r1} R^4}r^2$$

在圆柱体内作一个半径为 r、厚度为 $\mathrm{d}r$、长度为 l 的同轴薄圆筒形体积元 $\mathrm{d}V$，则该体积元内静电场的能量为 $\mathrm{d}W = w_e \mathrm{d}V$，所以沿轴线单位长度上，圆柱体内静电场的能量为

$$W = \int w_e \mathrm{d}V = \int_0^R \frac{l\lambda^2}{8\pi^2 \varepsilon_0 \varepsilon_{r1} R^4}r^2 \cdot 2\pi r\mathrm{d}r = \frac{l\lambda^2}{16\pi \varepsilon_0 \varepsilon_{r1}}$$

五、自我测试题

11.1 在一个不带电的导体球壳的球心处放置一个点电荷,并测量球壳内外的电场分布. 如果将此点电荷从球心处移到球壳内其他位置,重新测量球壳内外的场强分布,将发现( ).

(A) 球壳内、外场强分布均无变化

(B) 球壳内场强分布改变,球壳外不变

(C) 球壳外场强分布改变,球壳内不变

(D) 球壳内、外场强分布均改变

11.2 在一个不带电的导体球壳的球心处放入一个点电荷 q,当 q 从球心处移开,但仍在球壳内,下列说法正确的是( ).

(A) 球壳内、外表面的感应电荷不再是均匀分布的

(B) 球壳内表面感应电荷分布不均匀,外表面感应电荷分布均匀

(C) 球壳内表面电荷分布均匀,外表面感应电荷分布不均匀

(D) 球壳内外表面感应电荷仍保持均匀分布

11.3 一平行板真空电容器,充电后,将电源断开,并在两极板间充以相对电容率为 ε_r 的电介质,则电容器极板间的电场强度 E 和电势差 U 将( ).

(A) E 变大,U 变大   (B) E 变大,U 变小

(C) E 变小,U 变大   (D) E 变小,U 变小

11.4 一空气平行板电容器,极板间距为 d,电容为 C. 若在极板间平行地插入一块厚度为 $d/3$ 的金属板,则其电容值变为( ).

(A) C (B) $\dfrac{2C}{3}$

(C) $\dfrac{3C}{2}$ (D) $2C$

11.5 如图所示,在平行板电容器中,充填了两种各向同性的均匀电介质,相对介电常量分别为 ε_{r1} 和 $\varepsilon_{r2}(\varepsilon_{r1} > \varepsilon_{r2})$. 图中的线表示电容器充电后介质内的 D 线或 E 线(不计边缘效应),其中能正确反映 D 线和 E 线分布的是( ).

(A) (a)和(b)   (B) (a)和(c)

(C) (b)和(a)   (D) (b)和(d)

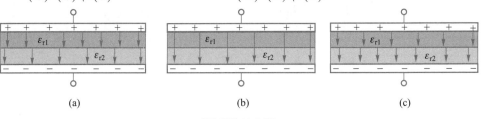

测试题 11.5 图

11.6 在一带电荷量为 q,半径为 R 的导体球外,同心地套了一个各向同性的均匀电介质球壳,球壳的内外半径分别为 R_1 和 R_2,相对介电常量为 ε_r,如图所示. 若以无限远处为零电势点,则介质球壳内表面的电势为(   ).

(A) $\dfrac{q}{4\pi\varepsilon_0\varepsilon_r R_1}$
(B) $\dfrac{q}{4\pi\varepsilon_0\varepsilon_r}\left(\dfrac{1}{R_1}-\dfrac{1}{R_2}\right)$

(C) $\dfrac{q}{4\pi\varepsilon_0\varepsilon_r}\left(\dfrac{1}{R_1}-\dfrac{1}{R_2}\right)+\dfrac{q}{4\pi\varepsilon_0 R_2}$
(D) $\dfrac{q}{4\pi\varepsilon_0 R_2}$

11.7 如图所示,点电荷 q 位于不带电的空腔导体内. 设有三个封闭曲面 S_1、S_2 和 S_3(为图中虚线所示),在这三个曲面中,E 的通量为零的是曲面 ＿＿＿＿＿＿＿ 和 ＿＿＿＿＿＿,曲面上场强处处为零的是曲面＿＿＿＿＿＿.

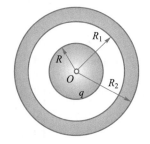
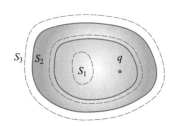

测试题 11.6 图　　　　　　　测试题 11.7 图

11.8 一平行板电容器,充电后与电源保持连接,然后使两极间充满相对电容率为 ε_r 的各向同性的均匀电介质,这时电容器的电容是原来的＿＿＿＿＿＿倍;极板上的电荷是原来的＿＿＿＿＿＿倍;两极板间的电场强度是原来的＿＿＿＿＿＿倍.

11.9 如图所示,两块平行放置的金属板 A、D 分别与电源的正负极相连,在 A、D 之间平行地插入一块厚度均匀的金属板 BC,如 A、D 间的电势差为 U,A、B 间的电势差为 u,忽略静电场的边缘效应,则 C、D 间的电势差 $U_{CD}=$ ＿＿＿＿＿＿;如果把金属板 BC 用一厚度均匀的电介质板代替,且 $d_{AB}=d_{BC}/2=d_{CD}$,电介质的相对电容率 $\varepsilon_r=4$,则 $U_{AB}=$ ＿＿＿＿＿＿,$U_{BC}=$ ＿＿＿＿＿＿,$U_{CD}=$ ＿＿＿＿＿＿.

11.10 一空气平行板电容器充电后,将其中的一半充满各向同性的均匀电介质,其相对电容率为 ε_r,如图所示. 若不计电场的边缘效应,则图中 Ⅰ、Ⅱ 两部分中电场强度的大小之比 $E_1/E_2=$ ＿＿＿＿＿＿,两部分中电位移矢量的大小之比 $D_1/D_2=$ ＿＿＿＿＿＿,两部分所对应的极板上的自由电荷面密度之比 $\sigma_1/\sigma_2=$ ＿＿＿＿＿＿.

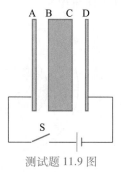

测试题 11.9 图　　　　　　　测试题 11.10 图

11.11 一个空气平行板电容器,充电后把电源断开,这时电容器中储存的能量为 W_0,然后在两极板之间插入充满相对电容率为 ε_r 的各向同性的均匀电介质,则该电容器中储存的能量 $W=$ _____;若在保持与电源连接状态下插入相同的电介质,则该电容器中储存的能量 $W'=$ _____.

11.12 如图所示,将一块不带电的金属板 B,移近一块带电荷量为 $Q(Q>0)$ 的金属板 A,并使两板正对、且平行放置. 假设两板的面积均为 S,两板间的距离为 $d(d\ll\sqrt{S})$. 当 B 板没有接地时,两板间的电势差 $U=$ _____;当 B 板接地时,两板间的电势差 $U'=$ _____.

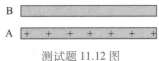

测试题 11.12 图

11.13 如图所示,平行板电容器由面积 $S=2.00\ \mathrm{m}^2$ 的两个平行导体板 A、B 组成,两板放在空气中,相距 $d=1.00\ \mathrm{cm}$. 当 A、B 间的电压充电到 $U=100\ \mathrm{V}$ 后与电源断开,然后再插入一块面积相同、厚度 $d'=2.0\ \mathrm{mm}$ 的导体板 C,它与 A、B 两板的距离分别为 $2.0\ \mathrm{mm}$ 和 $6.0\ \mathrm{mm}$,并将 C 板接地. 不计电场的边缘效应.

(1) 试求插入 C 板后,A、B 间的电势差;

(2) 若用一根导线连接导体板 A、B,再求 A、C 两板之间的电势差.

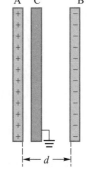

测试题 11.13 图

11.14 如图所示,球形电极浮在相对电容率 $\varepsilon_r=3.0$ 的大型油槽中,球的一半浸没在油中,另一半在空气中. 已知电极所带净电荷 $Q_0=2.0\times10^{-6}\ \mathrm{C}$,问球的上下部分各有多少电荷.

11.15 一个平行板电容器,极板面积为 S,板间距为 d,相对电容率分别为 ε_{r1} 和 ε_{r2} 的两种电介质分别充满极板间空间的一半,如图所示. 试求:

(1) 电容器充电后,两电介质所对的极板上自由电荷的面密度之比;

(2) 该电容器的电容.

测试题 11.14 图

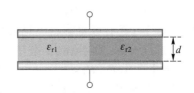

测试题 11.15 图

11.16 一半径为 R、相对电容率为 ε_r 的均匀带电的介质球,带电荷量为 Q,球外为空气. 试求:

(1) 带电球体内外的电势分布;

(2) 带电球体激发的电场能量.

11.17 如图所示,A 是一个半径为 R_1 的导体球,B 是一个同心导体薄球壳,半径为 R_2. 已知导体球 A 的电势为 V,外球壳上的带电荷量为 q_2. 试求:

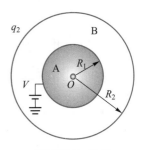

测试题 11.17 图

（1）导体球 A 所带的电荷量 q_1；

（2）整个带电系统的电场能量（用 q_1、q_2 表示）．

11.18 一个长直圆柱形电容器，由半径为 R_1 的直导线和与它同轴的半径为 R_2 的导体薄圆桶组成，其间充满了相对电容率为 ε_r 的均匀电介质．假设沿轴线单位长度的导线上带电荷量为 $+\lambda$，薄圆筒带电荷量为 $-\lambda$．略去电场的边缘效应，试求：

（1）电介质中 $\boldsymbol{D}$、$\boldsymbol{E}$ 和 $\boldsymbol{P}$ 的分布；

（2）介质表面的束缚电荷面密度 σ'；

（3）该电容器单位长度上的电容 C；

（4）电容器中沿轴线单位长度上的电场能量 W_{el}．

11.19 一平行板电容器，极板面积为 S，极板间的距离为 d．电容器充电到两极板分别带电荷量为 $+q$ 和 $-q$ 后，断开电源．然后将厚度为 d、相对电容率为 ε_r 的电介质板插入电容器中，试求插入过程中电场力所做的功．

自我测试题
参考答案

>>> 第12章

··· 真空中的恒定磁场

一、知识点网络框图

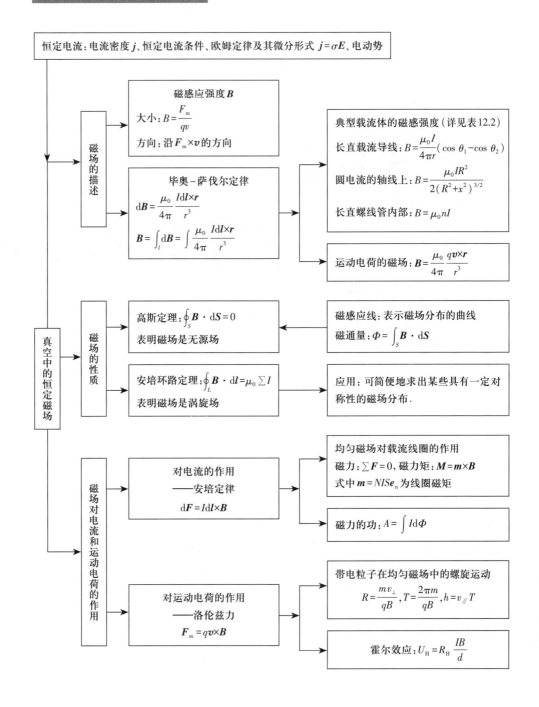

二、基本要求

1. 理解电流密度矢量的物理意义,掌握欧姆定律及其微分形式,理解电动势的概念.

2. 理解磁感应强度的定义.

3. 掌握毕奥-萨伐尔定律,会用毕奥-萨伐尔定律和磁场的叠加原理计算简单几何形状的载流导线产生的磁场分布.

4. 理解磁感应线、磁通量的物理意义和磁场的高斯定理,熟练掌握非均匀磁场中磁通量的计算方法.

5. 熟练掌握恒定磁场的安培环路定理,能够熟练运用该定理求解具有特殊对称性的磁场分布.

6. 理解磁场对运动电荷和载流导线的作用力:洛仑兹力和安培力,能够熟练地分析和计算运动电荷、具有简单形状的载流导线在均匀磁场中的受力情况和运动规律,理解磁矩和磁力矩的概念,理解霍尔现象及其应用.

三、主要内容

本章主要讨论真空中恒定电流所激发的恒定磁场的基本性质、规律以及磁场对运动电荷和电流的作用规律. 真空中的恒定磁场和真空中的静电场虽然在性质上不尽相同,但在研究方法、对场的描述以及有关场的基本定律、基本方程等方面有许多相似之处,为便于读者学习,我们首先用列表的形式将其进行逐一对比,如表 12.1 所示,以便读者在学习中通过借鉴、比较和归纳更好地掌握本章内容.

表 12.1　真空中恒定磁场和静电场的比较

	真空中的恒定磁场	真空中的静电场
基本现象	电流⇔磁场⇔电流	电荷⇔电场⇔电荷
基本公式 叠加原理	电流元的磁场(毕-萨定律): $$d\boldsymbol{B} = \frac{\mu_0}{4\pi}\frac{Id\boldsymbol{l}\times\boldsymbol{r}}{r^3}$$ 载流导线的磁场:$\boldsymbol{B} = \int_L \frac{\mu_0}{4\pi}\frac{Id\boldsymbol{l}\times\boldsymbol{r}}{r^3}$	电荷元(点电荷)的电场: $$d\boldsymbol{E} = \frac{1}{4\pi\varepsilon_0}\frac{dq}{r^3}\boldsymbol{r}$$ 带电体的电场:$\boldsymbol{E} = \int_Q \frac{1}{4\pi\varepsilon_0}\frac{dq}{r^3}\boldsymbol{r}$
场的 几何描述	磁感应线:曲线上任意一点的切线方向表示该处 $\boldsymbol{B}$ 的方向,曲线的疏密程度表示 $\boldsymbol{B}$ 的大小. 特征:无头无尾的闭合曲线.	电场线:曲线上任意一点的切线方向表示该处 $\boldsymbol{E}$ 的方向,曲线的疏密程度表示 $\boldsymbol{E}$ 的大小. 特征:有头有尾的非闭合曲线.

续表

	真空中的恒定磁场	真空中的静电场
通量	磁通量: $\Phi = \int_S \boldsymbol{B} \cdot \mathrm{d}\boldsymbol{S}$	电场强度通量: $\Phi_e = \int_S \boldsymbol{E} \cdot \mathrm{d}\boldsymbol{S}$
基本定理和性质	高斯定理: $\oint_S \boldsymbol{B} \cdot \mathrm{d}\boldsymbol{S} = 0$ 环路定理: $\oint_L \boldsymbol{B} \cdot \mathrm{d}\boldsymbol{l} = \mu_0 \sum_i I_i$ 性质:无源的非保守力场	高斯定理: $\oint_S \boldsymbol{E} \cdot \mathrm{d}\boldsymbol{S} = \dfrac{1}{\varepsilon_0} \sum_i q_i$ 环路定理: $\oint_L \boldsymbol{E} \cdot \mathrm{d}\boldsymbol{l} = 0$ 性质:有源的保守力场
场力及其做功	洛伦兹力: $\boldsymbol{F}_m = q\boldsymbol{v} \times \boldsymbol{B}$ 安培力: $\mathrm{d}\boldsymbol{F} = I\mathrm{d}\boldsymbol{l} \times \boldsymbol{B}$ 都是非保守力 磁矩: $\boldsymbol{m} = NIS\boldsymbol{e}_n$ 磁力矩: $\boldsymbol{M} = \boldsymbol{m} \times \boldsymbol{B}$ 磁力或磁力矩做功: $A = \displaystyle\int_{\Phi_1}^{\Phi_2} NI\mathrm{d}\Phi = NI(\Phi_2 - \Phi_1)$	静电力: $\boldsymbol{F} = q\boldsymbol{E}$ 是保守力,可引入电势能和电势 静电力做功: $A = \displaystyle\int_a^b q\boldsymbol{E} \cdot \mathrm{d}\boldsymbol{l} = W_a - W_b$ $\qquad = q(V_a - V_b) = qU_{ab}$
场的能量	能量密度: $w_m = \dfrac{1}{2}\dfrac{B^2}{\mu_0}$ 能量: $W_m = \displaystyle\int_V \dfrac{1}{2}\dfrac{B^2}{\mu_0}\mathrm{d}V$	能量密度: $w_e = \dfrac{1}{2}\varepsilon_0 E^2$ 能量: $W_e = \displaystyle\int_V \dfrac{1}{2}\varepsilon_0 E^2\mathrm{d}V$

(一) 恒定电流

1. 电流与电流密度

电荷的定向运动形成电流. 描述电流强弱的物理量是电流强度,简称为电流,用符号 I 表示,它在数值上等于单位时间内通过导体横截面的电荷量. 电流密度矢量 $\boldsymbol{j}$ 是描述导体内部电流分布的物理量,两者的关系为

$$I = \frac{\mathrm{d}q}{\mathrm{d}t} = \int_S \boldsymbol{j} \cdot \mathrm{d}\boldsymbol{S}$$

2. 电流的连续性方程　恒定电流条件

对于导体中的任意闭合曲面 S,在单位时间内从闭合曲面内向外流出的电荷量一定等于闭合曲面内电荷量的减少量,即

$$\oint_S \boldsymbol{j} \cdot \mathrm{d}\boldsymbol{S} = -\frac{\mathrm{d}Q}{\mathrm{d}t}$$

这称为电流的连续性方程. 如果导体内电流的空间分布(即 $\boldsymbol{j}$ 的分布)不随时间变化,这样的电流称为恒定电流,电流恒定的条件是

$$\oint_S \boldsymbol{j} \cdot \mathrm{d}\boldsymbol{S} = -\frac{\mathrm{d}Q}{\mathrm{d}t} = 0$$

3. 欧姆定律的微分形式

导体中的电流是导体中的载流子在电场力的驱动下做定向运动的结果,因此电流密度 j 与导体内部的电场强度 E 有关联,即

$$j = \sigma E$$

这称为欧姆定律的微分形式.

4. 电动势

将单位正电荷从电源负极经电源内部输运到正极时,电源内部非静电力 E_k 所做的功称为电源的电动势,常用 $\mathscr{E}$ 表示,即

$$\mathscr{E} = \int_{-}^{+} E_k \cdot dl$$

(二) 磁场的描述

1. 磁感应强度

磁感应强度是描述磁场性质的物理量,用符号 B 表示,其大小代表磁场的强弱,其方向就是小磁针在磁场中静止时磁针上 N 极的指向,其单位为 T(特斯拉).

2. 磁感应线

在磁场中,为了描述磁场的分布而人为引入的曲线称为磁感应线,简称磁感线.规定曲线上任一点的切线方向代表该处磁场的方向,曲线在某处的疏密程度表示该处磁场的强弱. 磁感应线的特点是:① 均为闭合曲线;② 与激发该磁场的电流线成右手螺旋的互相环套关系.

(三) 毕奥–萨伐尔定律

1. 毕奥–萨伐尔定律

在真空中,电流元 Idl 在空间任一点 P 处所激发的磁感应强度为

$$dB = \frac{\mu_0}{4\pi} \cdot \frac{Idl \times e_r}{r^2}$$

式中,$e_r = r/r$ 是电流元到场点 P 的单位矢量,$\mu_0 = 4\pi \times 10^{-7}$ N · A^{-2} 称为真空磁导率.这是计算恒定电流所激发的磁场的基本公式(定律).

由场强叠加原理可知,当电流连续分布时,一段载流导线 L 在空间某点 P 处产生的磁感应强度可由下列积分式求出

$$B = \int dB = \int_L \frac{\mu_0}{4\pi} \cdot \frac{Idl \times e_r}{r^2}$$

注意:应用上述积分式计算 B 时,通常首先要选取一个恰当的直角坐标系,求出 dB 在各坐标轴上的分量:dB_x、dB_y、dB_z,然后对各个分量式进行积分,求出 B_x、B_y、B_z,最后得 $B = B_x \boldsymbol{i} + B_y \boldsymbol{j} + B_z \boldsymbol{k}$.

2. 运动电荷的磁场

由毕奥–萨伐尔定律可以导出一个以速度 $\boldsymbol{v}$ 运动、电荷量为 q 的运动电荷在真空中任一点所激发的磁场的磁感应强度为

$$B = \frac{\mu_0}{4\pi} \cdot \frac{q\boldsymbol{v} \times \boldsymbol{e}_r}{r^2}$$

(四) 恒定磁场的基本性质

1. 磁通量

在磁场中,通过某一曲面的磁感应线的根数称为通过该曲面的磁通量. 对于磁场中的任意一个面积元 $\mathrm{d}\boldsymbol{S}$,通过该面积元的磁通量为

$$\mathrm{d}\varPhi = \boldsymbol{B} \cdot \mathrm{d}\boldsymbol{S} = B\mathrm{d}S\cos\theta$$

通过任一曲面 S 的磁通量为

$$\varPhi = \int_S \boldsymbol{B} \cdot \mathrm{d}\boldsymbol{S}$$

2. 磁场的高斯定理

通过任一闭合曲面(高斯面)的磁通量恒为零,即

$$\oint_S \boldsymbol{B} \cdot \mathrm{d}\boldsymbol{S} = 0$$

这称为磁场的高斯定理. 它是反应磁场性质的基本定理之一,也是电磁场理论的基本方程之一. 该定理说明磁场是无源场.

3. 真空中磁场的安培环路定理

真空中恒定电流产生的磁场,其磁感应强度 $\boldsymbol{B}$ 沿任意闭合路径的线积分($\boldsymbol{B}$ 的环流)等于该闭合路径所包围的电流的代数和与真空中的磁导率 μ_0 的乘积,其数学表达式为

$$\oint_L \boldsymbol{B} \cdot \mathrm{d}\boldsymbol{l} = \mu_0 \sum I$$

这称为真空中磁场的安培环路定理. 该定理说明磁场是涡旋场,是非保守力场.

在理解安培环路定理时应注意:① $\boldsymbol{B}$ 是由空间所有电流共同产生的,但 $\sum I$ 仅仅是闭合回路 L 所包围的电流的代数和(也就是穿过以闭合回路 L 为周界的任意曲面的电流的代数和),与回路 L 外的电流无关. ② $\sum I$ 中的电流有正、有负,当电流流向与回路的积分方向成右手螺旋关系时,电流取正;反之取负. ③ 利用安培环路定理可以求当磁场分布具有某种对称性时电流所产生的磁场分布.

(五) 磁场对运动电荷和载流导线的作用

1. 磁场对运动电荷作用

(1) 洛伦兹力:电荷量为 q、速度为 $\boldsymbol{v}$ 的运动电荷在磁场中受到的洛伦兹力为

$$\boldsymbol{F} = q\boldsymbol{v} \times \boldsymbol{B}$$

其大小为

$$F = qvB\sin\theta$$

方向垂直于 $\boldsymbol{v}$ 与 $\boldsymbol{B}$ 组成的平面. 当 q 为正时,$\boldsymbol{F}$ 的方向与 $\boldsymbol{v} \times \boldsymbol{B}$ 的方向相同;当 q 为负时,$\boldsymbol{F}$ 的方向与 $\boldsymbol{v} \times \boldsymbol{B}$ 的方向相反.

(2) 运动电荷在均匀磁场中的运动:质量为 m,电荷量为 q,初速度为 $\boldsymbol{v}_0$ 的运动

电荷(可视为质点)在磁场 B 中的动力学方程为

$$q\boldsymbol{v}\times\boldsymbol{B}=m\frac{\mathrm{d}\boldsymbol{v}}{\mathrm{d}t}$$

若初速度 $\boldsymbol{v}_0 /\!/ \boldsymbol{B}$,则 $\boldsymbol{F}_\mathrm{m}=q\boldsymbol{v}_0\times\boldsymbol{B}=0$,运动电荷做匀速直线运动;

若初速度 $\boldsymbol{v}_0 \perp \boldsymbol{B}$,则 $|\boldsymbol{F}_\mathrm{m}|=qv_0B=F_\mathrm{max}$,运动电荷做匀速率圆周运动,其

$$\text{半径}:R=\frac{mv_0}{qB} \qquad \text{周期}:T=\frac{2\pi m}{qB}$$

若初速度 $\boldsymbol{v}_0$ 与 $\boldsymbol{B}$ 成任意角 θ,运动电荷做螺旋运动,其

$$\text{螺旋半径}:R=\frac{mv_0\sin\theta}{qB} \qquad \text{周期}:T=\frac{2\pi m}{qB} \qquad \text{螺距}:h=\frac{2\pi mv_0\cos\theta}{qB}$$

（3）带电粒子在电磁场中所受的力及其运动:在一个电场和磁场共存的空间中,质量为 m、电荷量为 q、且以速度 $\boldsymbol{v}$ 运动的带电粒子受到的电磁力为

$$\boldsymbol{F}=q\boldsymbol{v}\times\boldsymbol{B}+q\boldsymbol{E}$$

据此,可以分析速度选择器、回旋加速器中粒子的运动,也可以分析霍尔现象.

2. 磁场对载流导线和线圈的作用

（1）安培定律:电流元 $Id\boldsymbol{l}$ 在外磁场 B 中所受的安培力为

$$\mathrm{d}\boldsymbol{F}=Id\boldsymbol{l}\times\boldsymbol{B}$$

利用力的叠加原理,任意一段载流导线在外磁场中所受的安培力为

$$\boldsymbol{F}=\int_l \mathrm{d}\boldsymbol{F}=\int_l Id\boldsymbol{l}\times\boldsymbol{B}$$

（2）载流线圈在均匀磁场中所受的磁力矩:可以证明,刚性平面载流线圈在均匀外磁场中受到的磁力的合力虽然为零,但会受到一个不为零的磁力矩的作用,所以载流线圈在磁场中会发生转动(这是电动机中转动力矩的来源). 磁力矩的计算公式为

$$\boldsymbol{M}=\boldsymbol{m}\times\boldsymbol{B}$$

式中 $\boldsymbol{m}=NIS\boldsymbol{e}_\mathrm{n}$ 称为平面载流线圈的磁矩(注意:磁矩 $\boldsymbol{m}$ 是矢量,其方向为线圈平面的法线方向,与线圈中电流 I 的流向成右手螺旋关系,N 为匝数,S 为线圈的面积). 上式适用于任意形状的平面载流线圈,对带电粒子在磁场中沿闭合回路运动时形成的等效线圈也同样适用.

（3）磁力或磁力矩的功:当载流导线或载流线圈在磁场中运动时,无论是作用于载流导线上的磁力,还是作用于载流线圈上的磁力矩都要做功. 可以证明,当电流 I 不变时,功的大小均可表示为电流 I 与通过载流回路的磁通量增量的乘积,即

$$\mathrm{d}A=NI\mathrm{d}\varPhi \quad \text{或} \quad A=\int_{\varPhi_1}^{\varPhi_2} NI\mathrm{d}\varPhi=NI(\varPhi_2-\varPhi_1)$$

式中 N 是线圈的匝数.

四、典型例题解法指导

本章习题的主要类型有：① 利用毕奥-萨伐尔定律或运动电荷的磁场公式与磁场的叠加原理求磁场分布；② 利用安培环路定理求某些具有特殊对称性的磁场分布；③ 利用磁场对载流导线或运动电荷的作用规律，求安培力、磁力矩、磁力做功以及运动电荷在磁场中的运动规律等. 在求解过程中，熟记并灵活使用一些常用的磁场分布公式是非常有必要的. 这些公式参见表 12.2.

表 12.2 几种常见载流导线或导体产生的磁场分布

典型载流导线或载流导体	B 的大小	典型载流导线或载流导体	B 的大小
一段载流直导线的磁场	$B=\dfrac{\mu_0 I}{4\pi r}(\cos\theta_1-\cos\theta_2)$	载流圆线圈轴线上的磁场	$B=\dfrac{N\mu_0 IR^2}{2(R^2+x^2)^{3/2}}$
"无限长"载流直导线的磁场	$B=\dfrac{\mu_0 I}{2\pi r}$	螺绕环内的磁场	$B=\dfrac{N\mu_0 I}{2\pi r}$
一段载流圆弧圆心处的磁场	$B=\dfrac{\mu_0 I}{2R}\cdot\dfrac{\theta}{2\pi}$	长直螺线管内部的磁场	$B=\mu_0 nI$
载流圆环圆心处的磁场	$B=\dfrac{\mu_0 I}{2R}$	"无限大"均匀载流平面的磁场	$B=\dfrac{\mu_0}{2}j$

例 12.1 如图 12.1(a) 所示，一均匀密绕的平面螺旋线圈的总匝数为 N，线圈内半径为 R_1，外半径为 R_2. 当导线中通有电流 I 时.

(1) 试求螺旋线圈中心（即线圈圆心）O 点处的磁感应强度；

(2) 若将此平面线圈沿直径方向折成直角，如图 12.1(b) 所示，再求原线圈中心 O 点处的磁感应强度.

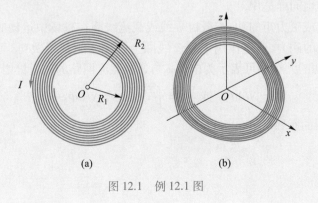

图 12.1 例 12.1 图

分析：可将平面螺旋线圈看成是由许多不同半径的圆线圈组成的集合. 可采用载流圆线圈在圆心处的磁感应强度公式和磁场的叠加原理来求解.

解：(1) 由题意可知,沿径向单位长度内线圈的匝数为 $N/(R_2-R_1)$. 在螺旋线圈内取一个半径为 r、宽度为 $\mathrm{d}r$ 的圆环,则该圆环内的等效电流为

$$\mathrm{d}I = \frac{NI}{R_2-R_1}\mathrm{d}r$$

此圆环在圆心 O 处的磁感应强度的大小为

$$\mathrm{d}B = \frac{\mu_0}{2r}\mathrm{d}I = \frac{\mu_0}{2r}\frac{NI}{R_2-R_1}\mathrm{d}r$$

方向垂直纸面向外. 所以圆心处的总磁感应强度为

$$B = \int \mathrm{d}B = \int_{R_1}^{R_2}\frac{\mu_0}{2r}\frac{NI}{R_2-R_1}\mathrm{d}r = \frac{\mu_0 NI}{2(R_2-R_1)}\ln\frac{R_2}{R_1}$$

(2) 若将此平面线圈沿直径方向折成直角,则可以将线圈看成是由两组电流方向相同的半圆弧载流导线组成的集合. 由于半圆弧载流导线在圆心处产生的磁场是圆形载流导线产生的磁场的一半,方向仍沿轴线方向,所以 Oyz 平面内的半圆形线圈在 O 点产生的磁感应强度为

$$\boldsymbol{B}_1 = \frac{1}{2}B\boldsymbol{i} = \frac{\mu_0 NI}{4(R_2-R_1)}\ln\frac{R_2}{R_1}\boldsymbol{i}$$

同理 Oxy 平面内的半圆形线圈在 O 点产生的磁感应强度为

$$\boldsymbol{B}_2 = \frac{1}{2}B\boldsymbol{k} = \frac{\mu_0 NI}{4(R_2-R_1)}\ln\frac{R_2}{R_1}\boldsymbol{k}$$

所以圆心 O 点处的总磁感应强度为

$$\boldsymbol{B}' = \boldsymbol{B}_1+\boldsymbol{B}_2 = \frac{\mu_0 NI}{4(R_2-R_1)}\ln\frac{R_2}{R_1}(\boldsymbol{i}+\boldsymbol{k})$$

其大小为

$$B = \sqrt{B_1^2+B_2^2} = \frac{\sqrt{2}\mu_0 NI}{4(R_2-R_1)}\ln\frac{R_2}{R_1}$$

例 12.2 如图 12.2 所示,两块平行放置的"无限大"载流导体薄板 M、N,每单位宽度上所载电流均为 j,方向相同. 试求两板间 Q 点处及 N 板外 R 点处的磁感应强度 $\boldsymbol{B}$.

分析：本题应先求出单块无限大均匀载流导体薄板所产生的磁感应强度的分布,然后利用场强叠加原理求解两块载流薄板 M、N 在 Q 点及 R 点处产生的合场强.

解：单块无限大载流导体薄板外的磁感应强度的分布有两种求解方法.

方法一 利用场强叠加原理求解

以 Q 点为坐标原点,取坐标系如图 12.2 所示. 先考察 M 板在 Q 点产生的磁场. 在 M 板上取一个宽为 $\mathrm{d}x$ 的细长条,由题意可知,该细条中流过的电流为 $\mathrm{d}I = j\mathrm{d}x$,可视为无限长直线电流,它在 Q 点激发的磁感应强度的大小为

$$\mathrm{d}B = \frac{\mu_0 \mathrm{d}I}{2\pi r} = \frac{\mu_0 j \mathrm{d}x}{2\pi r}$$

其方向如图 12.3 所示,它在 x、z 方向上的分量分别为

$$\mathrm{d}B_x = -\mathrm{d}B\cos\alpha, \quad \mathrm{d}B_z = \mathrm{d}B\sin\alpha$$

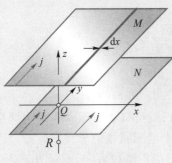

图 12.2 例 12.2 图

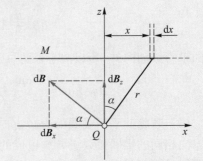

图 12.3 例 12.2 解图 1

由对称性分析可知

$$B_z = \int \mathrm{d}B_z = 0$$

设 Q 点到 M 板的垂直距离为 a,则

$$\mathrm{d}B_x = -\frac{\mu_0 j \mathrm{d}x}{2\pi r}\cos\alpha = -\frac{\mu_0 ja}{2\pi r^2}\mathrm{d}x = -\frac{\mu_0 ja}{2\pi(x^2+a^2)}\mathrm{d}x$$

所以 M 板在 Q 点激发的磁感应强度为

$$B_{MQ} = B_x = \int \mathrm{d}B_x = -\int_{-\infty}^{+\infty} \frac{\mu_0 ja}{2\pi(x^2+a^2)}\mathrm{d}x = -\frac{\mu_0 j}{2}$$

式中的"$-$"表示 $\boldsymbol{B}_{MQ}$ 的方向沿 x 轴负向.

方法二 利用安培环路定理求解

由对称性可知,无限大均匀载流平面 M 所产生的磁场在其上下两侧对称分布,且为均匀磁场. M 的上部磁场方向沿 x 轴正向,下部沿 x 轴负向. 为此取一个关于 M 上下对称的矩形闭合回路 $abcd$,如图 12.4 所示. 由安培环路定理 $\oint_L \boldsymbol{B} \cdot \mathrm{d}\boldsymbol{L} = \mu_0 \sum I$,可得

$$B \cdot |ab| + B \cdot |cd| = 2B \cdot |ab| = \mu_0 j \cdot |ab|$$

所以 M 板在 Q 点激发的磁感应强度的大小为

$$B_{MQ} = B = \frac{\mu_0 j}{2}$$

方向沿 x 轴负向.

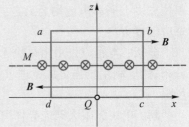

图 12.4 例 12.2 解图 2

同理可得,N 板在 Q 点激发的磁感应强度大小为

$$B_{NQ} = \frac{\mu_0 j}{2}$$

方向沿 x 轴正向. 因此,Q 点的磁感应强度为

$$\boldsymbol{B}_Q = \boldsymbol{B}_{MQ} + \boldsymbol{B}_{NQ} = 0$$

采用同样的分析方法可得,M、N 板在 R 点产生的磁感应强度大小、方向都相同,即

$$\boldsymbol{B}_{MR} = \boldsymbol{B}_{NR} = -\frac{\mu_0 j}{2}\boldsymbol{i}$$

所以,R 点的磁感应强度为

$$\boldsymbol{B}_R = \boldsymbol{B}_{MR} + \boldsymbol{B}_{NR} = -\mu_0 j\boldsymbol{i}$$

方向沿 x 轴负向.

例 12.3 如图 12.5 所示,一根与 y 轴方向平行的均匀带电细棒,长度 $a = 0.50$ m,带电荷量 $q = 1.0 \times 10^{-9}$ C,以垂直于棒的速率 $v = 10.0$ m·s^{-1},沿 x 轴正方向运动,棒的下端到 x 轴的距离为 $l = 0.10$ m. 试求当细棒运动到与 y 轴重合的位置时,坐标原点 O 处的磁感应强度 $\boldsymbol{B}$.

分析: 均匀带电细棒可视为由许多电荷元所组成的集合. 当带电细棒运动时,相当于有许多电荷元沿同一方向、以相同的速度运动,空间任意一点的总磁感应强度 $\boldsymbol{B}$ 是所有电荷元所产生的磁感应强度的矢量叠加.

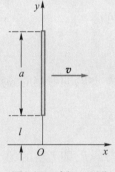

图 12.5 例 12.3 图

解: 在均匀带电细棒上任取一线元 $\mathrm{d}y$,该线元距离原点 O 为 y,所带电荷量为

$$\mathrm{d}q = \lambda\,\mathrm{d}y = \frac{q}{a}\,\mathrm{d}y$$

根据运动电荷的磁场公式:$\boldsymbol{B} = \dfrac{\mu_0}{4\pi} \cdot \dfrac{q\boldsymbol{v} \times \boldsymbol{e}_r}{r^2}$,可知 $\mathrm{d}q$ 在 O 点处产生的磁感应强度的大小为

$$\mathrm{d}B = \frac{\mu_0}{4\pi} \cdot \frac{v\,\mathrm{d}q}{y^2} = \frac{\mu_0}{4\pi} \cdot \frac{vq}{ay^2}\,\mathrm{d}y$$

方向垂直于纸面向里. 则运动的带电细棒在 O 点产生的总磁感应强度的大小为

$$B = \int \mathrm{d}B = \int_l^{l+a} \frac{\mu_0}{4\pi} \cdot \frac{qv}{ay^2}\,\mathrm{d}y = \frac{\mu_0}{4\pi} \cdot \frac{vq}{a}\left(\frac{1}{l} - \frac{1}{l+a}\right) = 1.67 \times 10^{-14}\text{ T}$$

$\boldsymbol{B}$ 的方向垂直于纸面向里.

例 12.4 如图 12.6 所示，半径为 R 的"无限长"圆柱形导线通有恒定电流 I. 已知电流 I 在圆柱体的横截面上均匀分布，试求通过长为 $2R$、宽为 R，且 AB 边与圆柱体轴线重合的长方形平面 $ABCD$ 的磁通量.

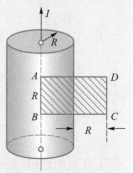

分析：本题首先要计算"无限长"载流直圆柱体产生的磁场分布，然后再计算磁通量. 由于电流在圆柱形导体的横截面上均匀分布，所以电流及其产生的磁场分布都具有"无限长"的轴对称性，可以用安培环路定理求磁场分布.

解：由于电流及其激发的磁场具有"无限长"的轴对称分布，为此在垂直于圆柱体轴线的截面内，取一个半径为 r 的同心圆周作为闭合回路，其绕行正方向与圆柱体中的电流方向成右手螺旋关系. 由安培环路定理

图 12.6 例 12.4 图

$$\oint_L \boldsymbol{B} \cdot \mathrm{d}\boldsymbol{l} = B2\pi r = \mu_0 \sum I_i$$

可得

$$B = \frac{\mu_0}{2\pi r} \sum I_i$$

当 $r>R$，即考察的场点在圆柱体外部时，$\sum I_i = I$，代入上式得

$$B = \frac{\mu_0 I}{2\pi r}$$

当 $r<R$，即考察的场点在圆柱体内部时，$\sum I_i = \dfrac{I}{\pi R^2}\pi r^2 = \dfrac{I}{R^2}r^2$，得

$$B = \frac{\mu_0 I}{2\pi R^2}r$$

$\boldsymbol{B}$ 的方向沿圆周的切线方向，并与圆柱体上的电流 I 成右手螺旋关系.

在矩形框内、离轴线为 r 处，取一个长为 R，宽为 $\mathrm{d}r$ 的窄条形面积元 $\mathrm{d}S = R\mathrm{d}r$，如图 12.7 所示，则通过该面元的磁通量为 $\mathrm{d}\Phi = B\mathrm{d}S = BR\mathrm{d}r$，所以通过长方形平面 $ABCD$ 的磁通量为

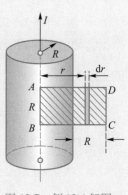

$$\Phi = \int_S \boldsymbol{B} \cdot \mathrm{d}\boldsymbol{S} = \int_0^R \frac{\mu_0 Ir}{2\pi R^2}R\mathrm{d}r + \int_R^{2R} \frac{\mu_0 I}{2\pi r}R\mathrm{d}r$$

$$= \frac{\mu_0 IR}{4\pi}(1+2\ln 2)$$

图 12.7 例 12.4 解图

例 12.5 如图 12.8 所示,一根外半径为 R_1 的无限长圆柱形导体管,管内空心部分的半径为 R_2,空心部分的轴线与圆管的中心轴线平行,两轴线的间距为 d,且 $d>R_2$.现有电流 I 沿导体管的轴线流动,且电流均匀分布在管的横截面上.

(1) 试求圆管中心轴线上的磁感应强度;

(2) 试求空心部分轴线上的磁感应强度;

(3) 设 $R_1=10$ mm, $R_2=4$ mm, $d=5$ mm, $I=20$ A,分别计算上述两处磁感应强度的数值.

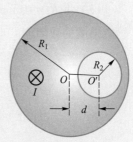

图 12.8 例 12.5 图

分析:本题可采用"补偿法"来求解,这是大学物理电磁学部分一种常用的解题方法.因电流 I 均匀分布于导体管的横截面上,导体管截面的面积等于 $\pi(R_1^2-R_2^2)$,所以电流密度 $j=I/[\pi(R_1^2-R_2^2)]$.为便于数学处理,在导体管内的空心区引入两个电流密度大小相同(都为 j)、方向相反(一个与 I 同向,另一个与 I 反向)的虚拟电流.这两部分虚拟电流的磁效应相互抵消,不会影响磁场的计算结果.将流经导体管的实际电流与新引入的同向虚拟电流合并,构成一个分布于半径为 R_1 的实心圆柱体中的均匀电流;余下的反向虚拟电流,在半径为 R_2 的实心圆柱体中均匀分布.为叙述方便起见,分别将这两个电流称为大圆柱电流和小圆柱电流(注意它们的流向相反).最后,分别计算两个圆柱状均匀电流激发的磁场,然后用场强叠加原理求实际的磁场分布.

解:(1) 圆管中心轴线上任一点 O 的磁感应强度

由题意可知,圆柱形导体管横截面上的电流密度为 $j=I/[\pi(R_1^2-R_2^2)]$.由补偿法可知,空间任意一点的磁场等效于半径为 R_1、电流密度为 j 的实心载流大圆柱体和在圆管的空腔处一个半径为 R_2、电流密度也为 j 但流向相反的载流小圆柱体产生的磁场的叠加.

由于"无限长"载流直圆柱体上的电流及其激发的磁场具有轴对称性,由例 12.4 的结论可知,大圆柱电流在中心轴线上 O 点产生的磁感应强度等于零,载流小圆柱体在中心轴线上 O 点的磁感应强度为

$$B_O=\frac{\mu_0 I_小}{2\pi d}=\frac{\mu_0 j\cdot\pi R_2^2}{2\pi d}=\frac{\mu_0 I R_2^2}{2\pi d(R_1^2-R_2^2)}$$

这就是圆管中心轴线上总磁感应强度的大小,方向垂直于 OO' 向下.

(2) 空心部分轴线上任一点 O' 的磁感应强度

小圆柱体上的电流在 O' 点产生的磁感应强度为零,所以只需计算大圆柱电流对该点磁场的贡献.由于 O' 点位于大圆柱体内部,距离大圆柱中心轴线的距离为 d,由例 12.4 的结论可知大圆柱电流在 O' 产生的磁感应强度的大小为

$$B_{O'}=\frac{\mu_0 I_大}{2\pi R_1^2}d=\frac{\mu_0 j\cdot\pi R_1^2}{2\pi R_1^2}d=\frac{\mu_0 I d}{2\pi(R_1^2-R_2^2)}$$

这就是空心部分轴线上 O' 点的总磁感应强度, 方向垂直于 OO' 向下.

（3）将 $R_1 = 10$ mm, $R_2 = 4$ mm, $d = 5$ mm, $I = 20$ A 代入, 可算得 O 和 O' 点的磁感应强度的数值为

$$B_O = \frac{\mu_0 I R_2^2}{2\pi d(R_1^2 - R_2^2)} = 1.52 \times 10^{-4} \text{ T}$$

$$B_{O'} = \frac{\mu_0 I d}{2\pi(R_1^2 - R_2^2)} = 2.38 \times 10^{-4} \text{ T}$$

例 12.6 如图 12.9 所示, 一根载有电流为 I_1 的"无限长"直导线 AB, 与一个半径为 R、载有电流为 I_2 的平面圆线圈共面放置. 若线圈圆心到直导线 AB 的距离为 $d(d>R)$, 试求载流圆线圈所受的磁力.

分析: 圆电流处于"无限长"直线电流产生的非均匀磁场中, 首先在圆电流上任取一个电流元 $I_2 d\boldsymbol{l}$, 由安培定律确定该电流元受到的磁力 $d\boldsymbol{F}$, 然后通过积分求出整个圆电流受到的磁力. 不过由于 $d\boldsymbol{F}$ 是矢量, 所以要写出 $d\boldsymbol{F}$ 在给定坐标系中的分量式, 再对分量式进行积分, 最后求合力.

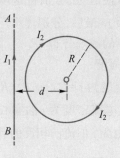

图 12.9　例 12.6 图

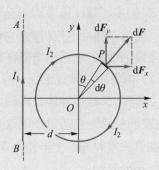

图 12.10　例 12.6 解图

解: 以圆心为坐标原点, 建立直角坐标系 Oxy, 如图 12.10 所示. 在圆线圈上的 P 点处取一个圆心角为 $d\theta$ 的电流元 $I_2 d\boldsymbol{l} = I_2 R d\theta$, 直线电流 I_1 在该处产生的磁感应强度的大小为

$$B = \frac{\mu_0 I_1}{2\pi r} = \frac{\mu_0 I_1}{2\pi(d + R\sin\theta)}$$

方向垂直纸面向里. 则电流元 $I_2 d\boldsymbol{l}$ 所受安培力大小为

$$dF = |I_2 d\boldsymbol{l} \times \boldsymbol{B}| = \frac{\mu_0 I_1}{2\pi(d + R\sin\theta)} I_2 d l$$

方向沿径向, $d\boldsymbol{F}$ 在 x、y 方向上的分量为

$$dF_x = dF \cdot \sin\theta = \frac{\mu_0 I_1 I_2 R\sin\theta}{2\pi(d + R\sin\theta)} d\theta$$

$$\mathrm{d}F_y = \mathrm{d}F \cdot \cos\theta = \frac{\mu_0 I_1 I_2 R\cos\theta}{2\pi(d+R\sin\theta)}\mathrm{d}\theta$$

积分可得

$$F_x = \int \mathrm{d}F_x = \int_0^{2\pi} \frac{\mu_0 I_1 I_2 R\sin\theta}{2\pi(d+R\sin\theta)}\mathrm{d}\theta = -\mu_0 I_1 I_2 \left(\frac{d}{\sqrt{d^2-R^2}}-1\right)$$

$$F_y = \int \mathrm{d}F_y = \int_0^{2\pi} \frac{\mu_0 I_1 I_2 R\cos\theta}{2\pi(d+R\sin\theta)}\mathrm{d}\theta = 0$$

所以圆电流所受磁力的合力为

$$\boldsymbol{F} = F_x\boldsymbol{i} + F_y\boldsymbol{j} = -\mu_0 I_1 I_2 \left(\frac{d}{\sqrt{d^2-R^2}}-1\right)\boldsymbol{i}$$

式中"−"号表示圆电流受力方向水平向左,指向长直导线.

例 12.7　如图 12.11 所示,一个半径为 R、电荷面密度为 $\sigma(\sigma>0)$ 的均匀带电薄圆盘,放在磁感应强度为 $\boldsymbol{B}_0$ 的均匀外磁场中,$\boldsymbol{B}_0$ 的方向与盘面平行. 若圆盘以角速度 ω 绕通过盘心并垂直盘面的轴转动,试求:

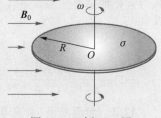

(1) 转动的带电圆盘在盘心处产生的磁感应强度;

(2) 圆盘的磁矩;

(3) 圆盘在外磁场中所受的磁力矩.

图 12.11　例 12.7 图

分析：旋转的带电圆盘可以等效为一组同心圆电流,可以用圆电流激发的磁场公式求盘心处的磁感应强度,同时等效圆电流具有磁矩,在外磁场中受力矩的作用.

解：(1) 在转动的圆盘上任取一个半径为 r、宽度为 $\mathrm{d}r$ 的圆环,如图 12.12 所示. 该圆环所带电荷量为 $\mathrm{d}q=\sigma 2\pi r\mathrm{d}r$,产生的等效圆电流的大小为 $\mathrm{d}I = \dfrac{\omega}{2\pi}\mathrm{d}q = \omega\sigma r\mathrm{d}r$.

利用圆电流激发的磁场公式,它在圆心处产生的磁感应强度的大小为

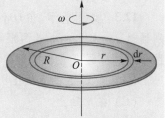

$$\mathrm{d}B = \frac{\mu_0 \mathrm{d}I}{2r} = \frac{\mu_0 \sigma\omega}{2}\mathrm{d}r$$

图 12.12　例 12.7 解图

方向与 $\boldsymbol{\omega}$ 的方向相同,所以盘心处的总磁感应强度的大小为

$$B = \int_0^R \mathrm{d}B = \int_0^R \frac{\mu_0 \sigma\omega}{2}\mathrm{d}r = \frac{\mu_0 \sigma\omega R}{2}$$

方向与 $\boldsymbol{\omega}$ 的方向相同.

(2) 根据磁矩的定义,等效圆电流 $\mathrm{d}I$ 的磁矩大小为

$$\mathrm{d}m = S\mathrm{d}I = \pi r^2 \sigma \omega r \mathrm{d}r$$

方向与 $\boldsymbol{\omega}$ 的方向相同,所以整个转动圆盘的磁矩大小为

$$m = \int_0^R \mathrm{d}m = \int_0^R \sigma \omega \pi r^3 \mathrm{d}r = \frac{\sigma \omega \pi R^4}{4}$$

（3）利用 $\boldsymbol{M} = \boldsymbol{m} \times \boldsymbol{B}$,该转动圆盘在外磁场中受到的磁力矩的大小为

$$M = mB_0 \sin 90° = \frac{\sigma \omega \pi R^4 B_0}{4}$$

方向与 $\boldsymbol{m}$ 和 $\boldsymbol{B}_0$ 成右手螺旋关系.

五、自我测试题

12.1 一个电流元 $I\mathrm{d}l$ 位于直角坐标系的坐标原点,方向沿 z 轴正方向,则 $P(x, y, z)$ 点处的磁感应强度在 x 轴上的分量是（ ）.

（A）0

（B）$-\dfrac{\mu_0 y I\mathrm{d}l}{4\pi(x^2+y^2+z^2)^{3/2}}$

（C）$-\dfrac{\mu_0 x I\mathrm{d}l}{4\pi(x^2+y^2+z^2)^{3/2}}$

（D）$-\dfrac{\mu_0 y I\mathrm{d}l}{4\pi(x^2+y^2+z^2)}$

12.2 如图所示,长直导线的中部弯成半径为 R、圆心角为 $120°$ 的圆弧形. 假设导线中通有电流 I,则圆弧圆心处 O 点的磁感应强度大小为（ ）.

（A）$\dfrac{\mu_0 I}{\pi R}\left(1 - \dfrac{\sqrt{3}}{2} + \dfrac{\pi}{6}\right)$

（B）$\dfrac{\mu_0 I}{\pi R}\left(1 - \dfrac{\sqrt{3}}{2} + \dfrac{2\pi}{3}\right)$

（C）$\dfrac{\mu_0 I}{\pi R}\left(\dfrac{1}{2} + \dfrac{\pi}{6}\right)$

（D）$\dfrac{\mu_0 I}{\pi R}\left(\sqrt{3} + \dfrac{\pi}{6}\right)$

12.3 如图所示,在 Oxy 平面内有两根无限长载流直导线,其平行于 y 轴且分别通过 $x_1 = 1$、$x_2 = 3$. 若两根导线中通有流向相反,且大小分别为 I 和 $3I$ 的电流,则图中磁感应强度大小等于零的地方是（ ）.

（A）在 $x = 5$ 的直线上

（B）在 $x = 4$ 的直线上

（C）在 y 轴上

（D）在 x 轴上

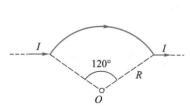

测试题 12.2 图

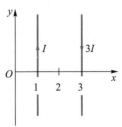

测试题 12.3 图

12.4 如图所示,空间有两根长直导线垂直穿过纸面,其中分别载有电流 I_1 和 I_2,L 为空间的任一闭合曲线,P 是 L 上的一点. 当 I_2 在 L 的外部移动时,下列说法正确的是(　　).

(A) $\oint_L \boldsymbol{B} \cdot \mathrm{d}\boldsymbol{l}$ 的积分值改变,$\boldsymbol{B}_P$ 不变

(B) $\oint_L \boldsymbol{B} \cdot \mathrm{d}\boldsymbol{l}$ 的积分值不变,$\boldsymbol{B}_P$ 改变

(C) $\oint_L \boldsymbol{B} \cdot \mathrm{d}\boldsymbol{l}$ 的积分值与 $\boldsymbol{B}_P$ 同时改变

(D) $\oint_L \boldsymbol{B} \cdot \mathrm{d}\boldsymbol{l}$ 的积分值与 $\boldsymbol{B}_P$ 均不改变

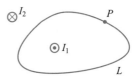

测试题 12.4 图

12.5 将一块通电的半导体薄片置于外磁场中,薄片中电流的方向和磁场方向如图所示,V_a、V_b 分别表示导体薄片上、下两边的电势,则下列判断正确的是(　　).

(A) 若为 n 型半导体,则 $V_a < V_b$ 　　　　(B) 若为 n 型半导体,则 $V_a > V_b$

(C) 若为 p 型半导体,则 $V_a > V_b$ 　　　　(D) 若为 p 型半导体,则 $V_a = V_b$

12.6 如图所示,电流为 I_1 的"无限长"载流直导线与电流为 I_2 的正三角形线圈 abc 共面放置,其中 ab 边与直导线平行,则三角形线圈将(　　).

(A) 向右平移　　　(B) 向左平移　　　(C) 转动　　　(D) 不动

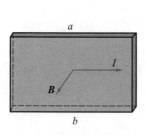

测试题 12.5 图

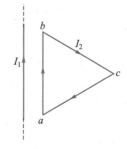

测试题 12.6 图

12.7 一个 $N = 100$ 匝的圆形线圈,其有效半径 $r = 5.0$ cm,通有恒定电流 $I = 1.0$ A. 当该线圈在 $B = 1.5$ T 的强磁场中,从 $\theta = 180°$ 的位置转到 $\theta = 0$ 的位置时(θ 是线圈的磁矩方向与外磁场方向之间的夹角),则外磁场对线圈做功为(　　).

(A) 2.4 J　　　　　　(B) 24 J　　　　　　(C) 240 J

(D) 1.4 J　　　　　　(E) 14 J

12.8 如图所示,处在某匀强磁场中的载流 n 型半导体薄片中出现霍尔效应,测得前后两个表面 M、N 之间的霍尔电压为 $U_{MN} = V_M - V_N = 0.3 \times 10^{-3}$ V,则图中所加匀强磁场的方向为(　　).

(A) 沿 x 轴正向

(B) 沿 x 轴负向

(C) 沿 z 轴正向

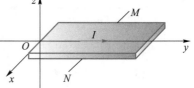

测试题 12.8 图

（D）沿 z 轴负向

12.9 有两根相同材料制成的电阻丝,其长度相同,甲的横截面的直径是乙的 2 倍.当它们并联在电路中并通以恒定电流时,甲中电流密度是乙的_____倍.

12.10 一个电荷量为 q 的正电荷在磁场中运动,假设在某一时刻,其速度 $\boldsymbol{v}$ 沿 x 轴的正方向.若它受到的磁力为零,则磁场沿_____方向;若磁力沿 z 轴正方向,大小达到最大值,则磁场沿_____方向;若磁力沿 z 轴正方向,但大小为最大值的一半,则磁场方向_____.

12.11 如图所示,一个半径为 R 的假想球面的球心处有一运动电荷,则球面上磁场最强的点位于_____;磁场最弱的点位于_____;该运动电荷产生的磁场通过该球面的磁通量为_____.

12.12 如图所示,真空中边长为 $L/4$ 的正方形载流线圈,通有电流 I,则此正方形载流线圈中心的磁感应强度的大小为_____.

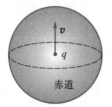

测试题 12.11 图

测试题 12.12 图

12.13 如图所示,一载有恒定电流为 I 的任意形状的导线 ab,其中电流由 a 流向 b.将其置于均匀外磁场 $\boldsymbol{B}$ 中,则该导线所受安培力的大小为_____,方向_____.

12.14 如图所示,将一个总匝数为 N 的等腰直角三角形线圈 abc 置于磁感应强度为 $\boldsymbol{B}$ 的均匀外磁场中.已知两个直角边的长度为 L,开始时,磁场方向平行于线圈平面,其中 ab 边与磁场方向垂直、bc 边与磁场方向平行.现保持线圈中的电流 I 恒定不变,(1) 若使线圈绕 ab 边转过 $90°$,则此过程中磁力对线圈做功 $A_1 =$ _____;(2) 若使线圈绕 bc 边转过 $90°$,则磁力做功 $A_2 =$ _____;(3) 若使线圈绕 ca 边转过 $90°$,则磁力做功 $A_3 =$ _____.

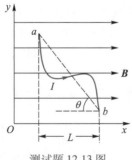

测试题 12.13 图

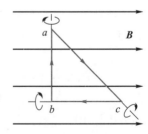

测试题 12.14 图

12.15 电子在磁感强度为 B 的均匀磁场中沿半径为 R 的圆周做匀速圆周运动,则电子运动所形成的等效圆电流 $I =$ _____;等效磁矩的大小 $m =$ _____.(已知电子质量为 m_e,电荷量的绝对值为 e.)

12.16 如图所示,半径为 R 的均匀带电薄圆盘,电荷面密度为 $\sigma(\sigma>0)$,圆盘以角速度 ω 绕通过其中心,且与盘面垂直的轴转动. 试求:

(1) 圆盘的磁矩;

(2) 圆盘轴线上距圆盘中心为 x 的 P 点处的磁感应强度.

12.17 在电流为 I_0 的长直载流导线所激发的磁场中,有一个与直导线共面的等腰直角三角形线圈,各部分尺寸如图所示. 线圈中的电流为 I,其中的一条直角边 DC 平行于长直导线. 试求线圈各边所受的安培力.

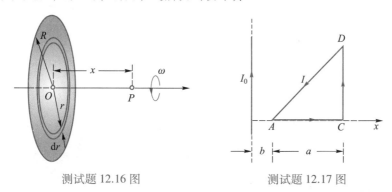

测试题 12.16 图　　　　　　　　　测试题 12.17 图

12.18 如图所示,真空中有一半径为 R 的圆线圈,通有电流 I_1,另有载有电流 I_2 的无限长直导线,垂直线圈平面且与之相切. 设圆线圈可绕 MN 轴转动,试求圆线圈在图示位置时受到的磁力矩.

12.19 如图所示,两根无限长载流直导线在 O 点绝缘相交,它们之间的夹角为 α,导线上分别通有电流 I_1 和 I_2. 求证:两导线上任意位置处单位长度上受到的安培力对 O 点的力矩为 $\dfrac{\mu_0 I_1 I_2}{2\pi \sin\alpha}$.

自我测试题
参考答案

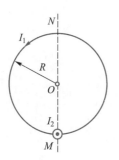

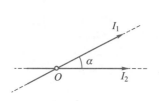

测试题 12.18 图　　　　　　　　　测试题 12.19 图

>>> 第13章

··· 磁 介 质

一、知识点网络框图

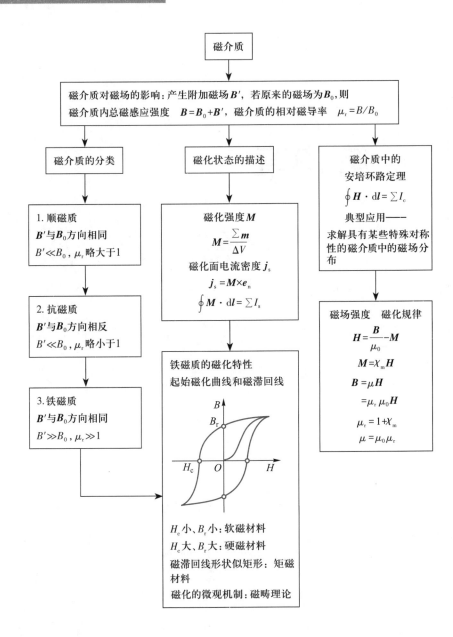

磁介质

磁介质对磁场的影响：产生附加磁场 B'，若原来的磁场为 B_0，则
磁介质内总磁感应强度 $B = B_0 + B'$，磁介质的相对磁导率 $\mu_r = B/B_0$

磁介质的分类

磁化状态的描述

磁介质中的
安培环路定理
$$\oint H \cdot dl = \sum I_c$$
典型应用——
求解具有某些特殊对称
性的磁介质中的磁场分
布

1. 顺磁质
B' 与 B_0 方向相同
$B' \ll B_0$，μ_r 略大于 1

磁化强度 M
$$M = \frac{\sum m}{\Delta V}$$
磁化面电流密度 j_s
$$j_s = M \times e_n$$
$$\oint M \cdot dl = \sum I_s$$

磁场强度　磁化规律
$$H = \frac{B}{\mu_0} - M$$
$$M = \chi_m H$$
$$B = \mu H$$
$$= \mu_r \mu_0 H$$
$$\mu_r = 1 + \chi_m$$
$$\mu = \mu_0 \mu_r$$

2. 抗磁质
B' 与 B_0 方向相反
$B' \ll B_0$，μ_r 略小于 1

3. 铁磁质
B' 与 B_0 方向相同
$B' \gg B_0$，$\mu_r \gg 1$

铁磁质的磁化特性
起始磁化曲线和磁滞回线

H_c 小、B_r 小：软磁材料
H_c 大、B_r 大：硬磁材料
磁滞回线形状似矩形：矩磁
材料
磁化的微观机制：磁畴理论

二、基本要求

1. 理解磁介质的分类、磁介质磁化的微观机制.

2. 了解磁化电流与磁化强度的概念及其相互关系.

3. 理解磁场强度的概念,掌握各向同性的磁介质中 B 和 H 的关系,熟练掌握磁介质中的安培环路定理及其应用.

4. 了解铁磁质的磁化特性及其分类和应用.

三、主要内容

正如在上一章中将静电场和恒定磁场进行比较一样,这里同样将电场中的电介质和磁场中的磁介质进行列表比较,参见表 13.1,以便读者通过借鉴、类比,更好地掌握本章内容.

(一)磁介质的磁化

1. 磁介质的分类

处于磁场中的物质统称为磁介质. 磁介质在磁场的作用下被磁化,被磁化后的磁介质会激发附加磁场,并反过来影响原来磁场分布. 若在磁感应强度为 B_0 的均匀磁场中,磁介质内部的总磁感应强度为 B,则称 $\mu_r = \dfrac{B}{B_0}$ 为磁介质的相对磁导率,其大小反映了磁介质对磁场的影响程度. 同时根据 μ_r 的大小可将磁介质分成 3 类:① 顺磁质(μ_r 略大于 1),② 抗磁质(μ_r 略小于 1),③ 铁磁质(μ_r 远大于 1). 顺磁质和抗磁质统称为弱磁介质,铁磁质称为强磁介质.

2. 磁介质磁化的微观机制

对于顺磁质,物质中每个分子或原子的固有磁矩不为零. 在外磁场中由于受磁力矩的作用,所有分子的固有磁矩的方向都将尽可能地转到沿外磁场方向排列,从而使顺磁质磁化后产生的附加磁场的方向与原来的外磁场方向相同,使磁场增强.

对于抗磁质,物质中分子或原子的固有磁矩都等于零. 但在外磁场的作用下,原子中每个电子的轨道运动都会产生一个附加磁矩,其方向与原磁场方向相反,从而使磁场减弱.

铁磁质磁化微观机制可以用磁畴理论来解释,每个磁畴中的磁性来自电子的自旋磁矩.

表 13.1　磁介质与电介质对比

项目	电介质	磁介质
描述极化或磁化程度的物理量	极化强度 $P = \dfrac{\sum p_{分子}}{\Delta V}$	磁化强度 $M = \dfrac{\sum m_{分子}}{\Delta V}$
极化或磁化的宏观效果	介质表面出现束缚电荷 q'	介质表面出现磁化电流 I_s
基本矢量	E	B

项目	电介质	磁介质
介质对场的影响	束缚电荷产生附加电场 E'	磁化电流产生附加磁场 B'
	$E = E_0 + E'$	$B = B_0 + B'$
辅助物理量	$D = \varepsilon_0 E + P$	$H = \dfrac{B}{\mu_0} - M$
高斯定理	$\oint_L \boldsymbol{D} \cdot \mathrm{d}\boldsymbol{S} = \sum q_0$	$\oint_S \boldsymbol{B} \cdot \mathrm{d}\boldsymbol{S} = 0$
环路定理	$\oint_L \boldsymbol{E} \cdot \mathrm{d}\boldsymbol{l} = 0$	$\oint_L \boldsymbol{H} \cdot \mathrm{d}\boldsymbol{l} = \sum I_c$
各向同性介质	$\boldsymbol{P} = \varepsilon_0 \chi_e \boldsymbol{E}$	$\boldsymbol{M} = \chi_m \boldsymbol{H}$
	$\sigma' = \boldsymbol{P} \cdot \boldsymbol{e}_n$	$j_s = \boldsymbol{M} \times \boldsymbol{e}_n$
	$\boldsymbol{D} = \varepsilon_0 \varepsilon_r \boldsymbol{E}$	$\boldsymbol{B} = \mu_0 \mu_r \boldsymbol{H}$
常量	相对电容率:ε_r	相对磁导率:μ_r
	电极化率:$\chi_e = \varepsilon_r - 1$	磁化率:$\chi_m = \mu_r - 1$

3. 磁化强度与磁化电流

磁介质被磁化的程度用磁化强度矢量 $\boldsymbol{M}$ 来表示,它定义为单位体积内分子磁矩的矢量和,即

$$M = \frac{\sum \boldsymbol{m}_{分子}}{\Delta V}$$

介质被磁化后,在介质表面将出现磁化电流(也称为束缚电流). 介质表面的磁化电流密度 j_s 和磁化强度 $\boldsymbol{M}$ 的关系为

$$j_s = \boldsymbol{M} \times \boldsymbol{e}_n, \qquad \oint_L \boldsymbol{M} \cdot \mathrm{d}\boldsymbol{L} = I_s$$

式中 I_s 是穿过闭合回路 L 所围面积的磁化电流的代数和.

(二) 有磁介质存在时磁场的安培环路定理　磁场强度

1. 磁场强度 H

磁场强度 $\boldsymbol{H}$ 是人们为了讨论问题的方便而引入的一个辅助物理量,其定义为

$$H = \frac{\boldsymbol{B}}{\mu_0} - M$$

$\boldsymbol{H}$ 与 $\boldsymbol{M}$ 的关系为

$$M = \chi_m H$$

式中 $\chi_m = \mu_r - 1$,称为磁介质的磁化率,则

$$B = \mu_0 (H + M) = \mu_0 \mu_r H = \mu H$$

2. 有磁介质存在时磁场的安培环路定理

磁场强度 $\boldsymbol{H}$ 沿任一闭合回路的线积分(或环流)等于通过该回路 L 所围面积的传导电流的代数和,即

$$\oint_L \boldsymbol{H} \cdot \mathrm{d}\boldsymbol{l} = \sum I_{\mathrm{c}}$$

在有磁介质存在时,通常可先求 $\boldsymbol{H}$ 的分布,然后求 $\boldsymbol{B}$ 的分布,这样可避开磁化电流.

注意:$\boldsymbol{H}$ 的环流仅与传导电流有关,但 $\boldsymbol{H}$ 本身一般并不是仅由传导电流决定,磁化电流对 $\boldsymbol{H}$ 同样有贡献(参见本章例题 13.3 和例题 13.4).

(三) 铁磁质

铁磁质的起始磁化曲线如图 13.1 中的曲线 $Oabc$ 所示,闭合曲线 $cdefghc$ 称为磁滞回线. 这表明铁磁质中 $\boldsymbol{B}$ 与 $\boldsymbol{H}$ 不是线性关系,也不是单值的,$\boldsymbol{B}$ 与 $\boldsymbol{H}$ 的关系与铁磁质的磁化历史有关. 因此铁磁质的磁导率和磁化率也不是常量,与铁磁质的磁化历史有关. 图 13.1 中的 B_{s} 称为铁磁质的饱和磁感应强度,B_{r} 称为剩磁,H_{c} 称为矫顽力. 根据 B_{r}、H_{c} 的大小可将铁磁质分为硬磁材料、软磁材料和矩磁材料 3 类. 图 13.2 给出了铁磁质在起始磁化过程中 $\mu\text{-}H$ 的关系曲线.

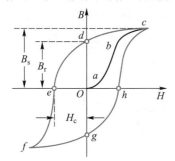
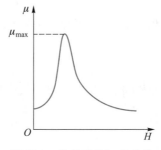

图 13.1 铁磁质的起始磁化曲线和磁滞回线 　　图 13.2 铁磁质的 $\mu\text{-}H$ 曲线

四、典型例题解法指导

例 13.1 一根长直圆柱形导线,半径为 R_1,导线中均匀地通有电流 I,在导线外包了一层相对磁导率为 μ_{r} 的圆管形绝缘磁介质,其外径为 R_2,直导线自身的相对磁导率可视为 1,如图 13.3 所示. 试求:

（1）导线内外磁场强度 $\boldsymbol{H}$ 和磁感应强度 $\boldsymbol{B}$ 的分布;

（2）磁介质内外表面上的磁化电流线密度和磁化电流.

图 13.3 例 13.1 图

　　分析：本题中传导电流和磁介质分布均具有"无限长"的轴对称性，所以可利用磁介质中的安培环路定理先求出 $\boldsymbol{H}$ 的分布，然后由 $\boldsymbol{B}=\mu_0\mu_r\boldsymbol{H}$ 求出 $\boldsymbol{B}$ 的分布，最后由 $\boldsymbol{j}_s=\boldsymbol{M}\times\boldsymbol{e}_n$ 求出介质表面的磁化电流线密度和磁化电流.

　　解：（1）由题意可知，导线横截面上的传导电流密度为

$$j_c=I/\pi R_1^2$$

在垂直于导线的平面内，作一个半径为 r、以轴线为同心的闭合圆周，由磁介质中的安培环路定理 $\oint_L \boldsymbol{H}\cdot d\boldsymbol{l}=\sum I_c$，可得

$$H\cdot 2\pi r=\sum I_c$$

即

$$H=\frac{1}{2\pi r}\sum I_c$$

当 $r<R_1$ 时（在导线内部），$\sum I_c=j_c\pi r^2=r^2I/R_1^2$，所以磁场强度为

$$H_1=\frac{I}{2\pi R_1^2}r$$

磁感应强度为

$$B_1=\mu_0 H_1=\frac{\mu_0 I}{2\pi R_1^2}r$$

当 $R_1<r\leqslant R_2$（在磁介质中）时，$\sum I_c=I$，磁导率为 $\mu_2=\mu_0\mu_r$，同理可得

$$H_2=\frac{I}{2\pi r},\quad B_2=\mu_2 H_2=\frac{\mu_0\mu_r I}{2\pi r}$$

当 $r>R_2$（在磁介质外部）时，$\sum I_c=I$，磁导率为 μ_0，同理可得

$$H_3=\frac{I}{2\pi r},\quad B_3=\mu_0 H_3=\frac{\mu_0 I}{2\pi r}$$

　　（2）在磁介质内部（$R_1<r\leqslant R_2$），磁化强度的分布为

$$M=\frac{B_2}{\mu_0}-H_2=\frac{(\mu_r-1)I}{2\pi r}$$

对于顺磁质（$\mu_r>1$），$\boldsymbol{M}$ 的方向与 $\boldsymbol{B}$ 的方向一致，所以由 $\boldsymbol{j}_s=\boldsymbol{M}\times\boldsymbol{e}_n$ 可知：在距轴线 R_1 处（磁介质圆管的内表面上），介质表面的磁化电流线密度的大小为

$$j_{s_1}=M_1=\left(\frac{B_1}{\mu_0}-H_1\right)_{r=R_1}=\frac{(\mu_r-1)I}{2\pi R_1}$$

内表面上总磁化电流的大小为

$$I_{s_1}=2\pi R_1 j_{s_1}=(\mu_r-1)I$$

其方向沿轴线方向，与导线中传导电流 I 的方向相同.

　　同理，在距轴线 R_2 处（磁介质圆管的外表面上），介质表面磁化电流线密度的大小为

$$j_{s_2} = M_2 = \left(\frac{B_2}{\mu_0} - H_2\right)_{r=R_2} = \frac{(\mu_r - 1)I}{2\pi R_2}$$

外表面上的总磁化电流的大小为

$$I_{s_2} = 2\pi R_2 j_{s_2} = (\mu_r - 1)I$$

方向同样沿轴线方向,但与圆管内表面上的磁化电流 I_{s_1} 的方向相反.

例 13.2 将漆包线(表面绝缘的导线)均匀密绕在一根半径为 R 的磁棒上,就成了一个带"铁芯"的长直螺线管线圈. 线圈中沿轴线单位长度上的匝数为 n,磁棒的相对磁导率为 μ_r. 当线圈中通有电流 I 时,试分析磁棒表面磁化电流线密度的大小和方向.

分析: 要计算磁介质表面的磁化电流,首先应计算磁介质表面磁场强度 H 的分布;然后根据磁化规律 $M = \chi_m H = (\mu_r - 1)H$,求磁介质表面的磁化强度;最后由 $j_s = M \times e_n$ 求磁介质表面的磁化电流线密度的大小和方向.

解: 当磁棒处于长直螺线管线圈内部时,线圈内部的磁场是平行于磁棒轴线的均匀磁场,由磁介质中的安培环路定理 $\oint_L H \cdot dl = \sum I_c$,可知长直密绕螺线管内磁场强度的大小为 $H = nI$,即磁棒被一个沿其轴线的均匀磁场所磁化,所以在磁棒的内部和表面上磁化强度的大小均为

$$M = \chi_m H = (\mu_r - 1)nI$$

当 $\mu_r > 1$ 时(顺磁质或铁磁质),M 的方向与 H 的相同,即都与线圈中传导电流的方向成右手螺旋关系.

再由 $j_s = M \times e_n$,可得磁棒表面磁化电流线密度的大小为

$$j_s = M|_{r=R} = (\mu_r - 1)nI$$

方向与线圈中传导电流的方向相同.

例 13.3 如图 13.4 所示,在一个粗细均匀的铁环外均匀密绕了表面绝缘的导线(漆包线),构成一个截面为圆形的螺绕环线圈,已知线圈总匝数为 N,螺绕环的平均周长为 L,铁芯的相对磁导率为 $\mu_r(\mu_r \gg 1)$. 假设螺绕环的横截面积很小,线圈中通有恒定电流 I,若在铁芯上开一个宽为 $l(l \ll L)$ 的狭缝,试求:

(1) 开狭缝前,闭合铁环内部的 B、H 和 M 的大小;

(2) 开狭缝后,铁芯内部与缝隙中的 B、H 和 M 的大小.

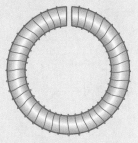

图 13.4 例 13.3 图

分析: 由高斯定理 $\oint_S B \cdot dS = 0$ 可知,磁场是无源场,B 线一定是闭合曲线,所以沿 B 线方向 B 的分布是连续的. 但磁场强度 H 线

却不一定是闭合曲线,尽管 H 的环流只与传导电流有关,但 H 的分布与磁化电流也有关系,所以沿 H 线方向,H 的分布可以不连续.

解:(1)开狭缝前,环内外的介质分布和电流分布均具有轴对称性而且连续分布,环内 B、H 和 M 的分布也具有轴对称性,即在任一半径为 r 的同心圆环上,各处 B、H 和 M 的大小相同,方向均沿圆周的切线方向且与环中的传导电流成右手螺旋关系. 由磁介质中的安培环路定理

$$\oint_L \boldsymbol{H} \cdot \mathrm{d}\boldsymbol{l} = \sum I_c = NI$$

得铁环内磁场强度的大小为

$$H = \frac{NI}{L}$$

于是,铁环内磁感应强度和磁化强度的大小分别为

$$B = \mu_0 \mu_r H = \frac{\mu_0 \mu_r NI}{L}$$

$$M = \chi_m H = (\mu_r - 1) \frac{NI}{L}$$

（2）开狭缝后,由于磁感应线仍然连续,而且狭缝极窄,所以可认为铁环内部与缝隙中的 B 值相等,即 $B_{环内} = B_{缝内} = B$,由 $B = \mu_0 \mu_r H$ 可知 H 的大小不再相等,可分别设为 $H_{环内}$ 和 $H_{缝内}$. 由 $\oint_L \boldsymbol{H} \cdot \mathrm{d}\boldsymbol{l} = NI$,可得

$$H_{环内}(L-l) + H_{缝内} l = NI$$

又 $H_{环内} = \dfrac{B}{\mu_0 \mu_r}$,$H_{缝内} = \dfrac{B}{\mu_0}$,代入上式整理后可得

$$B = \frac{\mu_0 \mu_r NI}{L + (\mu_r - 1) l} \approx \frac{\mu_0 \mu_r NI}{L + \mu_r l}$$

式中近似等式成立的原因是铁磁质的相对磁导率通常远大于 1,即 $\mu_r \gg 1$.

由此可得铁环内部的磁场强度和磁化强度分别为

$$H_{环内} = \frac{B}{\mu_0 \mu_r} = \frac{NI}{L + (\mu_r - 1) l} \approx \frac{NI}{L + \mu_r l}$$

$$M_{环内} = \chi_m H_{环内} = \frac{(\mu_r - 1) NI}{L + (\mu_r - 1) l} \approx \frac{\mu_r NI}{L + \mu_r l}$$

在缝隙中

$$H_{缝内} = \frac{B}{\mu_0} = \frac{\mu_r NI}{L + (\mu_r - 1) l} \approx \frac{\mu_r NI}{L + \mu_r l}$$

$$M_{缝内} = H_{缝内} - \frac{B}{\mu_0} = 0$$

例 13.4 如图 13.5 所示,将一根细长的永磁棒沿轴向均匀磁化,磁化强度为 M. 试求图中 1、2、3、4、5、6、7 各点的磁感应强度 B 和磁场强度 H.

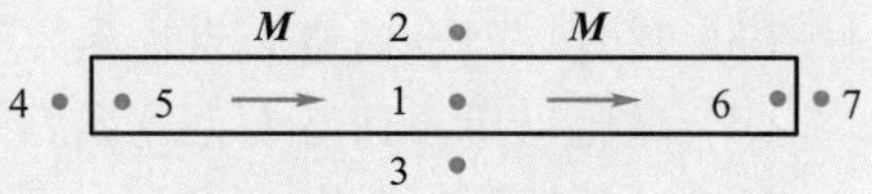

分析: 一般情况下,磁介质比电介质复杂,特别是铁磁质中 B 与 H 不成正比关系,χ_m 和 μ_r 也不是常量,B 值不能由 H

图 13.5　例 13.4 图

唯一地确定,它与磁化历史有关. 此外,本题中无传导电流,所以也不能由安培环路定理先求磁场强度 H 的分布. 实际上,永磁棒内外的磁场是由磁棒表面的磁化电流产生的. 因此可先求磁化电流产生的 B 的分布,然后由 $H = \dfrac{B}{\mu_0} - M$ 求出 H 的分布.

解: 永磁棒被均匀磁化后,表面出现均匀分布的磁化电流. 由磁化电流与磁化强度的关系可知永磁棒表面的磁化电流线密度为 $j_s = M$,并且磁化电流产生的磁场分布与长直螺线管产生的磁场等效. 所以由长直螺线管的磁场分布可知

$$B_1 = \mu_0 j = \mu_0 M, \quad B_2 = B_3 = 0$$

在长直螺线管两端的轴线上,磁感应强度恰为其中间的一半,故

$$B_4 = B_5 = B_6 = B_7 = \frac{B_1}{2} = \frac{\mu_0 M}{2}$$

这表明描述磁场分布的磁感应线在磁棒两端的界面内外是连续的.

因为 $H = \dfrac{B}{\mu_0} - M$,该式在 M 方向上的投影式为

$$H = \frac{B}{\mu_0} - M$$

又因为在磁棒外部,2、3、4、7 点处,$M=0$,所以在磁棒中部内外的 1、2、3 点处

$$H_1 = \frac{B_1}{\mu_0} - M = 0, \quad H_2 = H_3 = 0$$

在磁棒两端的 4、5、6、7 点处

$$H_4 = H_7 = \frac{B_4}{\mu_0} = \frac{M}{2}, \quad H_5 = H_6 = \frac{B_5}{\mu_0} - M = -\frac{M}{2}$$

式中"-"表示 5、6 两点处(磁棒内部),磁场强度和磁化强度方向相反. 这表明在磁棒内部和两端界面处,描述磁场强度分布的 H 线是不连续的.

五、自我测试题

13.1 下面几种说法是否正确,试说明理由.

(1) 对于各向同性的弱磁介质,不论是顺磁质还是抗磁质,$\boldsymbol{B}$ 总是与 $\boldsymbol{H}$ 同方向

(2) $\boldsymbol{H}$ 的大小与磁介质无关

(3) 通过以闭合回路 L 为边界的任意曲面的 $\boldsymbol{B}$ 的通量均相等

(4) 通过以闭合回路 L 为边界的任意曲面的 $\boldsymbol{H}$ 的通量均相等

13.2 磁介质有三种,用相对磁导率 μ_r 表征它们各自的特性时( ).

(A) 顺磁质 $\mu_r>0$,抗磁质 $\mu_r<0$,铁磁质 $\mu_r\gg1$

(B) 顺磁质 $\mu_r>1$,抗磁质 $\mu_r<1$,铁磁质 $\mu_r\gg1$

(C) 顺磁质 $\mu_r>1$,抗磁质 $\mu_r=1$,铁磁质 $\mu_r\gg1$

(D) 顺磁质 $\mu_r>0$,抗磁质 $\mu_r<0$,铁磁质 $\mu_r>1$

13.3 一个总匝数为 N、总长度为 l,截面半径为 $a(a\ll l)$ 的细长直螺线管. 通以恒定电流 I,当管内充满相对磁导率为 μ_r 的均匀磁介质后,管中任意一点的( ).

(A) 磁感应强度大小为 $B=\mu_0\mu_r NI$ (B) 磁感应强度大小为 $B=\dfrac{\mu_r NI}{l}$

(C) 磁场强度大小为 $H=\dfrac{\mu_0 NI}{l}$ (D) 磁场强度大小为 $H=\dfrac{NI}{l}$

13.4 一半径为 R 的无限长圆柱形导线上通有恒定电流 I,导线材质均匀,相对磁导率为 μ_r,周围是真空. 下列关于该导线表面的磁化电流线密度的说法中,正确的是( ).

(A) 大小为 $(\mu_r-1)\dfrac{I}{2\pi R}$,若 $\mu_r<1$,其方向与传导电流相同,否则相反

(B) 大小为 $\mu_0(\mu_r-1)\dfrac{I}{2\pi R}$,若 $\mu_r<1$,其方向与传导电流相同,否则相反

(C) 大小为 $(\mu_r-1)\dfrac{I}{2\pi R}$,若 $\mu_r>1$,其方向与传导电流相同,否则相反

(D) 大小为 $(\mu_r-1)\dfrac{I}{\pi R^2}$,若 $\mu_r>1$,其方向与传导电流相同,否则相反

13.5 一无限长螺线管中充满磁化率为 χ_m 的各向同性的均匀磁介质. 螺线管单位长度上绕有 n 匝导线,导线中通有电流 I,则螺线管内磁感应强度为( ).

(A) $B=\mu_0 nI$ (B) $B=\dfrac{1}{2}\mu_0 nI$

(C) $B=\mu_0(1+\chi_m)nI$ (D) $B=(1+\chi_m)nI$

13.6 一细铁环的平均半径为 R,其上绕有 N 匝线圈. 当线圈中通以电流 I 时,铁环的磁感应强度的大小为 B,则其中磁化强度 M 的大小为( ).

(A) $\dfrac{B}{\mu_0}+\dfrac{NI}{2\pi R}$ (B) $\dfrac{B}{\mu_0}-\dfrac{NI}{2\pi R}$

(C) $\mu_0\dfrac{NI}{2\pi R}+B$ (D) $B-\mu_0\dfrac{NI}{2\pi R}$

13.7 硬磁材料适于制造_____;软磁材料适于制造_____;矩磁材料适

于制造_____.

13.8 如图所示为三种磁介质的 B–H 曲线,其中虚线表示的是 $B=\mu_0 H$ 的关系,则:

曲线 a 表示_____的 B–H 关系曲线;

曲线 b 表示_____的 B–H 关系曲线;

曲线 c 表示_____的 B–H 关系曲线.

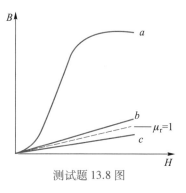

测试题 13.8 图

13.9 一根均匀磁棒的体积为 $1\ 000\ \text{cm}^3$,被均匀磁化后其磁矩为 $800\ \text{A}\cdot\text{m}^2$. 若磁棒内部的磁感应强度为 $1.0\ \text{T}$,则棒内磁场强度的大小为_____,方向与磁感应强度的方向_____(填"相同"或"相反").

13.10 一个均匀密绕的螺绕环线圈,总匝数为 400 匝,环的平均周长是 $0.40\ \text{m}$,环内充满了各向同性的均匀软磁材料. 当线圈内通有电流 $2.0\ \text{A}$ 时,测得环内的磁感应强度是 $1.0\ \text{T}$. 试求:

(1) 环内介质中磁场强度和磁化强度的大小;

(2) 环内磁介质的相对磁导率.

13.11 螺绕环的中心周长 $l=10\ \text{cm}$,环上均匀密绕 200 匝线圈,线圈中通过的电流 $I=100\ \text{mA}$.

(1) 试求管内磁感应强度 B_0 和磁场强度 H_0;

(2) 若管内充满相对磁导率 $\mu_\text{r}=4\ 200$ 的均匀磁介质,求管内 $\boldsymbol{B}$、$\boldsymbol{H}$ 以及 $\boldsymbol{M}$ 的大小;

(3) 磁介质表面磁化电流产生的附加磁场 B' 是多少?

13.12 如图所示,一根"无限长"的圆柱形导体棒,其相对磁导率为 μ_r,半径为 R. 假设电流 I 沿导体的轴线方向流动,且在导体横截面上均匀分布,试求:

(1) 导体内、外磁场强度和磁感应强度的分布;

(2) 通过图中长为 L、宽为 R 的圆柱体纵截面的一半(图中阴影区域)的磁通量.

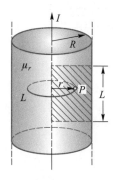

测试题 13.12 图

13.13 在截面为圆形的细铁环上绕有线圈,组成一个螺绕环. 若铁环平均周长为 $30\ \text{cm}$,铁环的横截面积为 $1.0\ \text{cm}^2$,总匝数为 400 匝. 当线圈内电流为 $0.30\ \text{A}$ 时,通过铁环横截面的磁通量为 $5.0\times10^{-5}\ \text{Wb}$. 试求铁环内磁感应强度 B、磁场强度 H、磁化强度 M 以及铁磁质的相对磁导率.

自我测试题

参考答案

第14章

··· 电磁感应

一、知识点网络框图

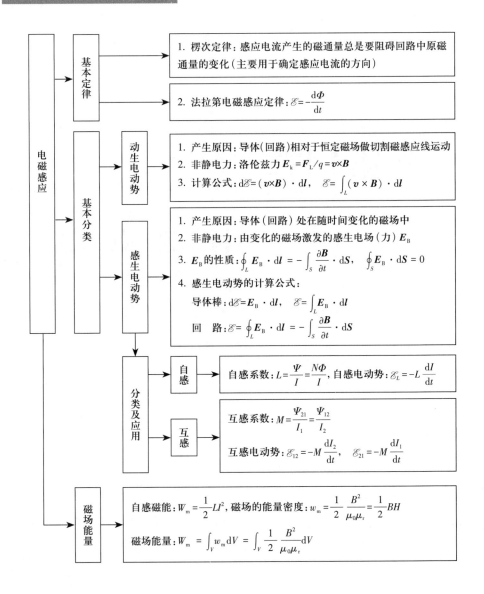

二、基本要求

1. 熟练掌握法拉第电磁感应定律和楞次定律及其应用.

2. 理解洛伦兹力、感生电场力分别是产生动生电动势和感生电动势的非静电力,理解感生电场的性质,熟练掌握动生电动势和感生电动势的计算方法.

3. 理解自感和互感现象,掌握自感和互感系数的估算方法以及自感电动势和互感电动势的计算方法.

4. 理解磁场的能量概念,掌握通电线圈中的自感磁能和给定空间中磁场能量的计算方法.

三、主要内容

（一）电磁感应的基本定律

1. 电磁感应现象

不论是什么原因,当穿过闭合导体回路所围面积的磁通量发生变化时,导体回路中就会有感应电流产生,这种现象称为电磁感应现象. 它是由英国物理学家法拉第于 1831 年首次发现的.

2. 楞次定律

在闭合导体回路中,感应电流产生的磁通量总是要反抗回路中原磁通量的变化,也就是说,当原磁通量增大时,感应电流产生的磁场方向与原来的磁场方向相反,以阻碍原磁通量的增大;当原磁通量减小时,感应电流产生的磁场与原磁场方向相同,以补偿减小的磁通量. 利用楞次定律可以方便地确定回路中感应电流及感应电动势的方向.

3. 法拉第电磁感应定律

不论是什么原因,只要使得穿过导体回路中的磁通量发生变化,回路中就会产生感应电动势,其大小与通过该回路的磁通量的变化率成正比. 其数学表达式为

$$\mathcal{E}_i = -\frac{d\Phi}{dt}$$

式中的负号可看成是楞次定律的数学表示.

利用法拉第电磁感应定律,不仅可以求出回路中感应电动势的大小,也可以判断感应电动势的方向. 其方法是:首先规定回路的绕行正方向（通常规定回路的绕行正方向与通过回路的磁场方向成右手螺旋关系）,如图 14.1 所示;当 $\mathcal{E}_i > 0$ 时, $\mathcal{E}_i$ 和感应电流的方向与规定的绕行正方向相同;当 $\mathcal{E}_i < 0$ 时,则相反.

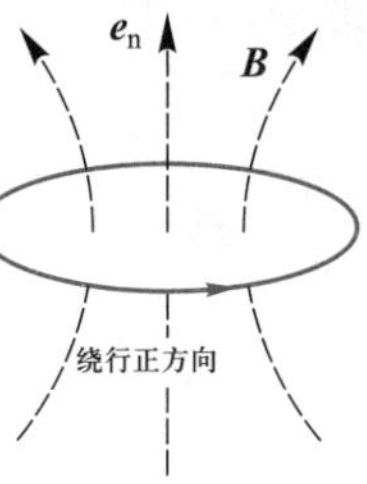

B 增大时, $\Phi > 0$ 且增大, $\mathcal{E}_i = -\frac{d\Phi}{dt} < 0$

$\mathcal{E}_i$ 的方向与回路的绕行正方向相反

B 减小时, $\Phi > 0$ 但减小, $\mathcal{E}_i = -\frac{d\Phi}{dt} > 0$

$\mathcal{E}_i$ 的方向与回路的绕行正方向相同

图 14.1　用 $\mathcal{E}_i = -\dfrac{d\Phi}{dt}$ 判断感应电动势的方向

对于由 N 匝相同的回路组成的线圈,线圈中的总感应电动势为

$$\mathscr{E}_i = -N \frac{\mathrm{d}\boldsymbol{\Phi}}{\mathrm{d}t} = -\frac{\mathrm{d}(N\boldsymbol{\Phi})}{\mathrm{d}t} = -\frac{\mathrm{d}\boldsymbol{\Psi}}{\mathrm{d}t}$$

式中 $\boldsymbol{\Psi} = N\boldsymbol{\Phi}$ 称为通过线圈的磁链. 如果线圈构成闭合回路,总电阻为 R,则回路中的感应电流为

$$I_i = \frac{\mathscr{E}_i}{R} = -\frac{N}{R} \frac{\mathrm{d}\boldsymbol{\Phi}}{\mathrm{d}t} = -\frac{1}{R} \frac{\mathrm{d}\boldsymbol{\Psi}}{\mathrm{d}t}$$

利用 $I = \dfrac{\mathrm{d}q}{\mathrm{d}t}$,在 t_1 至 t_2 时间内通过导线上任一横截面的感应电荷量为

$$q = \int_{t_1}^{t_2} I_i \mathrm{d}t = -\frac{1}{R} \int_{\Psi_1}^{\Psi_2} \mathrm{d}\Psi = \frac{1}{R}(\Psi_1 - \Psi_2) = \frac{1}{R}N(\Phi_1 - \Phi_2)$$

(二) 动生电动势　感生电动势

1. 动生电动势

当导体回路或一段导体棒在恒定磁场中做切割磁感应线运动时,在导体回路或导体棒中产生的感应电动势称为动生电动势.

产生动生电动势的非静电力是洛伦兹力. 因为作用于导体内单位正电荷上的洛伦兹力(即非静电力)为:$\boldsymbol{E}_k = \boldsymbol{F}_m/q = \boldsymbol{v} \times \boldsymbol{B}$,所以动生电动势的计算公式为

$$\mathrm{d}\mathscr{E}_i = (\boldsymbol{v} \times \boldsymbol{B}) \cdot \mathrm{d}\boldsymbol{l}$$

$$\mathscr{E}_i = \int_a^b \boldsymbol{E}_k \cdot \mathrm{d}\boldsymbol{l} = \int_L (\boldsymbol{v} \times \boldsymbol{B}) \cdot \mathrm{d}\boldsymbol{l}$$

2. 感生电动势　感生电场

当静止的导体回路或导体棒处在随时间变化的磁场中或其附近时,在导体回路或导体棒中产生的感应电动势称为感生电动势.

产生感生电动势的非静电力是感生电场力(或称涡旋电场力).

感生电场是由随时间变化的磁场激发的,它的电场线是闭合曲线,所以也称为涡旋电场. 感生电场 $\boldsymbol{E}_B$ 的性质由以下两式给出:

$$\oint_L \boldsymbol{E}_B \cdot \mathrm{d}\boldsymbol{l} = -\int_S \frac{\partial \boldsymbol{B}}{\partial t} \cdot \mathrm{d}\boldsymbol{S}, \quad \oint_S \boldsymbol{E}_B \cdot \mathrm{d}\boldsymbol{S} = 0$$

若已知感生电场 $\boldsymbol{E}_B$ 的空间分布,则导体棒上感生电动势的计算公式为

$$\mathrm{d}\mathscr{E}_i = \boldsymbol{E}_B \cdot \mathrm{d}\boldsymbol{l}, \quad \mathscr{E}_i = \int \mathrm{d}\mathscr{E}_i = \int_a^b \boldsymbol{E}_B \cdot \mathrm{d}\boldsymbol{l}$$

任意导体回路 L 内的感生电动势为

$$\mathscr{E}_i = \oint_L \boldsymbol{E}_B \cdot \mathrm{d}\boldsymbol{l} = -\frac{\mathrm{d}\boldsymbol{\Phi}}{\mathrm{d}t} = -\int_S \frac{\partial \boldsymbol{B}}{\partial t} \cdot \mathrm{d}\boldsymbol{S}$$

(三) 自感与互感

1. 自感　自感电动势

当线圈自身回路中的电流发生变化时,在线圈自身回路内产生的电磁感应现象称为自感现象.

当线圈中的电流为 I 时,该电流激发的磁场穿过线圈自身回路的磁链 $\Psi(=N\Phi)$ 与电流 I 的比值称为线圈的自感系数,简称自感,用符号 L 表示,即

$$L = \frac{\Psi}{I} = \frac{N\Phi}{I}$$

式中 N 为线圈的匝数. 线圈的自感系数 L 通常只与线圈的几何结构、匝数和线圈内填充的磁介质有关.

当线圈中的电流 I 随时间变化时,线圈两端的自感电动势为

$$\mathscr{E}_L = -L\frac{\mathrm{d}I}{\mathrm{d}t}$$

2. 互感 互感电动势

若有两个相邻的线圈(或导体回路),当其中一个线圈(或回路)中的电流发生变化时,它所激发的时变磁场在另一个线圈(或回路)中产生的电磁感应现象称为互感现象.

假设其中一个线圈(或回路)中的电流为 I_1,该电流所激发的磁场通过另一个线圈(或回路)的磁链 Ψ_{21} 与 I_1 成正比,即 $\Psi_{21}=MI_1$. 其比例系数 M 称为两个线圈之间的互感系数,简称互感,即

$$M = \frac{\Psi_{21}}{I_1} = \frac{\Psi_{12}}{I_2}$$

一般来说两线圈之间的互感系数只与两线圈的几何结构、匝数、相对位置和磁介质分布有关. 当其中一个线圈中的电流 I 随时间变化时,在另一个线圈中产生的互感电动势为

$$\mathscr{E}_M = -M\frac{\mathrm{d}I}{\mathrm{d}t}$$

自感和互感的单位都是亨利,用符号 H 表示.

(四)磁场的能量

1. 通电线圈的自感磁能

线圈和电容器一样,在电路中都是储能元件. 对于自感系数为 L 的线圈,当线圈中的电流为 I 时,线圈中储存的磁场能量为

$$W_m = \frac{1}{2}LI^2$$

2. 磁场的能量

通电线圈中储存的能量实际上储存于电流激发的磁场中. 磁场的能量密度为

$$w_m = \frac{1}{2\mu}B^2 = \frac{1}{2}BH = \frac{1}{2}\mu H^2$$

在任一给定的磁场空间中磁场的能量为

$$W_m = \int_V w_m \mathrm{d}V = \int_V \frac{1}{2\mu}B^2 \mathrm{d}V$$

四、典型例题解法指导

本章习题主要由以下几种类型:

1. 感应电动势(包括动生电动势和感生电动势)的计算

对于这类问题,从原则上来说,利用楞次定律和法拉第电磁感应定律 $\mathscr{E} = -\dfrac{\mathrm{d}\Phi}{\mathrm{d}t}$ 可以解决任何问题,即便是一根导体棒,也可以通过合理虚构一个回路,用等效替换的办法来求解. 但对于具体问题还要做具体分析,有时利用动生电动势公式 $\mathscr{E}_i = \displaystyle\int_L (\boldsymbol{v} \times \boldsymbol{B}) \cdot \mathrm{d}\boldsymbol{l}$ 或感生电动势公式 $\mathscr{E}_i = \displaystyle\int_a^b \boldsymbol{E}_B \cdot \mathrm{d}\boldsymbol{l}$ 更加简单.

2. 自感系数、互感系数以及自感电动势和互感电动势的计算

3. 线圈的自感磁能和磁场能量的计算

在这些问题中,都会涉及如何求解电流产生的磁场分布以及磁通量等问题,也可能会涉及感应电流在磁场中的受力问题,而这都是前两章中已经学过的内容,所以本章的习题具有很强的综合性,需要同学们将所有磁学中的知识点进行融会贯通、灵活应用.

例 14.1 如图 14.2 所示,"无限长"直导线中的电流为 I,在它附近有一边长为 $2a$ 的正方形线圈 $ABCD$. 假设该线圈可绕其中心轴 OO' 以角速度 ω 匀速旋转,转轴 OO' 与长直载流导线平行,且与直导线的距离为 $b(b>a/2)$. 若在初始时刻,线圈平面与长直导线共面(如图 14.2 所示),试求在任意时刻线圈中的感应电动势.

分析: 由于线圈 $ABCD$ 在磁场中旋转,穿过其中的磁通量会发生变化,由法拉第电磁感应定律可知,线圈中将产生感应电动势. 本题求解的关键在于如何求解任意时刻通过线圈回路的磁通量.

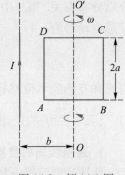

图 14.2 例 14.1 图

解: 长直载流导线产生的磁场具有轴对称性,在距离直导线为 r 处,磁感应强度的大小为

$$B = \frac{\mu_0 I}{2\pi r}$$

方向垂直于径向,并与电流 I 成右手螺旋关系.

当线圈从初始位置转过任意角度 $\theta = \omega t$ 时,线圈平面与直导线不再共面,线圈上的 CD 边转至图中 $C'D'$ 位置,如图 14.3 所示(图中所画是系统的俯视图). 此时,通过线圈的磁通量与通过一个与

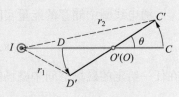

图 14.3 例 14.1 解图

直导线共面的两条边距离直导线分别为 r_1 和 r_2、长为 $2a$ 的等效矩形线框的磁通量相等,即

$$\varPhi = \int \mathrm{d}\varPhi = \int_S \boldsymbol{B} \cdot \mathrm{d}\boldsymbol{S} = \int_{r_1}^{r_2} \frac{\mu_0 I}{2\pi r} \cdot 2a\mathrm{d}r = \frac{\mu_0 aI}{\pi} \ln \frac{r_2}{r_1}$$

式中 r_1、r_2 由余弦定理可求得

$$r_1 = \sqrt{a^2+b^2-2ab\cos\theta} = \sqrt{a^2+b^2-2ab\cos\omega t}$$

$$r_2 = \sqrt{a^2+b^2-2ab\cos(\pi-\theta)} = \sqrt{a^2+b^2+2ab\cos\omega t}$$

代入上式,得

$$\varPhi = \frac{\mu_0 aI}{2\pi} \ln \frac{a^2+b^2+2ab\cos\omega t}{a^2+b^2-2ab\cos\omega t}$$

由法拉第电磁感应定律,线圈中的感应电动势为

$$\mathscr{E} = -\frac{\mathrm{d}\varPhi}{\mathrm{d}t} = \frac{\mu_0 a^2 bI\omega}{\pi} \left(\frac{1}{a^2+b^2-2ab\cos\omega t} + \frac{1}{a^2+b^2+2ab\cos\omega t} \right) \sin\omega t$$

$\mathscr{E}$ 的方向作周期性变化.

例 14.2 如图 14.4 所示,在一根通有电流为 I 的长直导线旁,有一根半径为 R 的半圆形导线与之共面,其两端连线与长直导线垂直,圆心 C 到直导线的距离为 $d(d>R)$. 令半圆形导线以匀速 $\boldsymbol{v}$ 平行于直导线向上运动,试求半圆形导线中的动生电动势,并判断 a、b 两端哪端电势高.

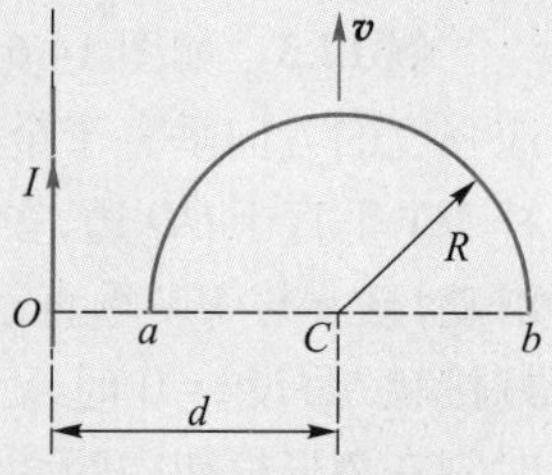

分析:本题有两种解法,一种方法是直接在半圆形导线上选取线元 $\mathrm{d}\boldsymbol{l}$,用动生电动势公式 $\mathscr{E} = \int (\boldsymbol{v} \times \boldsymbol{B}) \cdot \mathrm{d}\boldsymbol{l}$ 求解;另一种方法是将 a、b 两端用另一根导线连接起来形成一个闭合导体回路,因闭合回路中磁通量 $\varPhi$ 不变,回路中的总感应电动势为零,故半圆形导线上的动生电动势与 ab 直线上的动生电动势相等,所以可用等效替换的办法求解 ab 连线上的动生电动势.

图 14.4　例 14.2 图

解:**解法一**　用动生电动势公式直接求解

如图 14.5 所示,在半圆弧上任选一个线元 $\mathrm{d}\boldsymbol{l} = R\mathrm{d}\theta \boldsymbol{e}_t$,则该线元上的动生电动势为

$$\mathrm{d}\mathscr{E}_{\widehat{ab}} = (\boldsymbol{v} \times \boldsymbol{B}) \cdot \mathrm{d}\boldsymbol{l}$$

$$= v\frac{\mu_0 I}{2\pi(d-R\cos\theta)} \cdot \cos\varphi \cdot R\mathrm{d}\theta$$

$$= \frac{v\mu_0 I}{2\pi(d-R\cos\theta)} (-\sin\theta) R\mathrm{d}\theta$$

式中 $\varphi = \frac{\pi}{2} + \theta$. 所以半圆弧上的动生电动势为

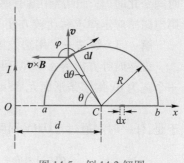

图 14.5　例 14.2 解图

$$\mathscr{E}_{\widehat{ab}} = \int_a^b \mathrm{d}\mathscr{E}_{\widehat{ab}} = \int_0^\pi \frac{-\mu_0 IvR\sin\theta}{2\pi(d-R\cos\theta)}\mathrm{d}\theta$$

$$= -\frac{\mu_0 Iv}{2\pi}\ln\frac{d+R}{d-R}$$

因 $\mathscr{E}_{\widehat{ab}} < 0$，说明电动势的方向 $b \to a$，所以 a 端电势高.

解法二 将 a、b 两端用直导线连接，使之形成一个闭合回路，如图 14.5 所示. 因闭合回路中磁通量 Φ 不变，回路中的总感应电动势为零，故半圆形导线上的动生电动势与 ab 直导线上的动生电动势相等，即

$$\mathscr{E}_{\widehat{ab}} = \mathscr{E}_{\overline{ab}}$$

在直导线 ab 上距离长直导线为 x 处取一个线元 $\mathrm{d}x\boldsymbol{i}$，则该线元上的动生电动势为

$$\mathrm{d}\mathscr{E}_{\overline{ab}} = (\boldsymbol{v}\times\boldsymbol{B})\cdot\mathrm{d}\boldsymbol{x} = -\frac{\mu_0 Iv}{2\pi x}\mathrm{d}x$$

所以

$$\mathscr{E}_{\widehat{ab}} = \mathscr{E}_{\overline{ab}} = \int \mathrm{d}\mathscr{E}_{\overline{ab}} = \int_{d-R}^{d+R} -\frac{u_0 Iv}{2\pi x}\mathrm{d}x = -\frac{u_0 Iv}{2\pi}\ln\frac{d+R}{d-R}$$

这与解法一的结论相同.

例 14.3 如图 14.6 所示，有一个弯成 θ 角的金属架 COD 放在磁场中，磁感应强度的方向垂直于金属框架 COD 所在平面，导体杆 MN 垂直于 OD 边，在金属架上以速度 $\boldsymbol{v}$ 匀速向右滑动，且 $\boldsymbol{v}$ 与 MN 垂直，导体杆与金属架始终保持良好接触. 假设 $t=0$ 时，$x=0$，试求下列两种情况下，t 时刻三角形框架内的感应电动势.

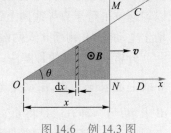

图 14.6 例 14.3 图

（1）磁场分布均匀，且不随时间变化；

（2）磁场非均匀且随时间变化，即 $B = kx\cos\omega t$，其中 k、ω 均为常量.

分析： 当磁场不随时间变化时，回路中只有 MN 边上有动生电动势，所以既可以用动生电动势公式求解，也可以用法拉第电磁感应定律求解. 但是当磁场随时间变化时，整个回路中既有感生电动势，MN 边上还有动生电动势，所以用法拉第电磁感应定律求解比较方便.

解：（1）解法一 用法拉第电磁感应定律求解

设逆时针方向为 $\triangle OMN$ 回路的绕行正方向，在该回路上距离 O 点为 x 处取一个宽为 $\mathrm{d}x$ 的窄条形面元 $\mathrm{d}S = x\tan\theta\cdot\mathrm{d}x$，通过该面元的磁通量为

$$\mathrm{d}\Phi = \boldsymbol{B}\cdot\mathrm{d}\boldsymbol{S} = B\tan\theta\cdot x\mathrm{d}x$$

于是，任一时刻通过 $\triangle OMN$ 回路的通量为

$$\Phi = \int \mathrm{d}\Phi = \int_0^x B\tan\theta\cdot x\mathrm{d}x = \frac{1}{2}B\tan\theta\cdot x^2$$

由于 MN 以速度 v 水平向右做匀速运动,所以 $x=vt$,代入上式得

$$\Phi=\frac{1}{2}B\tan\theta\cdot v^2t^2$$

所以,三角形框架内的感应电动势为

$$\mathscr{E}=-\frac{\mathrm{d}\Phi}{\mathrm{d}t}=-B\tan\theta\cdot v^2t$$

式中符号表示感应电动势的方向与所设回路的绕行正方向相反,即沿顺时针方向(由楞次定律也可判定 $\mathscr{E}$ 沿顺时针方向).

解法二 用动生电动势的计算公式求解

因为磁场均匀分布,且不随时间变化,所以回路中只有 MN 上有动生电动势.在 t 时刻,MN 到 O 点的距离为 $x=vt$,MN 上属于回路部分的长度为

$$l=x\tan\theta=vt\tan\theta$$

所以这段棒上的动生电动势为

$$\mathscr{E}_{MN}=\int_L(\boldsymbol{v}\times\boldsymbol{B})\cdot\mathrm{d}\boldsymbol{l}=vBl=B\tan\theta\cdot v^2t$$

方向 $M\to N$. 这就是整个回路中的感应电动势.

(2)当 $\boldsymbol{B}$ 随时间变化时,整个回路中既有感生电动势,MN 段上还有动生电动势,所以只能用法拉第电磁感应定律来求解. 设逆时针方向为回路的绕行正方向,则任一时刻通过离 O 点为 x、长为 $x\tan\theta$、宽为 $\mathrm{d}x$ 的一个窄条形面元 $\mathrm{d}S=x\tan\theta\mathrm{d}x$ 的磁通量为

$$\mathrm{d}\Phi=\boldsymbol{B}\cdot\mathrm{d}\boldsymbol{S}=Bx\tan\theta\mathrm{d}x=kx^2\tan\theta\cos\omega t\mathrm{d}x$$

通过整个回路所围面积的磁通量为

$$\Phi=\int_0^x kx^2\cos\omega t\tan\theta\mathrm{d}x=\frac{1}{3}kx^3\tan\theta\cos\omega t$$

式中 $x=vt$,所以回路中的感应电动势为

$$\mathscr{E}=-\frac{\mathrm{d}\Phi}{\mathrm{d}t}=-\left(\frac{\partial\Phi}{\partial x}\frac{\mathrm{d}x}{\mathrm{d}t}+\frac{\partial\Phi}{\partial t}\right)$$

$$=\frac{1}{3}k\omega x^3\sin\omega t\tan\theta-kx^2v\cos\omega t\tan\theta$$

例 14.4 如图 14.7 所示,在半径为 R 的圆柱形空间中有一个随时间变化的均匀磁场,假设磁场的正方向垂直纸面向外,且 $B=B_0\cos\omega t$,式中 B_0、ω 均为常量.

(1)求圆柱体内外感生电场的分布;

(2)假设有一根直导体棒 ac 垂直于圆柱的轴线放置,其中 ab 段在磁场内部,bc 段在磁场外部,且 $ab=bc=R$,a、b 恰好在圆柱的边界上. 求导体棒 ac 上的感生电动势.

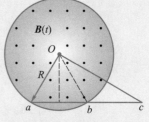

图 14.7 例 14.4 图

分析：圆柱形空间中的均匀磁场通常由长直载流螺线管产生. 由于长直螺线管内的磁场分布具有轴对称性,其激发的感生电场也具有轴对称性. 所以可由 $\oint_L \boldsymbol{E}_B \cdot d\boldsymbol{l} = -\int_S \frac{\partial \boldsymbol{B}}{\partial t} \cdot dS$ 求圆柱体内外的感生电场分布. 导体棒 ac 上的感生电动势有两种求解方法:一是用感生电动势公式求解,二是用法拉第电磁感应定律求解.

解：(1) 由题意可知,该交变磁场及其所激发的涡旋电场的分布均具有轴对称性. 为此取一个以 O 为圆心,任意半径为 r 的圆周为闭合回路,并设逆时针方向作为该回路的绕行正方向,如图 14.8(a)所示. 由 $\oint_L \boldsymbol{E}_B \cdot d\boldsymbol{l} = -\int_S \frac{\partial \boldsymbol{B}}{\partial t} \cdot dS$,可得

当 $r<R$ 时,$E_B \cdot 2\pi r = -\frac{dB}{dt} \cdot \pi r^2$,所以

$$E_B = -\frac{r}{2} \cdot \frac{dB}{dt} = \frac{1}{2}rB_0\omega\sin\omega t$$

当 $r>R$ 时,$E_B \cdot 2\pi r = -\frac{dB}{dt} \cdot \pi R^2$,所以

$$E_B = -\frac{R^2}{2r} \cdot \frac{dB}{dt} = \frac{1}{2r}R^2 B_0\omega\sin\omega t$$

当 $E_B>0$ 时,方向沿圆周逆时针的切线方向;当 $E_B<0$ 时,沿顺时针的切线方向.

(2) **解法一** 用感生电动势公式求解

如图 14.8(a)所示,由于 ab 与 bc 两段导体棒分别处在磁场内外,棒上感生电场的表达式不同,故应分段来求,即

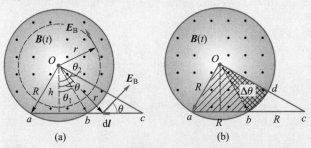

图 14.8 例 14.4 解图

$$\mathscr{E}_{ac} = \mathscr{E}_{ab} + \mathscr{E}_{bc} = \int_a^b \boldsymbol{E}_B \cdot d\boldsymbol{l} + \int_b^c \boldsymbol{E}_B \cdot d\boldsymbol{l}$$

对于 ab 段,$E_B = \frac{1}{2}rB_0\omega\sin\omega t$,同时注意到 $\cos\theta = \frac{h}{r}$,$h = \frac{\sqrt{3}}{2}R$,有

$$\mathscr{E}_{ab} = \int_a^b \boldsymbol{E}_B \cdot d\boldsymbol{l} = \int_a^b E_B\cos\theta dl = \int_a^b \frac{1}{2}rB_0\omega\sin\omega t \cdot \frac{h}{r} \cdot dl$$

$$=\frac{1}{2}hB_0\omega\sin\omega t\cdot R=\frac{\sqrt{3}}{4}R^2B_0\omega\sin\omega t$$

当 $\mathscr{E}_{ab}>0$ 时，$\mathscr{E}_{ab}$ 的方向：$a\to b$.

对于 bc 段，$E_B=\frac{1}{2r}R^2B_0\omega\sin\omega t$，并注意到：圆心 O 与棒两端 a、c 的连线恰好构成一个直角三角形 Oac，$r=\frac{h}{\cos\theta}$，$l=h\tan\theta$，$dl=\frac{h}{\cos^2\theta}d\theta$，且 $\theta_1=\pi/6$，$\theta_2=\pi/3$，则感生电动势为

$$\mathscr{E}_{bc}=\int_b^c \boldsymbol{E}_B\cdot d\boldsymbol{l}=\int_b^c E_B\cos\theta dl=\int_b^c \frac{R^2}{2r}B_0\omega\sin\omega t\cdot\cos\theta\cdot dl$$

$$=\int_{\theta_1}^{\theta_2}\frac{R^2}{2}B_0\omega\sin\omega t d\theta=\frac{1}{2}R^2B_0\omega\sin\omega t(\theta_2-\theta_1)=\frac{\pi}{12}R^2B_0\omega\sin\omega t$$

当 $\mathscr{E}_{bc}>0$ 时，$\mathscr{E}_{bc}$ 方向：$b\to c$. 所以，导线 ac 上的感生电动势为

$$\mathscr{E}_{ac}=\mathscr{E}_{ab}+\mathscr{E}_{bc}=\left(\frac{\sqrt{3}}{4}+\frac{\pi}{12}\right)R^2B_0\omega\sin\omega t$$

方向：$a\to c$.

解法二 用法拉第电磁感应定律求解

如图 14.8(b)所示，连接 Oa、cO 形成一个虚拟的三角形闭合导体回路 Oac，并设逆时针方向作为回路的绕行正方向，则通过三角形回路 Oac 的磁通量为

$$\Phi=\Phi_{等边三角形Oab}+\Phi_{扇形Obd}=\frac{1}{2}Rh\cdot B+\frac{\Delta\theta}{2}R^2\cdot B=\left(\frac{\sqrt{3}}{4}R^2+\frac{\pi}{12}R^2\right)B$$

由法拉第电磁感应定律知，整个回路的感应电动势为

$$\mathscr{E}=-\frac{d\Phi}{dt}=\left(\frac{\sqrt{3}}{4}R^2+\frac{\pi}{12}R^2\right)B_0\omega\sin\omega t$$

当 $\mathscr{E}>0$ 时，沿逆时针方向. 又在 Oa 和 cO 段（均沿径向）上各点 $\boldsymbol{E}_B$ 的方向与相应段导线垂直，故有 $\mathscr{E}_{Oa}=\mathscr{E}_{cO}=\int \boldsymbol{E}_B\cdot d\boldsymbol{l}=0$. 所以

$$\mathscr{E}_{ac}=\mathscr{E}=\left(\frac{\sqrt{3}}{4}R^2+\frac{\pi}{12}R^2\right)B_0\omega\sin\omega t$$

方向：$a\to c$.

比较两种解题方法可知，第(2)问用法拉第电磁感应定律求解更加简单方便，而且不需要求解感生电场的分布.

例 14.5 一个截面为矩形的螺绕环线圈，总匝数为 N，环内充满了相对磁导率为 μ_r 的均匀磁介质，几何尺寸如图 14.9 所示. 当线圈中通有交变电流 $I=I_0\cos\omega t$ 时（I_0、ω 均为常量），试求：

(1) 线圈中的自感电动势；

（2）线圈中磁场能量的平均值.

分析：求解线圈中的自感电动势一般有两种方法：一是利用法拉第电磁感应定律求解；二是先求线圈的自感系数，然后利用自感电动势公式 $\mathcal{E} = -L\dfrac{\mathrm{d}I}{\mathrm{d}t}$ 求解（本题采用后者）. 求解线圈中的磁场能量也有两种方法：一是利用线圈的自感磁能公式 $W_\mathrm{m} = \dfrac{1}{2}LI^2$ 求解，二是利用磁场的能量密度公式求解.

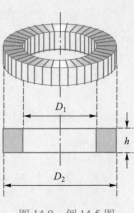

图 14.9　例 14.5 图

解：（1）由题意可知，螺绕环内的磁场分布具有轴对称性. 为此在螺绕环内取一个半径为 r 的圆周为闭合回路，由磁介质中的安培环路定理 $\oint_L \boldsymbol{H} \cdot \mathrm{d}\boldsymbol{l} = \sum I_\mathrm{c}$ 以及 $B = \mu_0\mu_\mathrm{r}H$ 可得，环内介质中磁场强度和磁感应强度的大小分别为

$$H = \frac{NI}{2\pi r}, \quad B = \mu_0\mu_\mathrm{r}H = \frac{\mu_0\mu_\mathrm{r}NI}{2\pi r}$$

方向沿均圆周的切线方向. 于是，通过螺绕环横截面的磁通量为

$$\Phi = \int_S \boldsymbol{B} \cdot \mathrm{d}\boldsymbol{S} = \int_{D_1/2}^{D_2/2} \frac{\mu_0\mu_\mathrm{r}NI}{2\pi r} \cdot h\,\mathrm{d}r = \frac{\mu_0\mu_\mathrm{r}NIh}{2\pi}\ln\frac{D_2}{D_1}$$

所以该螺绕环的自感系数为

$$L = \frac{\Psi}{I} = \frac{N\Phi}{I} = \frac{\mu_0\mu_\mathrm{r}N^2 h}{2\pi}\ln\frac{D_2}{D_1}$$

当螺绕环中通有交变电流 $I = I_0\cos\omega t$ 时，螺绕环中产生的自感电动势为

$$\mathcal{E} = -L\frac{\mathrm{d}I}{\mathrm{d}t} = \frac{\mu_0\mu_\mathrm{r}N^2 I_0\omega\sin\omega t}{2\pi}\ln\frac{D_2}{D_1}$$

显然，由法拉第电磁感应定律 $\mathcal{E} = -\dfrac{\mathrm{d}\Psi}{\mathrm{d}t} = -N\dfrac{\mathrm{d}\Phi}{\mathrm{d}t}$ 也可得到同样的结论.

（2）由（1）问可知，线圈中磁场的能量密度为

$$w_\mathrm{m} = \frac{1}{2}BH = \frac{\mu_0\mu_\mathrm{r}N^2 I^2}{8\pi^2 r^2}$$

显然，线圈中的磁场能量同样具有轴对称性. 在环内取一个半径为 r、厚度为 $\mathrm{d}r$、高为 h 的薄圆筒形体积元 $\mathrm{d}V = 2\pi rh\,\mathrm{d}r$，则螺绕环内磁场的总能量为

$$W_\mathrm{m} = \int w_\mathrm{m}\,\mathrm{d}V = \int_{D_1/2}^{D_2/2} \frac{\mu_0\mu_\mathrm{r}N^2 I^2}{8\pi^2 r^2} \cdot 2\pi rh\,\mathrm{d}r$$

$$= \frac{\mu_0\mu_\mathrm{r}hN^2 I_0^2\cos^2\omega t}{4\pi}\ln\frac{D_2}{D_1}$$

不难看出,若用线圈的自感磁能公式 $W_{\mathrm{m}}=\dfrac{1}{2}LI^2$ 也可得到相同的结论.

由于磁场的能量随时间作周期性变化,所以在一周期内磁场能量的平均值为

$$\overline{W}_{\mathrm{m}}=\frac{1}{T}\int_{t}^{t+T}W_{\mathrm{m}}\mathrm{d}t=\frac{\mu_0\mu_r hN^2 I_0^2}{8\pi}\ln\frac{D_2}{D_1}$$

例 14.6　如图 14.10 所示,一个截面为矩形的螺绕环由表面绝缘的细导线密绕而成,内半径为 R_1,外半径为 R_2,高为 b,共 N 匝. 在螺绕环的轴线上,另有一根无限长的直导线 OO'. 当在螺绕环内通有交变电流 $I=I_0\cos\omega t$ 时,试求在长直导线中产生的感应电动势.

分析:实际上,沿轴线放置的长直导线可看成是"无限大"导体回路的一部分. 因此本题可先求螺绕环与这个"无限大"导体回路之间的互感系数 M,然后再由互感电动势公式去求长直导线上的感应电动势.

解:因为长直导线可看成是"无限大"导体回路的一部分,所以可先求长直导线与螺绕环之间的互感系数 M. 设长直导线 OO' 中通有电流 I,则螺绕环中距直导线为 r 处的磁感应强度为

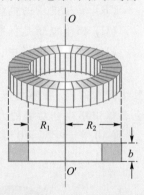

图 14.10　例 14.6 图

$$B=\frac{\mu_0 I}{2\pi r}$$

该磁场通过螺绕环矩形横截面的磁通量为

$$\Phi=\int \boldsymbol{B}\cdot\mathrm{d}\boldsymbol{S}=\int_{R_1}^{R_2}\frac{\mu_0 I}{2\pi r}\cdot b\,\mathrm{d}r=\frac{\mu_0 Ib}{2\pi}\ln\frac{R_2}{R_1}$$

所以,直导线与螺绕环间的互感系数为

$$M=\frac{N\Phi}{I}=\frac{\mu_0 Nb}{2\pi}\ln\frac{R_2}{R_1}$$

当螺绕环内通有变化的电流 $I=I_0\cos\omega t$ 时,长直导线中的互感电动势为

$$\mathscr{E}_M=-M\frac{\mathrm{d}I}{\mathrm{d}t}=\frac{\mu_0 NbI_0\omega}{2\pi}\ln\frac{R_2}{R_1}\sin\omega t$$

五、自我测试题

14.1　如图所示,在方向垂直于纸面向外的均匀磁场中,有一半径为 R 的导体圆盘,盘面与磁场方向垂直. 当圆盘以角速度 ω 绕通过盘心且垂直于盘面的转轴逆时针转动时,盘心与圆盘边缘之间电势差 $(V_{\text{心}}-V_{\text{边}})$ 为(　　).

$$(A) \quad -\frac{B\omega R^2}{4} \qquad\qquad (B) \quad \frac{B\omega R^2}{4}$$

$$(C) \quad -\frac{B\omega R^2}{2} \qquad\qquad (D) \quad \frac{B\omega R^2}{2}$$

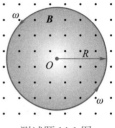

14.2 在感生电场中，$\oint_L \boldsymbol{E}_B \cdot \mathrm{d}\boldsymbol{l} = -\int_S \frac{\partial \boldsymbol{B}}{\partial t} \cdot \mathrm{d}\boldsymbol{S}$，式中 $\boldsymbol{E}_B$

为感生电场的场强，此式表明(　　).

测试题 14.1 图

(A) 闭合曲线上 $\boldsymbol{E}_B$ 处处相等

(B) 感生电场的电场线不是闭合曲线

(C) 感生电场是保守力场

(D) 在感生电场中，不能引入电势概念

14.3 如图所示，在圆柱形空间内有一个随时间变化的均匀磁场，磁场方向垂直于纸面向里. 在磁场内部有两根平行放置、长度相等的金属棒 ab 和 $a'b'$. 则两根金属棒中感生电动势的大小关系为(　　).

(A) $\mathscr{E}_{ab} = \mathscr{E}_{a'b'} \neq 0$ $\qquad$ (B) $\mathscr{E}_{ab} = \mathscr{E}_{a'b'} = 0$

(C) $\mathscr{E}_{ab} > \mathscr{E}_{a'b'}$ $\qquad$ (D) $\mathscr{E}_{ab} < \mathscr{E}_{a'b'}$

 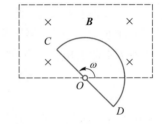

测试题 14.3 图 $\qquad\qquad$ 测试题 14.4 图

14.4 如图所示，矩形区域为均匀恒定磁场. 半圆形闭合导线回路在纸面内绕 O 轴做逆时针方向的匀角速转动，O 点是圆心且恰好落在磁场的边缘上，半圆形闭合导线完全在磁场外时开始计时. 则下图中哪一条曲线反映了左图导线回路中产生的感应电动势的变化?(　　).

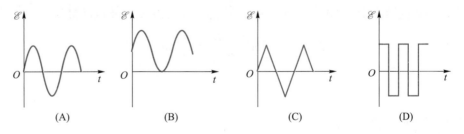

(A) $\qquad\qquad$ (B) $\qquad\qquad$ (C) $\qquad\qquad$ (D)

14.5 如图所示，在半径为 R 的无限长圆柱形空间内有一个均匀磁场，在某一时刻磁感应强度随时间的变化率为 $\frac{\mathrm{d}B}{\mathrm{d}t} > 0$，假设在磁场内部的 P 点处放置一个电荷量为 $q(q>0)$ 的点电荷，则该点电荷所受的电磁力为(　　)(不计重力).

(A) $\dfrac{qr}{2}\dfrac{\mathrm{d}B}{\mathrm{d}t}$，方向垂直 OP 沿逆时针方向

(B) $\dfrac{qR^2}{2r}\dfrac{\mathrm{d}B}{\mathrm{d}t}$，方向垂直 OP 沿逆时针方向

(C) $\dfrac{qr}{2}\dfrac{\mathrm{d}B}{\mathrm{d}t}$，方向沿 OP 方向

(D) $\dfrac{qr}{2}\dfrac{\mathrm{d}B}{\mathrm{d}t}$，方向垂直 OP 沿顺时针方向

测试题 14.5 图

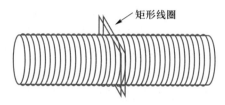

矩形线圈

测试题 14.6 图

14.6 在一根半径为 R、长度为 $L(L \gg R)$、磁导率为 μ 的圆柱形磁棒上均匀密绕了 N_1 匝线圈,构成一个直螺线管线圈. 另一个总匝数为 N_2、边长为 $a(a$ 略大于 $2R)$ 的矩形平面线圈套在螺线管线圈的外面并处于螺线管的中部位置,如图所示. 则两线圈之间的互感系数为( ).

(A) $\mu_0\mu\dfrac{N_1 N_2}{L}\pi R^2$　　　　　　(B) $\mu_0\mu\dfrac{N_1 N_2}{L}\pi a^2$

(C) $\mu\dfrac{N_1 N_2}{L}\pi R^2$　　　　　　(D) $\mu\dfrac{N_1 N_2}{L}\pi a^2$

14.7 有两个截面均为圆形的载流密绕直螺线管,它们的长度及匝数均相同,截面半径之比为 $r_1 : r_2 = 1 : 2$,管内充满了各向同性的均匀磁介质,其磁导率之比为 $\mu_1 : \mu_2 = 2 : 1$. 若将它们串联在电路中,不计互感影响,则它们的自感系数之比 $L_1 : L_2$ 和线圈中的磁场能量之比 $W_{m1} : W_{m2}$ 分别为( ).

(A) $L_1 : L_2 = 1 : 1$; $W_{m1} : W_{m2} = 1 : 1$　　　(B) $L_1 : L_2 = 1 : 2$; $W_{m1} : W_{m2} = 1 : 2$

(C) $L_1 : L_2 = 1 : 2$; $W_{m1} : W_{m2} = 2 : 1$　　　(D) $L_1 : L_2 = 2 : 1$; $W_{m1} : W_{m2} = 1 : 2$

14.8 感生电场是由_____产生的,它的电场线一定是_____.

14.9 矩形线圈与无限长直导线共面,它们的尺寸和相对位置分别如图中(a)、(b)所示. 则这两种情况下矩形线圈与无限长直导线之间的互感系数分别为 $M_a = $ _____; $M_b = $ _____.

14.10 电子感应加速器是利用具有轴对称分布的交变磁场在真空管内激发的圆环形感生电场使电子加速的加速器. 如图所示,假设在某个瞬时,电子感应加速器中沿逆时针方向做圆周运动的电子正好被加速,则此时磁感应强度 $\boldsymbol{B}$ 的方向_____,其量值在_____. (填"增大""变小"或"保持不变".)

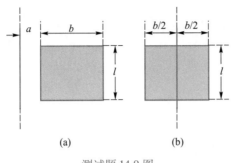

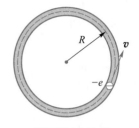

测试题 14.9 图 测试题 14.10 图

14.11 如图所示,通有电流 I 的长直导线旁有一长度为 R 的金属棒,棒以角速度 ω 绕 O 点做逆时针转动,O 点到直导线的距离为 L.

(1) 当金属棒转至水平位置 OC 时,试求棒上感应电动势的大小和方向;

(2) 当金属棒转至竖直位置 OD 时,试求棒上感应电动势的大小和方向.

14.12 如图所示,在圆柱形空间中有一个均匀磁场,已知磁场以 $B = 1.5 \sin 100\pi t$ (SI 单位)的规律变化,磁场的正方向垂直纸面向里. 一个边长为 20 cm、总匝数为 10 匝的正方形线圈 $ABCD$ 置于磁场内部,线圈平面与磁场垂直,其中 AB 边在圆柱横截面的直径上,圆心 O 恰好是 AB 的中点. 假设线圈回路的总电阻为 100 Ω.

(1) $t = 1.0$ s 时,求 A、B、C、D 各点感生电场的方向与大小;

(2) 求任意时刻 AB 上的感生电动势;

(3) 回路闭合时,求线圈内感生电流的最大值和有效值.

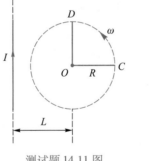

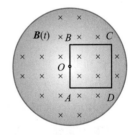

测试题 14.11 图 测试题 14.12 图

14.13 如图所示,长直导线 AB 中通有电流 i,一个矩形导线框 $abcd$ 与长直导线共面,且 $ad \parallel AB$,其中 ad、dc 和 cb 三条边固定不动,ab 边以速度 $\boldsymbol{v}$ 匀速向上平移,并且与 ad、cb 始终保持良好接触. 假设 $t = 0$ 时,ab 边与 dc 边重合,线框的自感可忽略不计.

(1) 若 $i = I_0$,试求回路中的感应电动势,并判断 a、b 两点哪点电势高?

(2) 若 $i = I_0 \cos \omega t$,试求 ab 边运动到图示位置时线框中的感应电动势.

14.14 如图所示,一同轴电缆是由两个共轴的、半径分别为 R_1 和 R_2($R_2 > R_1$)的金属薄圆筒组成,中间充以磁导率为 μ 的绝缘磁介质. 通电后,内、外圆筒上的电流大小相等、方向相反.

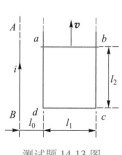

测试题 14.13 图

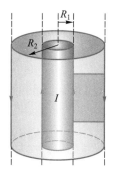

测试题 14.14 图

（1）求此同轴电缆单位长度上的自感；

（2）当电缆内通有电流 I 时，求沿轴线单位长度上磁场的能量.

14.15 如图所示，在长直导线中通有电流 I_0. 今有一个与之共面、匝数为 N 的矩形平面线圈正以匀速 v 垂直于直导线向右运动，线圈的尺寸如图所示. 假设闭合线圈回路的总电阻为 R，在初始时刻，线圈的 AB 边与长直导线之间的距离为 $a/2$，在 $t=0$ 时，试求：

（1）线圈中感应电流的大小和方向；

（2）线圈所受磁力的大小和方向.

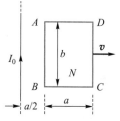

自我测试题
参考答案

测试题 14.15 图

>>> 第15章

... 电磁场与电磁波

一、知识点网络框图

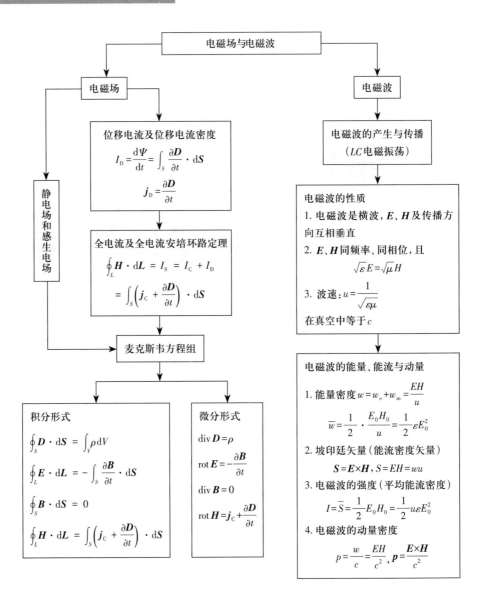

电磁场与电磁波

电磁场

电磁波

位移电流及位移电流密度
$$I_D = \frac{\mathrm{d}\Psi}{\mathrm{d}t} = \int_S \frac{\partial \boldsymbol{D}}{\partial t} \cdot \mathrm{d}\boldsymbol{S}$$
$$\boldsymbol{j}_D = \frac{\partial \boldsymbol{D}}{\partial t}$$

电磁波的产生与传播
（LC 电磁振荡）

静电场和感生电场

全电流及全电流安培环路定理
$$\oint_L \boldsymbol{H} \cdot \mathrm{d}\boldsymbol{L} = I_S = I_C + I_D$$
$$= \int_S \left(\boldsymbol{j}_C + \frac{\partial \boldsymbol{D}}{\partial t} \right) \cdot \mathrm{d}\boldsymbol{S}$$

电磁波的性质
1. 电磁波是横波，$\boldsymbol{E}$、$\boldsymbol{H}$ 及传播方向互相垂直
2. $\boldsymbol{E}$、$\boldsymbol{H}$ 同频率、同相位，且
$$\sqrt{\varepsilon} E = \sqrt{\mu} H$$
3. 波速：$u = \dfrac{1}{\sqrt{\varepsilon\mu}}$
在真空中等于 c

麦克斯韦方程组

积分形式
$$\oint_S \boldsymbol{D} \cdot \mathrm{d}\boldsymbol{S} = \int_V \rho \mathrm{d}V$$
$$\oint_L \boldsymbol{E} \cdot \mathrm{d}\boldsymbol{L} = -\int_S \frac{\partial \boldsymbol{B}}{\partial t} \cdot \mathrm{d}\boldsymbol{S}$$
$$\oint_S \boldsymbol{B} \cdot \mathrm{d}\boldsymbol{S} = 0$$
$$\oint_L \boldsymbol{H} \cdot \mathrm{d}\boldsymbol{L} = \int_S \left(\boldsymbol{j}_C + \frac{\partial \boldsymbol{D}}{\partial t} \right) \cdot \mathrm{d}\boldsymbol{S}$$

微分形式
$$\mathrm{div}\, \boldsymbol{D} = \rho$$
$$\mathrm{rot}\, \boldsymbol{E} = -\frac{\partial \boldsymbol{B}}{\partial t}$$
$$\mathrm{div}\, \boldsymbol{B} = 0$$
$$\mathrm{rot}\, \boldsymbol{H} = \boldsymbol{j}_C + \frac{\partial \boldsymbol{D}}{\partial t}$$

电磁波的能量、能流与动量
1. 能量密度 $w = w_e + w_m = \dfrac{EH}{u}$
$$\overline{w} = \frac{1}{2} \cdot \frac{E_0 H_0}{u} = \frac{1}{2}\varepsilon E_0^2$$
2. 坡印廷矢量（能流密度矢量）
$$\boldsymbol{S} = \boldsymbol{E} \times \boldsymbol{H},\ S = EH = wu$$
3. 电磁波的强度（平均能流密度）
$$I = \overline{S} = \frac{1}{2}E_0 H_0 = \frac{1}{2}u\varepsilon E_0^2$$
4. 电磁波的动量密度
$$p = \frac{w}{c} = \frac{EH}{c^2},\ \boldsymbol{p} = \frac{\boldsymbol{E} \times \boldsymbol{H}}{c^2}$$

二、基本要求

1. 理解位移电流的概念，明确位移电流的实质是变化的电场，能计算一些简单情况下的位移电流和位移电流密度.

2. 理解全电流安培环路定理及其物理意义.

3. 了解麦克斯韦方程组及其物理意义.

4. 了解 LC 电磁振荡电路及其电磁能量的转化规律.

5. 熟练掌握电磁波的基本性质,以及电磁波的能量和能流的概念,并能进行相关的计算,了解电磁波的动量问题.

三、主要内容

1. 位移电流

位移电流的概念是麦克斯韦在 1861 年提出的. 他将电位移矢量的通量对时间的变化率称为位移电流,并用 I_D 表示,将电位移矢量对时间的变化率称为位移电流密度,用 j_D 表示,即

$$I_D = \frac{\mathrm{d}\Psi}{\mathrm{d}t} = \int_S \frac{\partial D}{\partial t} \cdot \mathrm{d}S, \quad j_D = \frac{\partial D}{\partial t}$$

2. 全电流安培环路定理

(1) 全电流——在非恒定电路中,传导电流和位移电流的总和称为全电流,用 I_S 表示.

$$I_S = I_C + I_D = \int_S j_C \cdot \mathrm{d}S + \int_S j_D \cdot \mathrm{d}S = \int_S j_C \cdot \mathrm{d}S + \int_S \frac{\partial D}{\partial t} \cdot \mathrm{d}S$$

(2) 全电流安培环路定理

$$\oint_L H \cdot \mathrm{d}L = I_S = I_C + I_D = \int_S \left(j_C + \frac{\partial D}{\partial t} \right) \cdot \mathrm{d}S$$

物理意义:位移电流(本质上是变化的电场)和传导电流都能激发磁场,且激发磁场的规律、被激发的磁场性质均相同.

(3) 位移电流与传导电流的异同

相同处:以相同的规律激发磁场,且被激发的磁场性质相同.

不同处:① 产生原因 传导电流由导体中电荷的定向运动产生,而位移电流本质上是变化的电场;② 存在空间 传导电流只能存在于导体中,而位移电流在真空、电介质和导体中均可存在;③ 热效应 传导电流在导体中可产生焦耳热,而位移电流不产生焦耳热,但在介质中在使电介质反复极化的过程中也会产生热量.

3. 电磁场 麦克斯韦方程组

(1) 电磁场 电场不仅可以由电荷产生,也可以由变化的磁场激发;磁场不仅可以由电流产生,也可以由变化的电场激发. 即电场和磁场可以相互激发,是一个统一的整体,这就是电磁场.

(2) 麦克斯韦方程组

积分形式 微分形式

$$
\begin{cases}
\oint_S \boldsymbol{D} \cdot \mathrm{d}\boldsymbol{S} = \int_V \rho \mathrm{d}V \\[2mm]
\oint_L \boldsymbol{E} \cdot \mathrm{d}\boldsymbol{L} = -\int_S \dfrac{\partial \boldsymbol{B}}{\partial t} \cdot \mathrm{d}\boldsymbol{S} \\[2mm]
\oint_S \boldsymbol{B} \cdot \mathrm{d}\boldsymbol{S} = 0 \\[2mm]
\oint_L \boldsymbol{H} \cdot \mathrm{d}\boldsymbol{L} = \int_S \left(\boldsymbol{j}_\mathrm{C} + \dfrac{\partial \boldsymbol{D}}{\partial t} \right) \cdot \mathrm{d}\boldsymbol{S}
\end{cases}
\qquad
\begin{cases}
\mathrm{div}\,\boldsymbol{D} = \nabla \cdot \boldsymbol{D} = \rho \\[2mm]
\mathrm{rot}\,\boldsymbol{E} = \nabla \times \boldsymbol{E} = -\dfrac{\partial \boldsymbol{B}}{\partial t} \\[2mm]
\mathrm{div}\,\boldsymbol{B} = \nabla \cdot \boldsymbol{B} = 0 \\[2mm]
\mathrm{rot}\,\boldsymbol{H} = \nabla \times \boldsymbol{H} = \boldsymbol{j}_\mathrm{C} + \dfrac{\partial \boldsymbol{D}}{\partial t}
\end{cases}
$$

式中 $\nabla = \dfrac{\partial}{\partial x}\boldsymbol{i} + \dfrac{\partial}{\partial y}\boldsymbol{j} + \dfrac{\partial}{\partial z}\boldsymbol{k}$，麦克斯韦方程组反映了电磁场的基本性质.

4. 电磁波

（1）电磁波的产生与传播

一般情况下，电磁波的发射天线可等效为电矩振幅为 $\boldsymbol{p}_0$、角频率为 ω 的振荡电偶极子 $\boldsymbol{p} = \boldsymbol{p}_0 \cos \omega t$，在 $r \gg \lambda$ 的波场中任意一点 P 处的电场强度 $\boldsymbol{E}$ 和磁场强度 $\boldsymbol{H}$ 的大小分别为

$$
E(r,t) = \frac{p_0 \omega^2 \sin \theta}{4\pi \varepsilon u^2 r} \cos \omega \left(t - \frac{r}{u} \right)
$$

$$
H(r,t) = \frac{p_0 \omega^2 \sin \theta}{4\pi u r} \cos \omega \left(t - \frac{r}{u} \right)
$$

方向如图 15.1 所示. 对于平面电磁波，电场强度 $\boldsymbol{E}$ 和磁场强度 $\boldsymbol{H}$ 的传播如图 15.2 所示，大小分别为

$$
E(r,t) = E_0 \cos \omega \left(t - \frac{r}{u} \right)
$$

$$
H(r,t) = H_0 \cos \omega \left(t - \frac{r}{u} \right)
$$

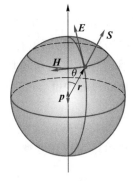

图 15.1 在振荡电偶极子的
波场区中，E、H、S 的方向

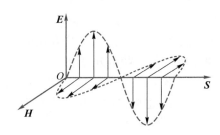

图 15.2 平面电磁波的传播示意图

（2）电磁波的性质

① 电磁波是横波，E、H 及传播方向互相垂直且成右手螺旋关系；

② E、H 同频率、同相位，且 $\sqrt{\varepsilon}\,E = \sqrt{\mu}\,H$；

③ 电磁波的传播速度：$u = \dfrac{1}{\sqrt{\varepsilon\mu}}$，在真空中：$u = c = \dfrac{1}{\sqrt{\varepsilon_0\mu_0}}$.

（3）电磁波的能量密度、能流密度和动量密度

① 能量密度——电磁波中单位体积内具有的电场和磁场的总能量

$$w = w_e + w_m = \frac{1}{2}\varepsilon E^2 + \frac{1}{2}\mu H^2 = \frac{EH}{u} = \varepsilon E^2$$

$$\bar{w} = \frac{1}{2}\frac{E_0 H_0}{u} = \frac{1}{2}\varepsilon E_0^2$$

② 坡印廷矢量（能流密度矢量），平均能流密度（波的强度）——单位时间内通过与波的传播方向垂直的单位截面上电磁波的能量

$$S = E \times H$$

$$I = \bar{S} = \bar{w}u = \frac{1}{2}E_0 H_0 = \frac{1}{2}u\varepsilon E_0^2$$

③ 电磁波的动量密度——电磁波单位体积内具有的动量

$$p = \frac{w}{c} = \frac{EH}{c^2}, \quad \boldsymbol{p} = \frac{\boldsymbol{E} \times \boldsymbol{H}}{c^2}$$

四、典型例题解法指导

本章习题主要有两大类，第一类是利用位移电流的概念计算位移电流及其所激发的磁场分布. 这里往往要涉及有关电学的相关内容，特别是平行板电容器内部的电场强度分布以及电容器中电压、电荷量、电容的计算及其相互关系. 第二类是关于电磁波的传播特性以及能量、能流的计算问题. 在求解电磁波的相关问题时最好先复习一下机械波的有关概念，同时熟记电磁波的三条基本性质及平均能量密度和平均能流密度（即电磁波的强度）公式可使解题变得比较简单.

例 15.1 在一个交流电路中有一平行板电容器，其电容为 C，两极板之间充满了相对电容率为 ε_r 的均匀电介质，极板间距为 d，极板上的电压按 $u = U_m\sin(\omega t + \varphi)$ 的规律变化，不计电容器中电场的边缘效应，试求：

（1）两极板间的位移电流密度；

（2）电容器内两极板之间的总位移电流和电路中的传导电流.

分析： 本题可利用位移电流及位移电流密度的定义直接求解，求解时需要用到一些电学知识：$\boldsymbol{D} = \varepsilon_0\varepsilon_r\boldsymbol{E}$ 及均匀电场中 $E = \dfrac{U}{d}$.

解：（1）由于不计电容器中电场的边缘效应，电容器中的电场可以视为均匀电场，所以电容器中的电场强度为

$$E = \frac{u}{d} = \frac{U_{\mathrm{m}}}{d}\sin(\omega t + \varphi)$$

极板间的位移电流密度为

$$j_{\mathrm{D}} = \frac{\mathrm{d}D}{\mathrm{d}t} = \frac{\mathrm{d}}{\mathrm{d}t}(\varepsilon_0 \varepsilon_r E) = \frac{U_{\mathrm{m}}}{d}\varepsilon_0 \varepsilon_r \omega \cos(\omega t + \varphi)$$

这表明在平行板电容器的两极板之间,位移电流密度和电场强度一样也是均匀分布的.

(2) **解法一** 根据电流与电流密度之间的关系,可得极板间的位移电流为

$$I_{\mathrm{D}} = \int_S \boldsymbol{j}_{\mathrm{D}} \cdot \mathrm{d}\boldsymbol{S} = j_{\mathrm{D}}S = \frac{U_{\mathrm{m}}}{d}\varepsilon_0 \varepsilon_r S\omega \cos(\omega t + \varphi) = \omega CU_{\mathrm{m}}\cos(\omega t + \varphi)$$

式中 S 是极板的面积,$C = \dfrac{\varepsilon_0 \varepsilon_r S}{d}$ 是平行板电容器的电容.

解法二 由位移电流的定义式 $I_{\mathrm{D}} = \dfrac{\mathrm{d}\varPsi}{\mathrm{d}t}$ 来求解

因为

$$\varPsi = \int_S \boldsymbol{D} \cdot \mathrm{d}\boldsymbol{S} = D \cdot S = \varepsilon_0 \varepsilon_r E \cdot S = \varepsilon_0 \varepsilon_r S \frac{U_{\mathrm{m}}}{d}\sin(\omega t + \varphi) = CU$$

所以

$$I_{\mathrm{D}} = \frac{\mathrm{d}\varPsi}{\mathrm{d}t} = C\frac{\mathrm{d}U}{\mathrm{d}t} = \omega CU_{\mathrm{m}}\cos(\omega t + \varphi)$$

根据全电流的连续性,线路中的传导电流等于两极板之间的位移电流,即

$$I_{\mathrm{C}} = I_{\mathrm{D}} = \omega CU_{\mathrm{m}}\cos(\omega t + \varphi)$$

例 15.2 一平行板电容器,其两个极板是半径为 R 的圆形金属板,极板间为空气,将此电容器接在高频信号源上. 假设极板上电荷量随时间的变化规律为 $q = q_0 \sin \omega t$,式中 ω 为常量,忽略电场的边缘效应,试求:

(1) 电容器两极板间的位移电流及位移电流密度;

(2) 两极板之间距离中心轴线为 $r(r<R)$ 处磁场强度 $\boldsymbol{H}$ 的大小;

(3) 两极板之间距离中心轴线为 $r(r<R)$ 处电磁场的能量密度(即电场的能量密度和磁场的能量密度之和).

分析: (1) 由全电流的连续性可知,在交流电路中导线上的传导电流 I_{C} 在电容器的极板上中断,此电流在电容器内部被位移电流 I_{D} 接替,即 $I_{\mathrm{D}} = I_{\mathrm{C}}$.

(2) 在求由变化的电场(或位移电流)激发的磁场问题中,通常以圆形平行板电容器中的变化电场最为常见. 这时可以利用位移电流的轴对称性和全电流安培环路定理作近似求解(因为严格来说,用安培环路定理只能求无限长轴对称分布的电流所产生的磁场,不能用于求一小段电流产生的磁场分布).

解: (1) **解法一** 因为导线中的传导电流为

$$I_{\mathrm{C}} = \frac{\mathrm{d}q}{\mathrm{d}t} = q_0 \omega \cos \omega t$$

由全电流的连续性可知,在电容器两极板之间的位移电流和位移电流密度分别为

$$I_D = I_C = q_0\omega\cos \omega t$$

$$j_D = \frac{I_D}{S} = \frac{q_0\omega\cos \omega t}{\pi R^2}$$

解法二 由题意可知,电容器极板上的自由电荷面密度为

$$\sigma = \frac{q}{S} = \frac{q_0\sin \omega t}{\pi R^2}$$

由静电场的高斯定理,可知两极板之间电位移矢量的大小为

$$D = \sigma = \frac{q_0\sin \omega t}{\pi R^2}$$

所以,两极板之间的位移电流密度和位移电流分别为

$$j_D = \frac{dD}{dt} = \frac{q_0\omega\cos \omega t}{\pi R^2}$$

$$I_D = j_D S = q_0\omega\cos \omega t$$

(2)在两极板之间取一个与极板平行、以轴线为圆心、半径为 $r(r<R)$ 的圆周作为闭合回路. 由于位移电流及其激发的磁场均具有轴对称分布,所以由

$$\oint_L \boldsymbol{H} \cdot d\boldsymbol{L} = I_C + I_D = 0 + \int_S \boldsymbol{j}_D \cdot d\boldsymbol{S}$$

得

$$2\pi rH = \frac{q_0\omega\cos \omega t}{\pi R^2}\pi r^2$$

所以

$$H = \frac{q_0\omega r\cos \omega t}{2\pi R^2}$$

(3)因为两极板之间的电场强度为

$$E = \frac{D}{\varepsilon_0\varepsilon_r} = \frac{q_0\sin \omega t}{\pi \varepsilon_0\varepsilon_r R^2}$$

所以两极板之间电磁场的能量密度为

$$w = w_e + w_m = \frac{1}{2}\varepsilon_0\varepsilon_r E^2 + \frac{1}{2}\mu_0\mu_r H^2$$

$$= \frac{q_0^2 \sin^2\omega t}{2\pi^2\varepsilon_0\varepsilon_r R^4} + \frac{q_0^2\omega^2 r^2\mu_0\mu_r\cos^2\omega t}{8\pi^2 R^4}$$

例 15.3 用于切割金属的激光束的平均直径是 20 μm,假设激光器的输出功率为 2 000 W. 试求该激光束的强度及激光束中电场强度和磁场强度的振幅.

分析:光是一定波长范围内的电磁波,激光器的输出功率就是激光束的平均能流,激光速的强度 I 就是电磁波的平均能流密度 $\overline{S}$.

解：由题意可知该激光束的强度 I（即平均能流密度 $\bar{S}$）为

$$I = \bar{S} = \frac{P}{\pi d^2/4} = \frac{4 \times 2\ 000\ \text{W}}{\pi \times (20 \times 10^{-6})^2 \text{m}^2} = 6.37 \times 10^{12}\ \text{J} \cdot \text{s}^{-1} \cdot \text{m}^{-2}$$

由

$$I = \bar{S} = \frac{1}{2} E_0 H_0 = \frac{1}{2} c \varepsilon_0 E_0^2$$

可得电场强度的振幅为

$$E_0 = \sqrt{\frac{2I}{c\varepsilon_0}} = \sqrt{\frac{2 \times 6.37 \times 10^{12}}{3.0 \times 10^8 \times 8.85 \times 10^{-12}}}\ \text{V} \cdot \text{m}^{-1} = 6.93 \times 10^7\ \text{V} \cdot \text{m}^{-1}$$

磁场强度的振幅为

$$H_0 = \sqrt{\frac{\varepsilon_0}{\mu_0}} E_0 = \sqrt{\frac{8.85 \times 10^{-12}}{4\pi \times 10^{-7}}} \times 6.93 \times 10^7\ \text{A} \cdot \text{m}^{-1} = 1.84 \times 10^5\ \text{A} \cdot \text{m}^{-1}$$

例 15.4　在一束平面电磁波中,假设其磁场强度的波动表达式为

$$\boldsymbol{H} = 500 \sin\left[10^5 \pi \left(t + \frac{x}{c}\right)\right] \boldsymbol{j}\ (\text{SI 单位})$$

则此平面电磁波的传播方向为 _____ ,电磁波中电场强度的波动表达式为
_____ ,电磁波的强度 _____ .

分析：平面简谐波波动表达式的一般形式为：$y(x,t) = A\cos\left[\omega\left(t \mp \frac{x}{u}\right) + \varphi\right]$,
式中取"–"号时沿 x 轴正向传播,取"+"号时沿 x 轴负向传播. 通过比较即可知
道波的传播方向. 再利用电磁波的性质可得电场强度的波动表达式及电场强度
的振动方向和电磁波的强度.

解：通过与波动表达式的一般形式进行比较可知,此平面波沿 x 轴负向传
播,且磁场强度矢量沿 y 轴方向振动. 根据电磁波的性质($\boldsymbol{E}$、$\boldsymbol{H}$ 及传播方向三者互
相垂直,且满足右手螺旋关系)可知,该束电磁波中电场沿 z 轴方向振动. 又因为

$$E_0 = \sqrt{\frac{\mu_0}{\varepsilon_0}} H_0 = \sqrt{\frac{4\pi \times 10^{-7}}{8.85 \times 10^{-12}}} \times 500\ \text{V} \cdot \text{m}^{-1} = 1.88 \times 10^5\ \text{V} \cdot \text{m}^{-1}$$

所以,电磁波中电场强度的波动表达式为

$$\boldsymbol{E} = 1.88 \times 10^5 \sin\left[10^5 \pi \left(t + \frac{x}{c}\right)\right] \boldsymbol{k}\ (\text{SI 单位})$$

电磁波的强度(即平均能流密度矢量的大小)为

$$I = \bar{S} = \frac{1}{2} E_0 H_0 = \frac{1}{2} \times 1.88 \times 10^5 \times 500\ \text{W} \cdot \text{m}^{-2} = 4.70 \times 10^7\ \text{W} \cdot \text{m}^{-2}$$

例 15.5　一束平面电磁波垂直照射在物体表面上. 试证明:当物体完全反射
电磁波时,电磁波作用于物体表面的辐射压强为 $P = \dfrac{2\bar{S}}{c}$;当物体完全吸收电磁波时,

辐射压强为 $P' = \dfrac{\overline{S}}{c}$. 式中 $\overline{S} = \dfrac{1}{2} E_0 H_0$ 是电磁波的平均能流密度的大小,即电磁波的强度,c 是真空中的光速(因本题中动量用符号 p 表示,为便于区分,压强用符号 P 表示.).

分析:电磁波的辐射压强就是被辐射表面单位面积上受到的电磁波的辐射压力,辐射压力产生的原因是由于电磁波具有动量,因此可用动量定理来求解.

证明:电磁波具有动量,单位体积中电磁波平均动量的大小为

$$\overline{p} = \frac{\overline{w}}{c} = \frac{\overline{S}}{c^2}$$

式中 $\overline{w}$ 和 $\overline{S}$ 分别是电磁波的平均能量密度和平均能流密度. 当入射电磁波被物体完全反射时,若以入射方向为正方向,Δt 时间内垂直投射到物体 ΔS 表面积上的电磁波的动量改变量为

$$\Delta p = p - p_0 = -2p_0 = -2 \frac{\overline{S}}{c^2} \cdot c\Delta t\Delta S = -2 \frac{\overline{S}}{c}\Delta t\Delta S$$

由动量定理和牛顿第三定律可得,电磁波对物体表面的辐射压力为

$$F = -\Delta p/\Delta t = \frac{2\overline{S}}{c}\Delta S$$

所以被照射物体单位表面积上受到的辐射压力,即辐射压强为

$$P = \frac{F}{\Delta S} = \frac{2\overline{S}}{c}$$

当电磁波被完全吸收时,$\Delta p' = p' - p_0 = -p_0 = -\dfrac{\overline{S}}{c}\Delta t\Delta S$,所以辐射压强为

$$P' = \frac{F'}{\Delta S} = \frac{-\Delta p'/\Delta t}{\Delta S} = \frac{\overline{S}}{c}$$

五、自我测试题

15.1 如图所示,半径为 R 的圆形平行板电容器,内部充满了相对电容率为 ε_r 的均匀电介质,极板上的电荷量随时间的变化关系为 $q = q_0\cos\omega t$(式中 ω 为常量),不计电场的边缘效应,则两极板间位移电流密度的大小为(   ).

（A）$q_0\omega\sin\omega t$ 　　　　（B）$\dfrac{q_0\omega\sin\omega t}{\pi R^2}$

（C）$\dfrac{q_0\omega\varepsilon_r\cos\omega t}{\pi R^2}$ 　　　　（D）$\dfrac{q_0\omega\sin\omega t}{\varepsilon_r\pi R^2}$

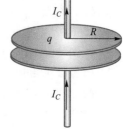

测试题 15.1 图

15.2 空气平行板电容器的电容为 C,两端加上交变电

压 $u = U_m \cos \omega t$,略去边缘效应,则两极板间的位移电流为(　　).

(A) $CU_m \cos \omega t$　　　　　　(B) $\varepsilon_0 \omega CU_m \sin \omega t$

(C) $\omega CU_m \cos \omega t$　　　　　　(D) $\omega CU_m \sin \omega t$

15.3 给电容为 C 的平行板电容器充电,已知充电电流为 $i = 0.2 e^{-t/\tau}$(SI 单位). 式中 τ 为时间常量. 若 $t=0$ 时电容器极板上无电荷,忽略边缘效应,则 t 时刻极板之间总的位移电流 $I_D =$ _____.

15.4 对于位移电流,下列说法哪种是正确的?(　　)

(A) 位移电流是由变化的电场产生的

(B) 位移电流的热效应遵从焦耳定律

(C) 位移电流的磁效应不服从安培环路定理

(D) 位移电流产生的磁场与运动电荷激发的磁场的性质是不同的

15.5 麦克斯韦方程组中,各方程所表达的物理意义:

$$\oint_S \boldsymbol{D} \cdot \mathrm{d}\boldsymbol{S} = \int_V \rho \mathrm{d}V \underline{\hspace{5cm}}$$

$$\oint_L \boldsymbol{E} \cdot \mathrm{d}\boldsymbol{L} = -\int_S \frac{\partial \boldsymbol{B}}{\partial t} \cdot \mathrm{d}\boldsymbol{S} \underline{\hspace{5cm}}$$

$$\oint_S \boldsymbol{B} \cdot \mathrm{d}\boldsymbol{S} = 0 \underline{\hspace{5cm}}$$

$$\oint_L \boldsymbol{H} \cdot \mathrm{d}\boldsymbol{L} = \int_S \boldsymbol{j}_C \cdot \mathrm{d}\boldsymbol{S} + \int_S \frac{\mathrm{d}\boldsymbol{D}}{\mathrm{d}t} \cdot \mathrm{d}\boldsymbol{S} \underline{\hspace{4cm}}$$

15.6 麦克斯韦关于涡旋电场和位移电流假设的本质是:_____.

15.7 一平面电磁波沿 y 轴正向传播,空间某一点的电场强度为 $\boldsymbol{E} = 500 \sin(10^5 \pi t) \boldsymbol{i}$(SI 单位),则该处的磁场强度 $\boldsymbol{H} =$ _____,此平面电磁波的强度 $I =$ _____.

15.8 一半径为 R 的圆形平行板电容器接在一个交流电源上,极板间为真空,已知电源的输出电流为 $i(t) = I_0 \sin \omega t$,式中 I_0、ω 均为常量,试求:

(1) 两极板之间的位移电流和位移电流密度;

(2) 与极板的中心轴线相距为 $r(r < R)$ 处 A 点的磁感应强度 B.

15.9 一台武器级激光器的发光功率为 $2.0\ \text{kW}$,光束的发散角为 $0.88\ \mu\text{rad}$(微弧度),试求:

(1) 离光源 $10\ \text{km}$ 处激光的强度;

(2) 离光源 $10\ \text{km}$ 处光波中电场强度和磁场强度的振幅.

15.10 夏季海滩上太阳光的强度为 $1.3 \times 10^3\ \text{W} \cdot \text{m}^{-2}$,太阳伞的面积为 $2.0\ \text{m}^2$,对太阳光的反射率为 80%.

(1) 试求海滩上太阳光中电场强度和磁场强度的振幅;

(2) 试求太阳光单位体积内的动量;

(3) 当阳光垂直照射时,求此太阳伞受到太阳光的辐射压力.

自我测试题

参考答案

>>> 第16章

··· 几何光学

一、知识点网络框图

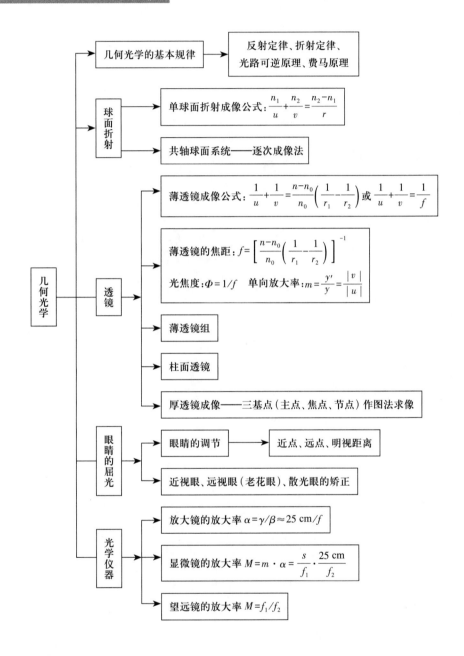

二、基本要求

1. 理解物和像的概念及物像之间的共轭关系.

2. 熟练掌握单球面折射公式及其应用,能解决共轴球面系统的成像问题.

3. 熟练掌握薄透镜的成像规律、高斯公式及其应用,能解决透镜组的成像问题.

4. 了解眼睛的光学结构及其屈光系统,掌握屈光不正的矫正方法.

5. 了解常用光学仪器的基本原理及应用中的有关问题.

三、主要内容

1. 物和像

在一个光学系统中入射光线(或其延长线)的交点称为物点,入射光线的实际汇聚点称为实物,入射光线延长线的交点称为虚物;经光学系统折射或反射后光线的汇聚点称为像点,折射或反射光线的实际汇聚点称为实像,其反向延长线的交点称为虚像. 物和像具有一一对应的共轭关系.

2. 单球面折射公式

$$\frac{n_1}{u}+\frac{n_2}{v}=\frac{n_2-n_1}{r}$$

式中 u、v 和 r 分别表示物距、像距和球面半径,其符号规定为:实物、实像时,u、v 取正号;虚物、虚像时,u、v 取负号. 球面的凸面迎着入射光线时,r 取正号;球面的凹面迎着入射光线时,r 取负号.

3. 薄透镜成像公式(高斯公式)

$$\frac{1}{u}+\frac{1}{v}=\frac{n-n_0}{n_0}\left(\frac{1}{r_1}-\frac{1}{r_2}\right) \qquad 或 \qquad \frac{1}{u}+\frac{1}{v}=\frac{1}{f}$$

式中 n 为透镜的折射率、n_0 为透镜周围介质的折射率;u、v 和球面半径 r_1、r_2 的符号规定和单球面折射公式中的规定方法相同. $f=\left[\frac{n-n_0}{n_0}\left(\frac{1}{r_1}-\frac{1}{r_2}\right)\right]^{-1}$ 称为薄透镜的焦距. 对处于空气中($n_0=1$)的凸透镜 $f>0$,凹透镜 $f<0$.

焦距的倒数称为光焦度,用 Φ 表示,即 $\Phi=1/f$,当 f 以 m 为单位时,Φ 的单位是屈光度,记为 D,1 D = 100 度. 对于凸透镜(老花眼镜)$\Phi>0$;凹透镜(近视眼镜)$\Phi<0$.

4. 共轴球面系统和共轴透镜系统的成像

当几个折射球面的曲率中心或几个透镜的主光轴在同一条直线上时,它们就组成了共轴球面系统或共轴透镜系统,这条直线称为共轴系统的主光轴. 在讨论共轴球面系统或共轴透镜系统的成像问题时,可以采用逐次成像法进行分析:先求出物体通过第一个折射球面或透镜所成的像,然后将这个像作为第二个折射球面或透镜的物,再求通过第二个折射球面或透镜成的像,依次类推,直至求出最后一个折射球面或透镜所成的像.

5. 眼镜的光学系统 眼的屈光不正及其校正方法

远点:人眼不用调节时,能够看清的物体离眼睛的最远位置称为远点. 正常眼的远点在无限远处.

近点:人眼处于最大调节时,能够看清的物体离人眼的最近位置称为近点. 正常眼的近点在眼前 10~12 cm 处.

明视距离(25 cm):最适宜看书、阅读的距离.

近视眼的远点变近,远视眼的近点变远. 近视眼的校正是通过佩戴凹透镜将无限远的物体成像在患者的远点处;远视眼的校正是通过佩戴凸透镜将明视距离处的物体成像在患者近点之外的适当位置.

6. 常用光学仪器的放大率

(1) 放大镜的角放大率

$$\alpha = \frac{\gamma}{\beta} \approx \frac{25 \text{ cm}}{f}$$

式中 γ 是使用放大镜后观察物体的视角,β 是用眼睛直接观察物体的视角,25 cm 是指明视距离,f 是放大镜的焦距,其单位是 cm.

(2) 显微镜的放大率

$$M = \frac{y''}{y} \approx m \cdot \alpha = \frac{v_1}{u_2} \cdot \frac{25 \text{ cm}}{f_2} \approx \frac{s}{f_1} \cdot \frac{25 \text{ cm}}{f_2}$$

式中 y、y'' 分别是物和像的大小,$m = \frac{v_1}{u_1} \approx \frac{s}{f_1}$ 是物镜的单向放大率(s 为镜筒长度),$\alpha = \frac{25 \text{ cm}}{f_2}$ 是目镜的角放大率,即显微镜的放大率等于物镜的单向放大率与目镜的角放大率的乘积(注意:式中的所有长度单位均为 cm).

(3) 望远镜的角放大率

$$M = \frac{\gamma}{\beta} = \frac{f_1}{f_2}$$

式中 f_1、f_2 分别是望远镜物镜和目镜的焦距.

四、典型例题解法指导

几何光学的主要问题都是处理物像关系问题,难度都不大. 在求解时,一是要弄懂几何光学中各种光学元件(平面镜、球面镜、透镜、显微镜、望远镜)的成像规律(成像光路和成像公式),以及成像公式中的符号规定;二是要分析清楚光学系统的结构及其成像次序,准确判断每次成像时物、像的虚实情况;三是要熟练掌握共轴球面系统和共轴透镜系统的逐次成像分析法.

例 16.1 如图 16.1 所示,折射率为 1.5、长度为 5.0 cm 的柱状玻璃体,其前端面为凸球面、后端面为凹球面,两球面的曲率半径均为 2.0 cm,且两个球心均在玻璃体的轴线上. 试求位于主光轴上距玻璃体前端面顶点 10.0 cm 处的物点通过该光学系统后所成的像点的位置.

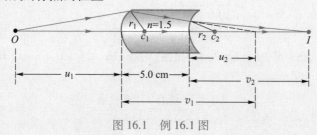

图 16.1 例 16.1 图

分析：本题属于共轴球面成像系统,需采用逐步成像法进行分析.

解：对于第一折射球面,$n_1=1.0$,$n_2=1.5$,$u_1=10.0$ cm,$r=2.0$ cm,代入单球面折射公式$\dfrac{n_1}{u}+\dfrac{n_2}{v}=\dfrac{n_2-n_1}{r}$,有

$$\frac{1.0}{10.0\ \text{cm}}+\frac{1.5}{v_1}=\frac{1.5-1.0}{2.0\ \text{cm}}$$

由此可解得 $\qquad\qquad v_1=10\ \text{cm}$

结果表明：如果没有第二个折射球面,像 I_1 应该在第一个折射球面后 10 cm 处. 由于 I_1 是在第二个折射面的后面,因此它对于第二个折射面来说是虚物,其物距 $u_2=-(10.0-5.0)$ cm $=-5.0$ cm,且 $n_1=1.5$,$n_2=1.0$,$r=2.0$ cm,再次代入单球面折射公式,有

$$\frac{1.5}{-5.0\ \text{cm}}+\frac{1.0}{v_2}=\frac{1.0-1.5}{2.0\ \text{cm}}$$

由此解得 $\qquad\qquad v_2=20.0\ \text{cm}$

即像最后成在柱状玻璃体后距玻璃体后球面顶点 20.0 cm 处,为实像.

例 16.2 如图 16.2 所示,将一根长 40.0 cm 的透明介质棒的一端切平,另一端磨成半径为 12.0 cm 的凸球面,有一个点物镶嵌在棒内中心轴线的 O 点上,并与棒的两端等距. 当从棒的平面端看去时,该点物的表观深度为 12.5 cm,问从球面端看去时该点物的表观深度是多少?

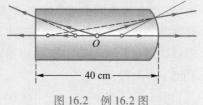

图 16.2 例 16.2 图

分析：此题属单球面折射问题,物从透明棒中折射成像到空气中,点物在棒内位置到棒端面的距离即为物距,从棒的端面看时物体的表观深度即为像距. 平面可视为半径为无限大的球面.

解：设透明介质棒的折射率为 n,从棒的平面端看去时,$u=20.0$ cm,$n_1=n$,$n_2=1.0$,$v=-12.5$ cm,$r=\infty$,由单球面折射公式：$\dfrac{n_1}{u}+\dfrac{n_2}{v}=\dfrac{n_2-n_1}{r}$,有

$$\frac{n}{20.0 \text{ cm}} + \frac{1.0}{-12.5 \text{ cm}} = \frac{1-n}{\infty}$$

由此解得
$$n = 20.0/12.5 = 1.6$$

从棒的球面端看去时，$u = 20.0$ cm，$n_1 = n = 1.6$，$n_2 = 1.0$，$r = -12.0$ cm. 再次由单球面折射公式，有

$$\frac{1.6}{20.0 \text{ cm}} + \frac{1.0}{v} = \frac{1.0-1.6}{-12.0 \text{ cm}}$$

由此解得
$$v = -33.3 \text{ cm}$$

即从半球面端看去时，点物的表观深度为 33.3 cm.

例 16.3 一块两面曲率半径相等的薄凸透镜($n = 1.52$). 在空气中时，凸透镜的焦距为 10.0 cm. 如果令其一面与水相接，另一面是空气，求此透镜的第一焦距和第二焦距.

分析：此题仍属共轴球面系统问题. 只有当薄透镜两侧的介质折射率完全相同时才会有第一焦点和第二焦点在透镜两侧对称分布，第一焦距和第二焦距相等.

因此，可先求出其两个球面半径 r 的大小，再根据共轴球面系统的处理方法求得结果.

解：设此透镜两个球面的半径大小为 r，$r_1 = -r_2 = r$，当透镜置于空气中时，$n_0 = 1.00$. 根据薄透镜焦距公式：$f = \left[\dfrac{n-n_0}{n_0} \left(\dfrac{1}{r_1} - \dfrac{1}{r_2} \right) \right]^{-1}$，将数据代入，有

$$10.0 \text{ cm} = \left[(1.52-1.00) \left(\frac{1}{r} - \frac{1}{-r} \right) \right]^{-1}$$

由此解得
$$r = 10.4 \text{ cm}$$

若令其第一球面与空气接触，第二球面与水相接，将透镜视作一个共轴球面系统. 由于薄透镜中两个球面顶点之间的距离可忽略不计($d \approx 0$)，所以第一折射球面的物距就是整个系统的物距，第一球面的像距就是第二球面的物距，第二折射球面的像距就是整个系统的像距. 根据单球面折射公式，对于第一球面，$n_1 = 1.00$、$n_2 = 1.52$，有

$$\frac{1.00}{u} + \frac{1.52}{v_1} = \frac{1.52-1.00}{10.4 \text{ cm}} \tag{①}$$

对于第二球面，因 $u_2 = -v_1$，$v_2 = v$，$n_1 = 1.52$、$n_2 = 1.33$、有

$$\frac{1.52}{-v_1} + \frac{1.33}{v} = \frac{1.33-1.52}{-10.4 \text{ cm}} \tag{②}$$

由①式和②式得

$$\frac{1.00}{u} + \frac{1.33}{v} = \frac{1.52-1.00}{10.4 \text{ cm}} + \frac{1.33-1.52}{-10.4 \text{ cm}}$$

根据焦距的定义,当 $v=\infty$ 时,$f_1=u=14.6$ cm 此为第一焦距;当 $u=\infty$ 时,$f_2=v=$ 19.5 cm 此为第二焦距.

例 16.4 如图 16.3 所示,在凸透镜 L_1 和凹透镜 L_2 组成的共轴成像系统中,首先使 L_2 靠近 L_1,并在 L_1 前面的主光轴上放一小物体,当观察屏移动到 L_2 后 20 cm 的 A 处时,可接收到一个放大的实像.现保持物与 L_1 的位置不变,将凹透镜 L_2 撤走,然后将观察屏移前 5 cm 至 B 处时又可重新接收到一个实像,试求凹透镜的焦距.

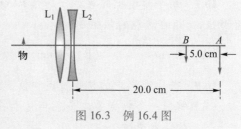

图 16.3 例 16.4 图

分析:这是利用物距像距法测定凹透镜焦距的常用方法.

解:在没有凹透镜 L_2 时,物体经过凸透镜 L_1 所成的实像,正是凹透镜 L_2 插入后的虚物.依题意分析,对凹透镜而言,物距、像距分别为

$$u=-(20-5)\,\text{cm}=-15\ \text{cm},\quad v=20\ \text{cm}$$

由薄透镜成像的高斯公式 $\dfrac{1}{u}+\dfrac{1}{v}=\dfrac{1}{f}$,得

$$\frac{1}{-15\ \text{cm}}+\frac{1}{20\ \text{cm}}=\frac{1}{f}$$

解之,得凹透镜的焦距为

$$f=-60\ \text{cm}$$

五、自我测试题

16.1 水($n=1.33$)和玻璃($n=1.50$)的分界面是球面,在水中有一物体放在球面的轴线上,距球面顶点的距离为 39.9 cm,经球面折射后在球面前 30.0 cm 处成一虚像.则该球面的曲率半径是_____,在球面凹的一侧的是_____.

16.2 由一个凸透镜和一个焦度为 -3.00 D 的凹透镜紧密贴合组成的一个既不会聚又不发散的薄透镜组,则此凸透镜的焦距是_____ m.

16.3 一远视眼的近点在眼前 2.0 m 处,他要看清眼前 25 cm 远处的物体,至少应配_____度的眼镜.

16.4 一近视眼患者戴了 -300 度的眼镜时才能和正常人一样能看清无穷远处的物体,他不戴眼镜时只能看清眼前_____m 以内的物体.

16.5 已知人眼的明视距离为 25 cm,要获得 5 倍的视角放大率,求放大镜的焦距为_____.

16.6 某物体经光学系统成像时,下列说法正确的是(   ).

(A) 在任何情况下物和像的位置可以互换

(B) 在任何情况下物和像的位置不能互换

(C) 只有在单球面折射的情况下物和像的位置可以互换

(D) 只有在薄透镜成像的情况下物和像的位置可以互换

16.7 两个薄透镜的焦距分别为 10 cm 和 20 cm,将它们紧密接触形成一个组合透镜,此组合透镜的焦距是( ).

(A) 30 cm   (B) $\dfrac{20}{3}$ cm   (C) $\dfrac{2}{30}$ cm   (D) 15 cm

16.8 关于散光眼的视物特点和校正方法,下列说法正确的是( ).

(A) 常把一个物点看成多条相交于一点的小短线;矫正方法是配戴适当焦度的球面透镜

(B) 常把一个物点看成多条相交于一点的小短线;矫正方法是配戴适当焦度的柱面透镜

(C) 常把一个物点看成一条小短线;矫正方法是配戴适当焦度的柱面透镜

(D) 常把一个物点看成一条小短线;矫正方法是配戴配适当焦度的球面透镜

16.9 一根长 20 cm 的玻璃棒,两端是双凸球面,球心均在轴线上,球面半径均为 4.0 cm,玻璃的折射率 $n = 1.5$. 若一束平行光线沿玻璃棒的轴线方向入射,如图所示,则出射光线为( ).

测试题 16.9 图

(A) 发散光线,其反向延长线的交点距离后端面 12 cm 处

(B) 会聚光线,会聚点距离后端面 12 cm 处

(C) 发散光线,其反向延长线的交点距离后端面 16 cm 处

(D) 仍然是平行于主光轴的平行光线

16.10 一个凸薄透镜两表面的曲率半径分别为 $r_1(r_1 > 0)$、$r_2(r_2 < 0)$,且玻璃的折射率为 n,则关于该薄透镜的像方焦距,下列表达式正确的是( ).

(A) $f' = \dfrac{1}{(n-1)\left(\dfrac{1}{r_1} - \dfrac{1}{r_2}\right)}$ (B) $f' = \dfrac{1}{(n-1)\left(\dfrac{1}{r_1} + \dfrac{1}{r_2}\right)}$

(C) $f' = \dfrac{n}{(n-1)\left(\dfrac{1}{r_1} - \dfrac{1}{r_2}\right)}$ (D) $f' = \dfrac{n}{(n-1)\left(\dfrac{1}{r_1} + \dfrac{1}{r_2}\right)}$

16.11 一物体置于焦距为 8.0 cm 的薄凸透镜左侧 12.0 cm 处,现将另一焦距为 6.0 cm 的薄凸透镜放在第一透镜右侧 30.0 cm 处,则最后成像的性质为( ).

(A) 倒立放大的实像   (B) 放大正立的虚像

（C）缩小倒立的实像　　　　　（D）成像于无穷远处

16.12　如图所示,会聚透镜 L_1 的焦距为 10 cm,发散透镜 L_2 的焦距为 40 cm,位于透镜 L_1 右侧 20 cm 处,要使最后成像于无穷远处,物体应放在(　　　).

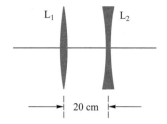

测试题 16.12 图

（A）透镜 L_1 左侧 8 cm 处
（B）透镜 L_1 左侧 10 cm 处
（C）透镜 L_1 左侧 12 cm 处
（D）透镜 L_1 左侧 20 cm 处

16.13　为了提高显微镜的放大倍数,下列方法正确的是(　　　).
（A）增大物镜的焦距　　　　　　（B）增大目镜的焦距
（C）增大显微镜的光学筒长　　　（D）减小目镜和物镜之间的距离

16.14　某人对高 8 cm 的物体能看清的最远距离为 60 m,则他的视力为(　　　).
（A）0.8　　　　　　　　　　　　（B）0.02
（C）0.2　　　　　　　　　　　　（D）0.75

16.15　显微镜和望远镜都是由物镜和目镜组成,它们的区别在哪里?

16.16　人眼的角膜可看成是曲率半径为 7.8 mm 的单球面,在角膜和瞳孔之间是 $n=4/3$ 的屈光介质(房水).如果瞳孔看起来像在角膜后 3.6 mm 处,试问瞳孔在眼中的实际位置.

16.17　一块平凸厚透镜,中心厚度 $d=4.0$ cm,折射率 $n=1.5$,其凸球面的曲率半径 $r=2.0$ cm,另一面是平面.今在其主光轴上距球面顶端 8.0 cm 的 O 点置一物体,问此物体通过厚透镜后所成的像在何处?是实像还是虚像?

16.18　一束平行光入射到一个置于空气中的玻璃球上,已知玻璃的折射率 $n=1.5$、球的半径 $r=15$ cm,问平行光经玻璃球折射后的会聚点在何处?

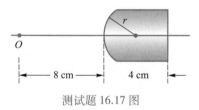

测试题 16.17 图

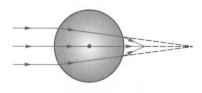

测试题 16.18 图

16.19　空气中的两个薄透镜 L_1、L_2 前后放置、组成一个共轴系统,两透镜光心之间的距离 $d=5.0$ cm,如图所示.两透镜的焦距分别为 $f_1=10.0$ cm,$f_2=-20.0$ cm.今在 L_1 前方主光轴上的 O 点放一点物,问此物体最后所成的像在何处?是实像还是虚像?

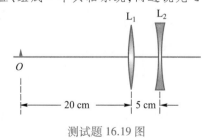

测试题 16.19 图

16.20　在由两块薄透镜 L_1、L_2 组成的共轴系统中,L_1 为凸透镜,焦距为 10 cm,L_2 为凹透镜,焦距为 4 cm,两个透镜光心之间的距离为

自我测试题
参考答案

12 cm. 试求:在主光轴上凸透镜前方 20 cm 的点光源所成像的位置. 若两镜片紧贴使用,情况又怎样?

16.21 一近视眼的远点在眼前 0.5 m 处,欲使其能看清远方物体,问应配多少度的什么眼镜?

>>> 第17章

··· 光 的 干 涉

一、知识点网络框图

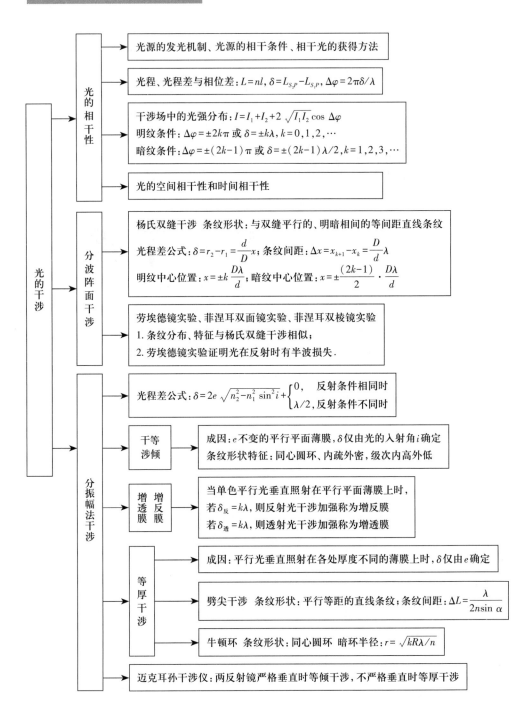

二、基本要求

1. 了解光的相干性,光源的相干条件、获得相干光的两种方法,理解双光束干涉的基本理论,光强分布公式,熟练掌握干涉加强和减弱的条件.

2. 理解光程、光程差的概念,熟练掌握光程、光程差的计算方法以及光程差与相位差的关系.

3. 以杨氏双缝干涉为例,熟练掌握分波阵面法干涉中条纹的分布特点、条纹间距、光程差和明暗条纹中心位置的计算方法.

4. 掌握薄膜干涉中光程差的计算公式,会正确判断因半波损失产生的附加光程差,理解等倾干涉条纹产生的原因和条纹特征,熟练掌握薄膜干涉在增反膜、增透膜中的实际应用.

5. 熟练掌握等厚干涉(劈尖干涉、牛顿环)的干涉原理、条纹特征及其在精密长度测量中的实际应用.

6. 理解迈克耳孙干涉仪的光路结构和工作原理,了解其在现代精密测量中的应用.

7. 了解光的空间相干性和时间相干性.

三、主要内容

(一)光源的相干条件 获得相干光的方法

1. 光源的相干条件:光源的振动频率相同、振动方向相同、相位差恒定不变.
2. 获得相干光的两种方法:分波阵面法和分振幅法.

(二)光程 光程差 相位差 光的干涉理论

1. 光程

将光在介质中传播的几何路程 l 折合为在相同的时间内光在真空中传播的路程 L,这个折合路程 L 称为光程. 在数值上光程等于光在介质中传播的路程乘以介质的折射率,即 $L=nl$.

2. 相位差与光程差的关系

$$\Delta\varphi=\frac{2\pi}{\lambda}\delta=\frac{2\pi}{\lambda}(L_{S_2P}-L_{S_1P})$$

式中 $\delta=L_{S_2P}-L_{S_1P}$ 称为光程差.

3. 光的干涉理论

如图 17.1 所示,设 S_1、S_2 为两个初相位相同的相干光源,他们各自在 P 点产生的光振幅和光强分别为 E_1、E_2 和 I_1、I_2，则两束光在 P 点干涉后总的光振幅和光强分别为

$$E_P = \sqrt{E_1^2 + E_2^2 + 2E_1E_2 \cos \Delta\varphi}$$

$$I_P = I_1 + I_2 + 2\sqrt{I_1 I_2} \cos \Delta\varphi$$

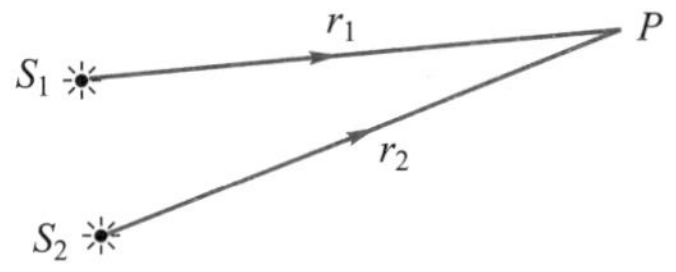

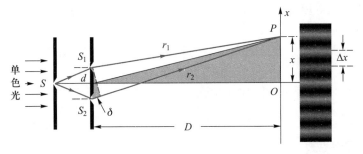

图 17.1 双光束干涉

式中 $\Delta\varphi = \dfrac{2\pi}{\lambda}\delta = \dfrac{2\pi}{\lambda}(L_{S_2P} - L_{S_1P})$ 是两束相干光在 P 点产生的光振动的相位差.

当 $\Delta\varphi = \pm 2k\pi$ 或 $\delta = \pm k\lambda\,(k = 0,1,2,\cdots)$ 时,干涉加强,$E_P = E_{\max} = E_1 + E_2$.

当 $\Delta\varphi = \pm(2k-1)\pi$ 或 $\delta = \pm(2k-1)\dfrac{\lambda}{2}\,(k = 1,2,\cdots)$ 时,干涉减弱,$E_P = E_{\min} = |E_1 - E_2|$.

(三) 分波阵面法干涉——以杨氏双缝干涉(图 17.2)为例

图 17.2 杨氏双缝干涉

1. 光程差及明暗纹条件

$$\delta = r_2 - r_1 = \frac{d}{D}x = \begin{cases} \pm k\lambda,\ k = 0,1,2,\cdots & \text{明纹中心} \\ \pm(2k-1)\lambda/2,\ k = 1,2,3,\cdots & \text{暗纹中心} \end{cases}$$

2. 干涉条纹的形状、特征

一组与双缝平行、明暗相间、等间距的直线条纹,中央为零级明条纹.

3. 条纹间距

干涉条纹的间距与两狭缝之间的距离 d 成反比,与双缝到观察屏之间的距离 D 成正比,与入射光的波长 λ 成正比,即

$$\Delta x = x_{k+1} - x_k = \frac{D\lambda}{d}$$

(四) 分振幅法干涉——以薄膜干涉为例

1. 光程差的计算及明暗纹条件

如图 17.3 所示,无论是两条反射光 1、2 之间,还是透射光 1′、2′ 之间的干涉,总光程差均可表示为

$$\delta = \delta_0 + \delta' = 2e\sqrt{n_2^2 - n_1^2 \sin^2 i} + \begin{cases} 0, & \text{两次反射条件相同时} \\ \lambda/2, & \text{两次反射条件不同时} \end{cases}$$

式中 $\delta_0 = 2e\sqrt{n_2^2 - n_1^2 \sin^2 i} = 2n_2 e\cos\gamma$ 称为传播光程差,δ' 是反射时因半波损失引起的附加光程差,其值只能取 0 或 $\lambda/2$. 在反射光 1、2 的干涉中,如果在 A、B 两处反射时均有半波损失,称反射条件相同,$\delta' = 0$;如果一处反射时有半波损失,另一处没有,称反射条件不同,$\delta' = \lambda/2$. 在透射光 $1'$、$2'$ 的干涉中,则需要判断在光线 $2'$ 中 B、C 两处的反射条件是否相同.

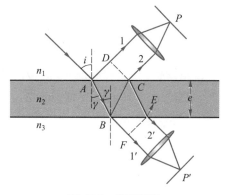

图 17.3　薄膜干涉

根据能量守恒,当反射光满足干涉加强时,透射光干涉一定减弱,反之亦然.

当光线垂直入射时,$i = \gamma = 0$,薄膜干涉的明暗纹条件可简化为

$$\delta = 2n_2 e + \begin{cases} 0, & \text{两次反射条件相同时} \\ \lambda/2, & \text{两次反射条件不同时} \end{cases} = \begin{cases} \pm k\lambda, & \text{明纹} \\ \pm(2k-1)\lambda/2, & \text{暗纹} \end{cases}$$

2. 等倾干涉

对于平行平面薄膜,薄膜厚度 e 为常量,由光程差计算公式可知,光程差 δ 将只由入射角 i 确定. 即所有入射角相同的光线,经薄膜两表面反射形成的两反射光相遇时满足相同的干涉条件,在干涉图中处在同一个干涉条纹上,这样的干涉条纹称为等倾干涉条纹.

等倾干涉条纹的形状为同心圆环,特点是内疏外密,条纹级次内高外低,如图 17.4 所示.

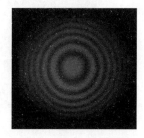

图 17.4　等倾干涉条纹

3. 增透膜、增反膜

对于平行平面薄膜来说,当光线垂直入射时,若反射光满足干涉加强条件,则称此薄膜为增反膜;若透射光满足干涉加强条件,则称为增透膜.

4. 劈尖干涉

当单色平行光垂直照射在厚度不均匀的薄膜上时,由垂直入射时光程差的计算公式可知,凡是薄膜厚度 e 相同的地方,总光程差 δ 相同,处于同一条干涉条纹上,这种干涉(条纹)称为等厚干涉(条纹). 每一条等厚干涉条纹对应于薄膜的一条等厚线.

对于夹角为 α、折射率为 n 的劈尖形薄膜,等厚干涉条纹的形状为一组与棱边平行、明暗相间的等间距直线条纹,如图 17.5 所示,条纹间距为

$$\Delta L = \frac{\lambda}{2n\sin\alpha}$$

相邻两个明(或暗)条纹对应的薄膜的厚度差为

$$\Delta e = \frac{\lambda}{2n}$$

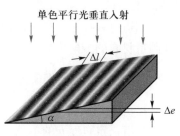

图 17.5　劈尖干涉

5. 牛顿环

由平凸透镜和平板玻璃叠合组成的光学器件称为牛顿环. 当单色平行光垂直照射在透镜与平板玻璃之间的介质膜上时,就会形成以接触点为圆心、明暗相间的圆环形干涉条纹,如图 17.6 所示. 若两玻璃之间所夹介质的折射率为 n,则

暗纹半径:$r_k = \sqrt{kR\lambda/n}$, $k = 0, 1, 2, \cdots$

明纹半径:$r_k = \sqrt{(2k-1)R\lambda/2n}$, $k = 1, 2, \cdots$

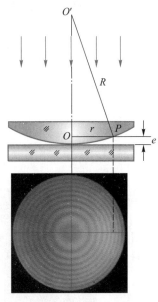

图 17.6 牛顿环

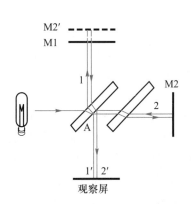

图 17.7 迈克耳孙干涉仪的光路图

(五) 迈克耳孙干涉仪

迈克耳孙干涉仪的光路如图 17.7 所示.

当两全反射镜 M1、M2 严格垂直时,M1 和 M2′ 之间形成一个等效的平行平面空气膜,产生圆环形等倾干涉条纹.

当 M1、M2 不严格垂直时,M1 和 M2′ 之间形成一个等效的劈尖形空气膜,产生等厚干涉条纹.

当 M1 在导轨上前后移动时,等效空气膜的厚度随之改变,空气膜的厚度每改变 $\lambda/2$,干涉条纹就会移动一条.

用迈克耳孙干涉仪可以做许多精密测量工作,如测量光波波长、测量微小位移和测量材料的折射率等.

(六) 光的空间相干性和时间相干性

1. 光的空间相干性

具有一定宽度 b 的单色面光源所发出的光波波阵面上,并不是任意两个子波源发出的光都能产生干涉条纹的,这称为光的空间相干性. 能够产生干涉条纹的两个

子波源之间的距离 d 必须满足 $d < \dfrac{b}{R}\lambda$,式中 R 是面光源到两个子波源的距离.

光的空间相干性来源于原子发光的独立性.

2. 光的时间相干性

两列光波相遇时能够产生干涉现象的最大光程差 δ_m 称为光波的相干长度,用 l_0 表示,也就是光波的波列长度. 光波的相干长度 l_0 越大,两列波到达相遇点能产生干涉现象的最大时间差 $\tau_m = l_0/c$ 就越大,这称为光的时间相干性.

光的时间相干性来源于光源的非单色性,即谱线宽度. 对于波长为 λ 的一束单色光,若其谱线宽度为 $\Delta\lambda$,则这列光波的波列长度为 $l_0 = \lambda^2/\Delta\lambda$.

四、典型例题解法指导

本章习题主要有三类:

第一类是分波阵面法干涉类问题. 此类问题以杨氏双缝干涉为典型. 求解的关键是要正确计算两束相干光的光程差,再利用明暗纹的干涉条件就可以确定明暗条纹的位置,从而求解相关问题. 在计算光程差时往往需要画出光路图,尤其是在光线斜入射或在某一条光路中插入透明介质时,借助光路图来分析会使求解过程简单明了.

第二类是薄膜干涉类问题,包括增反膜、增透膜、劈尖干涉、牛顿环等问题. 在这类问题中,熟记两束反射光或透射光的光程差公式是非常有益的,同时正确判断因半波损失引起的附加光程差 δ' 的取值(0 或 $\lambda/2$)是求解正确与否的关键. 在类牛顿环题型中,还要会结合薄膜的结构、形状,利用几何关系来计算两条反射光线之间的光程差.

第三类是用迈克耳孙干涉仪进行有关精密测量问题.

例 17.1 如图 17.8 所示,波长为 λ 的单色平行光以入射角 φ 斜入射到双缝干涉装置上,双缝间距为 d,双缝到屏的距离为 D.

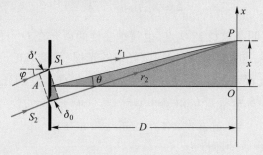

图 17.8 例 17.1 图

(1)求屏上各级明暗条纹的位置;

(2)求明条纹的宽度;

（3）若在一个缝后放一块透明薄膜,可将上述零级明条纹移到屏上的 O 点,问薄膜应放在哪个缝后面? 若薄膜的折射率为 n,其厚度 t 为多少?

分析: 当单色平行光斜入射到双缝干涉装置上时,从 S_1、S_2 发出的光仍是相干光,故屏上仍然会呈现出明暗相间的干涉条纹. 但由于此时 S_1、S_2 两个子光源的初相位不同,故 0 级明条纹不在 O 点,干涉条纹整体上下平移.

解:（1）过 S_2 作入射光的垂线,垂足为 A,则两束光到 P 点的光程差为

$$\delta = L_{S_2P} - L_{AS_1P} = L_{S_2P} - (L_{AS_1} + L_{S_1P}) = \delta_0 - \delta'$$

$$= (r_2 - r_1) - d\sin\varphi = \frac{d}{D}x - d\sin\varphi \qquad ①$$

对于第 k 级明条纹有

$$\delta = \frac{d}{D}x - d\sin\varphi = \pm k\lambda \quad (k = 0, 1, 2, \cdots)$$

对于第 k 级暗条纹有

$$\delta = \frac{d}{D}x - d\sin\varphi = \pm(2k-1)\lambda/2 \quad (k = 1, 2, \cdots)$$

由此可得第 k 级明纹的位置为

$$x_{k(明)} = \frac{D}{d}(d\sin\varphi \pm k\lambda) = D\sin\varphi \pm k\frac{D}{d}\lambda \quad (k = 0, 1, 2, \cdots) \qquad ②$$

第 k 级暗条纹的位置为

$$x_{k(暗)} = D\sin\varphi \pm (2k-1)\frac{D}{d}\frac{\lambda}{2} \quad (k = 1, 2, \cdots) \qquad ③$$

由②式可知,斜入射时中央明条纹($k=0$)的位置由垂直入射时的 $x=0$ 处的 O 点平移到了 $x_0 = D\sin\varphi$ 处. 所以,当单色平行光以 $\varphi(\varphi$ 很小)斜入射时,屏上仍然会呈现出明暗相间的干涉条纹,但干涉条纹将整体向上平移.

（2）明条纹的宽度就是相邻两暗条纹之间的距离,由③式可得明条纹的宽度为

$$\Delta x = x_{k+1} - x_k = \frac{D}{d}\lambda$$

（3）要使零级明条纹移到 O 点,也就是要使两束光在 O 点的光程差为零. 这需要在 S_2 缝后插入透明介质,以增加该光束的光程. 设插入的介质的厚度为 t,折射率为 n,则该路光程增加了 $(n-1)t$,所以两束光在 O 点处的光程差变为

$$\delta = L'_{AS_1O} - L'_{S_2O} = d\sin\varphi - [(r_2 + (n-1)t) - r_1]$$

$$= d\sin\varphi - (n-1)t = d\sin\varphi - (n-1)t$$

令 $\delta = 0$,可得透明介质的厚度为

$$t = \frac{d\sin\varphi}{n-1}$$

例 17.2 在杨氏双缝干涉实验中,采用波长为 λ 的单色光照射. 今将一厚度为 t、折射率为 n 的透明薄片放在狭缝 S_2 和观察屏之间的光路上,如图所示,则在观察屏上与 S_1、S_2 对称的 O 点处干涉条纹的强度将是薄片厚度 t 的函数. 若以 I_0 表示 $t=0$ 时 O 点处的光强,求:

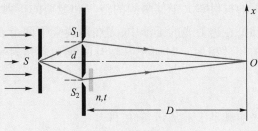

图 17.9 例 17.2 图

(1) O 处光强 I 与薄片厚度 t 之间的函数关系;

(2) O 处光强最小时薄片厚度 t 所满足的条件.

分析: 由对称性可知,没有插入透明薄片时,两束光在 O 点处的光程差为 0, O 点满足相长干涉条件,光强最大. 插入透明薄片后,两狭缝发出的相干光到 O 点处的光程差不再为零,因而 O 点的光强随之发生变化.

解: (1) 由对称性可知,没有插入薄片时,两束光在 O 点的光程差为 0. 插入薄片后,两狭缝发出的光到 O 点的光程差变为

$$\delta = (n-1)t$$

对应的相位差为

$$\Delta\varphi = \frac{2\pi\delta}{\lambda} = \frac{2\pi(n-1)t}{\lambda}$$

设两个狭缝单独发出的光在 O 点处产生的光振动的振幅为 $A_{10}=A_{20}=A_0$,则两束光在 O 点处产生的合振动的光振幅为

$$A = \sqrt{A_{10}^2 + A_{20}^2 + 2A_{10}A_{20}\cos\Delta\varphi} = 2A_0\cos\frac{\Delta\varphi}{2} = 2A_0\cos\frac{(n-1)\pi t}{\lambda}$$

因为 $I \propto A^2$,所以 O 点处的相对光强可写成

$$I = A^2 = 4A_0^2\cos^2\frac{(n-1)\pi t}{\lambda}$$

(2) 由上述结论可知,若使 O 点处的光强为零,必有

$$\frac{(n-1)\pi t}{\lambda} = (2k-1)\frac{\pi}{2}$$

由此可得 O 点处的光强为零的条件是

$$t = \frac{2k-1}{n-1} \cdot \frac{\lambda}{2} \quad (k=1,2,3,\cdots)$$

例 17.3 在一块光学玻璃$(n_1 = 1.52)$上镀一层折射率 $n = 1.63$ 的 Al_2O_3 薄膜. 若使该薄膜对于波长为 600 nm 的单色光来说是增透膜,试求这层薄膜的最小厚度.

分析:当某一波长的单色光垂直照射在某个透明薄膜上时,若透射光满足干涉加强条件,这样的薄膜称为增透膜.

解:由于 Al_2O_3 的折射率大于其两侧的空气和玻璃的折射率,当光从空气中垂直照射到薄膜上时,在透射光的干涉中,光在薄膜上下两个表面的反射条件相同(两次反射都没有半波损失),附加光程差为 0. 所以在透射光干涉中两束光的光程差为

$$\delta_{透} = 2nd$$

对于增透膜,透射光应满足干涉加强条件,即

$$\delta_{透} = 2nd = k\lambda$$

由此得薄膜的可能厚度为

$$d = \frac{k\lambda}{2n}$$

当 $k = 1$ 时,厚度最小,即

$$d_{\min} = \frac{\lambda}{2n} = \frac{600 \times 10^{-9}}{2 \times 1.63} \text{ m} = 184 \text{ nm}$$

例 17.4 在平静的湖水(折射率为 1.33)表面有一层薄薄的油膜,已知油膜的折射率 $n = 1.48$.

(1)如果太阳和热气球均位于该湖面的正上方,热气球上的乘客从气球的吊篮上向下观察,他正对的油膜厚度为 450 nm,则他看到的油膜呈什么颜色?

(2)在油膜的透射光的干涉中,哪些波长的可见光满足干涉加强条件? 如果一潜水员潜入该区域水下,又将看到油膜呈什么颜色?

分析:此题仍然属于薄膜干涉中的增反膜和增透膜问题. 太阳光垂直照射到油膜上,光线在油膜的上下表面都有反射和透射. 当热气球上的乘客向下观察时,从油膜的上下表面反射出来的两条相干光线会聚到乘客的视网膜上产生干涉,他看油膜呈某种颜色,即表示该颜色的光恰好满足干涉加强条件.

解:(1)当太阳光从上向下垂直照射在油膜上时,由于油膜的折射率大于空气和水的折射率,所以在反射光的干涉中,上下两个表面的反射条件不同,附加光程差为 $\delta' = \lambda/2$,于是反射光干涉中的总光程差为

$$\delta_{反} = 2nd + \lambda/2$$

反射光满足干涉加强的条件为

$$\delta_{反} = 2nd + \lambda/2 = k\lambda$$

由此可得

$$\lambda = \frac{4nd}{2k-1} = \frac{4 \times 1.48 \times 450}{2k-1} \text{ nm} = \frac{2\,664}{2k-1} \text{ nm}$$

当 $k=2$ 时,$\lambda=888$ nm,在红外区

当 $k=3$ 时,$\lambda=533$ nm,绿光

当 $k=4$ 时,$\lambda=381$ nm,在紫外区

所以热气球上的人看到油膜层绿色.

(2) 在透射光的干涉中,由于上下两个表面上的反射条件相同,附加光程差为 0,所以透射光干涉加强的条件为

$$\delta_{透}=2nd=k'\lambda'$$

由此可得
$$\lambda'=2nd/k'=1\ 332\ \text{nm}/k'$$

当 $k'=2$ 时,$\lambda'=666$ nm,红光

当 $k'=3$ 时,$\lambda'=444$ nm,蓝光

当 $k'=4$ 时,$\lambda'=333$ nm,在紫外区

即透射光中波长为 666 nm 和 444 nm 的红光和蓝光满足透射加强条件. 但是由于在透射光的干涉中,干涉条纹的对比度很小,即便是反射增强的绿光,其实际透过率仍然在 75% 以上. 因此在白光照射下,潜水员看到的油膜仍然是白色的,几乎看不到偏红或偏蓝的成分.

例 17.5 如图所示,在一块玻璃片上滴一滴油,油滴展开形成类球帽形油膜,现用波长 $\lambda=589$ nm 的单色平行光垂直照射,从反射光中观察到油膜表面出现了一组圆环形干涉条纹. 已知玻璃的折射率 $n=1.55$,油的折射率 $n_2=1.47$. 观察发现,油膜中心是明条纹中心,周围共有 10 个圆环形暗条纹.

(1) 试求油膜中心的厚度 d_0;

(2) 假设油膜表面为球面,现用读数显微镜测得第 5 级(从外向里数)暗环的直径为 4.00 mm,则油膜的球面半径是多少?

分析:这是一个等厚干涉问题. 在平行光垂直照射下,每个干涉条纹就是薄膜的一条等厚线. 相邻两条干涉条纹所对应的薄膜的厚度差为 $\lambda/2n_2$. 当油膜表面呈球形时,可用类似于牛顿环的方法来分析条纹半径.

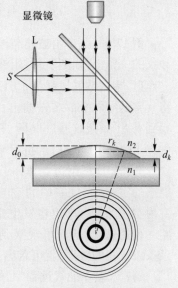

图 17.10 例 17.5 图

解:(1) 由于油膜的折射率介于空气和玻璃之间,在反射光的干涉中,油膜上下表面上的两次反射均有半波损失,附加光程差为 0,故总光程差为

$$\delta=2n_2d$$

考虑到从中心到边缘共有 10 条暗环,所以油膜中心的明条纹应满足

$$\delta_{中心}=2n_2d_0=10\lambda$$

由此得油膜中心的厚度为

$$d_0 = \frac{10\lambda}{2n_2} = \frac{10 \times 589}{2 \times 1.47} \text{ nm} = 2.00 \text{ μm}$$

（2）当油膜表面为球面时，假设第 k 级暗纹对应的油膜厚度为 d_k，半径为 r_k，由几何关系可得

$$R^2 = r_k^2 + \left[R - (d_0 - d_k) \right]^2$$

考虑到 $R \gg (d_0 - d_k)$，所以有

$$R \approx \frac{r_k^2}{2(d_0 - d_k)} \qquad ①$$

又由等厚干涉理论可知，反射光中第 k 级暗环满足的条件为

$$\delta = 2n_2 d_k = (2k-1)\lambda/2$$

即

$$d_k = \frac{(2k-1)\lambda}{4n_2}$$

当 $k=5$ 时，可算得 $d_5 = 901$ nm. 再将 $d_0 = 2.00$ μm，$r_5 = 4.00/2$ mm = 2.00 mm 一起代入①式，可得油膜的球面半径为

$$R \approx \frac{(2.00 \times 10^{-3})^2}{2(2\ 000 - 901) \times 10^{-9}} \text{ m} = 1.82 \text{ m}$$

例17.6 一个由玻璃制作的密封气室，长度为 5.00 cm，把它放在迈克耳孙干涉仪的一臂上，如图所示，用波长 $\lambda = 589$ nm 的单色光照射，室内空气压强为 1.013×10^5 Pa. 现用真空泵将气室的空气全部缓慢抽出，在整个抽气过程中观察到有 51 条条纹通过视场. 根据这些数据，求出空气在 1.013×10^5 Pa 时的折射率.

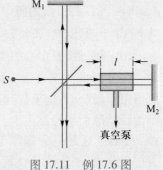

图 17.11　例 17.6 图

分析： 这是用迈克耳孙干涉仪精确测量空气折射率的实验. 当气室中的空气浓度发生变化时，气室内空气的折射率也在发生变化，随之而来的是该路光程的变化，从而可观察到干涉条纹的移动. 记录条纹变化的数据，就可求出空气的折射率.

解： 气室在抽气过程中，气室内空气的折射率逐渐减小，从而使该路光程随之逐渐减小，光程每改变 λ，视场中的干涉条纹就会移动一条. 气室被抽成真空前后，该路光程的总变化量为 $2(n-1)l$，由题意可知

$$2(n-1)l = \Delta k \cdot \lambda$$

式中 $\Delta k = 51$ 是视场中移过的条纹数. 由此可得空气的折射率为

$$n = \frac{\Delta k \cdot \lambda}{2l} + 1 = \frac{51 \times 589 \times 10^{-9}}{2 \times 5.00 \times 10^{-2}} + 1 = 1.000\ 3$$

五、自我测试题

17.1 在杨氏双缝干涉实验中,若将双缝的间距减小一半,同时将观察屏到双缝的距离增加 1 倍,则干涉条纹的间距(   ).

(A) 不变　　　　　　　　　　　(B) 增加为原来的 2 倍

(C) 增加为原来的 4 倍　　　　(D) 减小为原来的 1/2

17.2 在双缝干涉实验中,入射光的波长为 λ,若用一个透明薄片盖在其中一个缝上,假设光在透明薄片中的光程比在相同厚度的空气中的光程大 2.5λ,则屏上原来的明条纹处现在(   ).

(A) 仍为明条纹　　　　　　　(B) 变为暗条纹

(C) 既非明条纹,也非暗条纹　(D) 无法确定是明条纹还是暗条纹

17.3 在等倾干涉实验中,厚度为 e、折射率为 n_2 的平行平面薄膜放置在折射率为 n_1 的环境中($n_2>n_1$). 现用波长为 λ 的单色面光源照射,设 i 为光的入射角,γ 为相应的折射角,则在透镜焦平面上形成的等倾干涉条纹中,决定各级明条纹中心位置的关系式应为(   ).

(A) $2n_2e\cos i+\lambda/2=k\lambda$　　(B) $2n_2e\cos i=k\lambda$

(C) $2n_2e\cos \gamma+\lambda/2=k\lambda$　　(D) $2n_2e\cos \gamma=k\lambda$

17.4 单色平行光垂直照射在厚度为 e、折射率为 n_2 的薄膜上,薄膜两侧的折射率分别为 n_1、n_3,且 $n_1<n_2>n_3$,λ' 为入射光在 n_2 中的波长,则在反射光的干涉中,两束反射之间的光程差为(   ).

(A) $2n_2e$　　　　　　　　　　(B) $2n_2e+\dfrac{\lambda'}{2n_1}$

(C) $2n_2e+\dfrac{1}{2}n_1\lambda'$　　　(D) $2n_2e+\dfrac{1}{2}n_2\lambda'$

17.5 若将牛顿环装置(平凸透镜和平板玻璃的折射率都为 1.5)从空气移到水中,则牛顿环的干涉条纹将(   ).

(A) 中心暗斑变成亮斑　　　　(B) 变疏

(C) 变密　　　　　　　　　　　(D) 间距不变

17.6 如图所示,两个直径有微小差别的彼此平行的细棒,相距 L,夹在两块光学平板玻璃的中间,形成空气劈形膜,当单色光垂直入射时,产生等厚干涉条纹. 如果逐渐增大两细棒之间的距离 L,则在两根细棒之间干涉条纹的(   ).

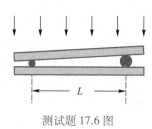

测试题 17.6 图

(A) 数目减少,间距变大

(B) 数目增加,间距不变

(C) 数目增加,间距变大

(D) 数目不变,间距变大

17.7 若用波长为 λ 的单色光照射迈克耳孙干涉仪,并在干涉仪的一条光路中插入一厚度为 l,折射率为 n 的透明薄片,则可观察到视场中的干涉条纹移动的条数为( ).

(A) $\dfrac{4(n-1)l}{\lambda}$　　　　　　　　　(B) $\dfrac{2(n-1)l}{\lambda}$

(C) $\dfrac{(n-1)l}{\lambda}$　　　　　　　　　(D) $\dfrac{nl}{\lambda}$

17.8 在杨氏双缝实验中,测得双缝间距为 0.30 mm. 要使波长为 600 nm 的光在观察屏上产生间距为 1.00 mm 的干涉条纹,则屏与双缝之间的距离应为_____.

17.9 在杨氏双缝干涉实验中,若保持入射光的波长不变,欲使屏上干涉条纹的间距变大,可采用的两种方法分别是_____,_____;

17.10 在杨氏双缝干涉实验中,当实验装置在空气中时,观察到的条纹间距为 1.0 mm. 若将整个实验装置放入水中($n_{水}=4/3$),则条纹间距将变为_____.

17.11 如图所示,在折射率 $n_1=1.52$ 的冕牌光学玻璃表面镀了一层厚度为 e、折射率 $n=1.45$ 的 SiO_2 薄膜,现用波长为 λ 的单色平行光从空气中垂直照射到此薄膜上,在反射光的干涉中,两束反射光的光程差是_____;若要使 $\lambda=550$ nm 绿光的反射最弱,透射最强,则此膜的最小厚度应为_____.

测试题 17.11 图

17.12 将一束白光(波长 400 nm~760 nm)垂直照射在空气中的一个折射率为 1.50 的透明介质薄膜上,观察到只有波长为 430 nm 的蓝光以及另一波长未知的红光满足透射加强条件,则该红光的波长应为_____,薄膜的厚度为_____.

17.13 两块边长都为 20 cm 的正方形玻璃片重叠放置,现在两玻璃片之间紧贴边缘处插入一个小纸条,并用波长为 560 nm 的单色光垂直照射到玻璃片上,沿着光的入射方向观察,测得相邻两条暗条纹之间的距离是 1.4 mm,则小纸条的厚度为_____ μm.(结果保留两位有效数字.)

17.14 折射率为 1.60 的两块光学平面玻璃板之间形成一个劈形膜(劈尖角 α 很小). 现用波长 $\lambda=600$ nm 的单色光垂直入射,产生等厚干涉条纹. 假如当劈形膜内充满折射率 $n=1.40$ 的液体时,条纹间距比劈形膜内是空气时的间距缩小 $\Delta l=0.50$ mm,则劈尖的夹角 α 为_____ rad.(结果保留两位有效数字.)

17.15 在杨氏双缝干涉实验中,若所用的光源不是一个理想的单色光源,其中心波长为 λ,谱线宽度为 $\Delta\lambda$,则该光源发出的光能产生干涉条纹的最大光程差为_____.

17.16 在牛顿环实验中,平凸透镜凸球面的半径为 5.0 m,透镜直径为 2.0 cm,若将整个装置浸入到 $n=1.33$ 的水中. 在波长为 589 nm 的钠黄光的垂直照射下,问最多可形成多少条暗条纹(含暗斑)和明条纹?

17.17 在杨氏双缝干涉实验中,入射光的波长为 λ,双缝间距为 d. 设 O 为屏幕上零级明条纹所在点,P 为屏幕上第十级明条纹所在点.

(1) 若不改变双缝到观察屏之间的距离,使双缝间距缩小为 d',当 P 点变为第五级明纹中心所在点时,求 d'/d 的比值;

(2) 若 $d=0.1$ mm,$OP=5$ cm,双缝到观察屏之间的距离 $D=1.00$ m,求单色光波长 λ;

(3) 在双缝间距为 d 时,若下面的狭缝被厚度为 t 的透明薄膜所遮盖. 遮盖后,屏幕上原来中央明纹处现在恰好是第 k 级明纹中心所在位置,求薄膜的折射率 n.

17.18 用氦氖激光器发出的波长为 633 nm 的单色光做牛顿环实验,测得第 k 个暗环的半径为 5.63 mm,第 $k+5$ 个暗环的半径为 7.96 mm,试求平凸透镜的曲率半径 R.

17.19 用波长为 500 nm 的单色光垂直照射在由两块光学玻璃构成的空气劈尖上,观察反射光的干涉,测得距离劈尖的棱边 $l=1.56$ cm 的 A 点恰好是从棱边算起的第四条暗纹中心.

(1) 求此空气劈尖的夹角;

(2) 若改用波长为 600 nm 的单色光垂直照射,仍然观察反射光的干涉条纹,问 A 处是明纹中心还是暗纹中心?

(3) 在第(2)问的情形下,从棱边到 A 处的范围内共有几条明纹? 几条暗纹?

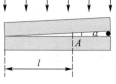

测试题 17.19 图

自我测试题
参考答案

>>> 第18章

... 光的衍射

一、知识点网络框图

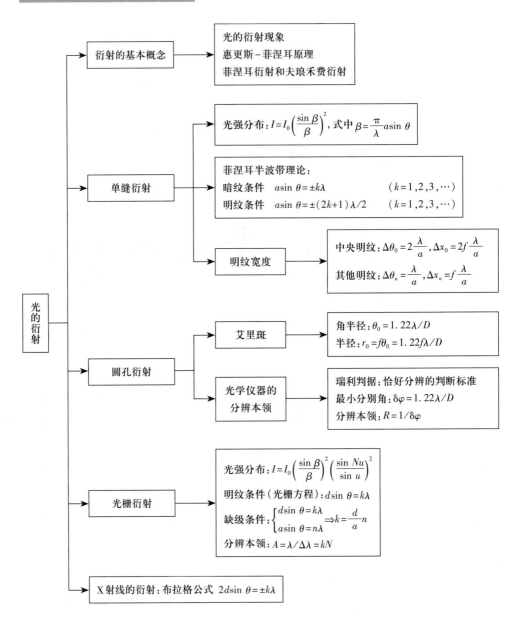

衍射的基本概念 → 光的衍射现象 惠更斯–菲涅耳原理 菲涅耳衍射和夫琅禾费衍射

单缝衍射 → 光强分布：$I = I_0 \left(\dfrac{\sin\beta}{\beta} \right)^2$，式中 $\beta = \dfrac{\pi}{\lambda} a \sin\theta$

菲涅耳半波带理论：
暗纹条件　$a\sin\theta = \pm k\lambda$　　　　$(k = 1,2,3,\cdots)$
明纹条件　$a\sin\theta = \pm(2k+1)\lambda/2$　　$(k = 1,2,3,\cdots)$

明纹宽度 → 中央明纹：$\Delta\theta_0 = 2\dfrac{\lambda}{a}, \Delta x_0 = 2f\dfrac{\lambda}{a}$
其他明纹：$\Delta\theta_n = \dfrac{\lambda}{a}, \Delta x_n = f\dfrac{\lambda}{a}$

圆孔衍射 → 艾里斑 → 角半径：$\theta_0 = 1.22\lambda/D$
半径：$r_0 = f\theta_0 = 1.22f\lambda/D$

光学仪器的分辨本领 → 瑞利判据：恰好分辨的判断标准
最小分别角：$\delta\varphi = 1.22\lambda/D$
分辨本领：$R = 1/\delta\varphi$

光栅衍射 → 光强分布：$I = I_0 \left(\dfrac{\sin\beta}{\beta} \right)^2 \left(\dfrac{\sin Nu}{\sin u} \right)^2$
明纹条件（光栅方程）：$d\sin\theta = k\lambda$
缺级条件：$\begin{cases} d\sin\theta = k\lambda \\ a\sin\theta = n\lambda \end{cases} \Rightarrow k = \dfrac{d}{a}n$
分辨本领：$A = \lambda/\Delta\lambda = kN$

X 射线的衍射：布拉格公式　$2d\sin\theta = \pm k\lambda$

二、基本要求

1. 理解惠更斯–菲涅耳原理及其在研究光的衍射现象中的作用.
2. 了解菲涅耳衍射与夫琅禾费衍射的主要区别,掌握夫琅禾费衍射的基本规律.

3. 熟练掌握用菲涅耳半波带法分析单缝的夫琅禾费衍射,掌握单缝衍射图样的特征和规律.

4. 理解圆孔衍射的规律,理解瑞利判据,理解衍射现象对光学仪器分辨本领的影响.

5. 理解光栅衍射条纹的成因和特点,熟练掌握光栅方程及其应用,理解缺级现象和光栅光谱的特点.

6. 了解 X 射线的衍射,了解布拉格公式在测量晶体的晶格常量和 X 射线波长方面的应用.

三、主要内容

(一)光的衍射现象　惠更斯–菲涅耳原理

光的衍射现象:光在传播过程中遇到障碍物(如小孔、狭缝、圆屏、光栅等)时产生偏离直线传播的现象.

光的衍射现象分为菲涅耳衍射和夫琅禾费衍射两类,菲涅耳衍射属于近场衍射,夫琅禾费衍射属于远场衍射,实验室中常用的夫琅禾费衍射装置如图 18.1 所示. 从衍射屏上沿 θ 方向射出的衍射光在透镜焦平面上的会聚点到 O 点的距离为

$$x = f \tan \theta$$

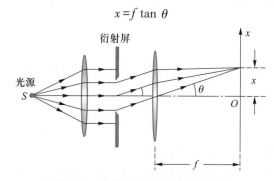

图 18.1　夫琅禾费衍射实验室装置

惠更斯–菲涅耳原理:波阵面上的每个面元都可以看作发射子波的波源,这些子波波源均满足相干条件,在各子波传播到的空间某点上,该点的光强是所有到达该点的子波相干叠加的结果.

(二)单缝衍射

1. 光强分布

$$I = I_0 \left(\frac{\sin \beta}{\beta} \right)^2$$

式中 $\beta = \dfrac{\pi}{\lambda} a \sin \theta$, a 是狭缝的宽度, I_0 是中央明纹

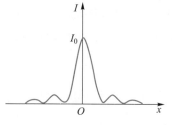

图 18.2　单缝衍射的光强分布

中心处的最大光强.

2. 菲涅耳半波带法　明暗纹条件

当衍射角 θ 满足：$a\sin\theta = k\lambda = 2k \cdot \lambda/2$ 时，狭缝处的波面恰好可以被分割为偶数个半波带，因相邻两个半波带中对应的发光点发出的光波满足相消干涉条件，两两相消，故光线的会聚点为暗纹中心；当 $a\sin\theta = (2k+1)\lambda/2$ 时，狭缝处的波面恰好被分割为奇数个半波带，因相邻两个半波带发出的光两两相消后，还剩下一个半波带的光没有被抵消，故这些光的会聚点为明纹中心. 所以单缝衍射的

暗纹条件：$a\sin\theta = \pm k\lambda$ 　　　　　 $(k=1,2,3,\cdots,k\neq0)$

明纹条件：$a\sin\theta = \pm(2k+1)\dfrac{\lambda}{2}$ 　　　　 $(k=1,2,3,\cdots,k\neq0)$

3. 明纹的宽度

明条纹的宽度就是相邻两个暗条纹之间的距离.

中央明纹的宽度

$$\Delta x_{中央} = x_1 - x_{-1} = f\tan\theta_1 - f\tan\theta_{-1} \approx 2\frac{\lambda}{a}f$$

其他各级明纹的宽度

$$\Delta x = x_{k+1} - x_k = f\tan\theta_{k+1} - f\tan\theta_k \approx \frac{\lambda}{a}f = \frac{1}{2}\Delta x_{中央}$$

(三) 圆孔衍射　光学仪器的分辨本领

1. 艾里斑的角半径

由于衍射，平行光通过直径为 D 的圆孔后，会在透镜焦平面上会聚形成一个艾里斑，其角半径和直径分别为

$$\theta_0 = 1.22\frac{\lambda}{D}, \qquad d = 2f\tan\theta_0 \approx 2.44\frac{\lambda}{D}f$$

2. 光学仪器的最小分辨角和分辨本领

由于透镜有圆孔衍射现象，所以用光学仪器成像时，点物得不到点像，而是一个艾里斑，从而限制了光学仪器的分辨率.

瑞利判据：当一个艾里斑的中心恰好位于另一个艾里斑的边缘时，两个艾里斑恰好可以被分辨. 当两个艾里斑的中心距离小于艾里斑的半径时，两个艾里斑合为一体不可分辨.

最小分辨角 $\delta\varphi$：当两个物点经光学仪器成像后形成的两个艾里斑恰好可以被分辨时，两个物点对透镜中心所夹的角度称为光学仪器最小分辨角，其大小为

$$\delta\varphi = \theta_0 = 1.22\frac{\lambda}{D}$$

式中 D 是光学仪器中物镜的通光口径. 最小分辨角的倒数称为分辨本领.

（四）光栅衍射

1. 光强分布

$$I = I_0 \left(\frac{\sin \beta}{\beta} \right)^2 \left(\frac{\sin Nu}{\sin u} \right)^2$$

式中 $\beta = \frac{\pi}{\lambda} a \sin \theta$，$u = \frac{\pi}{\lambda} d \sin \theta$，$a$ 是光栅上每个狭缝的宽度，$d = a+b$ 为光栅常量.
$\left(\frac{\sin \beta}{\beta} \right)^2$ 称为单缝衍射因子，$\left(\frac{\sin Nu}{\sin u} \right)^2$ 称为多光束干涉因子.

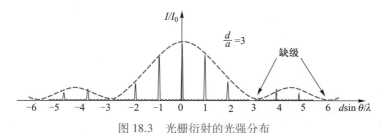

图 18.3　光栅衍射的光强分布

2. 光栅方程（明纹条件）

当一束单色平行光垂直照射到光栅上时，光栅衍射出现明条纹的必要条件是

$$(a+b) \sin \theta = \pm k\lambda$$

特别注意：这个方程只适用于平行光垂直入射的情况. 斜入射的情况请参考本章例题 18.3（2）的解.

3. 缺级现象

当光栅衍射的衍射角 θ 同时满足光栅衍射的明条纹条件和单缝衍射的暗条纹条件时，即

$$\begin{cases} (a+b) \sin \theta = \pm k\lambda \\ a \sin \theta = \pm k'\lambda \end{cases}$$

则第 k 级光栅衍射的明条纹消失，这称为光栅衍射的缺级现象，如图 18.3 所示. 由此得缺级条件为

$$k = \frac{a+b}{a} k' \qquad (k' = 1, 2, 3, \cdots)$$

*4. 主极大的半角宽度

$$\Delta \theta = \frac{\lambda}{Nd \cos \theta}$$

*5. 角色散率和分辨本领

角色散率：在光栅光谱中，波长相差 1 nm 的两条谱线之间的角距离

$$D_\theta = \frac{\mathrm{d}\theta}{\mathrm{d}\lambda} = \frac{k}{d \cos \theta} \ \mathrm{rad \cdot nm^{-1}}$$

分辨本领：根据瑞利判据，当两个波长相差很小的单色光垂直照射到光栅上

时,如果一个波长的主极大恰好与另一个波长的第一极小重合,则这两条谱线恰好可以被分辨. 两条谱线恰好可以被分辨时,两条谱线之间的角距离恰好等于谱线的半角宽度. 由此可推知光栅的分辨本领

$$A = \frac{\lambda}{\Delta\lambda} = kN$$

式中,$\Delta\lambda$ 是两条恰好可以被分辨的谱线之间的波长差.

（五）X 射线的衍射

布拉格公式

$$2d\sin\theta = \pm k\lambda \qquad (k = 1, 2, 3, \cdots)$$

式中 d 为晶体的晶面间距,θ 为掠射角.

四、典型例题解法指导

本章习题的主要类型有:单缝衍射类问题,圆孔衍射和光学仪器的最小分辨角问题,光栅衍射和光栅光谱类问题,还有单缝、双缝和光栅衍射的综合题.

例 18.1 单缝的宽度 $a = 0.40$ mm,以波长 $\lambda = 589$ nm 的单色平行光垂直照射,设透镜的焦距为 $f = 1.00$ m.

（1）试求屏上第一级暗条纹距屏幕中心 O 点的距离;

（2）试求屏上第二级明条纹距屏幕中心 O 点的距离;

（3）若平行光以 $\varphi = 30°$ 的入射角斜射到单缝上,如图所示,则上述结果有何变动?

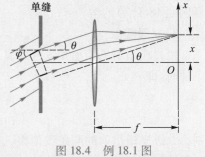

图 18.4 例 18.1 图

分析:本题第（1）、（2）问由单缝衍射的明暗条纹公式容易求解,在第（3）问中,当单色平行光斜入射时,从缝的上、下边缘发出的光到达屏上 P 点的光程差与垂直照射时不同,故各级明暗条纹位置都会改变.

解:（1）根据单缝衍射的暗纹公式,第一级暗纹的衍射角满足

$$a\sin\theta_1 = \lambda$$

由于在单缝衍射中 $a \gg \lambda$,导致各级条纹的衍射角都很小,所以第一级暗条纹的位置为

$$x_{1暗} = f\tan\theta_1 \approx f\sin\theta_1 = f\frac{\lambda}{a} = 1.00 \times \frac{589 \times 10^{-9}}{4.0 \times 10^{-4}} \text{ m} \approx 1.5 \text{ mm}$$

（2）由单缝衍射的明纹公式 $a\sin\theta = (2k+1)\frac{\lambda}{2}$,第二级明纹中心的衍射角

满足

$$a\sin \theta_2 = (2\times 2+1)\lambda/2 = 5\lambda/2$$

所以有

$$x_{2明} = f\tan \theta_2 \approx f\sin \theta_2 = f\frac{5\lambda}{2a} = 1.00\times \frac{5\times 589\times 10^{-9}}{2\times 4.0\times 10^{-4}} \text{ m} \approx 3.7 \text{ mm}$$

（3）当单色平行光斜入射时，狭缝处波阵面上各子波源的初相位不再相同，但依然可用半波带法进行分析. 此时沿 θ 角方向射出的衍射光中，上下两条边缘光线之间的光程差为

$$\delta = a\sin \theta - a\sin \varphi$$

中央明纹的中心是所有衍射光的光程差都为 0 的位置，即 $\delta = a\sin \theta - a\sin \varphi = 0$ 对应的位置，所以中央明纹中心对应的衍射角 $\theta = \varphi$. 当

$$\delta = a\sin \theta - a\sin \varphi = \pm k\lambda \quad 即 \quad a\sin \theta = \pm k\lambda + a\sin \varphi$$

时可将狭缝处的波面分割为偶数个半波带，两两相消后得暗纹，此即暗纹条件. 当

$$\delta = a\sin \theta - a\sin \varphi = \pm(2k+1)\frac{\lambda}{2} \quad 即 \quad a\sin \theta = \pm(2k+1)\frac{\lambda}{2} + a\sin \varphi$$

可将狭缝处的波面分割为奇数个半波带，两两相消后剩余一个半波带的光不能相消，所以得明纹，此即明纹条件. 由此可知第一级暗纹和明纹对应的衍射角分别为

$$\theta_{+1暗} = \arcsin(\sin \varphi + \lambda/a) = \arcsin\left(\sin 30° + \frac{589\times 10^{-9}}{0.40\times 10^{-3}}\right) = 30.097°$$

$$\theta_{+1明} = \arcsin(\sin \varphi + 3\lambda/a) = \arcsin\left(\sin 30° + \frac{3\times 589\times 10^{-9}}{2\times 0.40\times 10^{-3}}\right) = 30.146°$$

所以斜入射后第一级明、暗条纹的位置分别为

$$x_{+1暗} = f\tan \theta_{+1暗} = 1.00\times \tan 30.097° \text{ m} = 0.579 \ 6 \text{ m}$$

$$x_{+1明} = f\tan \theta_{+1明} = 1.00\times \tan 30.146° \text{ m} = 0.580 \ 8 \text{ m}$$

同理也可以算中央明纹中心、−1 级暗纹和明纹的中心位置以及其他各级明暗纹的中心位置. 此处略，留给读者自己去算.

例 18.2 某天文爱好者有一台物镜直径为 30 cm 的天文望远镜. 假设光的波长为 550 nm，不计透镜成像的像差因素.

（1）求该望远镜的最小分辨角；

（2）若用它来观察月球表面，已知月地距离为 3.9×10^8 m，求它能分辨的月球表面上两个物体之间的最小距离；

（3）若用它观察 10 km 外的课本，问能否分辨书上的字？

分析：这是圆孔衍射类问题. 光学仪器（如望远镜、放大镜、照相机等）的分辨本领都取决于物镜的口径.

解：（1）该望远镜的最小分辨角为

$$\delta\varphi = 1.22\frac{\lambda}{D} = 1.22\times\frac{550\times10^{-9}}{30.0\times10^{-2}}\ \text{rad} = 2.24\times10^{-6}\ \text{rad}$$

（2）能分辨月球上两个物体之间的最小距离为

$$\Delta x = L_{月地}\cdot\delta\varphi = 3.9\times10^{8}\times2.24\times10^{-6}\ \text{m} = 874\ \text{m}$$

（3）能分辨 10 km 外两个物体之间的最小距离为

$$\Delta x' = L'\cdot\delta\varphi = 10\times10^{3}\times2.24\times10^{-6}\ \text{m} = 2.24\ \text{cm}$$

显然这个距离远大于书本上 5 号字体的大小，所以不能分辨课本上的文字.

例 18.3 用光栅常量 $d = 2.00\times10^{-3}$ mm 的平面透射光栅观察钠光谱（$\lambda = 589$ nm），设透镜焦距 $f = 1.00$ m.

（1）当光线垂直入射时，试问最多能看到第几级光谱？

（2）当光线以入射角 30°斜入射时，试问最多能看到第几级光谱？

（3）若用白光（400~760 nm）垂直照射光栅，求透镜焦平面上第一级光谱的线宽度.

分析：与例 18.1 相似，当光线斜入射时，由于光栅上相邻两个狭缝发出的光之间有一个初始光程差 $\delta' = d\sin 30°$，所以相邻两个狭缝沿 θ 角方向射出的衍射光之间的总光程差为 $\delta = d\sin\theta - \delta' = d(\sin\theta - \sin 30°)$，这将使光栅衍射的明纹条件（即光栅方程）发生变化.

解：（1）光线垂直入射时，光栅衍射的明纹条件为 $d\sin\theta = k\lambda$. 当 $\theta = \pm90°$时，可得最高的衍射级次为

$$k_{max} = \frac{d\sin(\pm90°)}{\lambda} = \frac{\pm2.00\times10^{-6}}{589\times10^{-9}} \approx \pm3.40$$

由于 k 只取整数，所以最多能看到第三级谱线.

（2）当光线以 30°斜入射时，如图 18.5 所示，光栅上相邻两个狭缝发出的光波之间有一个初始光程差 $\delta' = d\sin 30°$，所以沿 θ 角方向射出的衍射光之间的总光程差为 $\delta = d\sin\theta - d\sin 30°$，由此得斜入射时光栅衍射的明纹条件为

$$d(\sin\theta - \sin 30°) = k\lambda$$

由此可得，当 $\theta = \pm90°$时，最高的衍射级次分别为

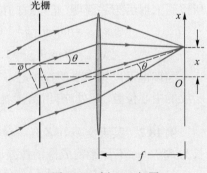

图 18.5 例 18.3 解图

$$k_{max+} = \frac{d(\sin 90° - \sin 30°)}{\lambda} = \frac{2.00\times10^{-3}\times0.5}{589\times10^{-6}} = 1.70$$

$$k_{max-} = \frac{d\left[\sin(-90°) - \sin 30°\right]}{\lambda} = \frac{-2.00\times10^{-3}\times1.5}{589\times10^{-6}} = -5.1$$

因 k_{max} 只取整数,所以在法线两侧能观察到衍射条纹的最高级次分别为五级和一级. 这表明,斜入射时光栅衍射中零级明纹两侧的明纹分布是不对称的.

(3)白光的波长范围为 400~760 nm,用白光垂直照射时,由光栅方程 $d\sin\theta=k\lambda$,可得对应于 $\lambda_1=400$ nm 和 $\lambda_2=760$ nm 的第一级明纹的衍射角分别为

$$\theta_{11}=\arcsin\frac{\lambda_1}{d}=11.54°, \quad \theta_{12}=\arcsin\frac{\lambda_2}{d}=22.33°$$

它们在透镜焦平面上的位置分别为

$$x_{11}=f\tan\theta_{11}=1.00\times\tan 11.54°\ m=0.204\ m$$

$$x_{12}=f\tan\theta_{12}=1.00\times\tan 22.33°\ m=0.411\ m$$

所以第一级白光光谱的线宽度为

$$\Delta x_1=x_{12}-x_{11}=0.411\ m-0.204\ m=0.207\ m$$

例 18.4 波长为 600 nm 的单色光垂直照射在光栅上,实验发现两个相邻的衍射明条纹分别出现在 $\sin\theta_1=0.20$ 与 $\sin\theta_2=0.30$ 处,且第四级缺级. 试求:

(1)光栅常量;

(2)光栅上透光狭缝的最小宽度;

(3)按上述选定的缝宽和光栅常量,光栅后实际可能出现的全部级数.

分析: 利用光栅方程可求光栅常量,利用缺级条件可求透光狭缝的最小宽度.

解:(1)由光栅方程,得

$$d\sin\theta_1=k\lambda$$

$$d\sin\theta_2=(k+1)\lambda$$

两式相减,有

$$d(\sin\theta_2-\sin\theta_1)=\lambda$$

所以光栅常量为

$$d=a+b=\frac{\lambda}{\sin\theta_2-\sin\theta_1}=\frac{600\times10^{-9}}{0.300-0.200}\ m=6.00\times10^{-6}\ m$$

(2)由于第四级缺级,故第四级光栅衍射的衍射角 θ_4 必同时满足下述条件

$$(a+b)\sin\theta=4\lambda$$

$$a\sin\theta=k\lambda$$

即 $\dfrac{a}{a+b}=\dfrac{k}{4}$,所以透光缝的宽度为

$$a=\frac{a+b}{4}k=\frac{d}{4}k$$

当 $k=1$ 时,缝宽最小. 故最小缝宽为 $a=d/4=1.5\times10^{-6}\ m$.

(3)由光栅方程:$d\sin\theta=k\lambda$,光栅后可出现的衍射条纹的最高级次为

$$k_{max} = \frac{d\sin 90°}{\lambda} = \frac{6.00\times10^{-6}}{6.00\times10^{-7}} = 10$$

考虑到缺级现象,且 $k=\pm10$ 恰好出现在 $\theta=\pm90°$ 处,实际上不会出现. 所以在光栅后可能出现的光栅衍射的级次为 $k=0, \pm1, \pm2, \pm3, \pm5, \pm6, \pm7, \pm9$, 共 15 条.

例 18.5 如图所示,一束平行白光垂直照射在每毫米内有 200 条刻线的光栅上,透镜的焦距 $f=50.0$ cm,透镜焦平面的屏幕上有一个宽 $\Delta x=1.0$ mm 的细缝,细缝的取向与光栅内狭缝的取向平行,其下边缘距离中央明纹的中心(即图中 O 点)5.00 cm. 试求通过细缝的光谱线的波长范围.

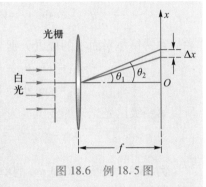

图 18.6　例 18.5 图

分析:光栅衍射中各级明条纹的衍射角与波长 λ 有关,用白光照射时,不同波长的谱线将出现在透镜焦平面上不同的位置,如果该位置恰好落在细缝内,则该谱线可通过细缝.

解:由题意,光栅常量为

$$d = a+b = \frac{1\times10^{-3}}{200} \text{ m} = 5.00\times10^{3} \text{ nm}$$

由图可知,细缝的上、下边缘所对应的角度为

$$\theta_1 = \arctan\frac{x_1}{f} = \arctan\frac{5.00}{50.0} = 5.711°$$

$$\theta_2 = \arctan\frac{x_2}{f} = \arctan\frac{5.00+0.10}{50.0} = 5.824°$$

要使光谱线能够通过该细缝,对应的光谱线的衍射角 θ 需满足: $\theta_1 \leqslant \theta \leqslant \theta_2$. 由光栅方程可得衍射角等于 θ_1 和 θ_2 的光谱线的波长分别为

$$\lambda_1 = \frac{d\sin\theta_1}{k} = \frac{5.00\times10^{3}\times\sin 5.711°}{k} \text{ nm} = \frac{498}{k} \text{ nm}$$

$$\lambda_2 = \frac{d\sin\theta_2}{k} = \frac{5.00\times10^{3}\times\sin 5.824°}{k} \text{ nm} = \frac{507}{k} \text{ nm}$$

取 $k=1$,得 $\lambda_1 = 498$ nm, $\lambda_2 = 507$ nm,即能够通过细缝的光谱线的波长范围为 498~507 nm.

五、自我测试题

18.1 根据惠更斯-菲涅耳原理,若已知光在某时刻的波阵面为 S,则 S 前方某

点 P 的光强取决于波阵面 S 上所有面元发出的子波各自传到 P 点的(　　).

(A) 光振动的振幅之和 　　　　(B) 光强之和

(C) 光振动振幅之和的平方 　　(D) 光振动振幅的相干叠加

18.2 在夫琅禾费单缝衍射实验中,波长为 λ 的单色平行光垂直照射在宽度为 $a=4\lambda$ 的单缝上,在衍射角为 30° 的方向上,单缝处波阵面可分成的半波带数目为(　　).

(A) 2 个 　　　(B) 4 个 　　　(C) 6 个 　　　(D) 8 个

18.3 在夫琅禾费单缝衍射实验中,设中央明条纹的衍射角很小,若使单缝宽度 a 增大到原来的 3/2 倍,同时入射光的波长 λ 减小为原来的 3/4 倍,则屏幕上中央明条纹的线宽度 Δx 将变为原来的(　　).

(A) 3/4 倍 　　(B) 2/3 倍 　　(C) 9/8 倍 　　(D) 1/2 倍

(E) 2 倍

18.4 已知人眼的瞳孔直径在夜间约为 5 mm,可见光的波长为 550 nm. 试估算人眼在夜间能区分两个相距为 1.0 m 的车灯时,人离车的最远距离约为(　　).

(A) 3.7 km 　　(B) 4.5 km 　　(C) 7.4 km 　　(D) 9.1 km

18.5 波长为 500 nm 和 600 nm 的两种单色光垂直照射在某个光栅上,观察衍射光谱时发现,除中央明条纹外,两种波长的谱线第 2 次重叠时,发生在衍射角为 30° 的方向上. 则此光栅的光栅常量为(　　).

(A) 36 μm 　　(B) 18 μm 　　(C) 12 μm 　　(D) 9 μm

(E) 6 μm

18.6 波长为 550 nm 的单色平行光垂直入射到光栅常量 $d=2.00\times10^{-3}$ mm 的平面透射光栅上,能观察到的光谱线的最大级次为(　　).

(A) 2 　　　(B) 3 　　　(C) 4 　　　(D) 5

18.7 单色平行光垂直照射到一个单缝上,若其第三级明纹中心的位置正好和波长为 $\lambda=660$ nm 的单色光垂直入射时的第三级暗纹位置重合,则此单色光的波长为_____.

18.8 在宽度 $a=0.10$ mm 的单缝后放一个焦距 $f=50.0$ cm 的会聚透镜,用波长 $\lambda=550$ nm 单色光平行垂直照射,则观察屏上中央明条纹的宽度为_____. 如把整个装置浸入水($n=4/3$)中,则中央明条纹的角宽度变为_____.

18.9 一束单色平行光垂直入射到每毫米有 500 条透光狭缝的光栅上,其第二级明纹的衍射角为 30° 角,则入射光的波长为_____.

18.10 一束复色平行光垂直入射到光栅上,测得在 $\theta=27°58'$ 的方向上,某一波长的第三级明条纹恰与波长 $\lambda=680$ nm 的红光的第二级明条纹重合,则该光栅的光栅常量为_____,该光的波长为_____.

18.11 用波长为 λ 的单色平行光垂直入射在一块光栅上,其光栅常量 $d=2.0\times10^{-3}$ mm,每个狭缝的宽度 $a=5.0\times10^{-4}$ mm. 则在单缝衍射中央明纹的范围内共有_____条谱线(主极大).

18.12 将波长为 600 nm 的平行单色光垂直入射到光栅常量为 3.00×10^{-6} m 的

光栅上,光栅上每个透光缝的宽度为 2.00×10^{-6} m,则光栅衍射的第_____级主极大缺级,在光栅后最多可出现_____条光栅衍射的明条纹.

18.13 在单缝的夫琅禾费衍射实验中,若用包含两种波长($\lambda_1 = 450$ nm、$\lambda_2 = 660$ nm)的复色光垂直入射,已知透镜的焦距 $f = 50.0$ cm,狭缝的宽度 $a = 1.00\times10^{-2}$ cm.

(1)求屏幕上这两种光第一级明纹中心之间的距离;

(2)若用每毫米内有500条透光狭缝的光栅代替单缝,再求屏幕上这两种光第一级主极大之间的距离.

18.14 如图所示,一个微波监视雷达位于公路边 15 m 处,它的中心射束与公路成15°角. 假如雷达发射天线的输出口宽度 $a = 0.10$ m,它发射的微波波长是 18 mm,问被它监视的路面长度大约是多少?(提示:可将天线的输出口宽度看成是微波单缝衍射的狭缝宽度.)

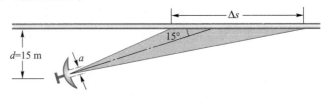

测试题 18.14 图

18.15 用白光垂直照射在每厘米有 6 500 条刻痕的平面透射光栅上,求第一级白光光谱的张角.

18.16 波长为 $\lambda = 546.1$ nm 的单色平行光垂直入射到光栅上,测得第三级明条纹的衍射角为 $30°25'$,第四级缺级.

(1)求光栅常量;

(2)求光栅上每个狭缝可能的最小宽度;

(3)按上述选定的值,光栅后最多可呈现的衍射明纹有多少条?

18.17 用波长 $\lambda = 590$ nm 的单色平行光;垂直照射一块具有 400 条/mm 狭缝的透射光栅,光栅上每个狭缝的宽度 $a = 1.25\times10^{-3}$ mm. 求实际能观察到几条衍射明条纹?

自我测试题
参考答案

第19章

… 光 的 偏 振

一、知识点网络框图

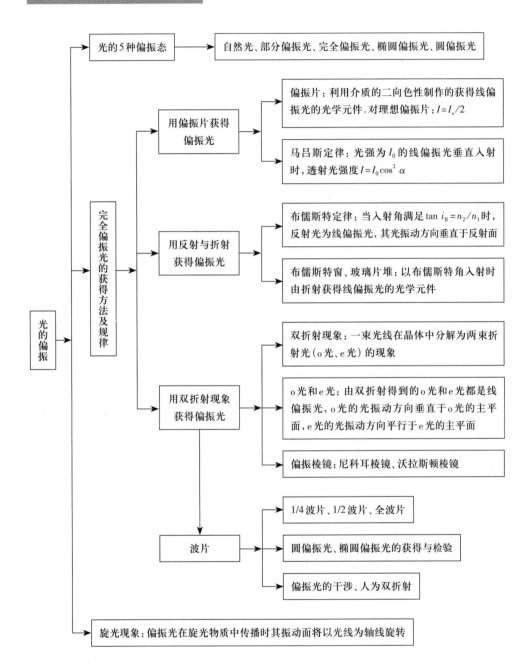

```
光的5种偏振态 ──→ 自然光、部分偏振光、完全偏振光、椭圆偏振光、圆偏振光

                           用偏振片获得偏振光 ──→ 偏振片:利用介质的二向色性制作的获得线偏振光的光学元件.对理想偏振片:I=I_s/2

                                              ──→ 马吕斯定律:光强为I_0的线偏振光垂直入射时,透射光强度I=I_0cos²α

                           用反射与折射获得偏振光 ──→ 布儒斯特定律:当入射角满足tan i_B=n_2/n_1时,反射光为线偏振光,其光振动方向垂直于反射面

完全偏振光的获得方法及规律                          ──→ 布儒斯特窗、玻璃片堆:以布儒斯特角入射时由折射获得线偏振光的光学元件

                           用双折射现象获得偏振光 ──→ 双折射现象:一束光线在晶体中分解为两束折射光(o光、e光)的现象

                                              ──→ o光和e光:由双折射得到的o光和e光都是线偏振光,o光的光振动方向垂直于o光的主平面,e光的光振动方向平行于e光的主平面

                                              ──→ 偏振棱镜:尼科耳棱镜、沃拉斯顿棱镜

                           波片 ──→ 1/4波片、1/2波片、全波片
                               ──→ 圆偏振光、椭圆偏振光的获得与检验
                               ──→ 偏振光的干涉、人为双折射

光的偏振 ──→ 旋光现象:偏振光在旋光物质中传播时其振动面将以光线为轴线旋转
```

二、基本要求

1. 理解自然光和偏振光的概念.

2. 熟练掌握用偏振片或利用反射和折射规律进行起偏和检偏的常用方法,熟练掌握马吕斯定律和布儒斯特定律及其应用.

3. 理解双折射现象,理解 o 光和 e 光的偏振特性,理解晶体光轴、主截面和主平面的概念,理解 o 光和 e 光在单轴晶体内的传播规律.

4. 理解波片概念,了解椭圆偏振光和圆偏振光的获得与鉴别方法.

5. 理解偏振光的干涉,了解人为双折射现象、旋光现象及其应用.

三、主要内容

(一) 光的 5 种偏振态

光是一定波长范围内的电磁波,所以光波是横波,具有偏振特性. 光波中的电场强度矢量称为光矢量,电场强度的振动称为光振动.

光在传播过程中,根据光矢量的振动状态,可将光分成 5 种偏振状态,即自然光、线偏振光、椭圆偏振光、圆偏振光和部分偏振光.

(二) 起偏与检偏 马吕斯定律

1. 偏振片

利用介质的二向色性制作的光学元件. 偏振片中允许光振动透过的方向称为偏振片的偏振化方向. 对于理想偏振片,当光强为 I_s 的自然光入射时,其透射光的强度为 $I=I_s/2$.

2. 马吕斯定律

当一束光强为 I_0 的线偏振光垂直入射到偏振片上时,透射光强为

$$I=I_0 \cos^2\alpha$$

其中 α 为入射线偏振光的光振动方向与偏振片的偏振化方向之间的夹角,如图 19.1 所示.

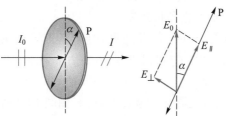

图 19.1 马吕斯定律

（三）反射光与折射光的偏振　布儒斯特定律

1. 反射光与折射光的偏振

当一束自然光入射到两种介质的分界面上时,一般情况下反射光和折射光都是部分偏振光,反射光中垂直于反射面的光振动成分较多,折射光相反,而且反射光的偏振度随入射角而变.

2. 布儒斯特定律

当入射角满足

$$i_\text{B} = \arctan \frac{n_2}{n_1}$$

时,反射光为完全偏振光,且偏振化方向与入射面垂直. 这称为布儒斯特定律.

特别需注意,当反射光为完全偏振光时,折射光仍然为部分偏振光,而且此时反射线与折射线一定互相垂直,如图 19.2 所示.

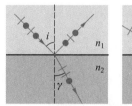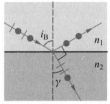

图 19.2　布儒斯特定律

（四）双折射现象　偏振棱镜

1. 晶体的双折射现象　o 光和 e 光

当光射入各向异性的透明晶体内时,一束入射光会有两束折射光,这称为双折射现象.

其中一条折射光遵守折射定律,称为寻常光（或 o 光）,另一条不遵守折射定律,称为非寻常光（或 e 光）. 实验表明 o 光、e 光都是完全偏振光.

2. 光轴　主截面　主平面

晶体内有一个特定的方向,当光沿着该特定的方向射入晶体内部时,不产生双折射现象. 这个特定的方向称为晶体的光轴. 光轴与晶面法线组成的平面称为主截面,光轴与晶体内的光线组成的平面称为主平面. o 光的光振动方向垂直于 o 光的主平面,e 光的光振动方向平行于 e 光的主平面.

3. o 光和 e 光的传播特性和折射率

o 光在晶体内沿各个方向的传播速度相同,其波阵面为球面,折射率 n_o 为常量;e 光的传播速度与方向有关,折射率 n_e 也与方向有关. 沿光轴方向,e 光的传播速度 v_e 和折射率 n_e 与 o 光的相同;在垂直于光轴方向上,e 光的传播速度最大（负晶体）或最小（正晶体）,其波阵面为旋转椭球面,如图 19.3 所示.

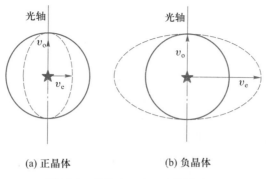

(a) 正晶体　　　　　　(b) 负晶体

图 19.3　晶体中 o 光 e 光的波阵面

4. 偏振棱镜

利用晶体的双折射现象制作的获得偏振光的光学元件. 常用的有尼科耳棱镜、沃拉斯顿棱镜等.

(五) 波片　椭圆偏振光与圆偏振光

1. 波片

光轴平行于晶体表面的晶体薄片称为波片,也称相位延迟片. 当光线垂直通过厚度为 d 的波片时,o 光和 e 光通过波片后的光程差为: $\delta = (n_o - n_e)d$.

若 $\delta = (n_o - n_e)d = \pm\lambda/4$,称为"**1/4 波片**";

若 $\delta = (n_o - n_e)d = \pm\lambda/2$,称为"**1/2 波片**"或"半波片";

若 $\delta = (n_o - n_e)d = \pm\lambda$,称为"**全波片**".

2. 椭圆偏振光和圆偏振光的获得与检验

线偏振光垂直通过 1/4 波片后可合成为椭圆偏振光,在特定条件下可合成为圆偏振光. 反之,圆偏振光(或椭圆偏振光在一定条件下)垂直通过 1/4 波片后可变回线偏振光;线偏振光通过 1/2 波片后还是线偏振光,但光振动方向以光线为轴转过 2α 角度,其中 α 是入射线偏振光的光偏振方向与波片内光轴方向之间的夹角. 线偏振光通过全波片后还是线偏振光,且光振动方向不变.

(六) 偏振光的干涉　人为双折射

如图 19.4 所示,当线偏振光垂直通过波片后,将自动分解为两个振动方向互相垂直、有固定相位差的光振动 E_o 和 E_e,一般情况下,它们将合成为椭圆偏振光. 若再将他们垂直通过偏振片 P_2,则这两个振动方向互相垂直的光振动在偏振片 P_2 的偏振化方向上的投影分量 E_{oN}、E_{eN} 满足相干条件,可产生干涉,这称为偏振光的干涉.

通过 P_2 后总的光振动振幅为

$$E = \sqrt{E_{oN}^2 + E_{eN}^2 + 2E_{oN}E_{eN}\cos\Delta\varphi}$$

式中: $\Delta\varphi = \Delta\varphi_0 + \Delta\varphi' = \dfrac{2\pi}{\lambda}(n_o - n_e)d + \begin{cases}\pi \\ 0\end{cases}$ 是 E_{oN}、E_{eN} 之间的振动相位差, $\Delta\varphi'$ 是 E_{oN}、E_{eN} 在偏振片 P_2 的偏振化方向上的投影方向所造成的附加相位差. 若两者的投影方向

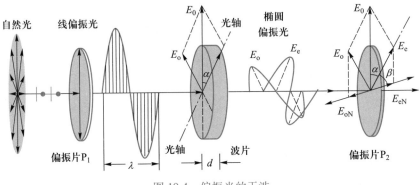

图 19.4　偏振光的干涉

相同,$\Delta\varphi'$取 0,否则取 π.

若用白光垂直入射,可产生彩色干涉条纹,这称为色偏振.

自然状态下各向同性的某些物质,在外力、电场或磁场作用下也会产生双折射现象,这称为人为双折射现象.

（七）旋光现象

线偏振光通过旋光物质时,光振动方向以光线为轴线连续旋转的现象称为旋光现象.

四、典型例题解法指导

本章习题的类型主要有:用偏振片获得偏振光、马吕斯定律的应用;用反射和折射获得偏振光,布儒斯特定律的应用;波片中光程差的计算、椭圆偏振光的有关计算、偏振光干涉中的光强计算等.

例 19.1　一束由自然光和线偏振光混合而成的部分偏振光,当它垂直通过偏振片时,若以光线为轴线转动偏振片,测得透射光的最大光强和最小光强之比为 7,试求入射光中自然光和线偏振光的强度占总入射光强的比例,并求该部分偏振光的偏振度.

分析: 自然光和线偏振光的混合光通过偏振片时,自然光的光强减半,线偏振光光强变化遵守马吕斯定律.

解: 设入射光的总光强为 I_0,其中自然光的光强为 I_{01},线偏振光的光强为 I_{02},则

$$I_0 = I_{01} + I_{02} \qquad ①$$

由马吕斯定律可知,这束混合光通过偏振片后的透射光强为

$$I = I_{01}/2 + I_{02}\cos^2\alpha$$

当 $\alpha = 0$ 时,透射光的光强最大,即

$$I_{max} = I_{01}/2 + I_{02}$$

当 $\alpha = \pi/2$ 时,透射光的光强最小,即

$$I_{min} = I_{01}/2$$

由题意:$I_{max} = 7I_{min}$,可得

$$\frac{1}{2}I_{01} + I_{02} = \frac{7}{2}I_{01} \qquad ②$$

联立①式和②式,可得

$$\frac{I_{01}}{I_0} = \frac{1}{4}, \quad \frac{I_{02}}{I_0} = \frac{3}{4}$$

线偏振光与自然光的混合光是部分偏振光,其偏振度为

$$P = \frac{I_{max} - I_{min}}{I_{max} + I_{min}} = \frac{7I_{min} - I_{min}}{7I_{min} + I_{min}} = \frac{3}{4}$$

例 19.2 两个平行放置的偏振片,其偏振化方向之间的夹角为 45°,一束由强度都为 I_0 的自然光和线偏振光构成的混合光垂直照射到第一个偏振片上.

(1) 欲使通过两个偏振片后透射光强度最大,则入射光中线偏振光的光振动应沿什么方向?

(2) 在此情况下,通过第一个偏振片和第二个偏振片后的光强各为多少?

(3) 若入射光中线偏振光的光振动方向与第二个偏振片的偏振化方向平行,则通过第一个偏振片和第二个偏振片后的光强又各为多少?

分析: 自然光经过起偏器后成为线偏振光,光强为原来的一半;线偏振光经过偏振器后仍为线偏振光,透射光的光强与入射光强的关系遵从马吕斯定律. 据此即可求解.

解: (1) 设入射光束中线偏振光的光振动方向与第一个偏振片的偏振化方向之间的夹角为 α,则混合光通过第一个偏振片后透射光强为

$$I_1 = \frac{I_0}{2} + I_0 \cos^2\alpha \qquad ①$$

由马吕斯定律,通过第二个偏振片后透射光强为

$$I_2 = I_1 \cos^2 45° = \left(\frac{I_0}{2} + I_0\cos^2\alpha\right)\cos^2 45° = \frac{I_0}{4} + \frac{I_0}{2}\cos^2\alpha \qquad ②$$

显然,要使透射光强 I_2 最大,必有 $\alpha = 0$. 即入射光束中线偏振光的光振动方向与第一个偏振片的偏振化方向平行时,通过两个偏振片后透射光强最大.

(2) 将 $\alpha = 0$ 代入①式和②式,可得通过第一个和第二个偏振片后的光强分别为

$$I_1 = 3I_0/2, \qquad I_2 = 3I_0/4$$

(3) 当入射光中线偏振光的光振动方向与第二个偏振片的偏振化方向平行

时,入射线偏振光的光振动方向与第一个偏振片的偏振化方向之间的夹角为 45°,则混合光通过第一个偏振片后的透射光强为

$$I_1' = \frac{1}{2}I_0 + I_0\cos^2 45° = I_0$$

于是,通过第二个偏振片后的透射光强为

$$I_2' = I_1'\cos 45° = I_0/2$$

例 19.3 在两个偏振化方向正交的偏振片 P_1、P_2 之间,插入第三个偏振片 P_3,并使 P_3 以光的传播方向为轴线、以角速度 ω 做匀速旋转,如图 19.5 所示. 现有光强为 I_0 的自然光垂直入射到 P_1 上. 假设 $t = 0$ 时,P_3 与 P_1 的偏振化方向平行,试求自然光通过该系统后透射光强度随时间的变化规律.

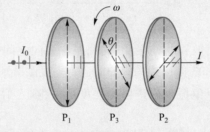

图 19.5　例 19.3 图

分析:当一束光线连续通过多个偏振片时,对每个偏振片依次应用马吕斯定律列方程是求解这类问题的基本方法.

解:设入射自然光的强度为 I_0,由偏振片 P_1、P_3 和最后从 P_2 透射出的光强分别为 I_1,I_3 和 I. 由题意可知,自然光通过偏振片 P_1 后变为线偏振光,其光强为

$$I_1 = \frac{1}{2}I_0$$

在 t 时刻,P_3 与 P_1 的偏振化方向之间的夹角 $\theta = \omega t$,I_1 通过 P_3 后的透射光强为

$$I_3 = I_1\cos^2\theta = \frac{1}{2}I_0\cos^2\theta$$

又在同一时刻,P_3 与 P_2 之间的夹角为 $\frac{\pi}{2} - \theta = \frac{\pi}{2} - \omega t$,如图 19.6 所示,所以最后从 P_2 透射出来的光强为

$$I = I_3\cos^2\left(\frac{\pi}{2} - \theta\right) = \frac{1}{2}I_0\cos^2\theta\cos^2\left(\frac{\pi}{2} - \theta\right)$$

$$= \frac{1}{2}I_0\cos^2\theta\sin^2\theta = \frac{I_0}{8}\sin^2(2\omega t)$$

即透射光的强度 I 是时间 t 的周期性函数,随着 P_3 的旋转,I 作周期性变化,其最大值为 $I_0/8$.

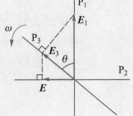

图 19.6　例 19.3 解图

例 19.4 一束平面偏振光垂直入射到一块光轴平行于晶体表面的方解石晶片上,其振动面与晶体主截面(晶体光轴与晶面法线组成的平面)的夹角为 30°.

(1)晶体内 o 光与 e 光的强度之比(I_o/I_e)为多少?

(2)用 $\lambda = 589$ nm 的钠黄光垂直入射时,如果要使 o 光、e 光射出晶片时光振动的相位差为 $\pi/2$,晶片的厚度应为多少?(已知方解石晶体对钠黄光的主折射率 $n_o = 1.658,n_e = 1.486.$)

(3)根据上述结果,判断从晶片内射出的合成光的偏振态.

分析:平面偏振光垂直入射到晶片上时,在晶体中分成 o 光和 e 光,o 光的光振动方向垂直于 o 光的主平面(晶体内光轴与光线组成的平面),e 光的振动方向平行于 e 光的主平面,由于平面偏振光在晶体的主截面内入射,所以晶体内 o 光和 e 光的主平面重叠,即 o 光和 e 光的振动方向互相垂直.

解:(1)如图 19.7 所示,设入射平面偏振光的振幅为 E_0,则晶体内 o 光和 e 光的光振动振幅分别为

$$E_e = E_0\cos 30°, \qquad E_o = E_0\sin 30°$$

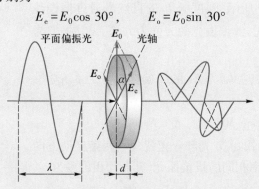

图 19.7 例 19.4 解图

由于光强正比于光振幅的平方,所以晶体内 o 光、e 光的光强之比为

$$\frac{I_o}{I_e} = \frac{E_o^2}{E_e^2} = \left(\frac{\sin 30°}{\cos 30°}\right)^2 = \frac{1}{3}$$

(2)由于晶体对 o 光和 e 光的折射率不同,所以 o 光和 e 光从晶体内射出时有光程差

$$\delta = (n_o - n_e)d$$

相应的光振动相位差为

$$\Delta\varphi = \frac{2\pi}{\lambda}\delta = \frac{2\pi}{\lambda}(n_o - n_e)d$$

由此得方解石晶片的厚度 d 为

$$d = \frac{\Delta\varphi\lambda}{2\pi(n_o - n_e)} = \frac{\pi/2\times589}{2\pi(1.658 - 1.486)}\ \text{nm} = 856\ \text{nm}$$

(3)从晶片内射出的振动方向互相垂直、振动相位差为 $\pi/2$ 的两个同频率的线偏振光将合成为一个以晶体的光轴方向为长轴的正椭圆偏振光.

例 19.5 如图 19.8 所示,一束强度为 I_0 的自然光垂直照射在两个偏振化方向正交的偏振片 P_1、P_2 上. 若在 P_1、P_2 中间插入一块 1/4 波片,波片的光轴与 P_1 的偏振化方向成 30°角,试求出射光的强度.

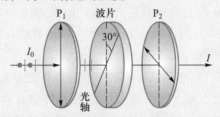

图 19.8 例 19.5 图

分析: 本题是偏振光的干涉问题. 在讨论相位差时,除了要分析两束相干光在晶体内因折射率不同引起的相位差,还要分析两个互相垂直的光振动在偏振片 P_2 上因投影方向不同引起的附加相位差.

解: 如图 19.9 所示,强度为 I_0 的自然光通过偏振片 P_1 后成为线偏振光,线偏振光的光强为 $I_0/2$. 设其振幅为 E_1,则有 $E_1^2 = I_0/2$.

在 1/4 波片中,振幅为 E_1 的线偏振光分为 o 光和 e 光,其振幅分别为

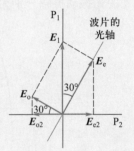

图 19.9 例 19.5 解图

$$E_o = E_1 \sin 30°, \qquad E_e = E_1 \cos 30°$$

从 1/4 波片射出后,o 光和 e 光就成了两束振动方向相互垂直、振动频率相同的线偏振光,其振动相位差为

$$\Delta\varphi_0 = \frac{2\pi}{\lambda}\delta_0 = \frac{\pi}{2}$$

这两束线偏振光通过第二个偏振片 P_1 后,其光振动振幅分别为

$$E_{o2} = E_o \cos 30° = E_1 \sin 30° \cos 30° = \frac{\sqrt{3}}{4} E_1$$

$$E_{e2} = E_e \sin 30° = E_1 \cos 30° \sin 30° = \frac{\sqrt{3}}{4} E_1$$

这两束线偏振光满足相干条件,将产生干涉. 由于 E_{o2}、E_{e2} 在 P_2 的偏振化方向上的投影方向相反,产生附加相位差 π,所以总相位差为

$$\Delta\varphi = \Delta\varphi_0 + \pi = \frac{2\pi}{\lambda}\delta_0 + \pi = \frac{3\pi}{2}$$

所以通过 P_2 后,合成光振动的振幅为

$$E = \sqrt{E_{o2}^2 + E_{e2}^2 + 2E_{e2}E_{o2}\cos\Delta\varphi}$$

$$= \sqrt{\frac{3}{16}E_1^2 + \frac{3}{16}E_1^2 + \frac{6}{16}E_1^2 \cos\frac{3\pi}{2}} = \frac{\sqrt{6}}{4}E_1$$

故出射光的强度为

$$I = E^2 = \frac{3}{8} E_1^2 = \frac{3}{8} \times \frac{I_0}{2} = \frac{3}{16} I_0$$

五、自我测试题

19.1 三个偏振片 A、B、C 前后依次平行放置,偏振片 A 和偏振片 B 的偏振化方向之间的夹角为 30°,偏振片 C 和偏振片 B 偏振化方向之间的夹角也是 30°,光强为 I_0 的自然光从 A 入射,经 B、C 后射出,则出射光强 I 与 I_0 之比为( ).

(A) $\dfrac{3}{8}$ (B) $\dfrac{9}{32}$ (C) $\dfrac{9}{16}$ (D) $\dfrac{3}{4}$

19.2 通过偏振化方向的夹角为 30° 的两个重叠的偏振片看一个光源,或通过偏振化方向的夹角为 45° 的两个重叠的偏振片看同一位置的另一个光源. 若两次观察到的光源亮度相同,则这两个光源的光强之比为( ).

(A) $\dfrac{1}{2}$ (B) $\dfrac{1}{4}$ (C) $\dfrac{2}{3}$ (D) $\dfrac{\sqrt{3}}{2}$

19.3 自然光从折射率为 n_1 的介质入射到折射率为 n_2 的介质表面时,要使反射光是完全偏振光,则入射角 i 应满足( ).

(A) $i = \arctan \dfrac{n_1}{n_2}$ (B) $i = \arctan \dfrac{n_2}{n_1}$

(C) $i = \arcsin \dfrac{n_1}{n_2}$ (D) $i = \arcsin \dfrac{n_2}{n_1}$

19.4 已知光从玻璃入射到空气时发生全反射的临界角为 i_c,则光从玻璃射向空气时,起偏振角 i_B 满足( ).

(A) $\tan i_B = \tan i_c$ (B) $\tan i_B = \sin i_c$

(C) $\tan i_B = \cos i_c$ (D) $\tan i_B = \cot i_c$

19.5 光从空气射向某种玻璃表面时,实验测得当入射角为 58° 时反射光为完全偏振光,则这束光的折射角约为( ).

(A) 32°   (B) 34°25′

(C) 33°54′   (D) 90°

19.6 在两块正交偏振片之间插入一块由双折射晶体做成的透明薄片,对于一定波长的入射光,以下说法错误的是( ).

(A) 出射光强一定不为零

(B) 出射光强与晶片的厚度有关

(C) 出射光强与晶片光轴的取向有关

(D) 出射光强与晶片的主折射率差值有关

19.7 一束线偏振光经过 1/4 波片后,出射光( ).

(A) 仍为线偏振光

(B) 为圆偏振光

(C) 为圆或椭圆偏振光

(D) 可能是圆、椭圆或线偏振光

19.8 一束由强度为 I_0 的自然光与强度为 $I_0/2$ 的线偏振光组成的混合光通过一个偏振片,当以光线为轴线转动偏振片时,透射光强的最大值与最小值之比为_____.

19.9 用两块尼科耳棱镜分别作为起偏器和检偏器,先将它们的主截面(相当于偏振片的偏振化方向)成 45° 时看一个光源,再将它们的主截面成 60° 时看另一个光源. 假设两次看到的光强相等,则这两个光源的光振动的振幅之比为_____.

19.10 要使一束线偏振光通过一组偏振片后振动方向转过 90°,至少需要_____块偏振片;在此情形下,透射光强度最大时,透射光强与入射光强之比为_____.

19.11 一束自然光沿水平方向入射到竖直摆放、折射率 $n = 1.52$ 的橱窗玻璃上,当反射光为完全偏振光时,光的入射角为_____,反射光的光振动沿_____方向,此时折射光的偏振态是_____.

19.12 汽车司机在行车时,为了减小太阳光在前方路面上的反射眩光,常常会佩戴一副偏振眼镜,以提高行车安全. 这种偏振眼镜的偏振化方向沿_____方向.

19.13 用石英晶体制成一个厚度为 10.00 μm 的晶片,其表面与晶体的光轴方向平行. 一束波长为 589 nm 的自然光垂直入射到该晶片上,产生的 o 光和 e 光在通过晶片后的相位差为_____.(已知石英晶体的主折射率分别为 $n_o = 1.544\ 3$ 和 $n_e = 1.553\ 4$.)

19.14 一束线偏振光垂直入射到一个 1/4 波片上,当线偏振光的光振动方向与波片的光轴方向的夹角为_____时,出射光为圆偏振光.

19.15 一束强度为 I_0 的线偏振光垂直入射到一个偏振片上,首先转动偏振片,使透射光强为零(处于消光状态). 然后保持偏振片的偏振化方向不变,并在偏振片前面插入一个 1/2 波片,并使波片中的光轴方向与偏振片的偏振化方向之间的夹角为 60°,则最后的透射光强为_____.

19.16 两个偏振片的偏振化方向互相垂直,在它们之间再插入两块偏振片,使相邻两个偏振片的偏振化方向的夹角都成 30° 角. 如果入射的自然光光强为 I_0,求通过所有偏振片后透射光的强度.

19.17 一束太阳光从空气中以 58° 的角度斜入射到一块平面玻璃上,测得其反射光为线偏振光,求太阳光在玻璃内的折射角和玻璃的折射率.

19.18 偏振片 A 和偏振片 B 前后平行放置,两者的偏振化方向互相垂直,若在 A、B 中间插入一块 1/4 波片 C,波片的光轴与第一块偏振片的偏振化方向成 $\alpha = 45°$ 角,如图所示. 当一束强度为 I_0 的自然光垂直入射到偏振片 A 上时,

(1) 试求通过波片 C 后,光的偏振态;

自我测试题
参考答案

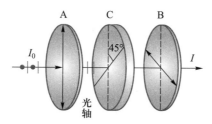

测试题 19.18 图

（2）从偏振片 B 中透射出的光强为多少？

（3）如果将 1/4 波片依次换成 1/2 波片和全波片,则从偏振片 B 中射出的光强又各为多少？

第20章

··· 狭义相对论

一、知识点网络框图

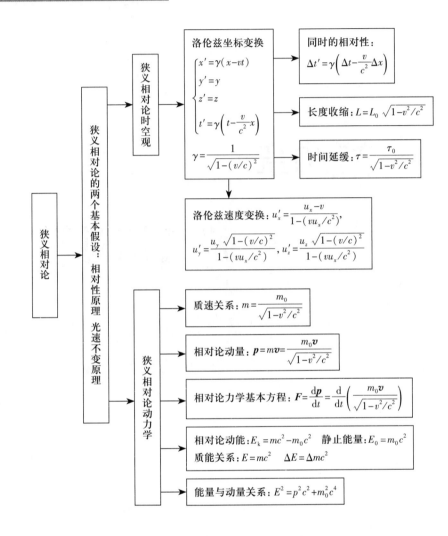

二、基本要求

1. 理解爱因斯坦狭义相对论的两个基本假设.

2. 熟练掌握洛伦兹时空坐标变换关系,能熟练地运用洛伦兹变换关系进行分析计算.

3. 理解洛伦兹速度变换关系式,并能具体应用.

4. 熟练掌握"长度收缩""时间延缓""同时的相对性"等狭义相对论时空观的主要内容,理解经典时空观和狭义相对论时空观的本质区别和内在联系.

5. 熟练掌握质速关系、质能关系、相对论动能公式及其应用.

6. 理解相对论动力学的基本方程,能量与动量的三角关系及其应用.

三、主要内容

(一)狭义相对论的两条基本原理

1. 相对性原理

在一切惯性系中,物理学定律都是相同的. 也就是说,对于描述物理规律而言,所有的惯性参考系都是等价的;或者说物理学定律的数学表达式在所有的惯性系中都是相同的.

2. 光速不变原理

真空中的光速恒等于 c. 即光速与观察者及光源的运动状态无关,与传播方向无关.

(二)洛伦兹时空坐标变换

如图 20.1 所示,在两个约定的惯性参考系 S 系和 S′系中,一个事件 P 发生的时空坐标在 S 系中为 (x,y,z,t);在 S′系中为 (x',y',z',t'). 利用狭义相对论的相对性原理和光速不变原理,可以导出这两组时空坐标的变换关系为

$$\begin{cases} x'=\dfrac{x-vt}{\sqrt{1-v^2/c^2}} \\ y'=y \\ z'=z \\ t'=\dfrac{t-\dfrac{v}{c^2}x}{\sqrt{1-v^2/c^2}} \end{cases} \quad 或 \quad \begin{cases} x=\dfrac{x'+vt'}{\sqrt{1-v^2/c^2}} \\ y=y' \\ z=z' \\ t=\dfrac{t'+\dfrac{v}{c^2}x'}{\sqrt{1-v^2/c^2}} \end{cases}$$

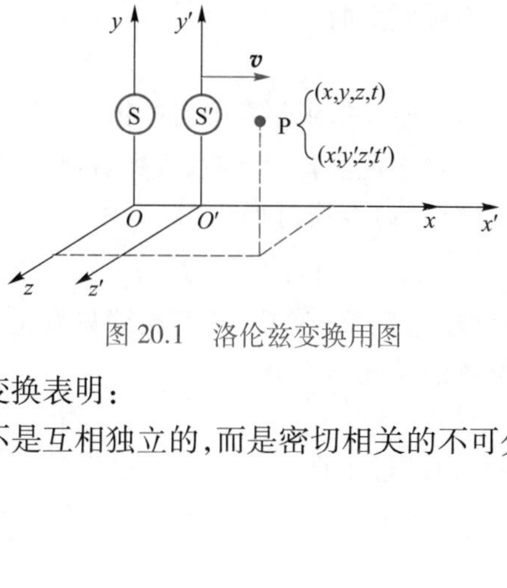

图 20.1　洛伦兹变换用图

洛伦兹时空坐标变换表明:

(1)时间和空间不是互相独立的,而是密切相关的不可分割的整体.

（2）时间和空间并不是绝对不变的,而是与物质的运动密切相关.

（3）当 $v \ll c$ 时,洛伦兹变换可以过渡到伽利略变换. 即经典的时空观是狭义相对论时空观在低速运动下的近似.

（4）光速是一切物体运动的极限速度.

（三）洛伦兹速度变换

$$u_x' = \frac{u_x - v}{1 - \frac{u_x v}{c^2}}, \quad u_y' = \frac{u_y \sqrt{1-(v/c)^2}}{1 - \frac{u_x v}{c^2}}, \quad u_z' = \frac{u_z \sqrt{1-(v/c)^2}}{1 - \frac{u_x v}{c^2}}$$

或

$$u_x = \frac{u_x' + v}{1 + u_x' v/c^2}, \quad u_y = \frac{u_y' \sqrt{1-(v/c)^2}}{1 + u_x' v/c^2}, \quad u_z = \frac{u_z' \sqrt{1-(v/c)^2}}{1 + u_x' v/c^2}$$

（四）狭义相对论时空观

1. 同时的相对性　相对论因果律

设两个事件 A 和 B 在惯性系 S 中发生的时空坐标为 (x_1, t_1) 和 (x_2, t_2),在 S′系中的时空坐标为 (x_1', t_1') 和 (x_2', t_2'),则由洛伦兹变换得

$$t_2' - t_1' = \frac{(t_2 - t_1) - \frac{v}{c^2}(x_2 - x_1)}{\sqrt{1 - v^2/c^2}}$$

若 A、B 两事件在 S 系中同时发生,即 $t_1 = t_2$,则

（1）当 $x_1 = x_2$ 时,$t_1' = t_2'$;

（2）当 $x_1 \neq x_2$ 时,$t_1' \neq t_2'$.

这表明,在一个参考系中不同地点、同时发生的两个事件,在其他参考系中的观察者来看一定不是同时发生的. 这就是同时的相对性.

相对论的同时还指出:对于两个没有直接或间接因果关系的两个独立事件,他们发生的先后顺序也是相对的;但是具有直接或间接因果关系的两个关联事件之间的先后顺序是绝对的,不可颠倒的.

2. 长度收缩

待测物体相对于观察者静止时,观察者测得的物体长度称为固有长度,用 L_0 表示;待测物体沿长度方向相对于观察者运动时,观察者测得的长度称为非固有长度或运动长度,用 L 表示. 由洛伦兹变换可得

$$L = \sqrt{1 - v^2/c^2} \cdot L_0 < L_0$$

这称为相对论的长度收缩现象. 注意:长度收缩只发生在物体的运动方向上,在垂直于运动方向上,物体的长度不收缩.

3. 时间延缓

如果两个事件或一个物理过程在某个参考系中发生在同一个地点,则在该参

考系中测得的这两个事件之间,或该物理过程所需的时间间隔,称为固有时间,用 τ_0 表示,而在任何其他参考系中测得的这两个事件的时间间隔称为非固有时间,用 τ 表示. 由洛伦兹变换可得

$$\tau = \frac{\tau_0}{\sqrt{1-v^2/c^2}} > \tau_0$$

也可以形象地说,凡是相对于某个参考系运动的时钟和在该参考系中静止的同步时钟相比都走慢了,这称为运动时钟变慢效应,简称时间延缓.

(五) 狭义相对论动力学

1. 质速关系
某物体相对于观察者(惯性系)静止时,观察者测得的质量称为静止质量 m_0,当物体相对于观察者以速度 v 运动时,观察者测得的质量称为运动质量 m,则

$$m = \frac{m_0}{\sqrt{1-v^2/c^2}}$$

2. 相对论动量

$$\boldsymbol{p} = m\boldsymbol{v} = \frac{m_0\boldsymbol{v}}{\sqrt{1-v^2/c^2}}$$

3. 相对论力学基本方程

$$\boldsymbol{F} = \frac{\mathrm{d}\boldsymbol{p}}{\mathrm{d}t} = \frac{\mathrm{d}}{\mathrm{d}t}\left(\frac{m_0\boldsymbol{v}}{\sqrt{1-v^2/c^2}}\right)$$

4. 质能关系

$$E = mc^2 = \frac{m_0c^2}{\sqrt{1-v^2/c^2}}, \qquad \Delta E = \Delta mc^2$$

静止能量:$E_0 = m_0c^2$,相对论动能:$E_k = mc^2 - m_0c^2 = \dfrac{m_0c^2}{\sqrt{1-v^2/c^2}} - m_0c^2$

5. 能量-动量关系

$$E^2 = p^2c^2 + m_0^2c^4$$

四、典型例题解法指导

本章的主要题型有三类.

一类是相对论时空观的习题,这类习题主要是利用洛伦兹时空坐标变换以及长度收缩和时间延缓来计算的有关习题,解题的关键是要正确理解同时的相对性、正确理解固有长度与非固有长度、固有时间与非固有时间的区别和内在联系.

第二类是相对论速度变换的习题,这类习题主要利用洛伦兹速度变换来计算

有关问题,解题关键是要适当选取 S 系、S′系和研究对象(运动物体).

第三类是相对论动力学的有关习题,这类习题主要涉及物体的质量、动量、动能、静止能量及总能量等. 熟记质速关系、质能关系,特别是相对论动能公式,是解题的关键,同时在处理相对论碰撞问题时,还要注意动量守恒及能量守恒.

例 20.1 固有长度为 l_0 的车厢,以极高的速度 $v=\dfrac{\sqrt{3}}{2}c$ 相对地面行驶. 从车厢的后壁以相对于车厢的速度 $u_0=\dfrac{\sqrt{3}}{2}c$ 向车厢前壁射出一粒子. 试求:

(1) 车厢里的观察者测得粒子从后壁运动到前壁的时间;

(2) 随粒子一起运动的观察者(假设有)测得粒子的运动时间;

(3) 地面上的观察者测得粒子的运动时间.

分析: 两事件发生时,若已知在 S′系中两事件的时间间隔 $\Delta t'=t_2'-t_1'=l_0/u_0$ 及空间间隔 $\Delta x'=x_2'-x_1'=l_0$,就可利用洛伦兹时空坐标变换关系,求出在 S 系中的观察者测得的时间间隔:$\Delta t=\dfrac{\Delta t'+\dfrac{v}{c^2}\Delta x'}{\sqrt{1-v^2/c^2}}$.

解:(1) 设车厢为 S′系,地面为 S 系. 车厢里的观察者测得车厢的长度就是车厢的固有长度,所以他测得粒子从车厢后壁射到前壁所需的时间为

$$\Delta t'=\frac{L_0}{u_0}=\frac{2\sqrt{3}L_0}{3c}$$

(2) 随粒子一起运动的观察者来看,根据运动的相对性,他认为粒子未动,而是车厢相对于粒子以速率 $u_0=\dfrac{\sqrt{3}}{2}c$ 沿相反方向运动,此时他测得车厢的长度为

$$L_{粒子}=\sqrt{1-u_0^2/c^2}\cdot L_0=L_0/2$$

所以他测得粒子从车厢后壁射到前壁所需的时间为

$$\Delta t_{粒子}=\frac{L_{粒子}}{u_0}=\frac{\sqrt{1-u_0^2/c^2}\,L_0}{u_0}=\frac{\sqrt{3}L_0}{3c}$$

比较 $\Delta t_{粒子}$ 和 $\Delta t'$,前者是固有时间,后者是非固有时间,满足 $\Delta t'=\dfrac{\Delta t_{粒子}}{\sqrt{1-u_0^2/c^2}}$.

(3) **解法一** 由题意可知,S′系(车厢)相对 S 系(地面)以速度 $v=\dfrac{\sqrt{3}}{2}c$ 运动,将粒子从车厢后壁发出作为事件 1、射到前壁作为事件 2. 由(1)问可知,两事件在 S′系中发生的时间间隔为

$$\Delta t'=t_2'-t_1'=\frac{L_0}{u_0}=\frac{2\sqrt{3}L_0}{3c}$$

空间间隔为

$$\Delta x' = x_2' - x_1' = L_0$$

由洛伦兹坐标变换,在地面参考系(S 系)中这两个事件发生的时间间隔为

$$\Delta t = \frac{\Delta t' + \dfrac{v}{c^2}\Delta x'}{\sqrt{1-v^2/c^2}} = \frac{\dfrac{2\sqrt{3}\,L_0}{3c} + \dfrac{\sqrt{3}\,c/2}{c^2}L_0}{\sqrt{1-3/4}} = \frac{7\sqrt{3}}{3}\frac{L_0}{c}$$

这就是地面参考系中测得粒子的运动时间. 显然 Δt 和 $\Delta t'$ 不满足时间延缓的规律,这是因为 $\Delta t'$ 不是固有时间.

解法二　由洛伦兹坐标变换,可求出粒子从车厢后壁射到前壁时相对于地面的位移为

$$\Delta x = \frac{\Delta x' + v\Delta t'}{\sqrt{1-v^2/c^2}} = \frac{L_0 + v\dfrac{L_0}{u_0}}{\sqrt{1-v^2/c^2}} = 4L_0$$

再由洛伦兹速度变换,可求出粒子相对地面的速度为

$$u_x = \frac{u_x' + v}{1 + \dfrac{v}{c^2}u_x'} = \frac{u_0 + v}{1 + \dfrac{v}{c^2}u_0} = \frac{4\sqrt{3}}{7}c$$

所以地面观察者测得粒子从车厢后壁射到前壁所需的时间为

$$\Delta t = \frac{\Delta x}{u_x} = \frac{4L_0}{4\sqrt{3}\,c/7} = \frac{7\sqrt{3}}{3}\frac{L_0}{c}$$

可以证明,这个结论还可以用 $\Delta t = \dfrac{\Delta t_{粒子}}{\sqrt{1-u_x^2/c^2}}$ 求出.

例 20.2　如图所示,一根长度为 1 m 的米尺固定在 S 系的 x 轴上,米尺两端各固定了一把手枪. 在 S′系的 x' 轴上固定了一把长刻度尺. 当后者从前者旁边经过时,S 系中的观察者同时扣动扳机,子弹在 S′系中的长刻度尺上留下了两个记号.

(1)试求 S′系中的观察者测得这两个记号之间的距离;

(2)求 S′系中的观察者测得这两把枪击发的时间差,并由此判断哪一把枪先击发?

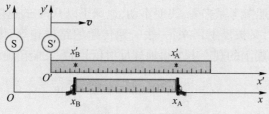

图 20.2　例题 20.2 图

分析：本题可直接用洛伦兹时空坐标变换进行求解. 同时需注意由于同时扣动扳机是在 S 系中发生的, 根据同时的相对性, 在 S′系上的观察者发现这两个事件不是同时发生的. 所以这两个记号之间的距离不能表示在 S′系中的观察者测得的米尺长度.

解：(1) 假设在 S 系中同时扣动扳机这两个事件发生的时空坐标分别为：(x_A, t_A) 和 (x_B, t_B), 由题意可知

$$\Delta x = x_A - x_B = 1 \text{ m}, \quad \Delta t = t_A - t_B = 0$$

所以由洛伦兹时空坐标变换可得

$$\Delta x' = \frac{\Delta x - v\Delta t}{\sqrt{1 - v^2/c^2}} = \frac{1}{\sqrt{1 - v^2/c^2}} \text{m} > 1 \text{ m}$$

在 S′系中的观察者测得两枪打出的这两个记号之间的距离大于米尺的长度 1 m. 这是因为在 S′系中的观察者来看, 这两枪不是同时击发的, 所以它不是 S′系中测得的米尺长度.

(2) 在 S′系中测得这两把枪击发的时间差为

$$\Delta t' = t_A' - t_B' = \frac{\Delta t - \frac{v}{c^2}\Delta x}{\sqrt{1 - v^2/c^2}} = -\frac{v}{c\sqrt{c^2 - v^2}} < 0$$

$t_A' - t_B' < 0$ 表明：x_A 端的枪先击发, x_B 端的枪后击发. 由此也可以解释 (1) 的结论, 这是因为在 S′系中的观察者看来, 米尺沿 x' 的负方向运动, 所以在 S′系中测得两个记号之间的距离大于米尺的固有长度.

例 20.3 如图所示, 一艘宇宙飞船上安装了一台无线电发射和接收装置, 正以 $u = 0.8c$ 的速度飞离地球. 当宇航员向地球发射一束无线电信号后, 经过 60 s 才接收到经地球反射的回波信号. 试求：

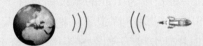

图 20.3　例 20.3 图

(1) 在地球反射信号的时刻, 飞船上的观察者测得飞船离地球的距离；

(2) 在飞船接收信号的时刻, 地球上的观察者测得飞船离地球的距离.

解：(1) 从飞船参考系来看：飞船不动, 地球正以 $0.8c$ 的速度远离飞船, 所以电磁波到达地球后又被反射回来, 一去一回传播的路程相等, 传播时间也相等, 均为 30 s. 所以飞船上的观察者测得地球反射信号时, 飞船离地球的距离为

$$L_1' = \frac{\tau_0}{2}c = 30 \text{ s} \cdot c = 9.0 \times 10^9 \text{ m}$$

(2) **解法一** 飞船上测得发射和接收信号的时间差为 60 s, 因为接收和发射这两个事件在飞船上发生在同一地点, 所以这是固有时间 τ_0. 在地球参照系中,

观察者测得的这个时间差为

$$\tau = \frac{\tau_0}{\sqrt{1-v^2/c^2}} = \frac{60}{\sqrt{1-0.8^2}} \text{ s} = 100 \text{ s}$$

假设地球上的观察者测得宇航员发射信号时飞船离地球的距离为 l_0, 在 $\tau = 100$ s 这段时间内,飞船又向前飞行了 $v\tau$, 由题意可得

$$\frac{l_0}{c} + \frac{l_0+v\tau}{c} = \tau$$

由此解得

$$l_0 = \frac{(c-v)\tau}{2} = \frac{(c-0.8c)}{2} \times 100 \text{ s} = 10 \text{ s} \cdot c = 3.0 \times 10^9 \text{ m}$$

所以飞船在接收到回波信号的时刻,地球上的观察者测得飞船离地球的距离为

$$L = l_0 + v\tau = 10c + 0.8c \times 100 = 90c = 2.7 \times 10^{10} \text{ m}$$

解法二 在飞船参考系中观测,电磁波发射后传播到地球和从地球反射回来传播的时间相等,均为 30 s. 由(1)问可知在电磁波射到地球的那一刻,飞船与地球的距离为 30 s $\cdot$ c. 之后地球继续以 0.8c 的速度远离地球,所以在接收到反射波的那一刻,地球离飞船的距离为

$$L' = 30 \text{ s} \cdot c + 0.8c \times 30 \text{ s} = 54 \text{ s} \cdot c = 1.62 \times 10^{10} \text{ m}$$

由相对论的长度收缩,地球上的观察车测得这一段距离(固有距离)为

$$L = \frac{L'}{\sqrt{1-v^2/c^2}} = \frac{54 \text{ s} \cdot c}{\sqrt{1-0.8^2}} = 90 \text{ s} \cdot c = 2.7 \times 10^{10} \text{ m}$$

例 20.4 电子的静止质量 $m_0 = 9.10 \times 10^{-31}$ kg, 当电子以 0.8c 的速率运动时,

(1)试求电子的能量、动能和动量;

(2)若将电子从初速 0.8c 加速到 0.99c, 外力需对电子做多少功?

分析:第(1)问只需利用相对论能量、动量和动能公式即可求解;第(2)问可利用质点的动能定理求解.

解:(1)由质速关系式,电子以 0.8c 的速率运动时,其质量为

$$m = \frac{m_0}{\sqrt{1-v^2/c^2}} = \frac{9.10 \times 10^{-31}}{\sqrt{1-0.8^2}} \text{ kg} = 1.517 \times 10^{-30} \text{ kg}$$

所以电子的能量、动能和动量分别为

$$E = mc^2 = 1.517 \times 10^{-30} \times (3 \times 10^8)^2 \text{ J} = 1.365 \times 10^{-13} \text{ J} = 0.853 \text{ MeV}$$

$$E_k = mc^2 - m_0c^2 = 0.853 \text{ MeV} - 0.512 \text{ MeV} = 0.341 \text{ MeV}$$

$$p = mv = 1.517 \times 10^{-30} \times 0.8 \times 3 \times 10^8 \text{ kg} \cdot \text{m} \cdot \text{s}^{-1} = 3.64 \times 10^{-22} \text{ kg} \cdot \text{m} \cdot \text{s}^{-1}$$

(2)当电子从初速 $v = 0.8c$ 加速到 $v' = 0.99c$ 时,根据质点的动能定理,外力对电子做的功为

$$A = E_k' - E_k = (m'c^2 - m_0c^2) - (mc^2 - m_0c^2) = \frac{m_0c^2}{\sqrt{1 - v'^2/c^2}} - \frac{m_0c^2}{\sqrt{1 - v^2/c^2}}$$

$$= \left(\frac{1}{\sqrt{1 - 0.99^2}} - \frac{1}{\sqrt{1 - 0.8^2}} \right) \times 0.512 \text{ MeV} = 2.78 \text{ MeV}$$

例 20.5 两个静止质量均为 m_0 的粒子 A 和 B,其中粒子 B 静止不动,粒子 A 以动能 $2m_0c^2$ 射向 B,并与粒子 B 发生斜碰. 假设碰撞过程中没有其他能量损失,碰撞后两粒子的总能量相等,并具有数值相同的偏转角 θ.

(1) 试求碰撞后每个粒子的动能和动量;

(2) 证明偏转角 θ 满足:$\sin \theta = \sqrt{3}/3$.

分析: 由于碰撞前 A 粒子的动能 $E_{Ak0} = 2m_0c^2$,这表明粒子的速度接近于光速,所以必须考虑相对论效应,即要用相对论的能量、动量关系进行分析. 然后利用碰撞前后系统应满足能量守恒和动量守恒,再利用能量与动量的三角关系 $E^2 = m_0^2c^4 + p^2c^2$,即可求解本题.

解:(1) 由相对论的动能公式可知,碰撞前 A 粒子的总能量等于动能和静止能量的总和,即

$$E_{A0} = E_{Ak0} + m_0c^2 = 3m_0c^2$$

根据碰撞前后系统的总能量守恒,并注意到碰撞后两粒子的总能量相等,有

$$E_{A0} + m_0c^2 = E_A + E_B = 2E$$

由此得碰撞后两粒子的总能量均为

$$E = (E_{A0} + m_0c^2)/2 = 2m_0c^2$$

相应的动能为

$$E_{Ak} = E_{Bk} = E - m_0c^2 = m_0c^2$$

再利用能量-动量关系式 $E^2 = p^2c^2 + m_0^2c^4$,可得碰撞后两粒子动量的大小均为

$$p = \frac{1}{c}\sqrt{E^2 - m_0^2c^4} = \frac{1}{c}\sqrt{(2m_0c^2)^2 - m_0^2c^4} = \sqrt{3}\,m_0c \qquad ①$$

(2) 证明:利用能量动量关系式,设碰撞前粒子 A 的动量为 p_0,则

$$p_0 = \frac{1}{c}\sqrt{E_{A0}^2 - m_0^2c^4} = \frac{1}{c}\sqrt{(3m_0c^2)^2 - m_0^2c^4} = \sqrt{8}\,m_0c \qquad ②$$

利用碰撞前后系统的动量守恒,应有

$$p_0 = 2p\cos \theta \qquad ③$$

将①式、②式代入③式,得

$$\cos \theta = \frac{p_0}{2p} = \frac{\sqrt{8}\,m_0c}{2\sqrt{3}\,m_0c} = \frac{\sqrt{6}}{3}$$

故
$$\sin\theta=\sqrt{1-\cos^2\theta}=\sqrt{3}/3$$

五、自我测试题

20.1 狭义相对论的相对性原理说的是( ).
(A) 所有的惯性系,对力学规律来说都是等价的
(B) 在所有的参考系中,力学规律都有相同的数学表达形式
(C) 物理规律在所有的惯性系中都是相同的
(D) 在任何参考系中,物理规律都是绝对不变的

20.2 在狭义相对论中,下列几种说法中正确是( ).
(1) 在所有的惯性系中,物理规律都有相同的数学表达形式
(2) 在真空中,光的速度与光的频率、光源和观察者的运动状态无关
(3) 在任何惯性系中,光在任意方向的传播速度都相同
(4) 在某惯性系中,同地、同时发生的两个事件,在任何其他惯性参考系中也一定是同时发生的
(A) 只有1、2、3正确　　　　(B) 只有2、3、4正确
(C) 只有1、2、4正确　　　　(D) 全部正确

20.3 在狭义相对论中,下列几种说法正确的是( ).
(1) 任意两个物体之间的相对运动速度都不能大于真空中的光速
(2) 对质量、长度、时间的测量结果都与物体与观察者的相对运动有关
(3) 在某惯性系中发生于同一时刻,不同地点的两个事件在任何其他惯性系中一定不会同时发生
(4) 任何惯性系中的观察者,观察一个正在做匀速直线运动的时钟时,都会发现运动的时钟走慢了
(A) 只有1、2、3正确　　　　(B) 只有2、3、4正确
(C) 只有1、2、4正确　　　　(D) 全部正确

20.4 在狭义相对论中,关于同时性的以下几个结论中,正确的是( ).
(A) 在某惯性系内同时发生的两个事件,在另一惯性系内一定不同时发生
(B) 在某惯性系内不同地点同时发生的两个事件,在另一惯性系内也一定同时发生
(C) 在某惯性系内同一地点同时发生的两个事件,在另一惯性系内一定同时发生
(D) 在某惯性系不同地点不同时发生的两个事件,在另一惯性系一定不同时发生

20.5 一艘宇宙飞船正以 $0.4c$ 的速度飞过地球,宇航员用高速相机对地球拍

照,拍照的曝光时间为 1.0×10^{-4} s. 在地球参考系中的观察者来看,该次照相的曝光时间为( ).

(A) 1.09×10^{-4} s   (B) 1.0×10^{-4} s

(C) 0.92×10^{-4} s   (D) 1.29×10^{-4} s

20.6 在某惯性系中同一地点发生的两个事件,静止于该地的观察者测得这两个事件的时间间隔为 4 s,若另一惯性系中的观察者测得的时间间隔为 5 s,则两个惯性系之间的相对运动速度是( ).

(A) $0.2c$ (B) $0.4c$ (C) $0.6c$ (D) $0.8c$

20.7 把一个静止质量为 m_0 的粒子,由静止加速到 $0.6c$ 需做的功为( ).

(A) $0.25m_0c^2$ (B) $0.36m_0c^2$ (C) $1.25m_0c^2$ (D) $1.75m_0c^2$

20.8 一列爱因斯坦列车车厢以高速 v 相对于地面运动. 在车厢正中间有一闪光灯同时向车厢的前后壁 A、B 发出光信号. 地面上的观察者测得光信号到达车厢两端 A、B 的先后次序是_____,车厢内的观察者测得的先后次序是_____,由此可得出_____的结论.

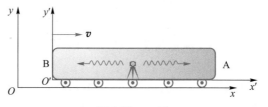

测试题 20.8 图

20.9 π^+ 介子的静止质量为 2.489×10^{-28} kg,固有寿命是 2.6×10^{-8} s. 当 π^+ 介子的速度为 $0.6c$ 时,其质量为_____,寿命是_____.

20.10 静止时体积为 V_0,密度为 ρ_0 的立方体,沿其一棱的方向相对于观察者 A 以高速 v 运动,则观察者 A 测得立方体的体积为_____,密度为_____.

20.11 一隧道长为 L,现有一列固有长度为 l_0 的高速列车以速度 v 通过隧道,则列车上的观察者测得列车全部通过隧道的时间为_____;地面上的观察者测得列车全部通过隧道的时间为_____.

20.12 在某惯性系中,两个静止质量都是 m_0 的粒子,以相同的速率 v 沿同一直线相向运动,碰撞后合在一起生成一个新的粒子,若碰撞过程没有能量损失,则新生粒子的静止质量为_____.

20.13 快中子的静止能量为 942 MeV,若中子的动能为 100 MeV,则中子的速度等于_____.

20.14 在以 $0.8c$ 向东做高速行驶的爱因斯坦列车上,观察地面上的百米比赛. 已知百米跑道的方向与高速列车的行驶方向一致. 若地面上的记录仪测得某运动员的百米成绩为 10.00 s,试求:

(1) 列车参考系中的观察者测得百米跑道的长度及运动员跑过的路程;

(2) 列车参考系中记录的观测者测得的该运动员的奔跑时间和平均速度.

20.15 惯性参考系 S′ 系相对于 S 系沿 xx' 轴的正方向以速率 $v = 0.25c$ 运动. 现

有一个相对于 S′系静止的放射源放射出一个 β 粒子,其速度相对于 S′系为 0.8c,并与 S′系的 x' 轴正向成 $\theta'=45°$ 角,问 β 粒子相对于 S 系的速度是多少?

20.16 两个静止质量都是 m_0 的小球 A 和 B,若小球 A 静止,小球 B 以 $v=0.8c$ 的速度向着 A 运动. 若碰撞后合为一体,碰撞过程没有能量损失,试求碰撞后合成体的静止质量和速度.

20.17 一个质子的静止质量为 $m_p=1.672\ 622\times10^{-27}$ kg,一个中子的静止质量为 $m_n=1.674\ 927\times10^{-27}$ kg,一个质子和一个中子结合成氘核的静止质量为 $m_D=3.343\ 584\times10^{-27}$ kg. 求结合过程中放出的能量是多少?

自我测试题
参考答案

>>> 第21章

••• 早期量子论

一、知识点网络框图

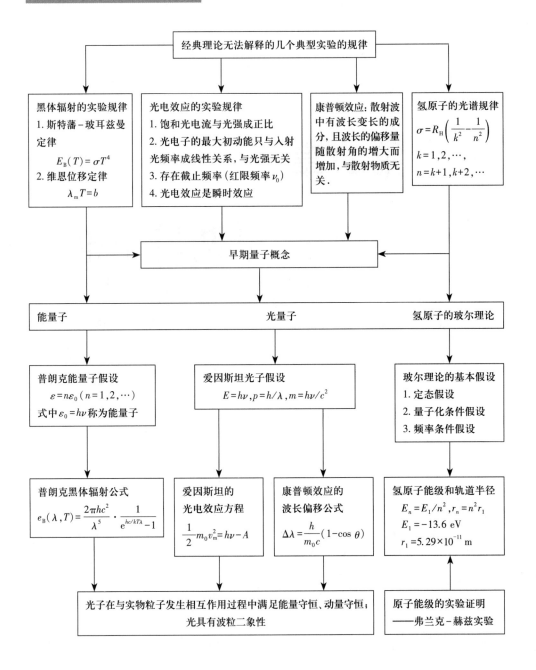

二、基本要求

1. 理解黑体辐射的实验规律,理解普朗克能量子假设,会用斯特藩-玻耳兹曼定律和维恩位移定律进行简单计算.

2. 理解光电效应和康普顿效应的实验规律,理解爱因斯坦的光子假设及其对光电效应、康普顿效应的解释,熟练掌握用光电效应方程和康普顿效应中的波长偏移公式求解相关问题.

3. 理解氢原子光谱的实验规律及玻尔的氢原子理论,熟练掌握用里德伯公式和频率条件求解相关问题,了解玻尔理论的意义及局限性.

4. 了解弗兰克-赫兹实验.

三、主要内容

(一) 黑体辐射 普朗克能量子假设

1. 热辐射

任何物体在任何温度下都能辐射各种波长的电磁波,因其辐射的电磁波的能量以及能量按波长的分布都与温度有关,所以这种辐射称为热辐射.

单色辐出度 $e(\lambda, T)$:温度为 T 的物体在单位时间内、单位表面积上辐射出的波长在 λ 附近单位波长间隔内的电磁波能量

$$e(\lambda, T) = \frac{\mathrm{d}E(\lambda, T)}{\mathrm{d}\lambda}$$

辐出度 $E(T)$:温度为 T 的辐射体,在单位时间内、单位表面积上辐射出的各种波长的电磁波的总能量. 它与单色辐出度 $e(\lambda, T)$ 的关系为

$$E(T) = \int_0^\infty e(\lambda, T)\mathrm{d}\lambda$$

2. 黑体 黑体辐射规律

黑体:在任何温度下,都能完全吸收照射到它表面的所有电磁辐射的物体称为绝对黑体,简称黑体. 黑体是一个理想化的物理模型.

斯特藩-玻耳兹曼定律:黑体的辐出度 $E_B(T)$ 与其热力学温度 T 的四次方成正比,即

$$E_B(T) = \sigma T^4$$

式中 $\sigma = 5.67 \times 10^{-8}$ W · m^{-2} · K^{-4},称为斯特藩-玻耳兹曼常量.

维恩位移定律:在任一温度下,黑体的单色辐出度曲线均有一峰值,与峰值对应的波长 λ_m 称为峰值波长,随着温度 T 的升高,峰值波长 λ_m 向短波方向移动,两

者关系为

$$\lambda_m T = b$$

式中 $b = 2.898 \times 10^{-3}$ m·K，称为维恩位移常量.

3. 普朗克能量子假设

1900 年，普朗克得到了一个与实验结果完全符合的黑体辐射公式，即普朗克公式

$$e_B(\lambda, T) = \frac{2\pi hc^2}{\lambda^5} \frac{1}{e^{\frac{hc}{k\lambda T}} - 1}$$

式中 k 是玻耳兹曼常量，$h = 6.626 \times 10^{-34}$ J·s，称为普朗克常量.

为了从理论上导出上述公式，普朗克提出了著名的能量子假设：空腔壁上分子或原子的振动可视为带电的一维线性谐振子；这些谐振子的能量是不能连续变化的，只能取某个最小能量 ε_0 的整数倍 $n\varepsilon_0$；对于频率为 ν 的线性谐振子，最小能量为 $\varepsilon_0 = h\nu$，所以谐振子的能量为

$$\varepsilon = n\varepsilon_0 = nh\nu, \quad n = 0, 1, 2, \cdots$$

式中 $\varepsilon_0 = h\nu$ 称为能量子. 这种能量不连续的情况称为能量量子化.

（二）光电效应　光子理论

1. 光电效应

当可见光或紫外线照射到金属表面时，有电子从金属表面逸出的现象称为光电效应.

光电效应的实验规律为

（1）当入射光的频率一定时，饱和光电流的大小与入射光的强度成正比；

（2）光电子的最大初动能（或光电管上的反向截止电压）与入射光的频率 ν 成线性关系，与光强无关，即

$$\frac{1}{2} m_0 v_m^2 = eU_a = h\nu - eU_0$$

（3）存在截止频率（或红限频率）ν_0，对于给定的某种金属材料，只有当入射光的频率大于或等于截止频率 ν_0 时，才可以产生光电效应；

（4）光电效应具有瞬时性.

2. 爱因斯坦光子理论和光电效应方程

1905 年，爱因斯坦为了解释光电效应的实验规律提出了光子理论. 他认为光是以光速 c 运动的粒子流，这种粒子称为光子. 在频率为 ν 的光波中，每个光子的能量为

$$\varepsilon = h\nu$$

爱因斯坦用光子概念和能量守恒定律，提出了光电效应方程，成功地解释了光电效应的实验规律. 爱因斯坦的光电效应方程为

$$\frac{1}{2} m_0 v_m^2 = h\nu - A$$

式中 A 称为金属材料的逸出功，h 是普朗克常量. 对于给定的金属材料，只有当入射光的频率 $\nu \geqslant \nu_0 = A/h$ 时才能产生光电效应，其中 $\nu_0 = A/h$ 称为光电效应的红限频率或截止频率.

3. 光的波粒二象性

1916 年，爱因斯坦提出光子不仅具有能量，而且还具有动量、质量等一般粒子共有的特性. 光子的运动速度恒为 c，静止质量为零. 由相对论质能关系可得：波长为 λ、频率为 ν 的光子的能量、质量和动量分别为

$$\varepsilon = h\nu, \qquad m = \frac{\varepsilon}{c^2} = \frac{h\nu}{c^2}, \qquad p = mc = \frac{h}{\lambda}$$

实验表明，光不仅具有干涉、衍射和偏振等波动特性，而且还具有粒子性. 光所具有的这种波动和粒子的双重特性称为光的波粒二象性.

（三）康普顿效应

1. 康普顿效应

康普顿发现 X 射线被物质散射时，散射波中既有与入射波波长相同的成分，也有波长变长的成分. 这种波长变长的散射现象称为康普顿散射或康普顿效应. 康普顿散射的实验规律如下：

（1）波长的偏移量 $\Delta\lambda = \lambda - \lambda_0$ 随散射角 θ 的增大而增加，与散射物质无关.

（2）对于各种不同的散射物质，在同一散射角 θ 处，波长偏移量 $\Delta\lambda$ 相等，但新出现的波长成分的强度随散射物质原子序数的增大而减弱.

2. 康普顿效应的理论解释

康普顿利用爱因斯坦建立的光子理论成功地解释了康普顿效应. 他认为康普顿散射是 X 射线中的光子与散射物质中的弱束缚电子发生完全弹性碰撞的结果（图 21.1），碰撞过程中光子和电子系统满足能量守恒和动量守恒，即

$$h\nu_0 + m_0 c^2 = h\nu + mc^2$$

$$\frac{h\nu_0}{c} \boldsymbol{e}_0 = \frac{h\nu}{c} \boldsymbol{e} + m\boldsymbol{v}$$

从而导出了康普顿效应的波长偏移公式

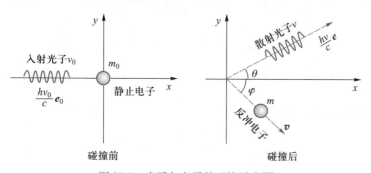

图 21.1　光子与电子的碰撞示意图

$$\Delta\lambda = \lambda - \lambda_0 = \frac{h}{m_0 c}(1-\cos\theta) = \lambda_C(1-\cos\theta)$$

式中 $\lambda_C = \dfrac{h}{m_0 c} = 2.43 \times 10^{-3}$ nm，称为康普顿波长.

（四）氢原子的光谱规律　氢原子的玻尔理论

1. 氢原子光谱的规律性

原子发光是重要的原子现象之一，可以用来研究原子的内部结构. 实验发现氢原子发出的每一条光谱线的波长均可用下式表示：

$$\sigma = \frac{1}{\lambda} = R_H\left(\frac{1}{m^2} - \frac{1}{n^2}\right)$$

上式称为氢原子光谱的里德伯公式. 式中 $R_H = 1.096\ 776 \times 10^7$ m^{-1}，称为氢原子的里德伯常量，$m = 1,2,3,\cdots, n = m+1, m+2, m+3, \cdots$ 当 $m = 1$ 时，对应的谱线属莱曼系；$m = 2$ 时，属巴耳末系；$m = 3$ 时，为帕邢系；$m = 4$ 时，为布拉开系……

2. 氢原子的玻尔理论

玻尔在卢瑟福提出的原子有核行星模型的基础上，推广了普朗克和爱因斯坦的量子概念，并将量子概念引用到原子中来，提出了关于原子模型的三个假设.

（1）**定态假设**：电子在原子中可以在一系列特定的、彼此分离的圆形轨道上运动而不辐射电磁波，这时原子处于稳定状态，并具有一定的能量. 这些稳定状态称为定态.

（2）**频率条件假设**：当原子从一个高能量的定态 E_n 跃迁到另一个低能量的定态 E_m 时，会发射一个频率为 ν 的光子，且满足频率条件，即

$$h\nu = E_n - E_m$$

（3）**量子化条件假设**：电子以速度 v 在半径为 r 的圆形轨道上绕核运动时，只有电子的角动量 L 等于 $h/2\pi$ 的整数倍的那些轨道才是稳定的，即

$$L = mvr = n\frac{h}{2\pi}, \quad n = 1,2,3,4,\cdots$$

式中 n 称为量子数.

根据上述三个假设，可推出氢原子定态轨道的半径公式为

$$r_n = \frac{\varepsilon_0 h^2}{\pi m e^2}n^2 = n^2 r_1, \quad n = 1,2,3,\cdots$$

式中 $r_1 = \dfrac{\varepsilon_0 h^2}{\pi m e^2} = 5.29 \times 10^{-11}$ m 为 $n = 1$ 时的电子轨道半径，称为玻尔半径.

氢原子的定态能级公式为

$$E_n = -\frac{me^4}{8\varepsilon_0^2 h^2} \cdot \frac{1}{n^2} = \frac{E_1}{n^2}, \quad n = 1,2,3,\cdots$$

式中 $E_1 = -\dfrac{me^4}{8\varepsilon_0^2 h^2} = -13.6$ eV，称为氢原子的基态能量.

由于量子数 n 只能取 $1,2,3,\cdots$ 等正整数,所以原子系统的定态能量是不连续的. 这种不连续的、量子化的能量值称为能级. 氢原子的能级图及能级跃迁如图 21.2 所示.

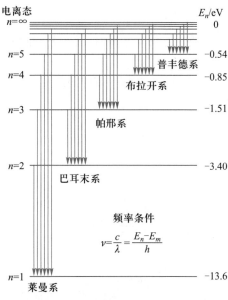

图 21.2　氢原子的能级跃迁与光谱线

四、典型例题解法指导

本章题型主要有以下几类

（1）用黑体辐射的实验规律进行解题,这类题主要涉及斯特藩-玻耳兹曼定律和维恩位移定律的简单应用.

（2）用爱因斯坦的光子理论以及光子与实物粒子发生作用时应满足的能量守恒定律和动量守恒定律求解光电效应和康普顿效应问题. 记住并能熟练应用爱因斯坦的光电效应方程 $\frac{1}{2}m_0 v_m^2 = h\nu - A$ 和康普顿效应的波长偏移公式 $\Delta\lambda = \frac{h}{m_0 c}(1-\cos\theta)$ 往往成为求解这类问题的关键.

（3）用玻尔的氢原子理论求解氢原子光谱,记住下面几个简单的关系式及常量是有益的.

里德伯公式:$\sigma = \dfrac{1}{\lambda} = R_H\left(\dfrac{1}{m^2} - \dfrac{1}{n^2}\right)$　　　　频率条件:$h\nu = E_n - E_m$

氢原子能级公式:$E_n = \dfrac{E_1}{n^2}$　　　　半径公式:$r_n = n^2 r_1$

几个常量:$E_1 = -13.6$ eV,$r_1 = 5.29\times10^{-11}$ m,$R_H = 1.097\times10^7$ m^{-1}

例 21.1 康普顿效应是光子与原子的外层电子或弱束缚层中的电子(均可看作自由电子)发生相互作用的结果. 试证明光子与这些自由电子只能发生散射,而不可能被完全吸收,产生光电效应. 即产生光电效应时,电子一定要被束缚在固体或原子中.

分析: 光子和实物粒子发生相互作用时,必须要同时遵守能量守恒定律和动量守恒定律,因此可用反证法来证明.

证明: (1)假设一个静止的自由电子可以吸收一个频率为 ν、波长为 λ 的光子. 则由能量守恒定律得

$$h\nu + m_0 c^2 = mc^2 = \frac{m_0 c^2}{\sqrt{1-v^2/c^2}}$$

由此可得,电子吸收光子后的速度为

$$v = \frac{c\sqrt{h^2\nu^2 + 2h\nu m_0 c^2}}{h\nu + m_0 c^2} \qquad ①$$

而由动量守恒定律可知

$$\frac{h\nu}{c} = mv = \frac{m_0 v}{\sqrt{1-v^2/c^2}}$$

可得电子的速度为

$$v = \frac{h\nu c}{\sqrt{h^2\nu^2 + m_0^2 c^4}} \qquad ②$$

比较①式和②式,可以看出,两者不一样,即一个静止的自由电子完全吸收一个光量子时不能同时满足能量守恒和动量守恒条件,假设不成立. 所以一个静止的自由电子不能完全吸收一个光子,只能将光子散射.

(2)假设一个以速度 v_0 运动的自由电子可以吸收一个频率为 ν、波长为 λ 的光子,并且电子的初速度方向与光子的入射方向相同. 则由能量守恒定律得

$$h\nu + \frac{m_0 c^2}{\sqrt{1-v_0^2/c^2}} = mc^2 = \frac{m_0 c^2}{\sqrt{1-v^2/c^2}}$$

所以该电子完全吸收光子后的速度为

$$v = \frac{c}{h\nu + m_1 c^2}\sqrt{(h\nu + m_1 c^2)^2 + m_0^2 c^4} \qquad ③$$

式中 $m_1 = \dfrac{m_0}{\sqrt{1-v_0^2/c^2}}$,是电子吸收光子之前的动质量.

由动量守恒定律可知

$$\frac{h\nu}{c} + m_1 v_0 = \frac{m_0 v}{\sqrt{1-v^2/c^2}}$$

可以得到电子的速度为

$$v = \frac{c}{\sqrt{1+(h\nu+m_1 v_0 c)^2}} \qquad ④$$

比较③式和④式可知，两者不相同. 即一个运动的自由电子也不能完全吸收一个光子.

（3）当电子被束缚在原子或金属内时，这时参与相互作用的实体至少有三个，即光子、电子和原子，就电子和光子而言，两者动量可以不守恒，只需满足能量守恒，损失的动量由原子带走. 因此束缚在原子或金属内的电子可以完整地吸收一个光子，从而产生光电效应.

例 21.2 在光电效应实验中，测得某种金属的反向截止电压与频率的关系如图 21.3 所示.

（1）试求该金属的逸出功及红限波长；

（2）若用波长为 300 nm 的紫外线照射，则逸出电子的最大初动能为多少？

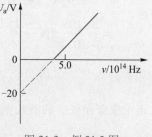

图 21.3 例 21.2 图

分析：本题可用爱因斯坦的光电效应方程：$\frac{1}{2}m_0 v_m^2 = h\nu - A$ 以及 $eU_a = \frac{1}{2}m_0 v_m^2$ 和 $\nu_0 = A/h$ 进行求解.

解：（1）由爱因斯坦的光电效应方程 $\frac{1}{2}m_0 v_m^2 = h\nu - A$ 以及 $eU_a = \frac{1}{2}m_0 v_m^2$，可得

$$U_a = \frac{h}{e}\nu - \frac{A}{e}$$

所以图中直线的斜率 $k = \frac{h}{e}$，直线与纵轴的截距 $|U_0| = \frac{A}{e}$，即该金属的逸出功为

$$A = e|U_0| = 1.6\times10^{-19}\ \text{C}\times2.0\ \text{V} = 3.2\times10^{-19}\ \text{J}$$

再由红限频率 $\nu_0 = A/h$，可知该金属的红限波长为

$$\lambda_0 = \frac{c}{\nu_0} = \frac{hc}{A} = \frac{6.63\times10^{-34}\times3.0\times10^8}{3.2\times10^{-19}}\ \text{m} = 6.2\times10^{-7}\ \text{m}$$

（2）当 $\lambda = 300$ nm 时，光电子的最大初动能为

$$\frac{1}{2}m_0 v_m^2 = h\nu - A = \frac{hc}{\lambda} - A$$

$$= \frac{6.63\times10^{-34}\times3.0\times10^8}{300\times10^{-9}}\ \text{J} - 3.2\times10^{-19}\ \text{J} = 3.43\times10^{-19}\ \text{J} = 2.14\ \text{eV}$$

例 21.3 已知波长为 3.00×10^{-12} m 的光子入射到散射物上后，测得反冲电子的速度为 $0.6c$，试求：

（1）散射光子的波长及散射角；

（2）反冲电子的运动方向与光子入射方向的夹角.

分析： 已知反冲电子的速度,就可以求出反冲电子的动能,由能量守恒定律可知,反冲电子获得的动能一定是光子损失的能量,由此可以求出散射光子的频率及波长,再由波长偏移公式可以求出光子的散射角,最后由动量守恒定律并结合矢量图解法求出反冲电子的运动方向.

解：（1）由能量守恒定律可得

$$h\nu_0 - h\nu = \frac{m_0 c^2}{\sqrt{1 - v^2/c^2}} - m_0 c^2$$

$$\nu = \nu_0 - \frac{m_0 c^2}{h}\left(\frac{1}{\sqrt{1 - v^2/c^2}} - 1\right) = \frac{c}{\lambda_0} - \frac{m_0 c^2}{h}\left(\frac{1}{\sqrt{1 - v^2/c^2}} - 1\right)$$

$$= \frac{3 \times 10^8}{3 \times 10^{-12}}\,\text{Hz} - \frac{9.1 \times 10^{-31} \times (3 \times 10^8)^2}{6.63 \times 10^{-34}}\left(\frac{1}{\sqrt{1 - 0.6^2}} - 1\right)\,\text{Hz} = 6.91 \times 10^{19}\,\text{Hz}$$

$$\lambda = \frac{c}{\nu} = \frac{3 \times 10^8}{6.91 \times 10^{19}}\,\text{m} = 4.34 \times 10^{-12}\,\text{m}$$

再由康普顿效应的波长偏移公式

$$\Delta\lambda = \lambda - \lambda_0 = \frac{h}{m_0 c}(1 - \cos\theta)$$

得

$$\cos\theta = 1 - \frac{m_0 c}{h}(\lambda - \lambda_0) = 1 - \frac{9.1 \times 10^{-31} \times 3 \times 10^8}{6.63 \times 10^{-34}}(4.34 - 3) \times 10^{-12} = 0.448$$

所以散射光子的散射角为

$$\theta = 63.4°$$

（2）首先作出光子与电子的碰撞图,如图 21.4 所示. 由碰撞时的动量守恒,可知碰撞后散射光子与反冲电子的总动量在垂直于入射光子的方向上的分量为零,即

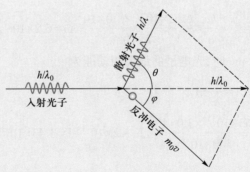

图 21.4 例 21.3 图

$$p_\text{入} \sin\theta - \frac{m_0 v}{\sqrt{1 - v^2/c^2}}\sin\varphi = 0$$

由此得

$$\sin \varphi = \frac{p_\lambda \sin \theta \sqrt{1-v^2/c^2}}{m_0 v} = \frac{h \sin \theta \sqrt{1-v^2/c^2}}{\lambda m_0 v}$$

$$= \frac{6.63 \times 10^{-34} \sin 63.4° \times \sqrt{1-0.6^2}}{4.34 \times 10^{-12} \times 9.1 \times 10^{-31} \times 0.6 \times 3 \times 10^8} = 0.667$$

由此得反冲电子的运动方向与光子入射方向之间的夹角为

$$\varphi = \arcsin 0.667 = 41.8°$$

说明:(1)在讨论康普顿效应问题时,只要抓住了电子与光子碰撞过程中能量守恒和动量守恒以及康普顿波长偏移公式就可以解决问题.

(2)在讨论光子与反冲电子的动量时,必须注意动量的矢量性,利用矢量图求解是一种既直观又简便的有效方法.

例 21.4 分别用 $\lambda_1 = 500$ nm 的绿光和 $\lambda_2 = 5.00 \times 10^{-2}$ nm 的 X 射线照射到散射物质上,做康普顿效应实验. 在 $\theta = \pi/2$ 的方向上观察散射光.

(1)试求这两种散射光波长的相对改变量 $\Delta\lambda/\lambda$;

(2)由此分析要获得明显的康普顿效应,应如何选择入射光的波长.

分析:本题只需利用康普顿波长的偏移公式即可求解.

解:(1)由康普顿效应的实验规律及波长偏移公式,可知

$$\Delta\lambda = \lambda - \lambda_0 = \frac{h}{m_0 c}(1 - \cos \theta)$$

当 $\theta = \pi/2$ 时,$\Delta\lambda = \frac{h}{m_0 c} = \lambda_C$,与入射光的波长无关,即

$$\Delta\lambda_1 = \Delta\lambda_2 = \frac{h}{m_0 c} = \lambda_C = 2.43 \times 10^{-3} \text{ nm}$$

所以这两种散射光波长的相对改变量分别为

$$\frac{\Delta\lambda_1}{\lambda_1} = \frac{2.43 \times 10^{-3}}{500} = 4.86 \times 10^{-6}$$

$$\frac{\Delta\lambda_2}{\lambda_2} = \frac{2.43 \times 10^{-3}}{5.00 \times 10^{-2}} = 4.86 \times 10^{-2} \approx 5\%$$

(2)上述计算结果表明,用可见光入射时,康普顿散射的相对波长改变量远远小于仪器的测量精度. 因此用可见光入射,实际上观察不到康普顿效应,要能观察到明显的康普顿效应,就必须用波长很短的、与康普顿波长 λ_C 相当的 X 射线.

例 21.5 处于基态的氢原子被单色光照射后发出的光谱线中,在可见光范围内仅观察到 3 条谱线. 试求:

(1)该单色光的波长 λ_0;

(2) 这三条谱线的波长;

(3) 被激发的氢原子可能发出的所有光谱线.

分析: 低能量光子(可见光、紫外线)与物质作用时,若其能量被原子吸收,原子只能吸收整个光子的能量,不能吸收其部分能量,而且由于原子存在能级,所以被吸收的光子能量必须等于原子的能级间隔.

解: (1) 在氢原子光谱中,只有巴耳末系中有谱线处于可见光范围内,它们是氢原子从高能级向第一激发态($n=2$ 的能级)跃迁时发出的光谱线. 由于在可见光中仅观察到了 3 条谱线,可推知,该单色光束将处于基态的氢原子激发到第四激发态($n=5$ 的能级),所以,该单色光的波长应满足

$$h\nu_0 = h\frac{c}{\lambda_0} = E_5 - E_1 = \frac{E_1}{5^2} - E_1$$

即

$$\lambda_0 = -\frac{25hc}{24E_1} = \frac{25 \times 6.63 \times 10^{-34} \times 3 \times 10^8}{24 \times 13.6 \times 1.60 \times 10^{-19}} = 95.2 \times 10^{-9} \text{ m}$$

(2) 根据光谱规律,这三条谱线的波数分别为

$$\sigma_{5-2} = R_H\left(\frac{1}{2^2} - \frac{1}{5^2}\right) = 1.097 \times 10^7 \times \left(\frac{1}{4} - \frac{1}{25}\right) \text{ m}^{-1} = 2.304 \times 10^6 \text{ m}^{-1}$$

$$\sigma_{4-2} = R_H\left(\frac{1}{2^2} - \frac{1}{4^2}\right) = 1.097 \times 10^7 \times \left(\frac{1}{4} - \frac{1}{16}\right) \text{ m}^{-1} = 2.057 \times 10^6 \text{ m}^{-1}$$

$$\sigma_{3-2} = R_H\left(\frac{1}{2^2} - \frac{1}{3^2}\right) = 1.097 \times 10^7 \times \left(\frac{1}{4} - \frac{1}{9}\right) \text{ m}^{-1} = 1.524 \times 10^6 \text{ m}^{-1}$$

相应的波长分别为

$$\lambda_{5-2} = \frac{1}{\sigma_{5-2}} = 434.0 \text{ nm}, \quad \lambda_{4-2} = \frac{1}{\sigma_{4-2}} = 486.1 \text{ nm}, \quad \lambda_{3-2} = \frac{1}{\sigma_{3-2}} = 656.2 \text{ nm}$$

(3) 被激发的氢原子总共可以发出 10 条光谱线,除上述巴耳末系中的三条之外,还有莱曼系的四条:λ_{5-1}、λ_{4-1}、λ_{3-1}、λ_{2-1},帕邢系的两条:λ_{5-3}、λ_{4-3},布拉开系的一条:λ_{5-4}.

五、自我测试题

21.1 用不透明材料制成的空腔上的小孔,可视为绝对黑体是因为( ).

(A)当温度升高时,小孔发射各种波长的光,具有相同强度

(B)它的辐射谱是连续谱

(C)空腔温度是均匀的

(D)空腔能吸收射入到小孔上的任何波长的电磁辐射

21.2 某恒星可视为绝对黑体,已知其表面温度为 6 000 K,则此恒星热辐射的

单色辐出度 $e_B(\lambda,T)$ 的峰值所对应的波长 λ_m 为(　　).

(A) 483 nm (B) 17.4 nm (C) 350 nm (D) 800 nm

21.3 关于光电效应有下列 4 种说法,其中正确的是(　　).

(1) 任何波长的可见光照射到任何金属表面都能产生光电效应

(2) 若入射光的频率均大于某种金属的红限频率,则用不同频率的光照射该金属时,释放出的光电子的最大初动能将不同

(3) 若入射光的频率均大于某种金属的红限频率,则用频率不同、但强度相等的光照射该金属时,单位时间内释出的光电子数一定相等

(4) 若入射光的频率均大于某种金属的红限频率,则当入射光频率不变而强度增大一倍时,饱和光电流均增大一倍

(A) (1),(2),(3)　　　　　　　　(B) (2),(3),(4)

(C) (2),(3)　　　　　　　　　　(D) (2),(4)

21.4 用频率为 ν_1 的单色光照射某种金属时,测得饱和光电流为 I_1;而以频率为 ν_2 的单色光照射该金属时,测得饱和电流为 I_2. 若 $I_1 > I_2$,则(　　).

(A) $\nu_1 > \nu_2$　　　　　　　　　(B) $\nu_1 < \nu_2$

(C) $\nu_1 = \nu_2$　　　　　　　　　(D) ν_1 与 ν_2 的关系不能确定

21.5 用频率为 ν 的单色光照射某种金属时,逸出的光电子的最大初动能为 E_k;若改用频率为 2ν 的单色光照射,则逸出的光电子的最大初动能为(　　).

(A) $2E_k$　　　　　　　　　　(B) $2h\nu - E_k$

(C) $h\nu + E_k$　　　　　　　　(D) $h\nu - E_k$

21.6 保持光电管上电势差不变,若入射的单色光的频率不变、光强增大,则从阴极逸出的光电子的最大初动能 E_0 和飞到阳极的电子的最大动能 E_k 的变化分别是(　　).

(A) E_0 增大,E_k 增大　　　　　(B) E_0 不变,E_k 变小

(C) E_0 增大,E_k 不变　　　　　(D) E_0 不变,E_k 不变

21.7 关于康普顿散射,下列说法正确的是(　　).

(A) 散射波中既有波长变长和变短的成分,也有波长不变的成分,波长偏移量只与散射角有关,与散射物质无关

(B) 散射波中既有波长不变的成分,也有波长变长的成分,波长的偏移量既与散射方向有关,也与散射物质有关

(C) 反冲电子获得的动能等于入射光子的能量与散射光子的能量之差

(D) 反冲电子的动量大小等于入射光子的动量大小与散射光子的动量大小之差

21.8 光子能量为 0.50 MeV 的 X 射线,入射到某种物质上而发生康普顿散射. 若反冲电子的动能为 0.10 MeV,则散射光波长的改变量 $\Delta\lambda$ 与入射光波长 λ_0 之比值为(　　).

(A) 0.20 (B) 0.25 (C) 0.30 (D) 0.35

21.9 要使处于基态的氢原子受激后可辐射出可见光谱线,最少应供给氢原子

的能量为(   ).

(A) 12.09 eV   (B) 10.20 eV   (C) 1.89 eV   (D) 1.51 eV

21.10 处于基态的氢原子被外来的单色光激发后发出的巴耳末系中仅观察到 3 条谱线,则氢原子可能发出的所有谱线条数为(   ).

(A) 6   (B) 10   (C) 13   (D) 15

21.11 当氢原子从第二激发态向第一激发态跃迁时,所发出的光子的能量为(   ).

(A) 1.51 eV   (B) 1.89 eV   (C) 2.16 eV   (D) 2.40 eV

21.12 人的正常体温是 37.0 ℃,假设人体的热辐射可以看成是黑体辐射,则人体热辐射的单色辐出度的峰值对应的波长是_____ μm.（取三位有效数字.）

21.13 实验测得炼钢高炉炉壁的小孔(可看成黑体)上的热辐射功率为 50.0 W·cm^{-2},则炉膛内的温度为_____K,炉膛单色辐出度的极大值对应的波长为_____μm.

21.14 一光电管的阴极用逸出功 $A = 2.2$ eV 的金属制成,今用一单色光照射此光电管,测得遏止电势差大小为 $U_a = 5.0$ V,则入射单色光的波长为_____nm;此光电管中阴极材料的红限波长为_____nm.

21.15 以波长 410 nm 的紫光照射到某金属表面,产生光电子的最大初动能为 1.00 eV,则能使该金属产生光电效应的最长的波长为_____nm.

21.16 利用光电效应可以测量普朗克常量. 以金属钠作为光电管的阴极材料,并在光电管两端加上反向电压. 当入射光的波长为 433 nm 时,测得该光电管的反向截止电压为 0.81 V,当入射光的波长改为 312 nm 时,测得反向截止电压为 1.93 V.

(1) 试根据上述实验数据来推算普朗克常量 h;

(2) 计算金属钠的红限频率 ν_0.

21.17 一入射光子的能量为 0.60 MeV,散射后波长变化了 20%,求反冲电子的动能.

21.18 波长 $\lambda_0 = 0.070\ 8$ nm 的 X 射线射到石蜡上发生康普顿散射. 试求:在 $\pi/2$ 方向上散射光子的波长,以及此时反冲电子的运动方向与入射光子的入射方向的夹角.

21.19 将波长为 3.00×10^{-3} nm 的 X 射线入射在石墨上,在与入射方向成 60.0°角的方向上观察康普顿效应. 假设自由电子被碰撞前是静止的. 试求(保留 3 位有效数字):

(1) 在该方向上,散射波的波长;

(2) 反冲电子的动能;

(3) 反冲电子动量的大小.

21.20 当氢原子处于第一激发态时,用可见光照射,能否使之电离? 试通过定量计算作出判断.

21.21 被激发的氢原子跃迁到基态时,依次发射了波长分别为 $\lambda_1 = 1.282$ nm 和 $\lambda_2 = 102.6$ nm 的两条光谱线. 试计算给定氢原子的初态量子数、中间态的量子数. 若该原子由初态直接跃迁到基态,则辐射出光子的波长 λ 与 λ_1、λ_2 有何关系?

自我测试题
参考答案

>>> 第22章

··· 量子力学基础

一、知识点网络框图

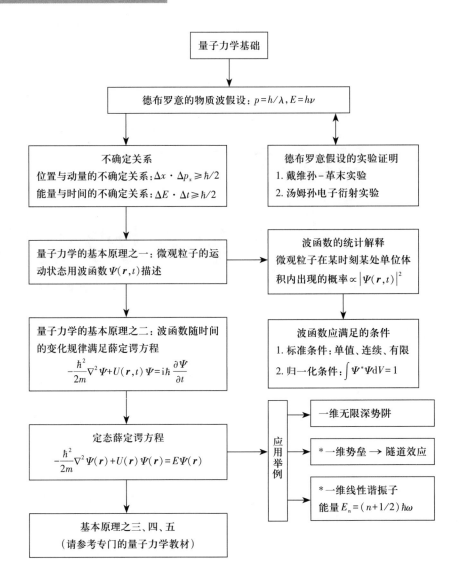

二、基本要求

1. 理解德布罗意的物质波假设及其实验验证,熟练掌握用德布罗意关系式计算微观粒子的物质波波长.

2. 理解(位置与动量、能量与时间)不确定关系的物理意义,会用不确定关系式进行有关计算.

3. 正确理解波函数及其统计解释,理解微观粒子的波粒二象性,会利用波函数的统计解释和必须满足的条件(归一化条件、标准条件)进行相关计算.

4. 理解薛定谔方程是描述微观粒子运动状态的波函数所必须满足的动力学基本方程,是量子力学的基本假设之一.

5. 理解定态薛定谔方程在一维无限深势阱、一维势垒、一维线性谐振子中的应用.了解隧道效应及其应用.

三、主要内容

(一)德布罗意的物质波假设　微观粒子的波粒二象性

1924 年,德布罗意提出一切实物粒子和光一样都具有波粒二象性,与实物粒子相联系的波称为德布罗意波或物质波. 与能量为 E、动量为 p 的自由粒子相对应的单色平面波的频率 ν 和波长 λ 满足

$$E = h\nu, \quad p = \frac{h}{\lambda}$$

这一对关系式称为德布罗意关系式,或物质波关系式.

对于静止质量为 m_0 的实物粒子,当它以速度 v 运动时,其物质波波长为

$$\lambda = \frac{h}{p} = \frac{h}{mv} = \frac{h\sqrt{1-v^2/c^2}}{m_0 v} = \frac{h}{\sqrt{2m_0 E_k \left(1 + \frac{E_k}{2m_0 c^2}\right)}}$$

当 $v \ll c$ 或 $E_k \ll m_0 c^2$ 时,可不考虑相对论效应,则

$$\lambda = \frac{h}{m_0 v} = \frac{h}{\sqrt{2m_0 E_k}}$$

德布罗意的物质波假设在 1927 年被戴维孙–革末和汤姆孙的电子衍射实验所证实.

(二)不确定关系

1. 位置与动量的不确定关系为

$$\Delta x \cdot \Delta p_x \geqslant \hbar/2, \qquad \Delta y \cdot \Delta p_y \geqslant \hbar/2, \qquad \Delta z \cdot \Delta p_z \geqslant \hbar/2$$

即要同时准确地测定微观粒子的位置和动量是不可能的. 不确定关系是微观粒子具有波动性的直接体现.

2. 能量与时间的不确定关系

若微观粒子处于某一状态的时间(平均寿命)为 Δt,与该状态对应的能量不确定量(即能级宽度)为 ΔE,则

$$\Delta E \cdot \Delta t \geqslant \hbar/2$$

(三) 波函数　薛定谔方程

1. 波函数

由于微观粒子具有波动性,其位置和动量不可能同时被准确地测定,所以量子力学中用波函数 $\Psi(\boldsymbol{r},t)$ 来描述微观粒子的运动状态. 这是量子力学中的基本假设之一.

与自由粒子对应的物质波是单色平面波. 粒子的运动状态不同,描述其运动状态的波函数的数学形式也不同.

2. 波函数的统计解释

1926 年,玻恩提出了波函数的统计解释:若 $\Psi(\boldsymbol{r},t)$ 为描述微观粒子运动状态的波函数,则在 t 时刻、空间 $\boldsymbol{r}$ 处 $\mathrm{d}V$ 体积元内发现粒子的概率为

$$\mathrm{d}P(\boldsymbol{r},t) = |\Psi(\boldsymbol{r},t)|^2 \mathrm{d}V = \Psi(\boldsymbol{r},t)\Psi^*(\boldsymbol{r},t)\mathrm{d}V$$

式中 $|\Psi(\boldsymbol{r},t)|^2 = \Psi(\boldsymbol{r},t)\Psi^*(\boldsymbol{r},t)$ 是 t 时刻、空间 $\boldsymbol{r}$ 处物质波的强度,也是粒子在 t 时刻、空间 $\boldsymbol{r}$ 处、单位体积内出现的概率,称为微观粒子在空间出现的概率密度函数.

根据波函数的统计解释,波函数应满足的条件为

(1) 归一化条件: $\displaystyle\int_V |\Psi(\boldsymbol{r},t)|^2 \mathrm{d}V = \int_V \Psi(\boldsymbol{r},t)\Psi^*(\boldsymbol{r},t)\mathrm{d}V = 1$

(2) 标准条件:单值、连续、有限.

3. 薛定谔方程

当微观粒子在势能场 $U(\boldsymbol{r},t)$ 中运动时,描述微观粒子运动状态的波函数 $\Psi(\boldsymbol{r},t)$ 应满足薛定谔方程,这也是量子力学的基本假设之一. 薛定谔方程的数学形式为

$$\mathrm{i}\hbar \frac{\partial \Psi(\boldsymbol{r},t)}{\partial t} = \left[-\frac{\hbar^2}{2m}\nabla^2 + U(\boldsymbol{r},t) \right] \Psi(\boldsymbol{r},t)$$

或简写为

$$\mathrm{i}\hbar \frac{\partial \Psi(\boldsymbol{r},t)}{\partial t} = \hat{H}\Psi(\boldsymbol{r},t)$$

式中 $\hat{H} = -\dfrac{\hbar^2}{2m}\nabla^2 + U(\boldsymbol{r},t) = -\dfrac{\hbar^2}{2m}\left(\dfrac{\partial^2}{\partial x^2} + \dfrac{\partial^2}{\partial y^2}\dfrac{\partial^2}{\partial z^2} \right) + U(\boldsymbol{r},t)$ 称为哈密顿算符.

4. 定态薛定谔方程

当粒子所处的势能场不随时间变化,即 $U(\boldsymbol{r},t) = U(\boldsymbol{r})$ 时,其波函数可分离成只含空间坐标的函数 $\Psi(\boldsymbol{r})$ 和只含时间的函数 $f(t) = \exp\left(-\dfrac{\mathrm{i}}{\hbar}Et \right)$ 的乘积的形式,即

$$\Psi(\boldsymbol{r},t) = \Psi(\boldsymbol{r})\exp\left(-\frac{\mathrm{i}}{\hbar}Et \right)$$

这样的波函数称为定态波函数. 定态波函数所描述的状态称为定态,在定态下,微观粒子的能量具有确定值 E,粒子在空间出现的概率密度 $|\Psi(\boldsymbol{r},t)|^2 = |\Psi(\boldsymbol{r})|^2$ 也不随时间变化.

定态薛定谔方程的形式为

$$\left[-\frac{\hbar^2}{2m}\nabla^2+U(\boldsymbol{r})\right]\boldsymbol{\Psi}(\boldsymbol{r})=E\boldsymbol{\Psi}(\boldsymbol{r})$$

（四）一维定态薛定谔方程的应用

1. 一维无限深势阱

势阱是研究微观粒子运动规律时常用的一个的物理模型. 若粒子在势能场中运动时的势能函数 $U(x)$ 具有下述形式：

$$U(x)=\begin{cases}0 & (0<x<a)\\ \infty & (x\le 0,x\ge a)\end{cases}$$

则称为一维无限深势阱,其势能函数曲线如图 22.1 所示.

通过求解一维无限深势阱中的定态薛定谔方程

$$-\frac{\hbar^2}{2m}\frac{\mathrm{d}^2\boldsymbol{\Psi}(x)}{\mathrm{d}x^2}=E\boldsymbol{\Psi}(x)$$

可得归一化的定态波函数为

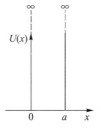

$$\boldsymbol{\Psi}(x)=\begin{cases}\sqrt{\dfrac{2}{a}}\sin\dfrac{n\pi}{a}x & (n=1,2,3,\cdots)\quad(0<x<a)\\ 0 & (x\le 0,x\ge a)\end{cases}$$

图 22.1　一维无限深势阱

微观粒子在势阱内的概率密度函数为

$$P(x)=|\boldsymbol{\Psi}_n(x)|^2=\frac{2}{a}\sin^2\frac{n\pi}{a}x\quad(n=1,2,3,\cdots)\quad(0<x<a)$$

微观粒子在势阱中的能量为

$$E_n=\frac{n^2h^2}{8ma^2}\quad(n=1,2,3,\cdots)$$

这表明当微观粒子被束缚在势阱中运动时,① 微观粒子的能量是量子化的. ② 粒子的最小能量 $E_1=\dfrac{h^2}{8ma^2}$,这个最小能量也称为基态能量. 基态能量不为零,表明微观粒子在势阱内不可能静止不动,这是微观粒子具有波动性的具体体现. ③ 微观粒子在势阱内不同位置出现的概率不同.

2. 一维势垒　隧道效应

一维矩形势垒的势能函数如下

$$U(x)=\begin{cases}U_0 & (0\le x\le a)\\ 0 & (x<0,x>a)\end{cases}$$

其中 $U_0>0$ 为一常量,称为势垒高度. 假设现有一个能量为 $E(E<U_0)$ 的自由粒子从势垒左方（Ⅰ区）向右运动. 通过求解定态薛定谔方程,可得粒子仍然有一定的概率穿透势垒（Ⅱ区）到达势垒右方（Ⅲ区）,并且穿越势垒后粒子的能量没有改变,如图 22.2 所示. 这种现象对于宏观物体来说是不可能出现的. 微观粒子能够穿透比其

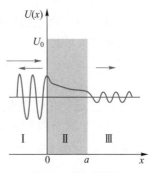

图 22.2　隧道效应

总能量更高的势垒的现象称为隧道效应. 隧道效应本质上源于微观粒子的波粒二象性.

3. 一维谐振子

若质量为 m 的微观粒子在一维空间中运动,其势能函数可表示为

$$U(x) = \frac{1}{2}m\omega^2 x^2$$

式中 x 是微观粒子离开平衡位置的位移,ω 是振动角频率,这样的粒子称为一维谐振子. 通过求解一维谐振子的定态薛定谔方程,可得谐振子的能量为

$$E_n = \left(n+\frac{1}{2}\right)\hbar\omega = \left(n+\frac{1}{2}\right)h\nu \quad (n=0,1,2,\cdots)$$

这表明:① 谐振子的能量只能取分立值,是量子化的. 相邻两个能级之间的间隔相等,均为 $E_{n+1}-E_n=\hbar\omega=h\nu$. 这与普朗克的能量子假设相吻合. ② 谐振子的最低能量(即基态能量或零点能)为 $E_0=\frac{1}{2}h\nu$. 零点能的存在是量子力学的一个重要结果,也是微观粒子具有波动性的具体表现.

四、典型例题解法指导

本章题型以判断、选择、填空和简单的计算题为主,涉及的内容主要有:

1. 用 $\lambda=\frac{h}{p}$ 计算物质波波长,当 $v\ll c$ 时,$\lambda=\frac{h}{m_0 v}=\frac{h}{\sqrt{2m_0 E_k}}$

2. 不确定关系式 $\Delta x \cdot \Delta p \geqslant \frac{\hbar}{2}$、$\Delta E \cdot \Delta t \geqslant \frac{\hbar}{2}$ 的简单应用. 对于光子有 $\Delta p = -\frac{h}{\lambda^2}\Delta\lambda$;对于电子等实物粒子有 $\Delta p = m_0\Delta v$.

3. 根据波函数的统计意义求归一化的波函数及概率密度函数 $P(r,t)=|\Psi(r,t)|^2$.

4. 定态薛定谔方程在一维无限深势阱、一维势垒、一维谐振子等问题中的应用.

例 22.1 由爱因斯坦的光子假设和德布罗意的物质波假设,实物粒子和光子满足的关系式

$$\text{实物粒子}\begin{cases}E=h\nu\\p=h/\lambda\end{cases} \qquad \text{光子}\begin{cases}\varepsilon=h\nu\\p=h/\lambda\end{cases}$$

在形式上完全相同,它们之间有区别吗?

分析:光子和实物粒子的差异在于光子的静止质量 $m_0=0$,而实物粒子的静止质量 $m_0\neq 0$;光子的速度恒等于 c,而实物粒子的速度为 $v\neq c$.

答:它们之间是有区别的.

对于光子,根据爱因斯坦的光子假设

$$\frac{\varepsilon}{p} = \lambda\nu = c$$

所以

$$\varepsilon = h\nu = \frac{hc}{\lambda}, \quad p = \frac{h}{\lambda} = \frac{h\nu}{c}$$

对于实物粒子,根据德布罗意关系式

$$\frac{E}{p} = \lambda\nu \qquad ①$$

而根据实物粒子的能量、动量公式

$$\frac{E}{p} = \frac{mc^2}{mv} = \frac{c^2}{v} \qquad ②$$

式中 v 是实物粒子的运动速度. 比较①式和②式,得

$$\lambda\nu = \frac{c^2}{v}$$

即

$$\lambda\nu \neq c \qquad 且 \qquad \lambda\nu \neq v$$

所以

$$E = h\nu \neq \frac{hc}{\lambda} \qquad 且 \qquad E = h\nu \neq \frac{hv}{\lambda}, \quad p = \frac{h}{\lambda} \neq \frac{h\nu}{c} \qquad 且 \qquad p = \frac{h}{\lambda} \neq \frac{h\nu}{v}$$

由此也不难理解描述微观粒子状态的波函数 $\Psi(\boldsymbol{r}, t)$ 不能描述任何物理量的传播.

例 22.2 试计算当电子的动能分别等于 10 eV,1 000 eV, 0.1 MeV 时电子的德布罗意波长.

分析:本题主要考查物质波波长公式的简单应用,并由此建立电子波波长的数量级概念.

解:当 $E_k = 10$ eV 时,

$$\lambda = \frac{h}{\sqrt{2m_0 E_k}} = \frac{6.63 \times 10^{-34}}{\sqrt{2 \times 9.1 \times 10^{-31} \times 10 \times 1.6 \times 10^{-19}}} \text{ m} = 3.9 \times 10^{-10} \text{ m}$$

当 $E_k = 1\,000$ eV 时,

$$\lambda = \frac{h}{\sqrt{2m_0 E_k}} = \frac{6.63 \times 10^{-34}}{\sqrt{2 \times 9.1 \times 10^{-31} \times 1\,000 \times 1.6 \times 10^{-19}}} \text{ m} = 3.9 \times 10^{-11} \text{ m}$$

当 $E_k = 0.1$ MeV 时,若不考虑相对论效应,则

$$\lambda = \frac{h}{\sqrt{2m_0 E_k}} = \frac{6.63 \times 10^{-34}}{\sqrt{2 \times 9.1 \times 10^{-31} \times 10^5 \times 1.6 \times 10^{-19}}} \text{ m} = 3.9 \times 10^{-12} \text{ m}$$

本例的计算结果表明:电子的德布罗意波长与 X 射线的波长相当,且随着电子动能的增大而减小.

例 22.3　试证明一维自由粒子的不确定关系可以写为

$$\Delta x \cdot \Delta \lambda \geqslant \frac{\lambda^2}{4\pi}$$

式中 λ 是与自由粒子对应的物质波的波长.

分析：位置与动量的不确定关系为：$\Delta x \cdot \Delta p_x \geqslant \frac{\hbar}{2}$. 对于一维自由粒子 $p = \frac{h}{\lambda}$，所以 $\Delta p = -\frac{h}{\lambda^2}\Delta \lambda$. 又不确定关系式中的 Δx 和 Δp_x 均指大小，所以可以不计式中的负号，代入即可证明.

证明：对于一维自由粒子 $p = \frac{h}{\lambda}$，假设它沿 x 轴运动，则 $\Delta p_x = |\Delta p| = \frac{h}{\lambda^2}\Delta \lambda$，假设某一时刻其位置的不确定量为 Δx，则由不确定关系，得

$$\Delta x \cdot \Delta p_x = \Delta x \cdot \frac{h}{\lambda^2}\Delta \lambda \geqslant \frac{\hbar}{2} = \frac{h}{4\pi}$$

所以

$$\Delta x \cdot \Delta \lambda \geqslant \frac{\lambda^2}{4\pi}$$

证毕!

例 22.4　假设氢原子中的电子从某一激发态向基态跃迁时发出的谱线波长为 121.5 nm. 由于激发态能级有一定的宽度，从而使该谱线具有 2×10^{-5} nm 的谱线宽度. 试求：

（1）该谱线一个波列的长度 L（可近似地看作光子沿传播方向位置的不确定度）；

（2）该激发态的平均寿命 τ.

分析：光子也是微观粒子，所以光子的运动也服从量子力学中的不确定关系. 由于光子的波长有一定宽度，必然对应于它的动量有一个不确定度，所以可以由不确定关系求出光子位置的不确定度，即一个波列的长度（也称为相干长度）.

另外，由谱线宽度，可以求出该激发态的能级宽度（原子基态的能级宽度可忽略不计），再由能量和时间的不确定关系可以求出该激发态的平均寿命.

解：（1）由光子的动量公式 $p = \frac{h}{\lambda}$，可得

$$\Delta p = \left| -\frac{h}{\lambda^2}\Delta \lambda \right| = \frac{h}{\lambda^2}\Delta \lambda$$

所以

$$\Delta x \cdot \Delta p = \Delta x \cdot \frac{h}{\lambda^2}\Delta \lambda \geqslant \frac{\hbar}{2} = \frac{h}{4\pi}$$

即 $$\Delta x \geqslant \frac{\lambda^2}{4\pi\Delta\lambda} = \frac{(121.5\times10^{-9})^2}{4\pi\times2\times10^{-14}}\ \text{m} = 0.059\ \text{m} \approx 6\ \text{cm}$$

所以该谱线一个波列的长度为 $L = 6$ cm.

（2）根据谱线的频率条件 $h\nu_n = E_n - E_1$，得

$$\Delta\nu = \frac{\Delta E_n - \Delta E_1}{h} = \frac{\Delta E_n}{h} \qquad\qquad ①$$

式中 $\Delta E_1 = 0$，这是因为氢原子基态是稳定的. 又对于光子 $\nu = \dfrac{c}{\lambda}$，所以

$$\Delta\nu = \left| -\frac{c}{\lambda^2}\Delta\lambda \right| = \frac{c}{\lambda^2}\Delta\lambda \qquad\qquad ②$$

比较①式和②式可得

$$\Delta E_n = \frac{hc}{\lambda^2}\Delta\lambda = \frac{6.63\times10^{-34}\times3\times10^8}{(121.5\times10^{-9})^2}\times2\times10^{-14}\ \text{J} = 2.69\times10^{-25}\ \text{J}$$

再由能量与时间的不确定关系 $\Delta E \cdot \Delta t \geqslant \dfrac{\hbar}{2} = \dfrac{h}{4\pi}$，可得该激发态的平均寿命 τ 为

$$\tau = \Delta t \approx \frac{h}{4\pi\Delta E_n} = \frac{6.63\times10^{-34}}{4\pi\times2.69\times10^{-25}}\ \text{s} \approx 2.0\times10^{-10}\ \text{s}$$

不难看出该谱线的波列长度 $L = c\tau = 6$ cm，所以该激发态的平均寿命也就是原子发出这列单色光的平均发光时间.

例 22.5 假设某微观粒子的定态波函数为：$\Psi(x) = \dfrac{A}{1+\mathrm{i}x}$，式中 A 为常量，$\mathrm{i} = \sqrt{-1}$ 是虚数. 试求：

（1）归一化的波函数；

（2）粒子在空间出现的概率密度函数；

（3）粒子出现概率最大的位置坐标及概率密度的最大值；

（4）粒子出现在 $-1 < x < 1$ 区间内的概率.

分析：本题应先求出波函数的共轭复数 $\Psi^*(x)$，再通过归一化条件求出常量 A，然后由 $P(x) = \Psi(x)\Psi^*(x)$ 求概率密度函数.

解：（1）因为此波函数的共轭复数为

$$\Psi^*(x) = \frac{A}{1-\mathrm{i}x}$$

由波函数的归一化条件，得

$$\int_{-\infty}^{+\infty} \Psi(x)\cdot\Psi^*(x)\,\mathrm{d}x = \int_{-\infty}^{+\infty} \frac{A}{1+\mathrm{i}x}\cdot\frac{A}{1-\mathrm{i}x}\,\mathrm{d}x$$

$$= \int_{-\infty}^{+\infty} \frac{A^2}{1+x^2}\,\mathrm{d}x = A^2\arctan x\ \Big|_{-\infty}^{+\infty} = A^2\pi = 1$$

即 $A = \dfrac{1}{\sqrt{\pi}}$,所以归一化的波函数为

$$\Psi(x) = \frac{1}{\sqrt{\pi}(1+ix)}$$

(2) 粒子在空间出现的概率密度函数为

$$P(x) = \Psi(x)\Psi^*(x) = \frac{1}{\sqrt{\pi}(1+ix)} \cdot \frac{1}{\sqrt{\pi}(1-ix)} = \frac{1}{\pi(1+x^2)}$$

(3) 令 $\dfrac{\mathrm{d}P(x)}{\mathrm{d}x} = -\dfrac{2x}{\pi(1+x^2)^2} = 0$,可得 $x = 0$,又因 $x = 0$ 处有

$$\frac{\mathrm{d}^2P(x)}{\mathrm{d}x^2} = -\frac{2}{\pi} \cdot \frac{1-3x^2}{(1+x^2)^3} = -\frac{2}{\pi} < 0$$

所以在 $x = 0$ 处,$P(x)$ 有极大值,且

$$P_{\max} = P(0) = \frac{1}{\pi}$$

(4) 粒子出现在 $-1 < x < 1$ 之间的概率为

$$P = \int_{-1}^{1} P(x)\,\mathrm{d}x = \int_{-1}^{1} \frac{1}{\pi(1+x^2)}\mathrm{d}x = \frac{1}{\pi}\arctan x \Big|_{-1}^{1} = \frac{1}{2}$$

五、自我测试题

22.1 电子显微镜中的电子从静止开始通过电势差为 U 的加速电压加速后,其德布罗意波长为 4.00×10^{-2} nm,则 U 约为(   ).

(A) 150 V   (B) 330 V   (C) 630 V   (D) 940 V

22.2 一个光子的波长与一个速率为 2.3×10^4 m/s 的质子(静止质量为 1.67×10^{-27} kg)的德布罗意波长相同,则该光子的能量最接近下列哪一个?(   )

(A) 72 keV   (B) 49 keV   (C) 95 keV   (D) 120 keV

(E) 140 keV

22.3 关于不确定关系 $\Delta x \cdot \Delta p \geqslant \dfrac{\hbar}{2}$,有以下几种理解:

(1) 微观粒子的位置和动量是不可能被测定的

(2) 微观粒子的位置坐标不可能确定

(3) 微观粒子的位置坐标和动量不可能同时被准确地测定

(4) 不确定关系不仅适用于电子等微观粒子,也适用于光子

其中正确的是(   ).

(A) (1),(2)   (B) (2),(4)   (C) (3),(4)   (D) (1),(4)

22.4 波长 $\lambda = 500$ nm 的光沿 x 轴正向传播,若光的波长的不确定量 $\Delta\lambda = 10^{-4}$ nm,

则利用不确定关系式 $\Delta x\Delta p_x \geq \hbar/2$ 可得光子的 x 坐标的不确定量至少为（　　）.

(A) 1.99 cm　　(B) 3.98 cm　　(C) 19.9 cm　　(D) 39.8 cm

22.5 一紫外光源发出一束波长 $\lambda = 200$ nm 的单色光. 若这束光波中波列的平均长度为 $10\ 000\lambda$，则光波中光子能量的不确定度最接近于下列哪一个数值？（　　）

(A) 5.0×10^{-6} eV　(B) 5.0×10^{-5} eV　(C) 5.0×10^{-4} eV　(D) 5.0×10^{-3} eV

22.6 当原子从某个激发态跃迁到基态时发出的谱线的波长为 440 nm，若此谱线的自然线宽 $\Delta\lambda = 0.020$ pm，则该激发态的平均寿命最接近于下列哪一个数值？（　　）（提示：不确定关系式 $\Delta x\Delta p_x \geq \hbar/2，\Delta E\Delta t \geq \hbar/2.$）

(A) 2.5×10^{-6} s　(B) 2.5×10^{-7} s　(C) 2.5×10^{-8} s　(D) 2.5×10^{-9} s

22.7 一质量为 m 的粒子被限制在宽度为 a 的一维无限深方势阱［在 $0<x<a$ 范围内，势能函数 $U(x)=0$］中，其基态能量为 E_0. 若势阱的宽度变成 $a/3$，而其他条件不变，则粒子的基态能量变为（　　）.

(A) $E_0/3$　　(B) $E_0/9$　　(C) $3E_0$　　(D) $9E_0$

22.8 一质量为 m 的粒子被限制在宽度为 a 的一维无限深方势阱［在 $0<x<a$ 范围内，势能函数 $U(x)=0$］中，其基态所对应的量子数为 $n=1$. 当该粒子处于量子数 $n=14$ 的激发态，其概率密度最大的各点中，距离 $x=0$ 最近的是（　　）.

(A) $x=a/2$　　(B) $x=a/7$　　(C) $x=a/14$　　(D) $x=a/28$

22.9 在宽度为 a 的一维无限深方势阱［在 $-a/2<x<a/2$ 范围内，势能函数 $U(x)=0$］中有一质量为 m 的粒子. 则在下列各函数中，哪一个不可能是该粒子的一个定态波函数？（　　）

(A) $\sqrt{\dfrac{2}{a}}\cos\dfrac{\pi x}{a}$　　　　(B) $\sqrt{\dfrac{2}{a}}\cos\dfrac{2\pi x}{a}$

(C) $\sqrt{\dfrac{2}{a}}\sin\dfrac{2\pi x}{a}$　　　　(D) $\sqrt{\dfrac{2}{a}}\cos\dfrac{3\pi x}{a}$

22.10 在宽度为 a 的一维无限深方势阱［在 $0<x<a$ 范围内，势能函数 $U(x)=0$］中有一质量为 m 的粒子，当该粒子处于第一激发态时，其德布罗意波长为（　　）.

(A) a　　(B) $2a$　　(C) $a/2$　　(D) $3a$

22.11 已知某种金属产生光电效应的红限波长为 λ_0. 若用波长为 $\lambda(\lambda<\lambda_0)$ 的单色光照射该金属，则发射的光电子的德布罗意波长为_____.

22.12 电子在原子中运动，如果测量它在 x 方向上的位置时，对应的不确定量为 10^{-11} m（原子线度为 10^{-10} m，即测量的相对不确定度约为原子线度的 10%），则同时测量其速度时，得到速度的不确定量是_____ m/s.

22.13 某单色光的波长为 300 nm，如果确定此波长的精确度 $\Delta\lambda/\lambda = 10^{-6}$，则此光子位置的不确定量为_____.

22.14 假定原子的某激发态的平均寿命为 $\Delta t = 1.00\times10^{-11}$ s，原子从该激发态向基态跃迁时发出的光谱线的波长为 $\lambda = 600$ nm. 则该光谱线波长的不确定量（即该单色光的光谱线宽度）$\Delta\lambda$ 为_____，其光子动量的不确定量 Δp 为_____.

22.15 已知在一维势阱中运动的粒子波函数为

$$\Psi(x)=\frac{1}{\sqrt{a}}\cos\frac{3\pi x}{2a}\quad(-a\leqslant x\leqslant a)$$

则粒子在 $x=5a/6$ 处出现的概率密度为_____.

22.16 根据量子力学理论的求解结果,频率 ν 为的一维线性谐振子的能量为_____,其中最低能量为_____.

22.17 在一维无限深势阱中运动的粒子波函数为

$$\Psi_n(x)=\sqrt{\frac{2}{a}}\sin\frac{n\pi x}{a}\quad(0\leqslant x\leqslant a)$$

试求:

(1) 当 $n=1$ 时,粒子出现概率最大的位置;

(2) 在 $a/4<x<3a/4$ 区间内粒子出现的概率.

22.18 已知粒子处于宽度为 a 的一维无限深方势阱中运动的波函数为

$$\Psi_n(x)=\sqrt{\frac{2}{a}}\sin\frac{n\pi x}{a}\quad(n=1,2,3,\cdots)$$

试计算:当 $n=2$ 时,在从 $x_1=a/4$ 到 $x_2=3a/4$ 的区间内找到粒子的概率.

22.19 一维运动的粒子,其定态波函数为

$$\Psi(x,t)=\begin{cases}Ax\mathrm{e}^{-\lambda x}\mathrm{e}^{-\mathrm{i}\frac{E}{\hbar}t}&(x\geqslant 0)\\0&(x\leqslant 0)\end{cases}$$

式中 A、λ 为常量,且 $\lambda>0$. 试求:

(1) 归一化的定态波函数;

(2) 粒子出现的概率为最大的位置.

22.20 一维线性谐振子处于第一激发态时的定态波函数为

$$\Psi(x,t)=Ax\mathrm{e}^{-\frac{a^2x^2}{2}}\mathrm{e}^{-\mathrm{i}\frac{E}{\hbar}t}$$

自我测试题
参考答案

其中 A 为常量,$a=\sqrt[4]{\frac{mk}{\hbar^2}}$,$k$ 为谐振子的弹性系数. 试求谐振子出现概率最大的位置.

>>> 第23章

··· 原子和固体的量子
理论

一、知识点网络框图

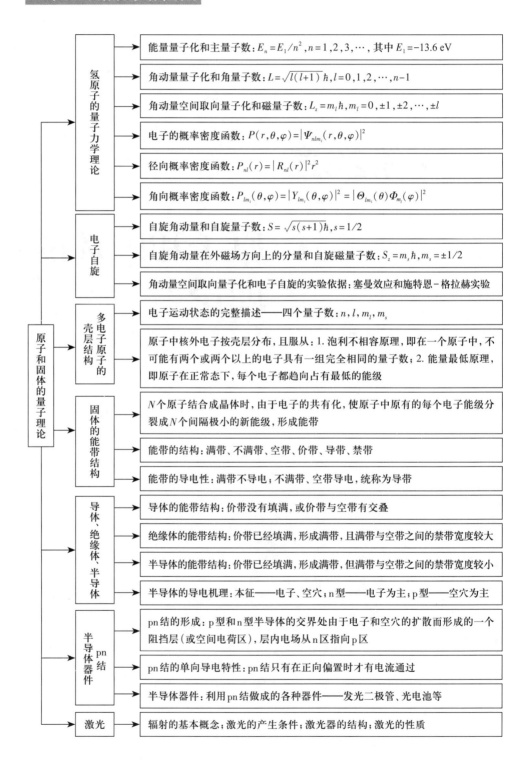

能量量子化和主量子数：$E_n = E_1/n^2, n = 1, 2, 3, \cdots$，其中 $E_1 = -13.6\,\text{eV}$

角动量量子化和角量子数：$L = \sqrt{l(l+1)}\,\hbar, l = 0, 1, 2, \cdots, n-1$

角动量空间取向量子化和磁量子数：$L_z = m_l\hbar, m_l = 0, \pm 1, \pm 2, \cdots, \pm l$

电子的概率密度函数：$P(r, \theta, \varphi) = |\Psi_{nlm_l}(r, \theta, \varphi)|^2$

径向概率密度函数：$P_{nl}(r) = |R_{nl}(r)|^2 r^2$

角向概率密度函数：$P_{lm_l}(\theta, \varphi) = |Y_{lm_l}(\theta, \varphi)|^2 = |\Theta_{lm_l}(\theta)\Phi_{m_l}(\varphi)|^2$

氢原子的量子力学理论

自旋角动量和自旋量子数：$S = \sqrt{s(s+1)}\hbar, s = 1/2$

自旋角动量在外磁场方向上的分量和自旋磁量子数：$S_z = m_s\hbar, m_s = \pm 1/2$

角动量空间取向量子化和电子自旋的实验依据：塞曼效应和施特恩 - 格拉赫实验

电子自旋

电子运动状态的完整描述——四个量子数：n, l, m_l, m_s

原子中核外电子按壳层分布，且服从：1. 泡利不相容原理，即在一个原子中，不可能有两个或两个以上的电子具有一组完全相同的量子数；2. 能量最低原理，即原子在正常态下，每个电子都趋向占有最低的能级

多电子原子的壳层结构

N 个原子结合成晶体时，由于电子的共有化，使原子中原有的每个电子能级分裂成 N 个间隔极小的新能级，形成能带

能带的结构：满带、不满带、空带、价带、导带、禁带

能带的导电性：满带不导电；不满带、空带导电，统称为导带

固体的能带结构

导体的能带结构：价带没有填满，或价带与空带有交叠

绝缘体的能带结构：价带已经填满，形成满带，且满带与空带之间的禁带宽度较大

半导体的能带结构：价带已经填满，形成满带，但满带与空带之间的禁带宽度较小

半导体的导电机理：本征——电子、空穴；n 型——电子为主；p 型——空穴为主

导体、绝缘体、半导体

pn 结的形成：p 型和 n 型半导体的交界处由于电子和空穴的扩散而形成的一个阻挡层（或空间电荷区），层内电场从 n 区指向 p 区

pn 结的单向导电特性：pn 结只有在正向偏置时才有电流通过

半导体器件：利用 pn 结做成的各种器件——发光二极管、光电池等

半导体器件 pn 结

辐射的基本概念；激光的产生条件；激光器的结构；激光的性质

激光

原子和固体的量子理论

二、基本要求

1. 了解氢原子的量子力学处理方法（过程），理解量子力学的处理结果（能量、角动量及其空间取向的量子化规律，电子在原子内各处出现的概率密度函数）.

2. 理解电子自旋，了解施特恩-格拉赫实验，初步了解简单塞曼效应和反常塞曼效应.

3. 理解描述原子中电子运动状态的四个量子数 n、l、m_l、m_s 及其物理意义.

4. 理解多电子原子的壳层结构，以及电子按壳层分布的规则，理解泡利不相容原理、能量最小原理.

5. 了解固体能带的形成及结构，了解满带、导带、价带和禁带等概念及能带的导电性.

6. 了解导体、半导体和绝缘体的能带特征.

7. 了解本征半导体、n 型半导体、p 型半导体的导电机理，了解 pn 结的形成及其单向导电特性，了解常用半导体器件的结构和工作原理.

8. 了解激光的发光原理（受激辐射、受激吸收、自发辐射，粒子数反转分布），了解激光器的基本结构、掌握激光的主要特点.

三、主要内容

（一）氢原子的量子力学理论

在球坐标系 (r,θ,φ) 中，氢原子的定态薛定谔方程为

$$\frac{1}{r^2}\frac{\partial}{\partial r}\left(r^2\frac{\partial\Psi}{\partial r}\right)+\frac{1}{r^2\sin\theta}\frac{\partial}{\partial\theta}\left(\sin\theta\frac{\partial\Psi}{\partial\theta}\right)+\frac{1}{r^2\sin^2\theta}\frac{\partial^2\Psi}{\partial\varphi^2}+\frac{2m}{\hbar^2}\left(E+\frac{e^2}{4\pi\varepsilon_0 r}\right)\Psi=0$$

其中波函数 Ψ 可以写成 $\Psi(r,\theta,\varphi)=R(r)\Theta(\theta)\Phi(\varphi)$，将其代入定态薛定谔方程，分离变量并化简后可得分别关于 $R(r)$、$\Theta(\theta)$、$\Phi(\varphi)$ 的三个微分方程，求解这三个方程，并考虑到波函数应满足的标准条件，即可得到描述核外电子运动状态的波函数 $\Psi(r,\theta,\varphi)$ 以及能量、角动量的量子化条件.

1. 量子化条件和量子数

（1）能量量子化：氢原子的能量是量子化的，即

$$E_n=-\frac{1}{n^2}\left(\frac{me^4}{8\varepsilon_0^2 h^2}\right)=\frac{1}{n^2}E_1,\quad n=1,2,3,\cdots$$

式中 $E_1=-\dfrac{me^4}{8\varepsilon_0^2 h^2}=-13.6\text{ eV}$，是氢原子的基态能量，$n$ 称为主量子数. 这个结果与用玻尔理论导出的结果相同.

（2）角动量量子化：氢原子中电子绕核运动的轨道角动量 L 的大小也是量子化的,其值为

$$L=\sqrt{l(l+1)}\hbar, \quad l=0,1,2,\cdots,n-1$$

式中 l 称为轨道角量子数.

（3）角动量空间取向的量子化：电子绕核运动的轨道角动量 L 在外磁场方向（通常取为 z 轴）上的分量（或投影）的大小不能连续改变,也是量子化的,其取值为

$$L_z=m_l\hbar, \quad m_l=0,\pm1,\pm2,\cdots,\pm l$$

式中 m_l 称为轨道磁量子数. 这称为角动量空间取向的量子化.

处于强磁场中的光源所发出的光谱线发生分裂（一条谱线分裂成三条谱线）的现象称为塞曼效应. 塞曼效应从实验上证明了角动量空间取向量子化的存在.

2. 波函数　电子的概率密度函数

描述氢原子核外电子运动状态的波函数取决于量子数 (n,l,m_l) 的取值,即

$$\Psi_{nlm_l}(r,\theta,\varphi)=R_{nl}(r)\Theta_{lm_l}(\theta)\Phi_{m_l}(\varphi)$$

（1）径向概率密度函数

电子出现在半径 r 到 $r+\mathrm{d}r$ 薄球壳内的概率为

$$|R_{nl}(r)|^2r^2\mathrm{d}r$$

其中 $R_{nl}^2(r)r^2=P_{nl}(r)$ 称为径向概率密度函数. 图 23.1 给出了氢原子的几个量子态所对应的电子径向概率密度函数曲线.

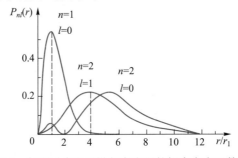

图 23.1　氢原子中电子沿径向出现的概率密度函数曲线

（2）角向概率密度函数

电子出现在 (θ,φ) 方向立体角 $\mathrm{d}\Omega=\sin\theta\mathrm{d}\theta\mathrm{d}\varphi$ 内的概率为

$$|\Theta_{lm_l}(\theta)\cdot\Phi_{m_l}(\varphi)|^2\mathrm{d}\Omega$$

式中 $|\Theta_{lm_l}(\theta)\cdot\Phi_{m_l}(\varphi)|^2=P_{lm_l}(\theta,\varphi)$ 称为角向概率密度函数,它表示电子出现在 (θ,φ) 方向上单位立体角内的概率.

（二）电子自旋

1. 电子自旋

1925 年,荷兰物理学家乌伦贝克和古兹密特在分析原子光谱实验的基础上提出了电子自旋假设. 他们指出：

（1）电子具有自旋,自旋是电子的内禀属性,自旋角动量的大小为

$$S=\sqrt{s(s+1)}\,\hbar=\sqrt{\frac{1}{2}\left(\frac{1}{2}+1\right)}\,\hbar=\frac{\sqrt{3}}{2}\hbar$$

（2）自旋角动量 S 在空间的取向也是量子化的，即

$$S_z=m_s\hbar,\ m_s=\pm1/2$$

（3）自旋磁矩 $\boldsymbol{\mu}_s$ 与自旋角动量 S 的方向相反，两者的关系可表示为

$$\boldsymbol{\mu}_s=-\frac{e}{m}S$$

电子自旋假设不仅成功地解释了施特恩-格拉赫实验. 同时还可以对反常塞曼效应（在强磁场中，原子的一条光谱线分裂成偶数条谱线的现象）和原子光谱的精细结构作出合理解释. 自旋现象的发现是人类对微观粒子认识的一大进步.

2. 四个量子数

量子力学理论计算表明，在多电子原子中，原子核外电子的运动状态都由四个量子数决定，它们分别是

（1）主量子数 n：$n=1,2,3,\cdots,n$ 的大小决定了原子中电子能量的主要部分.

（2）角量子数 l：$l=0,1,2,\cdots,n-1$，l 的取值决定了原子中电子的轨道角动量的大小. 一般来说，主量子数 n 相同，但 l 不同的电子状态，其能量稍有不同.

（3）磁量子数 m_l：$m_l=0,\pm1,\pm2,\cdots,\pm l$，$m_l$ 的取值决定了轨道角动量在外磁场方向上的分量大小，即轨道角动量的空间取向.

（4）自旋磁量子数 m_s：$m_s=\pm1/2$，m_s 的取值决定了电子的自旋角动量在外磁场方向上的分量大小，即自旋角动量的空间取向.

（三）多电子原子的壳层结构

1. 多电子原子的壳层结构及电子组态

原子中的核外电子按壳层进行分布. 主量子数 n 相同的电子处在同一个主壳层上，每个主壳层又根据 l 的不同分成若干个次壳层. 电子所处的主、次壳层可用 n、l 的组合来表示，其中次壳层 l 的大小通常用符号 s,p,d,f,$\cdots$ 表示，分别对应于 $l=0,1,2,3,\cdots$. 例如处于 $n=2$、$l=1$ 壳层上的电子用符号 2p 表示.

将原子中所有电子所属的主、次壳层都用 nl 的组合表示出来，就可以说明核外电子的分布情况，这种描述称为原子的电子组态. 例如处于基态的钠原子的电子组态为：$1s^22s^22p^63s^1$.

2. 电子的壳层分布规则

原子中的电子在核外的分布遵从两个原理：

（1）泡利不相容原理：在一个原子中不可能有两个或两个以上的电子具有一组相同的四个量子数或处于同一个量子态.

（2）能量最小原理：在原子处于正常状态下，每个电子趋于占据最低的能级.

当原子中各电子的能量最小时，整个原子的能量最低，原子最稳定，此时原子所处的状态称为基态. 电子能级的高低由 $(n+0.7l)$ 的大小来确定，其值越大，相应的能级越高，这称为徐光宪定则.

（四）固体的能带结构

1. 能带的形成

当 N 个原子做三维规则排列形成晶体时,晶体内将形成三维周期性势场. 原子核外的部分电子(如原子中最外层的电子),可以在整个晶体的三维周期性势场中运动,这种电子不再属于各自的原子,而是被 N 个原子所共有,这称为电子的共有化. 晶体中电子共有化的结果,使原先每个原子中具有相同能量的能级,因各原子间的相互影响而分裂成一系列和原来能级很接近的 N 个新能级. 由于 N 很大,相邻两个新能级之间的间隔非常小,因此这些分裂形成的新能级可以看成是连续分布的,这就是能带.

2. 满带　导带和禁带

晶体中的电子在能带中的分布同样服从泡利不相容原理和能量最低原理. 某个能级分裂成由 N 个能级组成的能带后,每个能带最多能容纳 $2N(2l+1)$ 个电子.

如果一个能带中的各能级都被电子填满,这样的能带称为满带;由价电子能级分裂而形成的能带称为价带;与原子的各激发能级相应的能带,在未被激发的正常情况下没有电子填入,称为空带. 在两个相邻的能带之间,可能有一个电子的能量不允许取值的能量区域,称为禁带.

满带中的电子不参与导电过程. 未被电子填满的价带表现出导电性,称为导带. 空带也是导带.

（五）导体　绝缘体　半导体

1. 导体　半导体和绝缘体的能带结构

导体的能带结构是价带未被电子填满,或者是价带虽被填满但与上层空带紧密相连或部分重叠. 在外电场作用下,导带中的电子很容易从一个能级跃入另一个能级,从而形成电流,显示出很强的导电能力.

绝缘体的价带被电子充满,价带与上层空带之间的禁带宽度较大,为 3~6 eV. 在外电场的作用下,一般没有电子参与导电,表现出电阻率很大.

半导体在绝对零度时价带被电子填满,但是价带与上层空带之间的禁带宽度较小,为 0.1~1.5 eV. 因此价带中的电子很容易在外电场作用下被激发到空带上去,从而具有一定的导电能力.

2. 半导体的导电机理

在外电场作用下,被激发到空带中的电子具有导电性,称为电子导电. 同时满带中的电子被激发后留出的空量子态称为空穴(相当于正电荷)也具有导电性,称为空穴导电. 电子和空穴统称为载流子. 本征半导体的导电机理是电子和空穴的混合导电.

（六）pn 结　半导体器件

1. n 型半导体　p 型半导体

在纯净的半导体中掺有 5 价元素形成的杂质半导体称为 n 型半导体. n 型半导体主要靠电子导电. 若掺入 3 价元素, 则成为 p 型半导体. p 型半导体主要靠空穴导电.

2. pn 结

当 n 型半导体和 p 型半导体相接触时, 由于两种半导体内电子和空穴的浓度不同发生扩散现象, 从而在交界面的附近形成一个空间电荷区, 产生一个方向由 n 区指向 p 区的电场, 称为**内建电场**. 内建电场将阻碍扩散的进一步发展, 当两者达到平衡时扩散停止, 不再有净电荷的流动. 在 p 型和 n 型半导体交界面附近所形成的这种特殊结构称为 **pn 结**. pn 结具有单向导电性能.

3. 半导体器件　集成电路

半导体器件是以 pn 结为核心, 利用不同的半导体材料、采用不同的工艺和几何结构, 制作的具有各种功能和用途的晶体二极管、三极管、场效应管等电子元件. 集成电路是把一定数量的常用电子元件, 如电阻、电容器、半导体元器件以及这些元件之间的连线, 通过半导体工艺集成在一起的具有特定功能的电路.

（七）激光

激光是 20 世纪 60 年代初发展起来的一种新型光源, 是量子理论与现代技术成功结合的产物, 其机理可以追溯到 1916 年爱因斯坦提出的"受激辐射"理论.

1. **激光原理**

（1）受激吸收、自发辐射和受激辐射

处于较低能态 E_1 的原子, 受到频率为 ν 的光子照射后, 当入射光子的能量满足 $h\nu = E_2 - E_1$ 时, 原子就可能吸收光子而跃迁到高能态 E_2, 这一过程称为受激吸收.

处于激发态的原子很不稳定, 很快就会自发地跃迁到低能态, 同时释放出一个能量 $h\nu = E_2 - E_1$ 的光子. 这种光辐射称为自发辐射.

处于高能态 E_2 的原子, 在外来光子（如果其频率恰好满足 $h\nu = E_2 - E_1$）的诱发下向低能态 E_1 跃迁, 并发出一个与外来光子的振动频率、振动相位、传播方向和偏振状态完全相同的光子, 这一过程称为受激辐射.

（2）粒子数反转分布

激光是"受激发射的光放大". 量子力学理论指出, 满足条件的外来光子与原子系统相互作用时, 产生受激吸收的概率与处于低能级 E_1 的原子数 N_1 成正比, 产生受激辐射的概率与处于高能级 E_2 的原子数 N_2 成正比. 所以要产生激光, 必须使处在高能级 E_2 的粒子数 N_2 大于处在低能级 E_1 的粒子数 N_1, 使受激辐射大于受激吸收. 这种粒子数分布称为粒子数反转分布.

2. **产生激光的条件**

（1）要有激励能源；

（2）要有能够实现粒子数反转分布的工作物质；

（3）要有光学谐振腔,以便能产生和维持光振荡,并对光束的方向和频率加以选择.

3. 激光的特性

方向性好、单色性好、相干性好、能量集中亮度高.

四、典型例题解法指导

本章题型主要是填空和选择,还有少量的简单计算题,主要涉及以下几个方面的内容：

1. 用量子力学理论讨论轨道角动量、自旋角动量及其空间取向的量子化问题.对于这类问题,掌握角动量的普遍规律及角动量空间取向的量子化规律 $L = \sqrt{l(l+1)}\hbar (l=0,1,2,\cdots); L_z = m_z\hbar (m_z=0,\pm 1,\pm 2,\cdots,\pm l)$ 对于解题非常有益.

2. 结合波函数的统计解释,分析讨论氢原子的径向和角向概率密度函数,其中以径向为主. 特别注意：径向概率密度函数是 $P_{nl}(r) = |R_{nl}(r)|^2 r^2$,不是 $|R_{nl}(r)|^2$.

3. 有关四个量子数的取值规则及其所代表的物理意义的问题.

4. 有关多电子原子核外电子按壳层分布的规律以及原子的电子组态等问题.

5. 有关晶体的能带概念,导体、半导体和绝缘体的能带结构,n 型、p 型半导体的概念、pn 结的单向导电特性等.

6. 有关激光的发光原理、激光的特点等方面的问题.

例 23.1 氢原子处于基态时,描述电子运动状态的径向波函数为 $R_{1,0} = \dfrac{2}{a_0^{3/2}} e^{-r/a_0}$,式中 a_0 为玻尔半径.

（1）试证明电子的径向概率密度函数对 r 从 0 到无穷大的积分等于 1. 并指出这一结果有什么意义.

（2）电子出现概率最大的位置.

分析： 球坐标中的体积元为 $dV = r^2\sin\theta d\theta d\varphi dr$,所以在离核 r 到 $r+dr$ 范围内电子出现的概率为

$$P_{nl}(r)dr = \left[\iint_0^{2\pi}\int_0^{\pi} |\Psi_{nlm_l}(r,\theta,\varphi)|^2 \sin\theta d\theta d\varphi\right] r^2 dr$$

$$= \left[\int_0^{2\pi}\int_0^{\pi} |\Theta_{lm_l}(\theta)|^2 \cdot |\Phi_{m_l}(\varphi)|^2 \sin\theta d\theta d\varphi\right] \cdot |R_{nl}(r)|^2 r^2 dr$$

$$= |R_{nl}(r)|^2 r^2 dr$$

即径向概率密度函数为 $P_{nl}(r) = |R_{nl}(r)|^2 r^2$. 由此可以求出氢原子中核外电子在各种状态下的径向概率分布.

解:(1)证明 由题意可知电子的径向概率密度函数为

$$P_{1,0}(r) = |R_{1,0}(r)|^2 r^2 = \frac{4}{a_0^3} e^{-2r/a_0} r^2$$

所以

$$\int_0^\infty P_{1,0}(r)\,dr = \int_0^\infty \frac{4}{a_0^3} e^{-2r/a_0} r^2 \,dr = -\frac{2}{a_0^2}\left[r^2 e^{-2r/a_0} + a_0 r e^{-2r/a_0} + \frac{a_0^2}{2} e^{-2r/a_0} \right]_0^\infty = 1$$

这结果表明,电子一定会出现在原子核周围的某一点,或者说在全空间找到电子的概率为 1.

(2) 令 $\dfrac{dP_{1,0}(r)}{dr} = \dfrac{d}{dr}\left(\dfrac{4}{a_0^3} e^{-2r/a_0} r^2 \right) = \dfrac{8}{a_0^3}\left(r - \dfrac{r^2}{a_0} \right) e^{-2r/a_0} = 0$,得

$$r = a_0$$

此结果表明:根据量子力学理论得出的氢原子处于基态时,电子出现概率最大的位置就是玻尔理论中的第一轨道半径处.

例 23.2 试求主量子数 $n=2$ 的电子的轨道角动量和轨道磁矩的所有可能取值.

分析:本题可根据四个量子数 n、l、m_l、m_s 的取值规则,以及量子力学中角动量的一般公式 $L = \sqrt{l(l+1)}\,\hbar$,还有磁矩和角动量的关系:$\boldsymbol{\mu}_l = -\dfrac{e}{2m_e}\boldsymbol{L}$,即可求出.

解:由 n、l、m_l、m_s、的取值规则可知,当 $n=2$ 时,l 可以有 0 和 1 两种不同的取值. 又电子的轨道角动量为 $L = \sqrt{l(l+1)}\,\hbar$,磁矩与角动量的关系为 $\boldsymbol{\mu}_l = -\dfrac{e}{2m_e}\boldsymbol{L}$,式中负号表示磁矩 $\boldsymbol{\mu}_l$ 与角动量 $\boldsymbol{L}$ 的方向相反,m_e 为电子质量,可知

当 $l=0$ 时, $\qquad\qquad L=0, \quad \mu_l = 0$

当 $l=1$ 时, $\qquad\qquad L=\sqrt{2}\,\hbar, \quad \mu_l = -\dfrac{e}{2m_e}\sqrt{2}\,\hbar$

例 23.3 根据量子力学理论,氢原子中的电子状态可以用四个量子数 n、l、m_l、m_s 来完整描述. 试说明:

(1) 如何通过四个量子数来确定氢原子的定态波函数?

(2) 四个量子数各自确定了什么物理量以及各自的取值规则?

分析:本题主要考查四个量子数与定态波函数的对应关系以及四个量子数的物理意义.

答:(1)原子核外电子的运动既有电子绕核的轨道运动,又有自旋运动. 氢原子中电子的轨道运动用轨道波函数 $\varPsi_{nlm_l}(r,\theta,\varphi) = R_{nl}(r)Y_{lm_l}(\theta,\varphi)$ 来描述,其中 $R_{nl}(r)$ 为电子轨道运动的径向波函数,$Y_{lm_l}(\theta,\varphi) = \varTheta_{lm_l}(\theta)\varPhi_{m_l}(\varphi)$ 为角向波函数. 自旋运动用自旋波函数 χ_{m_s} 来描述. 所以描述氢原子定态波函数的完整形式为

$$\Psi_{nlm_lm_s} = \Psi_{nlm_l}(r,\theta,\varphi)\chi_{m_s} = R_{nl}(r)\Theta_{lm_l}(\theta)\Phi_{m_l}(\varphi)\chi_{m_s}$$

（2）n：主量子数，决定氢原子的能量，$E_n = -\dfrac{mZ^2e^4}{32\pi^2\varepsilon_0^2\hbar^2}\cdot\dfrac{1}{n^2}, n = 1,2,3,\cdots$

l：角量子数，决定轨道角动量的大小，$L = \sqrt{l(l+1)}\,\hbar, l = 0,1,2,\cdots,n-1$. 在多电子原子系统中，还对原子能级产生影响.

m_l：轨道磁量子数，决定轨道角动量在外磁场方向上的取向，$L_z = m_l\hbar, m_l = 0,$ $\pm1, \pm2,\cdots,\pm l$.

m_s：自旋磁量子数，决定自旋角动量在外磁场方向上的取向，$S_z = m_s\hbar, m_s = \pm1/2$.

例 23.4 根据量子力学理论，当角量子数 $l = 2$ 时，L^2、L 以及 L_z 的所有可能取值分别是多少？轨道角动量 L 与 z 轴的所有可能夹角为多少？

分析： 由量子力学理论，电子轨道角动量的大小 L 由角动量量子数 l 确定，即 $L = \sqrt{l(l+1)}\,\hbar$，而角动量矢量在空间的取向是量子化的，即 $L_z = L\cos\theta = m_l\hbar$，$\theta$ 就是角动量 L 与 z 轴之间的夹角，再利用 m_l 的取值规则即可求解.

解： 根据量子力学理论

$$L^2 = l(l+1)\hbar^2, L = \sqrt{l(l+1)}\,\hbar, L_z = m_l\hbar$$

其中 $m_l = 0, \pm1, \pm2,\cdots,\pm l$，所以当 $l = 2$ 时，

$$L^2 = 6\hbar^2, \quad L = \sqrt{6}\,\hbar$$

L_z 的可能取值有

$$0, \pm\hbar, \pm2\hbar$$

L 与 z 轴的可能夹角（图 23.2）为

$$\theta = \pm\arccos\frac{L_z}{L} = 90°, \pm\arccos\frac{\sqrt{6}}{6}, \pm\arccos\frac{\sqrt{6}}{3}$$

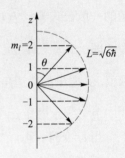

图 23.2 例 23.4 解图

例 23.5 已知磷原子的原子序数为 15，写出该原子处于基态时的电子组态.

分析： 本题考查核外电子的壳层分布规则、泡利不相原理、能量最低原理.

解： 根据电子壳层分布规则以及泡利不相容原理，可知：

在 $n = 1$ 的主壳层上，只有一个 $l = 0$ 的次壳层，最多可容纳 2 个 1s 电子.

在 $n = 2$ 的主壳层上，有 $l = 0$ 和 $l = 1$ 的两个次壳层. $l = 0$ 的次壳层上可容纳 2 个 2s 电子. $l = 1$ 的次壳层上，m_l 有 $0, \pm1$ 三种取值，又 m_l 取定后，m_s 也有 $\pm1/2$ 两个不同取值，所以 $l = 1$ 的次壳层最多可容纳 $2(2l+1)\big|_{l=1} = 6$ 个 2p 电子.

以此类推，并根据能量最低原理，可得磷原子基态的电子组态为 $1s^2 2s^2 2p^6 3s^2 3p^3$.

例 23.6　金刚石的禁带宽度是 $\Delta E_g = 5.33$ eV. 若用光波照射,使满带中的电子越过禁带上升到导带中,则入射光的最大波长是多少? 此光波处于什么波段内?

分析: 要使满带中的电子跃迁到导带中,该电子所吸收的(光子)能量必须大于禁带宽度 ΔE_g.

解: 因为波长为 λ 的光子能量为

$$E = h\frac{c}{\lambda}$$

由题意可知

$$E = h\frac{c}{\lambda} \geqslant \Delta E_g$$

所以

$$\lambda \leqslant \frac{hc}{\Delta E_g} = \frac{6.63 \times 10^{-34} \times 3 \times 10^8}{5.33 \times 1.60 \times 10^{-19}} \text{ m} = 2.33 \times 10^{-7} \text{ m} = 233 \text{ nm}$$

即入射光波的最大波长为 233 nm,此光波属于紫外线波段.

例 23.7　已知半导体硫化镉(CdS)和硫化铅(PbS)的禁带宽度分别为 2.43 eV 和 0.30 eV. 试计算它们的本征光电导的吸收限的波长. 并由此说明,为什么 CdS 可以作为可见光的光敏材料,而 PbS 可以作为红外波段的光敏材料.

分析: 本征光电导效应就是指本征半导体通过光照使其电导率发生变化的现象. 电导率发生变化(增加)的原因是满带中的电子吸收光子能量后跃迁到导带中,使导带中的电子和原来的价带(满带)中的空穴增加,从而增加半导体的电导率.

解: 由上例可知,要使满带中的电子跃迁到导带中,该电子所吸收的(光子)能量必须大于禁带宽度 ΔE_g,即

$$E = h\frac{c}{\lambda} \geqslant \Delta E_g$$

所以

$$\lambda_{max} = \frac{hc}{\Delta E_g}$$

对于 CdS,

$$\lambda_{max} = \frac{hc}{\Delta E_g} = \frac{6.63 \times 10^{-34} \times 3 \times 10^8}{2.42 \times 1.60 \times 10^{-19}} \text{ m} = 5.14 \times 10^{-7} \text{ m} = 514 \text{ nm}$$

在可见光波段.

对于 PbS,

$$\lambda_{max} = \frac{hc}{\Delta E_g} = \frac{6.63 \times 10^{-34} \times 3 \times 10^8}{0.30 \times 1.60 \times 10^{-19}} \text{ m} = 4.14 \times 10^{-6} \text{ m} = 4.14 \text{ μm}$$

处于红外波段. 由此可见,CdS 可作为波长小于 514 nm 的可见光的光敏材料,而 PbS 可作为波长小于 4.14 μm 的近红外波段的光敏材料.

五、自我测试题

23.1 处于 1 s 态的氢原子的径向波函数为 $R(r) = 2a_0^{-3/2}e^{-r/a_0}$,这里 a_0 代表玻尔半径,则氢原子中电子到质子的距离不小于 $7.8a_0$ 的概率,最接近下列数值中的哪一个? ( ).

(A) 1.2×10^{-5} (B) 1.7×10^{-5} (C) 2.3×10^{-5} (D) 3.5×10^{-5}

23.2 在原子的 L 壳层中,电子可能具有的四个量子数 (n, l, m_l, m_s) 是

(1) $\left(2, 0, 1, \dfrac{1}{2}\right)$ (2) $\left(2, 1, 0, -\dfrac{1}{2}\right)$

(3) $\left(2, 1, 1, \dfrac{1}{2}\right)$ (4) $\left(2, 1, -1, -\dfrac{1}{2}\right)$

以上四种取值中,哪些是正确的( ).

(A) 只有(1)、(2)是正确的   (B) 只有(2)、(3)是正确的

(C) 只有(2)、(3)、(4)是正确的   (D) 全部是正确的

23.3 一个原子的内层都被填满,其唯一的价电子被激发到一个 p 次壳层,则这种情况下,原子的轨道角动量的大小最接近于下列哪一个? (设普朗克常量 $h = 2\pi\hbar$)( ).

(A) $1.0\hbar$ (B) $1.2\hbar$ (C) $1.4\hbar$ (D) $1.7\hbar$

23.4 一个原子的内层都被填满,其唯一的价电子被激发到一个 p 次壳层. 现把该原子放在一个磁场 $\boldsymbol{B}$ 中,原子的轨道角动量与 $\boldsymbol{B}$ 的可能夹角为( ).

(A) 45°   (B) 90°

(C) 45°,90°   (D) 45°,90°,135°

23.5 某原子的一个电子的轨道角动量的大小等于 $3.464\hbar$,则电子的轨道角动量量子数为( ).

(A) 1   (B) 2   (C) 3   (D) 4

23.6 根据量子力学理论,当氢原子处于主量子数 $n = 3$、$l = 2$ 的量子态时,其轨道角动量的大小为 $L =$ _____,电子轨道磁矩的大小为 $\mu_l =$ _____.

23.7 根据量子力学原理,当氢原子中电子的角动量 $L = \sqrt{6}\hbar$ 时,$\boldsymbol{L}$ 在外磁场方向上的投影 L_z 可取的值为 _____.

23.8 原子中的电子态可由主量子数 n、角量子数 l、磁量子数 m_l 和自旋磁量子数 m_s 表征,则对应 $n = 2$ 的电子态数目为 _____.

23.9 根据多电子原子的壳层结构和泡利不相容原理,在 $n = 3, l = 2$ 的次壳层中,最多可以容纳的电子数为:_____.

23.10 铝(Al)原子核外有 13 个电子,根据电子在原子核外的排列规则,铝原子在基态时的电子组态为 _____.

23.11 p 型半导体是在本征半导体(硅 Si 或锗 Ge)中掺入三价杂质元素后形

成的杂质半导体,这种杂质元素形成的局域能级称为_____,该能级在能级结构中应处于_____.

23.12 与绝缘体相比较,半导体的能级结构的主要特点是_____.半导体与绝缘体能级结构的共同特点是_____.

23.13 在四价元素半导体中,若掺入五价杂质元素,则可以形成_____型半导体,这类半导体的多数载流子是_____.五价杂质元素产生的局域能级称为_____,它在能级结构中处于_____.

23.14 激光器的基本结构包括三部分,即_____,_____,_____.

23.15 原子受激辐射时,发出的光子与外来光子的特征完全相同,这些特征指:_____,_____,_____,_____.

23.16 能够使激光器中的工作物质发出激光的必要条件是_____.

23.17 激光的主要特点是_____,_____,_____,_____.

23.18 激光器中光学谐振腔的作用主要有_____,_____,_____,_____.

23.19 氢原子处于基态时,描述电子运动状态的径向波函数为:$R_{1,0}(r)=\frac{2}{a_0^{3/2}}e^{-r/a_0}$,式中为 a_0 玻尔半径.试计算在离核 $0.5a_0$ 到 $1.5a_0$ 内电子出现的概率.

23.20 根据量子力学理论,氢原子处于 $(n,l,m_l)=(2,1,0)$ 或 $(2,1,\pm1)$ 状态时,描述电子运动状态的径向波函数都为 $R_{2,1}(r)=\frac{1}{2\sqrt{6}\,a_0^{3/2}}\frac{r}{a_0}e^{-r/2a_0}$,式中 a_0 为玻尔半径.试求电子出现的概率最大的位置.

自我测试题
参考答案

23.21 某种半导体材料的禁带宽度为 $\Delta E_g=1.9$ eV.用其制成的发光二极管能发出的最大波长是多少?要使其发光,必须施加的最低电势差是多大?

第24章

··· 原子核物理与粒子物理

一、知识点网络框图

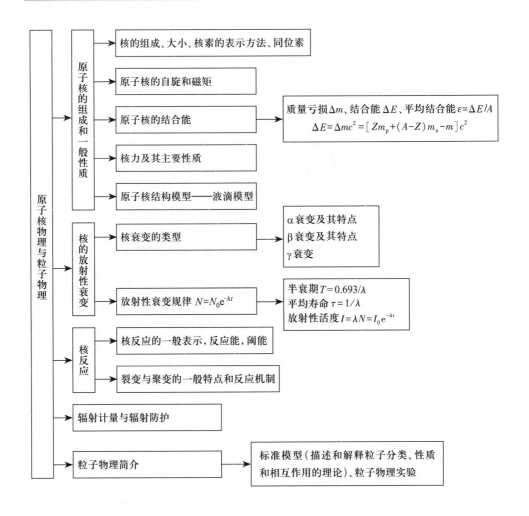

二、基本要求

1. 理解原子核的组成,会计算原子核的质量亏损和结合能.

2. 理解核衰变的几种类型,掌握核衰变的规律;理解衰变常量、半衰期、平均寿命和放射性活度等概念,会计算相关问题.

3. 了解辐射剂量和辐射防护.

三、主要内容

1. 原子核的组成

原子核由质子和中子组成,质子以 p 表示,带正电,电荷量为 $e = 1.602\ 177 \times 10^{-19}$ C,质量为 $m_p = 1.672\ 622 \times 10^{-27}$ kg,用原子质量单位表示为 1.007 276 u;中子以 n 表示,不带电,质量为 $m_n = 1.674\ 927 \times 10^{-27}$ kg,用原子质量单位表示为 1.008 665 u. 核素种类很多,通常表示为 $_Z^A X$,其中 X 是核素,A 为质量数——核内质子数和中子数的总和,Z 为电荷数——核内质子的个数,数值上等于原子序数,如 $_6^{12}$C.

2. 原子核的质量亏损和结合能

(1) 质量亏损——由质子和中子组成的原子核的静止质量小于质子和中子的静止质量和,二者之差称为质量亏损,用 Δm 表示,即 $\Delta m = [Zm_p + (A-Z)m_n] - m_X$.

(2) 结合能——根据相对论的质能关系,有质量变化就有相应的能量变化. 核子组成原子核时的质量亏损以能量形式放出,这个能量称为原子核的结合能,用 ΔE 表示,$\Delta E = \Delta mc^2$. 结合能与核子总数之比称为平均结合能,用 ε 表示,即 $\varepsilon = \dfrac{\Delta E}{A}$.

平均结合能越大,原子核越稳定. 1 u 的质量亏损对应的结合能为 931.5 MeV.

3. 核的放射性衰变及其规律

(1) 核的放射性衰变——放射性核素自发地放射出某种射线而变为另一种核素的现象称为原子核的衰变. 放射性核素分为天然放射性核素和人工放射性核素两种. 核衰变有三种类型:α 衰变、β 衰变和 γ 衰变.

(2) 原子核的衰变规律

核衰变过程遵守电荷守恒、能量守恒、动量守恒和核子数守恒.

对于某个原子核,无法确定它何时衰变,对于大量的原子核,衰变情况符合统计规律,即

$$N = N_0 e^{-\lambda t}$$

式中 λ 称为衰变常量,其倒数称为平均寿命 τ,N_0、N 分别是初始时刻和任意时刻的原子核数. 原子核的数目因衰变减少到原来的一半所经历的时间,称为半衰期,用 T 表示:

$$T = \frac{\ln 2}{\lambda} = \frac{0.693}{\lambda} = 0.693\tau$$

(3) 放射性活度(放射性强度)

单位时间衰变的原子核的数目,称为放射源的放射性活度或放射性强度,用 I 表示:

$$I = \frac{-\mathrm{d}N}{\mathrm{d}t} = \lambda N = \lambda N_0 e^{-\lambda t} = I_0 e^{-\lambda t}$$

I 的 SI 单位为 Bq(贝可勒尔),1 Bq=1 次核衰变/秒,曾用单位为 Ci(居里),1 Ci=$3.7×10^{10}$ Bq,现已不推荐使用.

（4）辐射剂量与辐射防护

各种射线通过物质时,都能产生电离作用,故统称为电离辐射. 电离辐射照射在生物体上会引起生物效应,其轻重程度与生物体吸收的剂量多少相关.

照射量——单位质量的干燥空气受电离辐射后产生的正离子或负离子电荷量的绝对值.

吸收剂量——单位质量的生物体被电离辐射照射后从电离辐射中吸收的能量.

4. 核反应

核反应就是用一定能量的粒子去轰击核,使之转变为另一种核的转变过程. 核反应分为裂变和聚变两类. 核反应的一般表示式为: $x+X=y+Y+Q$,式中 Q 为反应能.

核反应式必须满足电荷守恒、核子数守恒、能量守恒,还有动量守恒、角动量守恒及宇称守恒.

反应能 Q:核反应中释放的能量,也就是反应前后系统动能的增量,它在数值上等于反应前后系统的静止能量的减少量,也等于反应前后系统结合能的增量,即

$$Q=(E_y+E_Y)-(E_x+E_X)=(m_x+m_X)c^2-(m_y+m_Y)c^2$$

四、典型例题解法指导

本章涉及的问题大致可分为以下几个方面:

（1）原子核的结合能和质量亏损的计算;

（2）放射性衰变规律的简单应用,例如求半衰期、判断古生物的年代、计算放射性核素的放射性活度等;

（3）核反应中利用各种守恒定律写出核反应方程、计算反应能等.

例 24.1 已知 $^{235}_{92}U$ 的原子质量为 235.117 000 u,试计算其质量亏损、结合能和平均结合能.

分析: 质量亏损是指组成原子核的所有核子的总质量与原子核的质量之差.

解: $^{235}_{92}U$ 核的质量等于 $^{235}_{92}U$ 的原子质量减去全部电子的质量. $^{235}_{92}U$ 中核子数 $A=235$,质子数 $Z=92$,所以电子数为 92 个. 每个电子的质量为

$$m_e=9.109×10^{-31}\ kg=0.000\ 548\ 6\ u$$

所以 $^{235}_{92}U$ 核的质量为

$$m_U=235.117\ 000\ u-0.000\ 548\ 6\ u×92=235.066\ 529\ u$$

于是可得 $^{235}_{92}U$ 的质量亏损为

$$\Delta m = \left[Zm_p + (A-Z)m_n \right] - m_U$$

$$= [92 \times 1.007\ 276\ u + (235-92) \times 1.008\ 665\ u] - 235.066\ 529\ u$$

$$= 1.841\ 958\ u$$

由相对论的质能关系，$^{235}_{92}\text{U}$ 的结合能为

$$\Delta E = \Delta mc^2 = 1.841\ 958\ u \times 931.5\ \text{MeV/u} \approx 1\ 716\ \text{MeV}$$

$^{235}_{92}\text{U}$ 的平均结合能为

$$\varepsilon = \frac{\Delta E}{A} = \frac{1\ 716}{235}\ \text{MeV} \approx 7.302\ \text{MeV}$$

本题还可以用另一种方法求得$^{235}_{92}\text{U}$ 的质量亏损：氢原子由一个质子和一个电子构成，用 92 个氢原子的质量与 (235-92) 个中子的质量之和减去$^{235}_{92}\text{U}$ 的原子质量，就可以得到$^{235}_{92}\text{U}$ 的质量亏损.

例 24.2 试证明：$^{16}\text{O} \rightarrow {}^{12}\text{C} + {}^{4}\text{He}$ 这种衰变是不可能发生的.

分析：核的放射性衰变是一种自发的衰变过程，且一定有衰变能放出，即衰变一定是放能反应. 因此，衰变后核素的结合能一定大于衰变前核素的结合能，从而使衰变后的核素更加稳定. 本题只要判断粒子衰变前后有无质量亏损即可，若有，可以自发衰变，否则就不可自发衰变.

证：设^{16}O、^{12}C、^{4}He 的质量分别为 m_1、m_2、m_3，查询相关资料可得

$$m_1 = 15.994\ 9\ u, m_2 = 12.000\ 0\ u, m_3 = 4.002\ 6\ u$$

如果上述衰变可以发生，则衰变后的质量亏损为

$$\Delta m = m_1 - (m_2 + m_3) = 15.994\ 9\ u - (12.000\ 0\ u + 4.002\ 6\ u) = -0.007\ 7\ u$$

计算结果显示 $\Delta m < 0$，这表明上述衰变过程不会发生质量亏损，需要吸收能量，不符合自发衰变条件，所以$^{16}\text{O} \rightarrow {}^{12}\text{C} + {}^{4}\text{He}$ 这种衰变是不可能发生的.

例 24.3 放射性核素镭($^{226}_{88}\text{Ra}$)的半衰期约为 1 600 年[①]，现有样品的质量为 18×10^{-9} g，离样品 1 cm 处有一面积为 0.03 cm^2 的荧光屏，问 1 min 内在荧光屏上会出现多少次闪烁？

分析：我们应该知道，放射性核素$^{226}_{88}\text{Ra}$ 每衰变一个核就有一个 α 粒子射出，射出的 α 粒子到达荧光屏就会产生闪烁. 所以，本题首先需要求出样品中核的数目；然后求出样品的放射性活度；最后求出射到荧光屏上的 α 粒子数（即荧光屏的闪烁次数）.

解：原子核的个数 N 与核素质量的关系为

$$N = \frac{核素质量}{核素的摩尔质量} \times 6.022 \times 10^{23}$$

---

① 年的符号为"a".

$^{226}_{88}$Ra 的摩尔质量为 226 g/mol，故 $18×10^{-9}$ g 的 $^{226}_{88}$Ra，其原子核的数目为

$$N=\frac{18×10^{-9}}{226}×6.022×10^{23}≈4.796×10^{13}$$

由半衰期与衰变常量的关系可得 $λ$ 为

$$λ=\frac{0.693}{T}=\frac{0.693}{1\ 600×365×24×3\ 600\ s}≈1.373×10^{-11}\ s^{-1}$$

所以，$18×10^{-9}$ g $^{226}_{88}$Ra 的放射性活度为

$$I=λN=1.373×10^{-11}×4.796×10^{13}\ Bq≈6.585×10^{2}\ Bq$$

即样品每秒有 $6.585×10^{2}$ 个 α 粒子射出，则 1 min 内样品中 α 粒子射出的数目 N_1 为

$$N_1=Nt=6.585×10^{2}×60=3.951×10^{4}（个）$$

这是样品在每分钟内向整个 4π 立体角空间范围内射出的 α 粒子的总数目. 在离样品 1 cm 处面积为 0.03 cm² 的荧光屏上接收到的 α 粒子的数目 N' 是样品在 $\frac{dS}{R^2}=\frac{0.03\ cm^2}{1\ cm^2}=0.03$ 立体角范围内射出的 α 粒子的数目，故有

$$\frac{N'}{N_1}=\frac{0.03}{4π}$$

由此得

$$N'=N_1×\frac{0.03}{4π}=3.951×10^{4}×\frac{0.03}{4π}≈94（次）$$

即在 1 min 内荧光屏上会闪烁 94 次.

例 24.4 用 U_3O_8 盐做放射性标本，希望标本的放射性活度达到 0.01 μCi，问需要多少质量的 U_3O_8？（已知 U_3O_8 中的放射性核素是 $^{238}_{92}$U，其半衰期为 $4.4×10^{9}$ 年，$1\ Ci=3.7×10^{10}\ Bq=3.7×10^{10}\ s^{-1}$.）

分析：U_3O_8 盐是一种化合物，在 U_3O_8 中具有放射性的是 $^{238}_{92}$U，所以本题先要计算出标本的放射性活度达到 0.01 μCi 时需要多少质量的 $^{238}_{92}$U，再由 $^{238}_{92}$U 在 U_3O_8 盐中所占的比例计算出所需 U_3O_8 盐的质量.

解：由 $^{238}_{92}$U 的半衰期 $T=4.4×10^{9}$ 年，可知它的衰变常量为

$$λ=\frac{0.693}{T}=\frac{0.693}{4.4×10^{9}×365×24×3\ 600\ s}≈4.99×10^{-18}\ s^{-1}$$

当 $^{238}_{92}$U 的放射性活度 $I=0.01$ μCi 时，每秒衰变的原子核数目为

$$I=0.01\ μCi=0.01×10^{-6}×3.7×10^{10}\ s^{-1}=3.7×10^{2}\ s^{-1}$$

再由 $I=λN$，可知在 U_3O_8 盐中的 $^{238}_{92}$U 的原子数目应为

$$N=\frac{I}{λ}=\frac{3.7×10^{2}}{4.99×10^{-18}}≈7.4×10^{19}（个）$$

又 N 个 $_{92}^{238}U$ 的质量为

$$m' = \frac{N}{N_A} \times 238 = \frac{7.4 \times 10^{19}}{6.022 \times 10^{23}} \times 238 \text{ g} \approx 29.25 \times 10^{-3} \text{ g}$$

即当 $_{92}^{238}U$ 的放射性活度为 $I = 0.01 \text{ } \mu\text{Ci}$ 时,所需要的 $_{92}^{238}U$ 的总质量为 29.25×10^{-3} g.

由化合物的构成可知 $_{92}^{238}U$ 在 U_3O_8 盐中占的比例为

$$\frac{U_3}{U_3O_8} = \frac{238 \times 3}{238 \times 3 + 16 \times 8} \approx 0.848$$

所以,当 $_{92}^{238}U$ 的放射性活度 $I = 0.01 \text{ } \mu\text{Ci}$ 时,所需要的 U_3O_8 的质量为

$$m = \frac{m'}{0.848} = \frac{29.25 \times 10^{-3}}{0.848} \text{ g} = 34.5 \times 10^{-3} \text{ g}$$

例 24.5 有一具古尸,现测得此古尸 1 g 碳中的 ^{14}C 的放射性活度是 0.121 Bq,问此人已死亡多少年了?(已知: ^{14}C 的半衰期为 5 730 年,活的生物体或大气中 ^{14}C 与稳定核素 ^{12}C 的含量之比为 1.2×10^{-12}.)

分析: 来自太空的宇宙射线中含有大量质子,这些质子射入大气层后与大气层中的原子核进行反应,产生许多次级中子,次级中子又与大气中的氮核(^{14}N)进行反应而产生放射性核素 ^{14}C,反应式为

$$n + {}^{14}N \rightarrow {}^{14}C + p$$

而 ^{14}C 会自发地进行 β 衰变

$$^{14}C \rightarrow {}^{14}N + {}_{-1}^{0}e$$

由于宇宙射线中的质子流是恒定的,大气的组成也是恒定的,从而使次级中子产生的速率也是恒定的,故 ^{14}C 的产生率也保持恒定. ^{14}C 的半衰期为 5 730 年,一方面 ^{14}C 不断产生,一方面 ^{14}C 不断衰变为稳定核素 ^{14}N. 经过相当长的时间后, ^{14}C 的产生与衰变达到平衡,数目保持不变. 同时在大气中还存在着大量的稳定核素 ^{12}C,现代技术精确测得大气中的 ^{14}C 与稳定核素 ^{12}C 的数量之比为 1.2×10^{-12},且基本上与纬度无关.

那么古尸中的 ^{14}C 从何而来?这是因为植物会吸收空气中的 CO_2(其中包括 ^{14}C 和 ^{12}C 两种同位素),而动物又吃了植物,加上动物自身的呼吸运动,动植物和大气中的碳经常进行着交换,所以生物体内 ^{14}C 和 ^{12}C 的比例与大气中的一样.

当生物体死后,它不再吸收 CO_2,所以,生物遗骸中的这个比例会因 ^{14}C 的衰变而逐渐减少. 这样,只要测出生物遗骸中 ^{14}C 的放射性活度,就可以确定 ^{14}C 与 ^{12}C 的比例,从而可以确定生物遗骸的年代,这称为 ^{14}C 鉴年法.

解: 由 ^{14}C 的半衰期 $T = 5\ 730 \text{ a}$[①],可知其衰变常量为

---

① a 是单位"年"的符号.

$$\lambda = \frac{0.693}{T} = \frac{0.693}{5\ 730\ \text{a}} \approx 1.209 \times 10^{-4}\ \text{a}^{-1} = 3.834 \times 10^{-12}\ \text{s}^{-1}$$

若现今测得此古尸 1 g 碳中的 ^{14}C 的放射性活度为 I,设此人刚死亡时的放射性活度为 I_0,距今天的时间为 t,则根据放射性衰变规律:$I = \lambda N = \lambda N_0 \text{e}^{-\lambda t} = I_0 \text{e}^{-\lambda t}$,可得

$$t = \frac{1}{\lambda} \ln\left(\frac{I_0}{I}\right) \qquad \text{①}$$

假设此人刚死亡时尸体 1 g 碳中 ^{14}C 的放射性活度为 I_0,则

$$I_0 = \lambda N_0 \qquad \text{②}$$

式中 N_0 是此人刚死亡时尸体 1 g 碳中的 ^{14}C 的数目. 因为 1 mol(12 g)碳中含有的碳原子数目为 6.022×10^{23} 个,所以 1 g 碳中 ^{12}C 的原子数为 $\frac{6.022 \times 10^{23}}{12} \approx 5.018 \times 10^{22}$ 个. 所以此人刚死亡时尸体 1 g 碳中含有的 ^{14}C 的数目为

$$N_0 = N_{^{12}\text{C}} \times \left(\frac{^{14}\text{C}}{^{12}\text{C}}\right)_{\text{活生物体}} = 5.018 \times 10^{22} \times 1.20 \times 10^{-12} \approx 6.022 \times 10^{10} \qquad \text{③}$$

将③式代入②式,可得此人刚死亡时尸体 1 g 碳中的 ^{14}C 的放射性活度为

$$I_0 = \lambda N_0 = (3.834 \times 10^{-12}\ \text{s}^{-1}) \times (6.022 \times 10^{10}) \approx 0.230\ 9\ \text{Bq} \qquad \text{④}$$

再将④式代入①式,即得

$$t = \frac{1}{\lambda} \ln\left(\frac{I_0}{I}\right) = \frac{1}{1.209 \times 10^{-4}\ \text{a}^{-1}} \ln\left(\frac{0.230\ 9\ \text{Bq}}{0.121\ \text{Bq}}\right) = 5\ 345\ \text{a}$$

即此人已死去 5 345 年了.

五、自我测试题

24.1 标志原子核特征的两个最重要的物理量是_____和_____.

24.2 原子核的平均结合能的大小能反映原子核的_____.

24.3 由于放射性衰变,$^{238}_{92}\text{U}$ 最终转化为 $^{206}_{82}\text{Pb}$,这个过程中经历了_____次 α 衰变,_____次 β 衰变.

24.4 在下列四个方程中,x_1、x_2、x_3 和 x_4 各代表某种粒子

① $^{235}_{92}\text{U} + ^1_0\text{n} \rightarrow ^{95}_{38}\text{Sr} + ^{138}_{54}\text{Xe} + 3x_1$ ② $^2_1\text{H} + x_2 \rightarrow ^3_2\text{He} + ^1_0\text{n}$

③ $^{238}_{92}\text{U} \rightarrow ^{234}_{90}\text{Th} + x_3$ ④ $^{24}_{12}\text{Mg} + ^4_2\text{He} \rightarrow ^{27}_{13}\text{Al} + x_4$

以下判断中正确的是( )(多选).

(A) x_1 是中子 (B) x_2 是质子

(C) x_3 是 α 粒子 (D) x_4 是氚核

24.5 钍($^{232}_{90}\text{Th}$)经过一系列 α 衰变和 β 衰变,最终转化为铅($^{208}_{82}\text{Pb}$),则下列说法正确的是( )(多选).

（A）铅核比钍核少 8 个质子　　　　　　（B）铅核比钍核少 16 个中子

（C）经历了 4 次 α 衰变,6 次 β 衰变　　　（D）经历了 6 次 α 衰变,4 次 β 衰变

24.6 放射性核素 A 经 β 衰变后变成 B 核素,B 核素又经 α 衰变后变成 C 核素,则下列说法正确的是(　　　)

（A）核素 A 的中子数减核素 C 的中子数等于 2

（B）核素 A 的质量数减核素 C 的质量数等于 5

（C）核素 A 的中性原子中的电子数比核素 B 的中性原子中的电子数多 1

（D）核素 C 的质子数比核素 A 的质子数少 1

24.7 某放射性核素经过 28.6 d(天)后,其放射性活度降为开始时的 1/4,该核素的半衰期 $T=$ _____,衰变常量 $\lambda=$ _____,平均寿命 $\tau=$ _____.

24.8 已知 $^{6}_{3}\text{Li}$ 的原子质量为 6.015 123 u,它的质量亏损 $\Delta m=$ _____,结合能 $\Delta E=$ _____.（已知:中子质量 $m_{\text{n}}=1.008\ 665$ u,质子质量 $m_{\text{p}}=1.007\ 276$ u,电子质量 $m_{\text{e}}=0.000\ 548\ 6$ u.)

24.9 放射性磷的半衰期为 14.3 天,则它的衰变常量 $\lambda=$ _____;若某样品的放射性强度是出厂时的 1/6,则该样品出厂后已经存放了 _____ 天.

24.10 试确定下列反应中未知核素的原子序数和质量数.

（1）$^{1}_{0}\text{n}+^{16}_{8}\text{O}\rightarrow\text{X}$　　　　　　（2）$^{4}_{2}\text{He}+^{118}_{50}\text{Sn}\rightarrow^{1}_{0}\text{n}+\text{X}$

（3）$^{1}_{1}\text{H}+^{127}_{53}\text{I}\rightarrow^{50}_{21}\text{Sc}(钪)+\text{X}$　　　（4）$^{235}_{92}\text{U}+^{1}_{0}\text{n}\rightarrow^{139}_{54}\text{Xe}(氙)+\text{X}+2^{1}_{0}\text{n}$

24.11 基本粒子的 4 种相互作用是 _____、_____、_____ 和 _____.

24.12 放射性磷($^{32}_{15}\text{P}$)出厂时的放射性活度为 3.7×10^{8} Bq,问放置一周后它的放射性活度还有多大?（已知:磷 $^{32}_{15}\text{P}$ 的半衰期为 14.3 d.)

24.13 已知镭($^{226}_{88}\text{Ra}$)的半衰期为 1 622 年,求它的衰变常量 λ 和 1 g 镭的放射性活度.

24.14 一个锂核($^{7}_{3}\text{Li}$)受到一个质子的轰击,变成两个 α 粒子.

（1）写出这一过程的核反应方程式;

（2）求这个核反应中所释放的能量.（已知:氢原子的质量为 $m_{\text{H}}=1.007\ 825$ u,锂原子的质量为 $m_{\text{Li}}=7.016\ 005$ u,氦原子的质量为 $m_{\text{He}}=4.002\ 603$ u.)

自我测试题
参考答案